TEUBNER-TEXTE zur Informatik   Band 14

R.Götze

Dialogmodellierung für multimediale Benutzerschnittstellen

TEUBNER-TEXTE zur Informatik

Herausgegeben von
Prof. Dr. Johannes Buchmann, Saarbrücken
Prof. Dr. Udo Lipeck, Hannover
Prof. Dr. Franz J. Rammig, Paderborn
Prof. Dr. Gerd Wechsung, Jena

Als relativ junge Wissenschaft lebt die Informatik ganz wesentlich von aktuellen Beiträgen. Viele Ideen und Konzepte werden in Originalarbeiten, Vorlesungsskripten und Konferenzberichten behandelt und sind damit nur einem eingeschränkten Leserkreis zugänglich. Lehrbücher stehen zwar zur Verfügung, können aber wegen der schnellen Entwicklung der Wissenschaft oft nicht den neuesten Stand wiedergeben.

Die Reihe „TEUBNER-TEXTE zur Informatik" soll ein Forum für Einzel- und Sammelbeiträge zu aktuellen Themen aus dem gesamten Bereich der Informatik sein. Gedacht ist dabei insbesondere an herausragende Dissertationen und Habilitationsschriften, spezielle Vorlesungsskripten sowie wissenschaftlich aufbereitete Abschlußberichte bedeutender Forschungsprojekte. Auf eine verständliche Darstellung der theoretischen Fundierung und der Perspektiven für Anwendungen wird besonderer Wert gelegt. Das Programm der Reihe reicht von klassischen Themen aus neuen Blickwinkeln bis hin zur Beschreibung neuartiger, noch nicht etablierter Verfahrensansätze. Dabei werden bewußt eine gewisse Vorläufigkeit und Unvollständigkeit der Stoffauswahl und Darstellung in Kauf genommen, weil so die Lebendigkeit und Originalität von Vorlesungen und Forschungsseminaren beibehalten und weitergehende Studien angeregt und erleichtert werden können.

TEUBNER-TEXTE erscheinen in deutscher oder englischer Sprache.

Dialogmodellierung für multimediale Benutzerschnittstellen

Von Dr. Rainer Götze

Oldenburger Forschungs- und Entwicklungsinstitut
für Informatik-Werkzeuge und -Systeme (OFFIS)

B. G. Teubner Verlagsgesellschaft
Stuttgart · Leipzig 1995

Dr. Rainer Götze

Geboren 1964 in Leer. Von 1984 bis 1990 Studium der Informatik mit Nebenfach Mathematik an der Technischen Universität Braunschweig. Von 1990 bis 1993 Wissenschaftlicher Mitarbeiter im Fachbereich Informatik (Abteilung Informationssysteme) der Universität Oldenburg, dort im Februar 1994 Promotion zum Doktor der Naturwissenschaften. Seit September 1993 Assistent im Forschungsbereich „Informationssysteme und Wissensverarbeitung" des Oldenburger Forschungs- und Entwicklungsinstituts für Informatik-Werkzeuge und -Systeme (OFFIS), daneben Lehrbeauftragter an der Universität Oldenburg.

Arbeitsschwerpunkte: Dialogmodellierung, Spezifikation von Benutzerschnittstellen, Multimedia-Systeme, objektorientierte Programmierung.

Die Deutsche Bibliothek -- CIP-Einheitsaufnahme

Götze, Rainer:
Dialogmodellierung für multimediale Benutzerschnittstellen /
Rainer Götze. – Stuttgart ; Leipzig : Teubner, 1995
  (Teubner-Texte zur Informatik ; Bd. 14)
  Zugl.: Oldenburg, Univ., Diss., 1994
  ISBN 978-3-8154-2064-5   ISBN 978-3-322-93429-1 (eBook)
  DOI 10.1007/978-3-322-93429-1
NE: GT

Umschlaggestaltung: E. Kretschmer, Leipzig

Vorwort

Multimedia bezeichnet die rechnergestützte, integrierte Verarbeitung zeitinvarianter (Text, Graphik und Bild) und zeitvarianter Medien (Audio, Video und Animation). Die meisten Multimedia-Anwendungen sind durch eine starke Interaktivität gekennzeichnet, durch die ein Benutzer die Auswahl und Präsentation multimedialer Informationen steuern kann.

Aufgrund der zunehmenden Leistungsfähigkeit und fallenden Preise multimediafähiger Rechner erschließen sich Multimedia-Anwendungen einem immer größer werdenden Anwenderkreis. Die für die Anwendungsentwicklung gegenwärtig zur Verfügung stehende Hardware erfordert geeignete Software-Umgebungen, die sich nicht nur auf eine ansprechende Gestaltung der Benutzerschnittstellen beschränken, wie an zahlreichen Multimedia-Erweiterungen von Betriebs-, Datenbank- und Kommunikationssystemen zu erkennen ist. Die wesentliche Motivation für die Entwicklung von Multimedia-Anwendungen besteht jedoch darin, die Effektivität der Kommunikation zwischen Benutzern und Rechnern durch die Integration zeitvarianter Medien in die Benutzerschnittstelle zu erhöhen. Aus diesem Grund wird gegenwärtig weltweit intensiv an Multimedia-Erweiterungen von Werkzeugen für die Entwicklung von Benutzerschnittstellen gearbeitet.

Diese Erweiterungen erfordern grundlegende Änderungen der zugrundeliegenden Modelle, da die Medien Video, Audio und Animation eine zeitliche Ausprägung besitzen. Dabei kommt den sogenannten Dialogmodellen für die Beschreibung der Struktur und des zulässigen Verlaufs der Kommunikation zwischen einem Benutzer und einer Anwendung eine besondere Bedeutung zu. Multimediaspezifische Dialogmodelle müssen neben der Interaktivität insbesondere die rechnergestützte Medienintegration berücksichtigen.

Die in diesem Buch behandelte Dialogmodellierung in multimedialen Benutzerschnittstellen stellt damit ein für die Entwicklung von Multimedia-Anwendungen besonders wichtiges Thema dar. Aufbauend auf ausführlichen Beschreibungen der konzeptionellen Grundlagen und gegenwärtig existierenden Ansätze wird ein neues Dialogmodell für multimediale Benutzerschnittstellen vorgestellt. Dieses Dialogmodell bildet die Grundlage für die objektorientierte Dialogablaufbeschreibungssprache ODIS („Objektorientierte Dialogspezifikationssprache").

Das vorliegende Buch richtet sich sowohl an Studierende der Informatik im Hauptstudium als auch an Entwickler von graphischen oder multimedialen Benutzerschnittstellen sowie an Wissenschaftler auf dem Gebiet der Benutzerschnittstellenspezifikation. Aufgrund der ausführlichen Kapitel über die konzeptionellen Grundlagen und Klassifizierungen existierender Ansätze ist es auch als Begleitliteratur entsprechend ausgerichteter Spezialvorlesungen geeignet.

Der Inhalt entspricht weitgehend meiner Dissertation, die ich im Rahmen meiner Tätigkeit als wissenschaftlicher Mitarbeiter im Fachbereich Informatik der Universität Oldenburg erstellt habe. Die in den folgenden Kapiteln dargestellten Konzepte wurden im Rahmen eines Forschungs- und Entwicklungsprojektes entwickelt und sind damit auch ein Ergebnis konstruktiver Teamarbeit. Deshalb möchte ich allen danken, die mich dabei unterstützt haben.

Mein ganz besonderer Dank gilt Herrn Prof. Dr. H.-J. Appelrath, der mich während des gesamten Projektes und insbesondere bei der Erstellung meiner Dissertation durch kritische und anregende Diskussionen unterstützt und damit entscheidenden Anteil am Zustandekommen dieses Buches hat. Darüber hinaus danke ich Herrn Prof. Dr. P. Gorny und Herrn Prof. Dr. R. Gunzenhäuser für die Begutachtung meiner Dissertation sowie Herrn Prof. Dr. U. Lipeck für zahlreiche Hinweise bei der Überarbeitung des Manuskripts für die Veröffentlichung.

Einen wesentlichen Beitrag zur Implementierung der in diesem Buch vorgestellten Software-Werkzeuge haben die wissenschaftlichen Hilfskräfte Roland Claaßen, Stefan Kohrs und Lucas Voßberg geleistet. Die Mitglieder der Arbeitsgruppe „Benutzerschnittstellenentwicklung und Multimedia-Systeme" der Abteilung Informationssysteme, Dr. Helmut Eirund, Dietrich Boles und Helmut Lorek, haben mir in kritischen, aber stets konstruktiven Diskussionen wertvolle Anregungen gegeben. Ihnen allen gilt mein Dank für ihre Untersützung und die gute Zusammenarbeit. Danken möchte ich auch den Verantwortlichen des Instituts OFFIS für die Förderung des Forschungs- und Entwicklungsprojektes.

Schließlich danke ich meinen Eltern für den Rückhalt und die langjährige Unterstützung inbesondere während meines Studiums, durch das dieses Buch erst entstehen konnte.

Oldenburg, im Juni 1995   Rainer Götze

Inhalt

1	**Einleitung**	**11**
1.1	Multimediale Benutzerschnittstellen	12
1.2	Dialogmodelle und multimediale Präsentationen	13
1.3	Zielsetzung und Lösungsansatz	16
1.4	Aufbau des Buches	18
2	**Grundlagen**	**21**
2.1	Benutzerschnittstellenmodelle	21
2.1.1	Schichtenmodelle	23
2.1.2	Gerätemodelle	28
2.1.3	Objektorientierte Benutzerschnittstellenmodelle	32
2.2	Kontrollarchitekturen in Benutzerschnittstellen	38
2.2.1	Interne Kontrolle	38
2.2.2	Externe Kontrolle	39
2.2.3	Wechselseitige Kontrolle	42
2.3	Grundlagen der Dialogablaufbeschreibung	43
2.3.1	Zustandstransitionsgraphen	46
2.3.2	Statecharts	49
2.3.3	Petri-Netze	52
2.3.4	Kontextfreie Grammatiken	55
2.3.5	Eventhandler	57
2.3.6	Zustandsbäume	62
2.3.7	Hierarchische Dialogspezifikation	65
2.3.8	Deklarative Dialogspezifikationsmethoden	68
2.3.9	Bewertung von Dialogspezifikationsmethoden	69
2.4	Werkzeuge für die Benutzerschnittstellenentwicklung	71
2.4.1	Window-Systeme	72
2.4.2	User-Interface-Toolkits (UIT)	74
2.4.3	User-Interface-Editoren	76
2.4.4	User-Interface-Management-Systeme (UIMS)	77
2.5	Konzepte multimedialer Benutzerschnittstellen	81
2.5.1	Grundbegriffe	82
2.5.2	Zeitmodellierung und Zeitrepräsentation	84
2.5.3	Komposition	85
2.5.4	Synchronisation	97

3   Benutzerschnittstellenmodelle und Multimedialität **101**
3.1   Objektorientierte Benutzerschnittstellenmodelle 102
3.1.1   Intraobjekt-Modellierung 103
3.1.2   Interobjekt-Modellierung 113
3.1.3   Zusammenfassung und Bewertung 118
3.2   Entwicklung multimedialer Präsentationen 120
3.2.1   Konstruktionswerkzeuge 121
3.2.2   Software-Bibliotheken 126
3.2.3   Standards für multimediale Dokumentarchitekturen 133
3.2.4   Formale Beschreibung multimedialer Präsentationen 138
3.2.5   Zusammenfassung und Bewertung 139

4   Die Dialogablaufbeschreibungssprache ODIS **143**
4.1   Benutzerschnittstellenmodell von ODIS 144
4.2   Struktur eines ODIS-Programms 146
4.3   Beschreibung von Interaktionen 150
4.3.1   Dynamikoperatoren 152
4.3.2   Basisevents 158
4.3.3   Aktionen zur Eventverarbeitung 161
4.3.4   Komplexe Events 166
4.3.5   Verknüpfung von Events und Bedingungen 168
4.3.6   Interaktionen mit gemeinsamem Präfix 169
4.3.7   Reset von Interaktionen 171
4.3.8   Manipulation von Benutzerschnittstellen 174
4.4   Modellierung multimedialer Ausgaben 176
4.4.1   Zeitliche Ausprägung kontinuierlicher Ausgaben 178
4.4.2   Basisaktionen 180
4.4.3   Ausgabesynchronisationsoperatoren 182
4.4.4   Kontinuierliche Ausgaben in der Dialogkontrolle 186
4.4.5   Operationen auf Ausgabe- und Timeraktionen 188
4.5   Synchronisation von Interaktionen und Ausgabeaktionen 189
4.5.1   Zeitliche Ausprägung von Interaktionen 189
4.5.2   Synchronisationsoperatoren 194
4.5.3   Synchronisation von Ausgabeaktionen mit Interaktionen 197
4.5.4   Synchronisation von Interaktionen mit Ausgabeaktionen 199
4.5.5   Synchronisationsbedingungen 202
4.6   Vererbung von Dialogablaufbeschreibungen 206
4.7   Kommunikation zwischen Interaktionsobjekten 208
4.7.1   Kommunikation durch Methodenaufrufe 208
4.7.2   Kommunikation durch Events 209

4.8 Komposition von Interaktionsobjekten 214
4.8.1 Komplexe Interaktionsobjekte 215
4.8.2 Statische und dynamische Komposition 216
4.8.3 Steuerung des Dialogablaufs von Subobjekten.......................... 218
4.8.4 Beispiele für die Komposition von Interaktionsobjekten 219
4.9 Bewertung des Dialogmodells 223

5 Semantikdefinition von ODIS 227
5.1 Erweiterung der Prozeßalgebra CSP 229
5.2 Semantik der ODIS-Sprachkonstrukte 232
5.2.1 Dynamikoperatoren 235
5.2.2 Basisevents 242
5.2.3 Interaktionen 244
5.2.4 Diskrete und kontinuierliche Aktionen 247
5.2.5 Ausgabesynchronisationsoperatoren... 250
5.2.6 Synchronisationsoperatoren und -bedingungen 253
5.3 Erweiterungen der Semantikdefinition 255

6 Implementierung und Anwendungen............................. 257
6.1 Das XFantasy-UIT 258
6.1.1 Software-Architektur 258
6.1.2 Dialogkontrolle im XFantasy-UIT 260
6.1.3 Medienklassen und User-Interface-Klassen.............................. 266
6.2 Übersetzung von ODIS 269
6.3 Anwendungen 271
6.3.1 Benutzerschnittstelle eines Netzwerk-Managers 272
6.3.2 Benutzerschnittstelle eines Krebsregisters............................... 275
6.3.3 Multimediale Präsentationsanwendungen................................. 277

7 Zusammenfassung und Ausblick 279

Anhang A: Glossar Multimediale Benutzerschnittstellen 285
Anhang B: ODIS-Grammatik 303
Abbildungsverzeichnis 309
Literatur 311
Index 327

Kapitel 1
Einleitung

Multimedia-Systeme integrieren die Verarbeitung heterogener Medien, wie Text, Graphik, Video und Audio, um die Effektivität der Kommunikation zwischen Benutzern und Rechnern zu erhöhen. Insbesondere durch den Einsatz der zeitvarianten Medien Audio, Video und Animation erreichen Multimedia-Systeme eine deutliche Beschleunigung der rechnergestützten Informationsübermittlung. Eine der notwendigen Eigenschaften eines Multimedia-Systems ist deshalb die Möglichkeit der Verarbeitung, Präsentation und flexiblen Kombinierbarkeit zeitinvarianter und zeitvarianter Medientypen. Diese Anforderungen werden heute durch eine inzwischen fast vollständige Digitalisierung der Medienverarbeitung erreicht. Die zunehmende Verbreitung von Multimedia-Systemen beruht jedoch nicht nur auf der Unterstützung verschiedener Medientypen, sondern insbesondere auf den Möglichkeiten des Benutzers, die Auswahl und Präsentation der Informationen interaktiv zu steuern. Den sogenannten interaktiven Multimedia-Systemen wird ein stetig wachsender Anwendermarkt vorausgesagt, z.B. in der Unterhaltungselektronik sowie in den Anwendungsgebieten Point-of-Sale, Point-of-Information und Computer-based-Training ([Dav91], [Mou91]). Die Schlüsselbegriffe der expandierenden Multimedia-Technologie sind damit „Medienintegration" und „Interaktivität".

Multimediale Benutzerschnittstellen stellen neue Anforderungen an Modelle und Software-Werkzeuge [Bla92], da die Verarbeitung kontinuierlicher (zeitvarianter) Medien im Gegensatz zur Verarbeitung diskreter (zeitinvarianter) Medien eine zeitliche Ausprägung besitzt. Durch die häufig erforderliche gleichzeitige Ausgabe mehrerer kontinuierlicher Medien besitzen multimediale Benutzerschnittstellen eine inhärente Nebenläufigkeit. Darüber hinaus müssen Benutzerinteraktionen parallel zur Ausgabe kontinuierlicher Medien verarbeitet werden, um die interaktive Steuerung multimedialer Präsentationen durch den Benutzer zu ermöglichen. Die wesentlichen Eigenschaften multimedialer Benutzerschnittstellen sind also ihre Zeitvarianz, Nebenläufigkeit und Interaktivität.

In diesem Buch wird ein Dialogmodell für die integrierte Beschreibung von Benutzerinteraktionen und Präsentationen multimedialer Benutzerschnittstellen vorgestellt, das in einen objektorientierten Entwurf umgesetzt und implementiert wurde.

Die darauf aufbauende Dialogablaufbeschreibungssprache ODIS („Objektorientierte Dialogspezikationssprache") integriert dieses Dialogmodell in ein objektorientiertes Benutzerschnittstellenmodell, das sich an das MVC-Modell von Smalltalk ([Gol84], [Kra88]) anlehnt.

In Abschnitt 1.1 dieser Einleitung werden zunächst die Eigenschaften multimedialer Benutzerschnittstellen erläutert, die sie von rein graphischen Benutzerschnittstellen unterscheiden. Eine ausführliche Betrachtung der Modellierung graphischer und multimedialer Benutzerschnittstellen mit Schwerpunkt auf der Dialogmodellierung erfolgt in Kapitel 2. Die Betrachtung existierender Ansätze für die Modellierung von Benutzerschnittstellen und multimedialen Präsentationen in Abschnitt 1.2 motiviert die Entwicklung eines auf multimediale Benutzerschnittstellen ausgerichteten Dialogmodells. In Kapitel 3 folgen ausführliche Beschreibungen und Klassifizierungen dieser Ansätze. Die Abschnitte 1.3 und 1.4 geben einen Überblick über die wesentlichen Konzepte des in diesem Buch entwickelten Ansatzes und über den Aufbau des Buches.

1.1 Multimediale Benutzerschnittstellen

Multimediale Benutzerschnittstellen sind durch die integrierte Verarbeitung diskreter und kontinuierlicher Medien gekennzeichnet. Der Begriff „multimedial" besitzt damit in Anlehnung an [Ste91] eine qualitative Interpretation, die im Gegensatz zu einer quantitativen Interpretation nicht die Anzahl unterstützter Medientypen, sondern die Unterstützung zeitvarianter und zeitinvarianter Medientypen betont.

Multimediale Präsentationen bestehen i.a. aus mehreren zeitlich angeordneten diskreten und kontinuierlichen Ausgaben. Eine mit Untertiteln versehene Video-/Audio-Präsentation beinhaltet z.B. die gleichzeitige Video-, Audio- und Textausgabe. Für die gleichzeitige Ausgabe mehrerer kontinuierlicher Medien müssen nebenläufige Verarbeitungskonzepte bereitgestellt werden. Die dynamische Manipulation kontinuierlicher Ausgaben erfordert außerdem die nebenläufige Verarbeitung von Benutzerinteraktionen und kontinuierlichen Ausgaben. Einfache Beispiele dafür sind das Ändern der Lautstärke einer Audio-Ausgabe oder der Abspielgeschwindigkeit einer Video-Ausgabe.

Für die Modellierung dieser Nebenläufigkeit sind zeitliche Beziehungen zu definieren, die zur Laufzeit durch Synchronisation [Andr91] sichergestellt werden müssen. Die diskreten und kontinuierlichen Ausgaben einer multimedialen Präsentation werden zeitlich parallel, versetzt oder sequentiell angeordnet, um die beabsichtigte Wirkung auf den Benutzer zu erzielen. So werden z.B. die Untertexte einer Video-Ausgabe zu vordefinierten Zeitpunkten eingeblendet. Ein Modell für die Entwicklung multimedialer Benutzerschnittstellen muß deshalb Konzepte für die Definition zeitlicher Beziehungen zwischen den Ausgaben einer komplexen Präsentation anbieten [Herz92]. Da in multimedialen Benutzerschnittstellen bestimmte Benutzerinteraktionen nur während kontinuierlicher Ausgaben zulässig sind und umgekehrt kontinuierliche Ausgaben durch Benutzerinteraktionen gesteuert werden, muß ein solches Modell außerdem zeitliche Beziehungen zwischen Benutzerinteraktionen und kontinuierlichen Ausgaben unterstützen. Benutzerinteraktionen können z.B. die Präsentationsdauer kontinuierlicher Ausgaben manipulieren. Bei Verwendung sogenannter Live-Quellen wie Kamera und Mikrofon kann die Präsentationsdauer kontinuierlicher Ausgaben sogar unbeschränkt sein. Modelle für die zeitliche Komposition in multimedialen Präsentationen müssen damit die Möglichkeit nichtdeterministischer und potentiell unendlicher Präsentationsdauern von Ausgaben berücksichtigen.

1.2 Dialogmodelle und multimediale Präsentationen

Die Entwicklung multimedialer Benutzerschnittstellen ist ein Forschungsgebiet, das einerseits durch die Benutzerschnittstellenmodellierung und andererseits durch die Modellierung multimedialer Präsentationen beeinflußt wird.

Benutzerschnittstellen- und Dialogmodelle

Modelle für die Beschreibung und Entwicklung von Benutzerschnittstellen lassen sich durch die Unterscheidung mentaler Modelle, Benutzermodelle, Aufgabenmodelle, Dialogmodelle und Benutzerschnittstellenmodelle (Architekturmodelle) klassifizieren [Hüb90]. Während die ersten drei Modellklassen vorwiegend im Bereich der Software-Ergonomie ([Bal88], [Gor91], [Gor92], [Gor93]) Verwendung finden, wird die Implementierung von Benutzerschnittstellen durch Dialog- und Benutzerschnittstellenmodelle beeinflußt.

Benutzerschnittstellenmodelle definieren den strukturellen Aufbau von Benutzerschnittstellen durch die Unterscheidung funktionaler Komponenten sowie deren Kombination und Kommunikationsverbindungen. Ihnen liegt die Aufteilung interaktiver Anwendungen in die Benutzerschnittstelle und die dialogunabhängige Komponente, die sogenannte Applikation, zugrunde ([Pfa85], [Har89]). Die Kontrolle einer interaktiven Anwendung kann durch die Benutzerschnittstelle, durch die Applikation oder durch beide Komponenten gemeinsam erfolgen und wird durch die sogenannte Kontrollarchitektur festgelegt. Benutzerschnittstellenmodelle lassen sich in Schichtenmodelle ([Fol82], [Dzi83], [Pfa85], [UIM92]), Gerätemodelle ([Ros82], [Ans82]) und objektorientierte Modelle (z.B. [Cou87b], [Kra88], [Hüb90]) einteilen. Für die Entwicklung graphischer Benutzerschnittstellen mit direkter Manipulation von Graphikobjekten werden aufgrund der Objektorientierung ihrer Präsentationskomponente, der sogenannten Benutzungsoberfläche, überwiegend objektorientierte Benutzerschnittstellenmodelle verwendet.

Dialogmodelle [Gre85b] bilden die konzeptionelle Grundlage der Beschreibung des zulässigen Dialogablaufs, der sogenannten Dialogablaufbeschreibung, und der darauf aufbauenden Steuerung des Dialoges zwischen dem Benutzer und der Applikation, der sogenannten Dialogablaufsteuerung. Die Dialogablaufbeschreibung definiert die zulässigen Folgen von Dialogschritten, die aus Benutzereingaben und internen Nachrichten sowie deren Verarbeitung durch graphische Ausgaben, den Aufruf von Applikationsfunktionen und Änderungen des Dialogzustandes bestehen. Ein Dialogmodell impliziert eine bestimmte Methode der Dialogablaufbeschreibung, die als Dialogspezifikationsmethode [Hüb90] bezeichnet wird, und hat wesentlichen Einfluß auf eine der zentralen, funktionalen Komponenten einer Benutzerschnittstelle, der sogenannten Dialogkontrolle.

Wesentliche Qualitätskriterien von Dialogmodellen sind die Möglichkeiten zur Strukturierung von Dialogabläufen und Dialogablaufbeschreibungen. Dialogmodelle sollten Sequenzen, Verzweigungen, Permutationen (beliebige Reihenfolgen) und Nebenläufigkeit (gleichzeitig aktive Teildialoge) im Dialogablauf beschreiben können. Zustandstransitionsgraphen [Gre86] und kontextfreie Grammatiken [Gre86] repräsentieren klassische Dialogmodelle, die sich an text-, kommando- und menübasierten Benutzerschnittstellen orientieren und eine Modellierung gleichzeitig aktiver Teildialoge nicht unterstützen. Dagegen besitzen Eventhandler [Gre86] und Petri-Netze [Rei85] inhärente Konzepte für die Beschreibung von Nebenläufigkeit und sind den klassischen Dialogmodellen deshalb überlegen. Dialogmodelle, die neben der Beschreibung von Nebenläufigkeit auch die Strukturierung von Dialogablaufbeschreibungen unterstützen, sind Statecharts [Har87], Zustandsbäume [Rum88] und Interaktionshierarchien ([Bos88], [Hüb90]).

Objektorientierte Benutzerschnittstellenmodelle beschreiben Benutzerschnittstellen als Komposition sogenannter Interaktionsobjekte (User-Interface-Objekte), deren Dialogablaufbeschreibung eines der aufgeführten Dialogmodelle zugrundeliegt. Sie realisieren damit eine auf die Interaktionsobjekte verteilte Definition der Dialogkontrolle von Benutzerschnittstellen (z.B. PAC-Modell [Cou87a], DIWA-Modell [Vos90], MVC-Modell [Kra88], GWUIMS [Sib86]), die jedoch Probleme bei der Beschreibung komplexer Benutzerinteraktionen (Teildialoge) mit Beteiligung mehrerer Interaktionsobjekte besitzt.

Die aufgeführten Dialogmodelle sind auf die Verarbeitung diskreter Medien in graphischen Benutzerschnittstellen ausgerichtet. Nach jeder Erkennung eines Ereignisses, z.B. einer elementaren Benutzerinteraktion, erfolgt zunächst dessen vollständige Verarbeitung, so daß weitere Ereignisse kurzzeitig nicht verarbeitet werden können. Ausgaben werden in den aufgeführten Dialogmodellen als elementare Aktionen ohne zeitliche Ausprägung betrachtet. Für die Verarbeitung kontinuierlicher Medien in multimedialen Benutzerschnittstellen sind sequentielle Dialogmodelle damit nicht geeignet, da kontinuierliche Ausgaben die Eventerkennung und -verarbeitung längere Zeit blockieren [Ste91].

Multimediale Präsentationen
Ansätze für die Entwicklung und Beschreibung multimedialer Präsentationen lassen sich nach [Gui92] in die Kategorien Konstruktionswerkzeuge, Software-Bibliotheken, Dokumentarchitekturen und formale Beschreibungen einteilen. Die diesen Ansätzen zugrundeliegenden Modelle beinhalten Konzepte für die räumliche, konfigurelle und zeitliche Komposition ([Gib91a], [Vaz93]) multimedialer Präsentationen.

Die räumliche Komposition definiert das Layout multimedialer Präsentationen und dient der geometrischen Anordnung visueller Ausgaben auf dem Bildschirm. Die Verarbeitungskomponenten multimedialer Benutzerschnittstellen lassen sich in Quellen (Produzenten), Senken (Verbraucher) und Filter (Produzenten und Verbraucher) einteilen ([Gib91a], [Vaz93]). Aufgabe der konfigurellen Komposition ist die Verbindung dieser Verarbeitungskomponenten.

Zeitliche Beziehungen zwischen den einzelnen Ausgaben multimedialer Präsentationen werden durch die zeitliche Komposition beschrieben. Die Definition zeitlicher Beziehungen zwischen Benutzerinteraktionen und kontinuierlichen Ausgaben erfordert jedoch eine Einbeziehung von Benutzerinteraktionen in die zeitliche Komposition. Relevant sind dabei nicht nur elementare, sondern insbesondere auch komplexe Benutzerinteraktionen, die sich aus mehreren elementaren Benutzerinteraktionen zusammensetzen und damit ihrerseits eine zeitliche Ausprägung besitzen.

Existierende Modelle für multimediale Präsentationen legen den Schwerpunkt auf die zeitliche Komposition von Ausgaben und bieten häufig keine oder nur sehr beschränkte Möglichkeiten der Integration von Benutzerinteraktionen. Auf dem Timeline-Ansatz (zeitliche Komposition in Zeitkoordinatensystemen) aufsetzende Konstruktionswerkzeuge (z.B. MAEstro [Dra91], Muse [Hod89]) bieten keine Möglichkeit, die Präsentationsdauer von kontinuierlichen Ausgaben unter Erhaltung der definierten zeitlichen Beziehungen dynamisch zu manipulieren.

Ansätze für die Modellierung von Hypermedia- und Multimedia-Dokumenten (z.B. MHEG [ISO92], ODA/ODIF-Erweiterungen [Hoe91b]) unterstützen dagegen nur vordefinierte Standardinteraktionen für die Navigation, die in die zeitliche Komposition einbezogen werden.

Software-Bibliotheken für die Implementierung multimedialer Präsentationen (z.B. Composite-Multimedia [Gib91a], Ttoolkit [Gui92], QuickTime [App92], ET++ [Ack93], MME [Din93]) bieten dem Anwendungsprogrammierer Schnittstellen für die Implementierung der dynamischen Manipulation multimedialer Präsentationen durch Benutzerinteraktionen, die jedoch nicht in die zeitliche Komposition integriert werden.

Ansätze, die eine Integration von Benutzerinteraktionen in die zeitliche Komposition hinreichend gut unterstützten (z.B. MODE [Bla91], MMV [Herz92]), besitzen dagegen kein Dialogmodell, das eine Beschreibung von komplexen Benutzerinteraktionen zuläßt und ihnen eine zeitliche Ausprägung zuordnet.

1.3   Zielsetzung und Lösungsansatz

Dieses Buch beschreibt die Ergebnisse eines Forschungs- und Entwicklungsvorhabens, dessen Ziele die Entwicklung eines Dialogmodells für multimediale Benutzerschnittstellen und seine Integration in ein objektorientiertes Benutzerschnittstellenmodell sind. Als Ergebnis dieser Zielsetzung wird die objektorientierte Dialogablaufbeschreibungssprache ODIS vorgestellt. Insgesamt lassen sich drei Aufgabenpakete abgrenzen:

Definition eines Dialogmodell für multimediale Benutzerschnittstellen
Ausgehend von den im letzten Abschnitt motivierten Anforderungen an multimediale Benutzerschnittstellen, wird ein geeignetes Dialogmodell mit folgenden grundlegenden Konzepten definiert:

- Hierarchische Dialogspezifikation
  Das Dialogmodell unterstützt eine hierarchische Dialogspezifikation ([Bos88], [Hüb90]), die Benutzerinteraktionen als Interaktionshierarchien aufbauend auf einer bottom-up-Eventerkennung und -verarbeitung definiert. Komplexe Benutzerinteraktionen werden durch die Erkennung und Verarbeitung benutzerdefinierter Eventkombinationen modelliert. Für die Definition zeitlicher Beziehungen zwischen kontinuierlichen Ausgaben und Benutzerinteraktionen wird ihnen eine zeitliche Ausprägung zugeordnet.

- Integration von diskreten und kontinuierlichen Ausgaben
  Kontinuierliche Ausgaben werden als nebenläufige Prozesse betrachtet und von der Dialogkontrolle gesteuert. Dadurch kann die Nebenläufigkeit von kontinuierlichen Ausgaben sowie von Benutzerinteraktionen und kontinuierlichen Ausgaben beschrieben werden. Indem diskrete Ausgaben als potentiell unendliche kontinuierliche Ausgaben betrachtet werden, erfolgt eine homogene Integration diskreter und kontinuierlicher Ausgaben.

- Zeitliche Beziehungen zwischen den Ausgaben multimedialer Präsentationen
  Aufbauend auf der homogenen Integration diskreter und kontinuierlicher Medien werden Konzepte für die zeitliche Komposition in multimedialen Präsentationen definiert. Dabei wird berücksichtigt, daß Ausgaben nichtdeterministische oder potentiell unendliche Präsentationsdauern besitzen können. Die Definition zeitlicher Beziehungen in multimedialen Präsentationen erfolgt durch eine hierarchische Anordnung elementarer Ausgaben zu sogenannten komplexen Ausgaben, denen eine zeitliche Ausprägung zugeordnet wird. Indem komplexe Ausgaben selbst wieder für die Definition noch komplexerer Ausgaben benutzt werden können, wird die Abstraktion in der zeitlichen Komposition unterstützt.

- Zeitliche Beziehungen zwischen Interaktionen und kontinuierlichen Ausgaben
  Die Beschreibung zeitlicher Beziehungen zwischen Benutzerinteraktionen und kontinuierlichen Ausgaben erfolgt aufbauend auf den zugeordneten zeitlichen Ausprägungen. Die Abstraktionskonzepte in der Modellierung von Interaktionen und multimedialen Ausgaben ermöglichen die Definition zeitlicher Beziehungen zwischen komplexen Benutzerinteraktionen und komplexen Ausgaben.

Integration des Dialogmodells in ein Benutzerschnittstellenmodell
Für die Modellierung multimedialer Benutzerschnittstellen wird das entwickelte Dialogmodell in die objektorientierte Dialogablaufbeschreibungssprache ODIS integriert. ODIS besitzt ein objektorientiertes Benutzerschnittstellenmodell, das Konzepte des MVC-Modells ([Gol84], [Kra88]) aufgreift, indem Interaktionsobjekte jeweils aus einem Präsentationsobjekt und einem Dynamikobjekt bestehen. Die Sprache beruht auf folgenden Grundkonzepten:

- Beschreibung des Dialogablaufverhaltens von Interaktionsobjekten
  Jede Interaktionsklasse definiert das Dialogablaufverhalten ihrer Instanzen durch die zulässigen Interaktionen, die multimedialen Ausgaben sowie die zeitlichen Beziehungen zwischen Benutzerinteraktionen und kontinuierlichen Ausgaben. Durch Vererbung von Dialogablaufverhalten können Interaktionsklassen als Erweiterung und Spezialisierung anderer Interaktionsklassen definiert werden.

Komposition von Interaktionsobjekten
Teildialoge mit Beteiligung mehrerer Interaktionsobjekte werden durch dynamisch manipulierbare, hierarchische Anordnungen von Interaktionsobjekten modelliert. Die damit definierten komplexen Interaktionsobjekte steuern das Dialogablaufverhalten ihrer untergeordneten Interaktionsobjekte, indem sie deren Benutzerinteraktionen starten und stoppen. Die Kommunikation zwischen Interaktionsobjekten erfolgt weitgehend event-basiert und asynchron, d.h. Sender und Empfänger von Events werden nicht miteinander synchronisiert.

Implementierung des Dialogmodells und der Sprache ODIS
Das Dialogmodell wurde im Rahmen der Entwicklung eines objektorientierten User-Interface-Toolkits (UIT, [Mye89a]) in einen objektorientierten Entwurf umgesetzt und in der Programmiersprache C++ [Str91] implementiert. Dieses UIT enthält deshalb bereits wesentliche Teile des ODIS-Laufzeitsystems und bildet zusammen mit der Dialogablaufbeschreibungssprache ODIS ein objektorientiertes User-Interface-Management-System (UIMS, [Kas82], [Pfa85], [Har89], [Dix93]) für die Entwicklung multimedialer Benutzerschnittstellen.

1.4   Aufbau des Buches

Das vorliegende Buch ist wie folgt aufgebaut. Als Grundlagen der behandelten Problemstellung werden in Kapitel 2 zunächst Benutzerschnittstellenmodelle, Kontrollarchitekturen und Dialogmodelle sowie die besonderen Konzepte multimedialer Benutzerschnittstellen eingeführt. Inhaltliche Schwerpunkte dieses Kapitels bilden die Beschreibung und Bewertung existierender Dialogmodelle und Ansätze zur Definition zeitlicher Beziehungen in multimedialen Präsentationen. Für eine Einordnung des XFantasy-UIMS wird außerdem eine Übersicht über Software-Werkzeuge für die Entwicklung von Benutzerschnittstellen gegeben. Ein Leser mit Grundkenntnissen über die Benutzerschnittstellenentwicklung kann die Abschnitte dieses Kapitels unter Zuhilfenahme des Glossars in Anhang A auch selektiv lesen.

In Kapitel 3 folgen ausführliche Beschreibungen und Klassifizierungen von Benutzerschnittstellenmodellen und Modellen multimedialer Präsentationen, die eine Einordnung des in diesem Buch entwickelten Ansatzes ermöglichen sollen. Da nahezu alle neueren Ansätze zur Benutzerschnittstellenmodellierung objektorientiert sind, beschränkt sich die Auswahl auf objektorientierte Benutzerschnittstellenmodelle.

Kapitel 4 beschreibt die Dialogablaufbeschreibungssprache ODIS sowie das ihr zugrundeliegende Dialogmodell und bildet damit den inhaltichen Schwerpunkt dieses Buches. Mit dem Ziel einer kompakten Darstellung erfolgt eine kombinierte Beschreibung des entwickelten Dialogmodells und seiner Integration in ein objektorientiertes Benutzerschnittstellenmodell. Die wichtigsten Konzepte der Sprache ODIS werden anhand von Beispielen vorgestellt.

In Kapitel 5 wird für ausgewählte Sprachkonstrukte ein Ansatz für die Definition einer Übersetzersemantik der Sprache ODIS vorgestellt. Die Auswahl der Sprachkonstrukte orientiert sich an der Zielsetzung des entwickelten Ansatzes und ist deshalb auf die Dialogablaufbeschreibung beschränkt.

Kapitel 6 stellt mit der Beschreibung der Komponenten des XFantasy-UIMS und der ODIS-Übersetzung grundlegende Konzepte der Implementierung der Sprache ODIS vor. Die Beschreibung von drei mit dem XFantasy-UIMS entwickelten Anwendungen belegt die Anwendbarkeit der in Kapitel 4 vorgestellten Konzepte.

Kapitel 7 gibt eine Zusammenfassung des vorgestellten Ansatzes, eine Abgrenzung zu anderen Arbeiten sowie einen Ausblick auf Erweiterungsmöglichkeiten und weiterführende Arbeiten.

Die Anhänge dieses Buches bilden ein Glossar für multimediale Benutzerschnittstellen, die Grammatik der Sprache ODIS, ein Abbildungsverzeichnis, eine Literaturliste und ein Index.

Kapitel 2

Grundlagen

Dieses Kapitel erläutert die Grundlagen der Entwicklung graphischer und multimedialer Benutzerschnittstellen, die allgemein als überzeugendes Anwendungsgebiet der objektorientierten Programmierung gilt. Nahezu alle neueren Werkzeuge für die Benutzerschnittstellenentwicklung besitzen deshalb eine objektorientierte Software-Architektur. Aufgrund zahlreicher Veröffentlichungen über die Konzepte der objektorientierten Programmierung ([Car85b], [Cox86], [Ste86], [Weg87] [Mey88], [Str88], [Nie89], [Kho90], [Weg90], [Bud91], [Ehr92], [Eir93]) wird in diesem Buch vorausgesetzt, daß der Leser grundlegende Kenntnisse der objektorientierten Programmierung besitzt.

Zunächst folgt eine ausführliche Beschreibung der relevanten Grundlagen der Benutzerschnittstellenentwicklung, unterteilt in Benutzerschnittstellenmodelle, Kontrollarchitekturen und Dialogmodelle. Den inhaltlichen Schwerpunkt dieser Abschnitte bildet die Vorstellung von Benutzerschnittstellen- und Dialogmodellen, die für den in diesem Buch entwickelten Ansatz wichtig sind. Die Vorstellung konkreter Ansätze zur objektorientierten Benutzerschnittstellenentwicklung erfolgt dagegen erst in Abschnitt 3.1.

Nach diesen Grundlagen werden die verschiedenen Kategorien von Software-Werkzeugen für die Entwicklung graphischer Benutzerschnittstellen erläutert. Dieser Abschnitt bildet die Grundlage für die Einordnung der in Kapitel 6 beschriebenen Implementierungsarbeiten. Der abschließende Abschnitt dieses Kapitels beschreibt dann die speziellen Konzepte multimedialer Benutzerschnittstellen mit dem Schwerpunkt auf der zeitlichen Komposition in multimedialen Präsentationen. Darauf aufbauend werden in Abschnitt 3.2 konkrete Ansätze für die Entwicklung multimedialer Benutzerschnittstellen vorgestellt.

2.1 Benutzerschnittstellenmodelle

Ziele der Modellbildung in der Benutzerschnittstellenentwicklung ist zum einen die Beschreibung von Benutzerverhalten, Aufgabenstellungen, Entwürfen und Implementierungen. Zum anderen werden Modelle für die Einordnung und Abgrenzung alter und neuer Ansätze eingesetzt. Nach [Hüb90] können mentale Modelle (Benutzerwissen über das Anwendungsgebiet), Benutzermodelle (kognitive

Modelle), Aufgabenmodelle (konzeptionelle Modelle), Architekturmodelle und Dialogmodelle (softwaretechnische Modelle) unterschieden werden. Die ersten drei Modellklassen werden überwiegend für den Entwurf und die Bewertung von Benutzerschnittstellen eingesetzt und besitzen eine besondere Bedeutung in der Software-Ergonomie ([Vie87], [Bal88], [Gor91], [Gor92], [Gor93], [Maa93]). In diesem Buch werden sie jedoch nicht weiter betrachtet, da der Schwerpunkt auf der Implementierung von Benutzerschnittstellen und den dafür entwickelten Dialog- und Architekturmodellen liegt.

Dialogmodelle und die mit ihnen verbundenen Dialogspezifikationsmethoden werden für die Beschreibung des zulässigen Dialogablaufs einer Benutzerschnittstelle eingesetzt und in Abschnitt 2.3 ausführlich beschrieben. Architekturmodelle definieren den strukturellen Aufbau einer Benutzerschnittstelle durch die funktionalen Komponenten, deren Kombinationsmöglichkeiten und Kommunikationsverbindungen. Aufgrund ihrer Ausrichtung auf die Implementierung von Benutzerschnittstellen werden sie in diesem Buch auch als Benutzerschnittstellenmodelle bezeichnet. Insgesamt lassen sich drei Klassen von Architekturmodellen unterscheiden: Schichtenmodelle, Gerätemodelle und objektorientierte Benutzerschnittstellenmodelle.

Schichtenmodelle, wie das Seeheim-Modell (siehe Abschnitt 2.1.1.1) und das IFIP-Modell (siehe Abschnitt 2.1.1.2), unterteilen interaktive Anwendungen in Anlehnung an die Übersetzung von Programmiersprachen in mehrere Schichten. Die meisten Schichtenmodelle wurden zu einer Zeit entwickelt, als die Kommunikation zwischen einem Benutzer und einer interaktiven Anwendung überwiegend kommandoorientiert erfolgte.

Gerätemodelle sind im Rahmen der Standardisierung graphischer Systeme entstanden. Bei ihrer Entwicklung stand die Portierbarkeit interaktiver Anwendungen durch Unabhängigkeit von der zugrundeliegenden Hardware-Plattform im Vordergrund.

Für die Entwicklung moderner graphischer Benutzerschnittstellen besitzen sowohl reine Schichtenmodelle als auch reine Gerätemodelle heute keine große Bedeutung mehr. Die ihnen zugrundeliegenden Konzepte sind jedoch teilweise in objektorientierte Benutzerschnittstellenmodelle übernommen worden, indem z.B. der interne Aufbau sogenannter Interaktionsobjekte an das Seeheimmodell angelehnt wurde.

Graphische Benutzerschnittstellen mit direkter Manipulation graphischer Objekte werden heute überwiegend objektorientiert implementiert, da sich ihr eventgesteuerter Kontrollfluß unmittelbar auf den Nachrichtenaustausch zwischen Objekten abbilden läßt. Aufgrund dieser Dominanz objektorientierter Benutzerschnittstellenmodelle werden in Abschnitt 3.1 die wichtigsten Systeme ausführlich vorgestellt.

2.1.1 Schichtenmodelle

Schichtenmodellen liegt eine sprachbasierte Modellierung der Kommunikation zwischen einem Benutzer und einer interaktiven Anwendung zugrunde. Sie werden deshalb auch als linguistische Benutzerschnittstellenmodelle oder Sprachenmodelle bezeichnet. Das erste in [Fol82] vorgestellte Sprachenmodell unterteilt eine Benutzerschnittstelle in vier Abstraktionsebenen, die lexikalische, die syntaktische, die semantische und die konzeptuelle Ebene. Grundlage dieser linguistischen Modellierung ist die Aufteilung einer interaktiven Anwendung in die Benutzerschnittstelle und die Applikation, den dialogunabhängigen Teil einer Anwendung.

Die konzeptuelle Ebene beschreibt die von einer interaktiven Anwendung unterstützten Aufgaben und ihre Ausführung auf einer anwendungsorientierten Abstraktionsebene. Sie dient ausschließlich einem aufgabenorientierten Entwurf von Benutzerschnittstellen und besitzt keine korrespondierende Software-Komponente. Die semantische Ebene beschreibt die Struktur der zwischen Benutzerschnittstelle und Applikation auszutauschenden Daten sowie die dafür zur Verfügung stehenden Funktionen. Sie definiert die Schnittstelle zwischen Applikation und Benutzerschnittstelle. Die syntaktische Ebene definiert den zulässigen Dialogablauf durch die möglichen Folgen von Dialogschritten. Die einzelnen Dialogschritte werden jedoch noch unabhängig von konkreten Interaktionstechniken beschrieben. Die lexikalische Ebene definiert dann die konkreten Interaktionstechniken und dient damit der Anbindung an die physikalischen Ein-/ Ausgabegeräte.

Linguistische Benutzerschnittstellenmodelle implizieren sowohl ein Architekturmodell als auch ein Vorgehensmodell für den strukturierten Entwurf von Benutzerschnittstellen durch schrittweise Verfeinerung entsprechend den vorgestellten Ebenen. Beispiele für Entwicklungswerkzeuge, die auf einem linguistischen Benutzerschnittstellenmodell aufsetzen, sind SYNGRAPH („Syntax Directed Graphics", [Ols83a], [Ols83b]), CLG („Command Language Grammar", [Mor81]) und ETAG („Extended Task Action Grammar", [Mor81]). Eine an den vier Schichten des Sprachenmodells orientierte Top-down-Entwurfsmethode für Benutzerschnittstellen wird in ([Fol87], [Fol88]) vorgestellt.

2.1.1.1 Seeheim-Modell

Eines der bekanntesten Schichtenmodelle ist das nach einem Workshop benannte Seeheim-Modell ([Pfa85], [Gre85b]), ein logisches Architekturmodell, das Benutzerschnittstellen in die drei funktionalen Komponenten Präsentationskomponente, Dialogkontrolle und Applikationsschnittstelle (siehe Abb. 2.1) unterteilt. Die im

Sprachenmodell eingeführte konzeptuelle Ebene wird im Seeheim-Modell nicht berücksichtigt, da sie keinen Einfluß auf die Software-Architektur einer Benutzerschnittstelle hat.

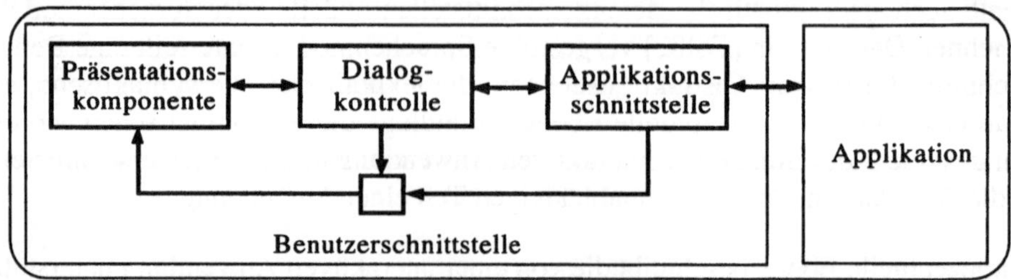

Abb. 2.1 Seeheim-Modell einer Benutzerschnittstelle

Der Begriff „logisches Architekturmodell" bedeutet, daß jede Benutzerschnittstelle die Funktionalität der drei Komponenten des Seeheim-Modells besitzen sollte, ohne jedoch eine dieser Aufteilung entsprechende Software-Architektur besitzen zu müssen. Für ein Software-technisches Architekturmodell wäre der Detaillierungsgrad des Seeheim-Modells auch viel zu gering. Durch die zugrundeliegende, linguistische Benutzerschnittstellenmodellierung eignet sich eine an das Seeheim-Modell angelehnte Software-Architektur primär für kommandoorientierte Benutzerschnittstellen, während sie für direktmanipulative, graphische Benutzerschnittstellen umstritten ist (siehe Diskussion in [Duc91]). Als abstraktes Modell der Funktionalität von Benutzerschnittstellen nimmt das Seeheim-Modell jedoch oft die Rolle eines inoffiziellen Referenzmodells ein.

Präsentationskomponente

Die Präsentationskomponente ist für die Ein- und Ausgabeverarbeitung der Benutzerschnittstelle verantwortlich und entspricht der lexikalischen Schicht des linguistischen Modells. Ihre Aufgaben bestehen in der Bildschirmverwaltung (z.B. Window-Management), der Verwaltung der physikalischen Eingabegeräte, der textuellen und graphischen Ausgabe und der Realisierung verschiedener Interaktionstechniken [Fol84]. Außerdem definiert sie Abbildungen zwischen physikalischen Ein-/Ausgaben und lexikalischen Einheiten, den sogenannten Ein-/Ausgabe-Token, und gewährleistet damit die Unabhängigkeit der Dialogkontrolle von den physikalischen Ein-/Ausgabegeräten und dem graphischen Darstellungsmodell.

Durch die Präsentationskomponente wird die sogenannte Benutzungsoberfläche, d.h. die vom Benutzer wahrnehmbaren Komponenten der Benutzerschnittstelle (Sicht des Benutzers auf die Benutzerschnittstelle), definiert. Die Benutzungsoberfläche enthält die dem Benutzer sichtbaren und zugänglichen Komponenten einer Benutzerschnittstelle: Ein-/Ausgabegeräte, z.B. Bildschirm, Lautsprecher, Tastatur, Maus, Mikrofon, sowie interaktive Software-Komponenten, z.B. User-Interface-Komponenten (UI-Komponenten) wie Menüs, Dialogboxen, Buttons, Scrollbars und Slider.

Dialogkontrolle
Die Dialogkontrolle definiert und überwacht die korrekte Abfolge von Dialogschritten, die durch Interaktionstechniken der Präsentationskomponente realisiert werden, und steuert dadurch das dynamische Verhalten einer Benutzerschnittstelle. Sie entspricht der syntaktischen Schicht des linguistischen Modells und kontrolliert die Kommunikation zwischen der Präsentationskomponente und der Applikation (über die Applikationsschnittstelle). Aus Effizienzgründen wird jedoch auch ein direkter Datenaustausch zwischen Applikation und Präsentationskomponente zugelassen, der von der Dialogkontrolle gesteuert wird. Die Dialogkontrolle einer Benutzerschnittstelle besitzt zwei Hauptaufgaben:
- Definition des korrekten Dialogablaufs in der Entwicklungsphase,
- Überwachung des korrekten Dialogablaufs zur Laufzeit.

Für die erste Aufgabe werden sogenannte Dialogspezifikationsmethoden (siehe Abschnitt 2.3) eingesetzt, denen ein konzeptionelles Dialogmodell zugrundeliegt. Die zweite Aufgabe wird als Dialogablaufsteuerung bezeichnet und durch den Interpreter einer Dialogspezifikation oder das vom Compiler einer Dialogablaufbeschreibungssprache erzeugte Programm ausgeführt. Die Dialogablaufsteuerung beinhaltet folgende Teilaufgaben:
- Überprüfung der syntaktischen Korrektheit ganzer Folgen von Benutzereingaben,
- Rücknahme von Befehlen (Undo-Mechanismen),
- Zusammenfassung von mehreren Eingabe-Token zu einer komplexen Eingabe und Abbildung auf den Aufruf einer Funktion der Applikationsschnittstelle,
- Umwandlung von Ausgabeoperationen der Applikationsschnittstelle in mehrere Ausgabe-Token, die an die Präsentationskomponente weitergeleitet werden,
- Überwachung von Beziehungen zwischen Datenstrukturen der Präsentationskomponente,
- Überwachung von Beziehungen zwischen Präsentations- und Applikationsdatenstrukturen,
- Fehlerbehandlung,
- Ausgabe von Hilfsinformationen für den Benutzer.

Applikationsschnittstelle
Die Applikationsschnittstelle beschreibt die Funktionalität der Applikation aus der
Sicht der Benutzerschnittstelle und entspricht der semantischen Schicht des linguistischen Modells. Sie definiert die für die Benutzerschnittstelle zugreifbaren Datenstrukturen und Funktionen der Applikation sowie die Struktur der Informationen,
die zwischen der Benutzerschnittstelle und der Applikation ausgetauscht werden.
Viele Werkzeuge für die Entwicklung von Benutzerschnittstellen bilden die Applikationsschnittstelle nicht in eine eigenständige Software-Komponente ab, sondern
verwenden die von modernen Programmiersprachen gebotenen Möglichkeiten zur
Schnittstellendefinition, um die Datenstrukturen und Funktionen der Applikation zu
beschreiben, auf die die Benutzerschnittstelle zugreifen kann. Insbesondere die im
objektorientierten Paradigma integrierte Beschreibung von Datenstrukturen und
darauf anwendbaren Operationen sowie die Definition von Zugriffsrechten ermöglichen eine Implementierung der Applikationsschnittstelle als Teil der Applikation.
Die Applikationsschnittstelle repräsentiert dabei keine eigene Software-Komponente, sondern eine abstrakte Sicht auf die für die Benutzerschnittstelle relevanten
Datenstrukturen und Funktionen der Applikation.

2.1.1.2   IFIP-Modell

Das IFIP-Modell ([Dzi83], [Dzi88]) stellt ein weiteres Schichtenmodell dar, das der
Beschreibung und Bewertung der verschiedenen Gestaltungsaspekte von Benutzerschnittstellen dient. Im Vergleich zum Seeheim-Modell berücksichtigt es neben den
internen Komponenten einer Benutzerschnittstelle auch ihre Beziehung zu den rechnergestützten Arbeiten anderer Benutzer sowie ihre Einordnung in das arbeitsorga-
nisatorische Umfeld einer interaktiven Anwendung und besitzt deshalb für die
Software-Ergonomie ([Vie87], [Bal88], [Gor91], [Gor92], [Gor93], [Maa93]) eine
besondere Bedeutung. Benutzerschnittstellen werden im IFIP-Modell durch mehrere
Prozesse und die zwischen ihnen definierten Schnittstellen modelliert (siehe Abb.
2.2). Dabei wird zwischen der Ein-/Ausgabeschnittstelle, der Dialogschnittstelle,
der Werkzeugschnittstelle und der Organisationsschnittstelle unterschieden. Durch
diese Differenzierung wird eine präzise und relativ unabhängige Beschreibung und
Bewertung der Gestaltungsaspekte von Benutzerschnittstellen ermöglicht.

Ein-/Ausgabeschnittstelle
Die Ein-/Ausgabeschnittstelle definiert die Eingabetechniken des Benutzers und die
Ausgabetechniken des Software-Systems. Sie bestimmt damit zum einen, welche
physikalischen Eingabegeräte, z.B. Tastatur und Maus, dem Benutzer zur Verfügung stehen. Zum anderen legt sie die physikalischen Darstellungsmöglichkeiten
fest, z.B. alphanumerisches Terminal oder Bitmap-Bildschirm, und impliziert damit

die möglichen Darstellungsarten von Daten und Funktionen der Software-Werkzeuge einer interaktiven Anwendung.

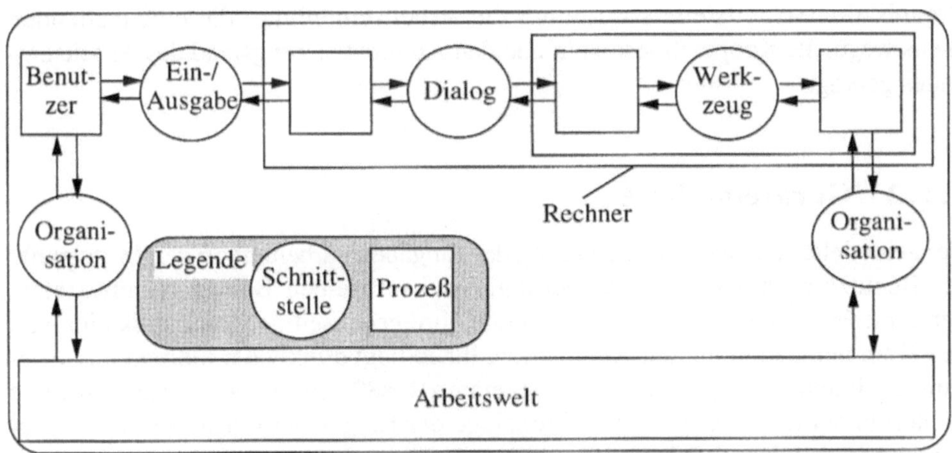

Abb. 2.2 IFIP-Modell für Benutzerschnittstellen

Dialogschnittstelle

Die Dialogschnittstelle definiert den Dialogablauf zwischen dem Benutzer und der interaktiven Anwendung. Sie ist außerdem für die Dialogablaufsteuerung verantwortlich und legt die den einzelnen Dialogschritten zugeordneten Dialogformen ([Vie87], [Bal88]) fest, z.B. Datenabfrage, Kommando, Menüauswahl und direkte Manipulation graphischer Objekte. Dadurch wird u.a. festgelegt, wie ein Benutzer Anweisungen erteilen, unterbrechen oder abbrechen und Hilfsinformation abrufen kann.

Werkzeugschnittstelle

Die Werkzeugschnittstelle definiert die Zugriffsmöglichkeiten des Benutzers auf die von einem Rechner bereitgestellten Software-Werkzeuge und Daten. Sie beschreibt die von den einzelnen Software-Werkzeugen angebotenen Funktionen, ihre Parametrisierung sowie die Kombinationsmöglichkeiten dieser Werkzeuge. Entsprechend der Applikationsschnittstelle des Seeheim-Modells werden durch die Werkzeugschnittstelle die manipulierbaren Objekte, die dafür angebotenen Funktionen und ihre Kombinationsmöglichkeiten definiert.

Organisationsschnittstelle

Die Organisationsschnittstelle dient der Einordnung einer interaktiven Anwendung in ihr arbeitsorganisatorisches Umfeld. Sie beschreibt den Zusammenhang der

Arbeitsaufgaben eines Benutzers mit den Arbeitsaufgaben anderer Benutzer, die
Abstimmung einer interaktiven Anwendung auf die übrigen vom Benutzer verwen-
deten Werkzeuge und die Arbeitsaufteilung zwischen Benutzer und Rechner. Die
Organisationsschnittstelle wird durch die Arbeitseinteilung, die einzuhaltenden
Dienstwege, die Kooperationsregeln und den Automatisierungsgrad des Arbeitsum-
feldes geprägt.

2.1.2 Gerätemodelle

Gerätemodelle stellen die Modellierung der Eingabeverarbeitung in den Mittelpunkt
der Benutzerschnittstellenmodellierung. Sie beschreiben Benutzerschnittstellen
durch die Eigenschaften der Eingabegeräte, ihre gegenseitige Kommunikation und
ihre Kommunikation mit der Applikation. Ihnen liegt direkt oder indirekt das sogenannte Modell der logischen Eingabegeräte [Ros82] zugrunde. Dieses abstrakte
Modell bildet die konzeptionelle Grundlage der Eingabeverarbeitung in den Gra-
phikstandards GKS ([ISO85], [Duc89]), PHIGS [ISO89] und CGI [ISO88b]. Aus
diesem Grund werden die als Gerätemodelle vorgestellten Ansätze in anderen Arbeiten, z.B. [Hüb90], auch als Graphikmodelle bezeichnet.

2.1.2.1 GKS-Eingabemodell

Das GKS-Eingabemodell unterteilt logische Eingabegeräte nach dem Datentyp des
von ihnen gelieferten Eingabewertes in sechs verschiedene Eingabeklassen. Beispiele für Eingabeklassen sind Locator (Koordinateneingabe), Choice (Auswahl)
und String (Texteingabe). Eine auf dem GKS-Eingabemodell aufbauende Applikation kennt nur die Eingabeklassen und die aktuell gültigen Eingabewerte der ihr zugeordneten Eingabegeräte. Die Abbildung logischer Eingabegeräte auf physikalische
Eingabegeräte wird durch die GKS-Implementierung gekapselt. Ihr liegt eine Unterscheidung des aktuellen Eingabewertes (Maßwert) und der Bestätigung des endgültigen Eingabewertes (Trigger) zugrunde. Durch Auslösung des Triggers wird der
aktuelle Maßwert zum endgültigen Eingabewert. Ein logisches Eingabegerät wird im
GKS-Eingabemodell durch fünf Komponenten und die zwischen ihnen bestehenden
Kommunikationsbeziehungen (siehe Abb. 2.3) beschrieben:

- Maßwert: aktueller Eingabewert,
- Trigger: Event, das die Übergabe des aktuellen Maßwertes an die Applikation
  auslöst,
- Prompt (Aufforderung): Aufforderung zur Dateneingabe,
- Echo: Feedback (Ausgabereaktion) auf Änderungen des Maßwertes,
- Quittung: Feedback (Ausgabereaktion) auf die Auslösung des Triggers.

Die Applikation kommuniziert mit einem oder mehreren logischen Eingabegeräten, von denen sie Eingabewerte erhält. Während der Datentyp des Maßwertes und die Triggerart eines logischen Eingabegerätes durch die Eingabeklasse festgelegt werden, kann die Anwendung für Prompt, Echo und Quittung aus einer Menge von vordefinierten Ausgabetechniken wählen. Darüber hinaus kann sie für jedes logische Eingabegerät einen von drei Betriebsmodi auswählen:

- Request-Modus: Die Applikation fordert genau einen Eingabewert an und wartet auf die Eingabe.
- Event-Modus: Die von den logischen Eingabegeräten erzeugten Events werden in eine gemeinsame Warteschlange eingetragen und von der Applikation sequentiell verarbeitet.
- Sample-Modus: Der Maßwert wird bei jeder Anfrage der Applikation zurückgeliefert, ohne daß vorher der Trigger ausgelöst werden muß.

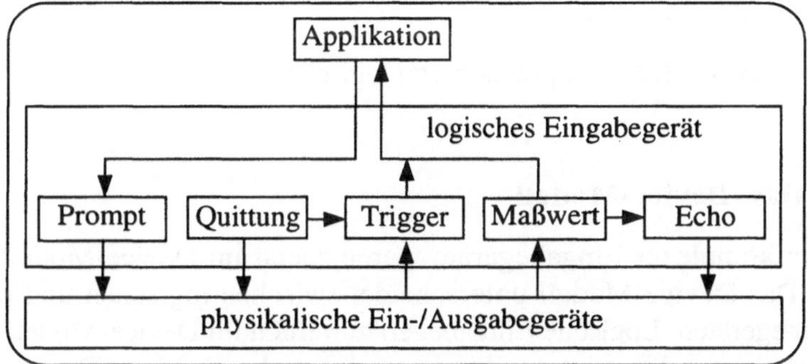

Abb. 2.3 Komponenten eines logischen Eingabegerätes

Ein wesentlicher Nachteil des Modells der logischen Eingabegeräte ist die fehlende Unterstützung bei der Erkennung und Verarbeitung komplexer Eingaben, die aus mehreren elementaren Eingaben zusammengesetzt sind. Die von den logischen Eingabegeräten an die Applikation übergebenen Eingabewerte besitzen elementare Datentypen. Die Zusammenfassung elementarer Eingabewerte zu strukturierten Eingaben erfolgt deshalb in der Applikation. Das Modell der logischen Eingabegeräte unterstützt damit nur die Modellierung der Präsentationskomponente, so daß die Dialogkontrolle deshalb vom Anwendungsprogrammierer konventionell implementiert werden muß.

Aufgrund dieser Defizite wurden Alternativen und Erweiterungen des Modells der logischen Eingabegeräte vorgeschlagen, z.B. [Duc90], die alle auf der Zusammenfassung von logischen Eingabegeräten zu komplexen Eingabegeräten aufbauen (siehe Abb. 2.4). Dabei werden komplexe Eingabegeräte selbst wieder als logische

Eingabegeräte betrachtet, so daß sich Hierarchien von logischen Eingabegeräten und damit komplexe Interaktionstechniken (Erkennung und Verarbeitung einer Folge von Benutzereingaben) modellieren lassen.

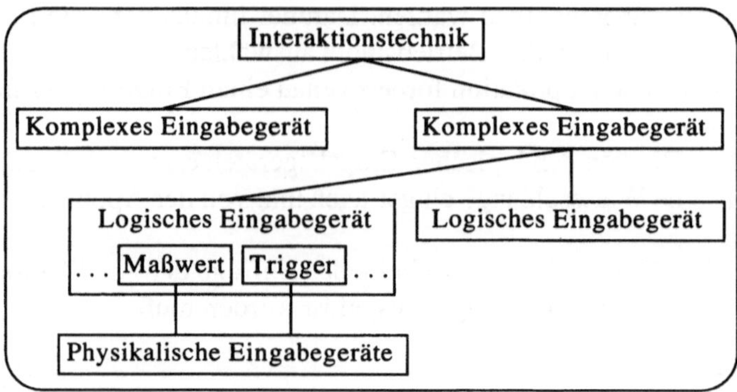

Abb. 2.4 Komposition von logischen Eingabegeräten

2.1.2.2 Das Device-Modell

Das Konzept komplexer Eingabegeräte wurde zuerst im Device-Modell [Ans82] vorgestellt. Das Device-Modell unterscheidet zwischen logischen und physikalischen Eingabegeräten. Logische Eingabegeräte werden im Device-Modell durch ihr externes Verhalten und ihre interne Implementierung beschrieben. Das externe Verhalten eines Eingabegerätes umfaßt den von außen sichtbaren Zustand, zustandsmanipulierende Events und Aktionen. Über sogenannte Kanäle werden Aktionen statisch an Events gebunden. Die Komposition von logischen Eingabegeräten wird im Device-Modell durch untergeordnete Eingabegeräte und sogenannte Device-Variablen definiert. Untergeordnete Eingabegeräte besitzen die gleiche Lebensdauer wie ihr übergeordnetes Eingabegerät und können parallel zu diesem Events verarbeiten. Darüber hinaus kann die Definition eines logischen Eingabegerätes Referenzen auf andere Eingabegeräte enthalten, die zur Laufzeit initialisiert und für die Kommunikation zwischen eigenständigen Eingabegeräten eingesetzt werden. Physikalische Eingabegeräte sind implizit global definiert und damit in der Definition logischer Eingabegeräte verfügbar.

Die Eventverarbeitung der Eingabegeräte einer interaktiven Anwendung erfolgt parallel, so daß das Device-Modell eine einfache Modellierung von interaktiven Anwendungen mit mehreren, gleichzeitig aktiven Teildialogen unterstützt. Zur Vermeidung von Zugriffskonflikten auf interne Datenstrukturen, kann ein Eingabegerät zu jedem Zeitpunkt nur eine Aktion ausführen. Indem logische Eingabegeräte durch Variablen und Funktionen mit differenzierter Sichtbarkeit definiert werden, verwendet das Device-Modell grundlegende Konzepte des objektorientierten Paradigmas. Durch die Komposition von logischen Eingabegeräten unterstützt es außerdem eine hierarchische Modellierung komplexer Eingaben und damit eine Beschreibung der Dialogkontrolle.

Neuere Ansätze wie z.B. das Interaktionsmodell [Hüb90], das AIT-Modell [Bos88], das EDG-Modell [Kle88] und das Interaktionsmodell von CADUIMS [Hüb89b] verbinden die Vorteile des Device-Modells mit den Vorteilen des objektorientierten Paradigmas.

2.1.2.3 Das Dialogzellen-Modell

Das Dialogzellen-Modell [Bor82] ist eine Erweiterung des GKS-Eingabemodells, das Dialoge durch eine polyhierarchische Anordnung sogenannter Dialogzellen beschreibt. Eine Dialogzelle ist eine Einheit, die einen aus mehreren Aktionen bestehenden Dialogschritt vollständig beschreibt und aus folgenden vom GKS-Eingabemodell abgeleiteten Komponenten besteht:

* Prompt: Initialisierung einer Dialogzelle und graphische Ausgabe für die Anzeige der Bereitschaft zur Eingabeverarbeitung,
* Echo: Anzeige des aktuellen Maßwertes, d.h direktes Feedback auf die Änderung des Maßwertes,
* Symbol: Definition des gültigen Datentyps einer Benutzereingabe und der verwendeten Eingabetechnik,
* Wert: Aktueller Eingabewert einer Dialogzelle.

Die beiden Komponenten Wert und Symbol entsprechen dem Maßwert-Trigger-Konzept des GKS-Eingabemodells. Prompt und Echo können dagegen durch GKS-Ausgabefunktionen beschrieben werden und bieten damit mehr Flexibilität als die vordefinierten Ausgabetechniken des GKS-Eingabemodells. Die logischen GKS-Eingabegeräte repräsentierten damit Spezialfälle von Dialogzellen.

Dialogzellen können polyhierarchisch angeordnet werden, indem jede Komponente einer Dialogzelle selbst wieder aus einer oder mehreren Dialogzellen bestehen kann, d.h. Komponenten einer Dialogzelle können die Aktivierung untergeordneter Dialogzellen beinhalten. Durch diese flexible Hierarchisierung können z.B. zusammengesetzte Prompt- und Echo-Komponenten definiert werden. Die Aktivierung von untergeordneten Dialogzellen stößt Subdia oge für das Einlesen komplexer Eingabewerte an, so daß ein Top-down-Kontrollfluß vor liegt

Eine Benutzerschnittstelle wird als Polyhierarchie von Dialogzellen modelliert (siehe Abb. 2.5), in der nur die Dialogzelle an der Wurzel mit der Applikation verbunden ist. Die Blätter dieser Hierarchien, sogenannte Basisdialogzellen, bilden die Schnittstelle zu den vordefinierten GKS-Eingabegeräten und zu den GKS-Ausgabefunktionen.

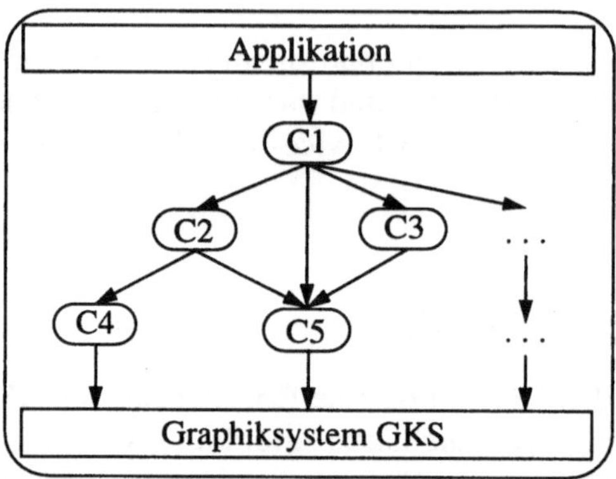

Abb. 2.5 Dialogzellen-Modell einer Benutzerschnittstelle

2.1.3 Objektorientierte Benutzerschnittstellenmodelle

Graphische Benutzerschnittstellen, die eine direkte Manipulation graphischer Bildschirmobjekte unterstützen, werden oft als objektorientierte Benutzerschnittstellen bezeichnet, obwohl sie nicht unbedingt eine objektorientierte Software-Architektur besitzen müssen. Diese ungenaue Bezeichnung läßt sich teilweise darauf zurückführen, daß direktmanipulative, graphische Benutzerschnittstellen bereits vom Benutzer als System interaktiver, graphischer Objekte betrachtet werden.

Konzeptionelle Modelle und konkrete Entwicklungswerkzeuge für diese Benutzerschnittstellen haben gezeigt, daß objektorientierte Modelle gegenüber klassischen Benutzerschnittstellenmodellen deutliche Vorteile besitzen. Ein wesentlicher Vorteil des objektorientierten Paradigmas ist seine durchgängige Verwendbarkeit in der Analyse, im Entwurf und in der Implementierung. Die an anderer Stelle oft zurecht beklagte semantische Lücke zwischen Entwurf und Implementierung entfällt hier, da die aus dem Entwurf resultierenden Klassen, Objekte und Beziehungen unmittelbar in einer objektorientierten Programmiersprache implementiert werden können. Interaktive Graphikobjekte der Benutzungsoberfläche werden direkt in Implementierungsobjekte abgebildet und durch das Versenden von Nachrichten manipuliert. Die Vorteile der Integration des Entwurfs und der Implementierung von Benutzerschnittstellen werden in [Nor92] am Beispiel der Entwicklungsumgebung SIRCOO verdeutlicht.

Die Implementierungsobjekte direktmanipulativer Benutzerschnittstellen werden durch ihre visuelle Darstellung und ihre Reaktion auf Nachrichten, das sogenannte Interaktionsverhalten, beschrieben und deshalb als Interaktionsobjekte oder User-Interface-Objekte bezeichnet. Bekannte Beispiele für Interaktionsobjekte sind Buttons, Menüs, Textfelder und Dialogboxen. Der konzeptionelle Begriff „Interaktionsobjekt" bzw. „User-Interface-Objekt" repräsentiert eine allen objektorientierten Benutzerschnittstellenmodellen gemeinsame Abstraktion der Basiskomponenten graphischer Benutzerschnittstellen. Die konkrete Implementierung von Interaktionsobjekten, z.B. als komplexe Objekte oder als Kooperation von Objekten, ist dagegen modellspezifisch. Im Rahmen der Verarbeitung von Nachrichten kommunizieren Interaktionsobjekte mit dem Window-System (oder einem Graphiksystem), mit der Applikation (über die Applikationsschnittstelle) sowie mit anderen Interaktionsobjekten (siehe Abb. 2.6).

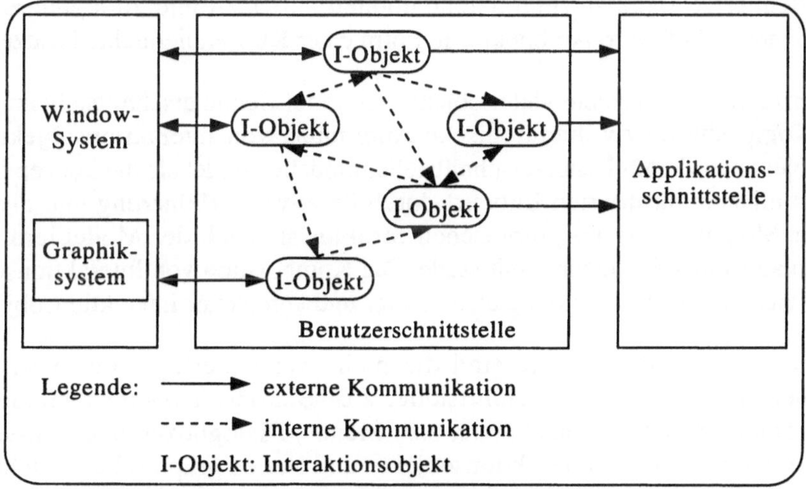

Abb. 2.6 Kommunikationsverbindungen von Interaktionsobjekten

Die Kommunikation zwischen Interaktionsobjekten wird hier als interne Kommunikation und die Kommunikation mit den anderen Komponenten einer interaktiven Anwendung als externe Kommunikation bezeichnet. Die externe und interne Kommunikation besteht aus Aufrufen von Objektmethoden (Versenden von Nachrichten) sowie Schnittstellenfunktionen und legt damit sowohl den Daten- als auch den Kontrollfluß fest. Intern erzeugte Nachrichten können Interaktionsobjekte erzeugen, löschen, aktivieren und deaktivieren sowie deren Zustände ändern. Deaktivierte Interaktionsobjekte können bis zur ihrer Reaktivierung keine Nachrichten verarbeiten. Die interne Kommunikation manipuliert also die Interaktionsmöglichkeiten des Benutzers und dient einer objektorientierten Implementierung der Dialogkontrolle. Der Dialogzustand besitzt dabei nur eine implizite Repräsentation als Kombination der Dialogzustände der einzelnen Interaktionsobjekte, so daß objektorientierte Benutzerschnittstellenmodelle die Dialogkontrolle auf die Interaktionsobjekte verteilen.

Interaktionsklassen definieren die visuelle Darstellung und das Interaktionsverhalten von Interaktionsobjekten. Aufbauend auf der Vererbung erfolgt eine hierarchische Anordnung von Interaktionsklassen im Sinne der Generalisierung und Spezialisierung. Die Erweiterbarkeit dieser Klassenhierarchien durch die Definition abgeleiteter Interaktionsklassen ermöglicht sowohl die Anpassung an spezielle Anforderungen interaktiver Anwendungen als auch die anwendungsunabhängige Erweiterung der Funktionalität von Entwicklungswerkzeugen für graphische Benutzerschnittstellen. Die Vorteile des objektorientierten Paradigmas haben dazu geführt, daß moderne Entwicklungswerkzeuge für graphische Benutzerschnittstellen zum einen auf einem objektorientierten Benutzerschnittstellenmodell aufbauen und zum anderen eine objektorientierte Software-Architektur in Form einer Klassenhierarchie besitzen.

Eines der zentralen Konzepte vieler objektorientierter Benutzerschnittstellenmodelle ist die Komposition bzw. hierarchische Anordnung von Interaktionsobjekten. In vielen objektorientierten Benutzerschnittstellenmodellen bildet sie die konzeptionelle Basis für einen strukturierten Entwurf durch iterative Verfeinerung und dient sowohl der Modellierung der graphischen Struktur als auch der Modellierung des Dialogablaufs einer Benutzerschnittstelle. Die Komposition von Interaktionsobjekten impliziert eine Unterscheidung elementarer und komplexer Interaktionsobjekte.

Elementare Interaktionsobjekte sind die nicht weiter zerlegbaren interaktiven Komponenten einer Benutzerschnittstelle, z.B. Buttons, Texteingabefelder und Icons. Komplexe Interaktionsobjekte, z.B. Menüs, Dialogboxen und Fenster, aggregieren untergeordnete Interaktionsobjekte und stellen graphische Beziehungen zwischen ihnen sicher. Außerdem können sie das Dialogablaufverhalten der ihnen untergeordneten Interaktionsobjekte beeinflussen. Komplexe Interaktionsobjekte können selbst wieder als untergeordnete Interaktionsobjekte verwendet werden, so daß die Komposition die Definition von Interaktionsobjekthierarchien unterstützt. Während elementare Interaktionsobjekte durch ihr Interaktionsverhalten eine lokale Dialogkontrolle definieren, können komplexe Interaktionsobjekte eine übergeordnete Dialogkontrolle definieren. Durch wiederholte Komposition von Interaktionsobjekten kann dadurch eine globale Dialogkontrolle für komplexe Teildialoge oder ganze Benutzerschnittstellen implementiert werden.

Dialogspezifische Objektmodelle
Die Objektmodelle objektorientierter Programmiersprachen sind für die Modellierung der Dialogkontrolle einer Benutzerschnittstelle nicht ausreichend, da sie das Protokoll von Objekten durch die Menge der Nachrichten (Events) beschreiben, die ein Objekt verarbeiten kann. In objektorientierten Programmiersprachen ohne ein Metaklassenkonzept, z.B. C++ [Str91] und Eiffel [Mey88], wird das Protokoll bereits durch die Klassendefinition festgelegt und ist damit statisch. Objektorientierte Programmiersprachen mit Metaklassenkonzept, in denen selbst Klassen wieder als Objekte betrachtet werden, z.B. Smalltalk [Gol84], ermöglichen dagegen eine dynamische Erweiterung des Protokolls. Für die Beschreibung des Verhaltens von Interaktionsobjekten ist diese Form der dynamischen Protokollerweiterung jedoch aus folgenden Gründen noch nicht ausreichend:

- Die Nachrichten, die von einem Interaktionsobjekt verarbeitet werden können, sind voneinander abhängig, d.h. Interaktionsobjekte können Nachrichten oft nur in bestimmten Kombinationen verarbeiten. Das Objektmodell sollte deshalb die Beschreibung von Sequenzen zulässiger Nachrichten unterstützten.

- Das Verhalten von Interaktionsobjekten ist zustandsabhängig, d.h. die Menge der Nachrichten, die ein Interaktionsobjekt verarbeiten kann, ist abhängig vom aktuellen Zustand des Interaktionsobjektes und damit von der Folge bereits verarbeiteter Nachrichten. Das Protokoll eines Interaktionsobjektes muß deshalb dynamisch erweiterbar und reduzierbar sein.

Diese Anforderungen an die Beschreibung der Dialogkontrolle graphischer Benutzerschnittstellen werden natürlich auch in objektorientierten Programmiersprachen mit statischem oder eingeschränkt dynamischem Protokoll erfüllt, z.B. durch Definition spezieller Nachrichten-Handler, die alle Nachrichten empfangen und an die verarbeitenden Methoden delegieren. Die Dynamik der dadurch definierten Protokolle wird jedoch durch die Implementierung der Nachrichten-Handler verdeckt und besitzt keine explizite, durch die Programmiersprache unterstützte Repräsentation.

Die Nachteile der Objektmodelle objektorientierter Programmiersprachen führten zur Entwicklung einer Reihe von dialogspezifischen Objektmodellen, die auf die besonderen Anforderungen graphischer Benutzerschnittstellen zugeschnitten sind. Für eine Klassifizierung dieser Ansätze wird in diesem Buch das Seeheim-Modell verwendet, obwohl es durch die zugrundeliegende linguistische Benutzerschnittstellenmodellierung dafür nicht geeignet zu sein scheint. Die abstrakte Funktionalität der Komponenten des Seeheim-Modells ist jedoch unabhängig vom Benutzerschnittstellenmodell und muß deshalb auch von objektorientierten Benutzerschnittstellenmodellen abgedeckt werden.

Objektorientierte Benutzerschnittstellenmodelle wenden die durch das Seeheim-Modell implizierte Strukturierung auf der Objektebene an, indem sie die interne Struktur einzelner Interaktionsobjekte oder die Beziehungen zwischen Interaktions-objekten in Anlehnung an die funktionalen Komponenten und Verbindungen des Seeheim-Modells definieren. Dementsprechend lassen sich die Intraobjekt- und Interobjekt-Modellierung unterscheiden.

Bei der Intraobjekt-Modellierung erfolgt die interne Strukturierung der Interaktions-objekte entsprechend den funktionalen Komponenten des Seeheim-Modells, d.h. jedes Interaktionsobjekt besitzt Komponenten (siehe Abb. 2.7) für seine graphische Darstellung (Präsentationskomponente), für die Steuerung seines Dialogablaufver-haltens (Dialogkontrolle) und für die Kommunikation mit der Applikation über die Applikationsschnittstelle (API). Die Funktionalität der Komponenten eines Interak-tionsobjektes muß jedoch nicht exakt mit der Funktionalität der entsprechenden Komponente des Seeheim-Modells übereinstimmen, z.B. bzgl. der Aufteilung der Ein-/Ausgabeverarbeitung auf verschiedene Komponenten.

Zu dieser Kategorie von objektorientierten Benutzerschnittstellenmodellen gehören das PAC-Modell [Cou87b], das DIWA-Modell [Vos90], das Interaktionsmodell [Hüb90], das AIT-Modell [Bos88], das OOI-Modell [Hüb89b], das Dialogzellen-Modell [Bor82], das COA-Modell [Hil91] und die von Jacob entwickelte Spezifika-tionssprache [Jac86]. Komplexe graphische Strukturen und Dialogabläufe werden in diesen Modellen durch hierarchische Anordnung von Interaktionsobjekten be-schrieben. Abschnitt 3.1.1 enthält eine ausführliche Beschreibung dieser Modelle.

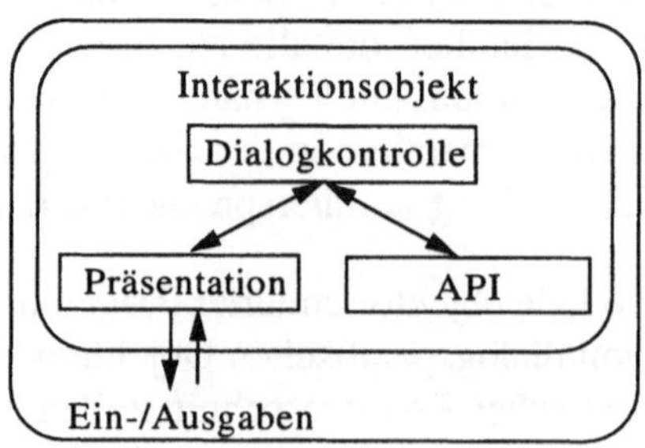

Abb. 2.7 Intraobjekt-Modellierung

Objektorientierte Benutzerschnittstellenmodelle, die auf der Interobjekt-Modellie-rung aufbauen, teilen die Funktionalität der Komponenten des Seeheim-Modells auf Objekte verschiedener Klassen auf. Interaktionsobjekte repräsentieren in diesen Modellen nur konzeptionelle Objekte, da die Präsentations- und die Dialogkontroll-objekte nicht aggregiert werden. Statt dessen werden die interaktiven Komponenten einer Benutzerschnittstelle durch Objektkooperationen definiert, deren Objekte gemeinsam die im Seeheim-Modell definierte Funktionalität abdecken (siehe Abb. 2.8).

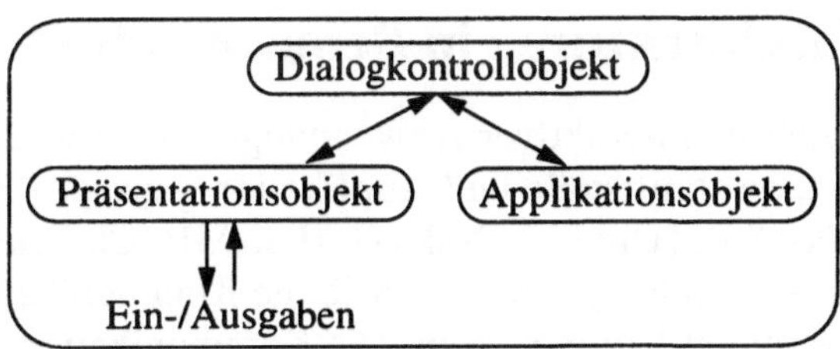

Abb. 2.8 Interobjekt-Modellierung

Eine Benutzerschnittstelle wird durch ein System dieser Objektkooperationen modelliert. Die Beziehungen zwischen den Komponenten des Seeheim-Modells werden in diesen Modellen direkt oder indirekt in Interobjektbeziehungen abgebildet. Komplexe graphische Strukturen und Dialogabläufe werden ebenfalls durch Komposition von Objekten der entsprechenden Klassen beschrieben. Im Gegensatz zur Intraobjekt-Modellierung unterstützen die Modelle eine separate Komposition der an den Aggregationen beteiligten Objekte. Die feinere Granularität der Komposition bietet dem Anwendungsprogrammierer eine höhere Flexibilität bei der Implementierung komplexer Benutzerschnittstellen. Bekannte Ansätze dieser Kategorie sind das MVC-Modell ([Gol84], [Kra88]), das Interaktormodell ([Mye89b], [Mye90]), EZWin [Lie85], GWUIMS [Sib86] und das in [Zho92] vorgestellte objektorientierte Benutzerschnittstellenmodell. Die beiden zuletzt genannten Ansätze verbinden die objekt- und schichtenorientierte Benutzerschnittstellenmodellierung durch eine objektorientierte Modellierung von Schichten einer Benutzerschnittstelle. Abschnitt 3.1.2 enthält eine ausführliche Beschreibung der wichtigsten Modelle dieser Kategorie.

Wesentliche Unterschiede zwischen den verschiedenen Ansätzen der beiden Kategorien ergeben sich in der Aufteilung der Ein- und Ausgabeverarbeitung auf die einzelnen Komponenten sowie in der Kommunikation und Komposition mit anderen Interaktionsobjekten.

Ein objektorientiertes Benutzerschnittstellenmodell wird entscheidend durch den strukturellen Aufbau und die Komposition von Interaktionsobjekten geprägt. Der strukturelle Aufbau von Interaktionsobjekten bestimmt, wie einzelne interaktive Komponenten einer Benutzerschnittstelle modelliert werden. Die Komposition von Interaktionsobjekten definiert, wie diese interaktiven Komponenten zu komplexen

Komponenten (Teildialogen) und schließlich zu ganzen Benutzerschnittstellen zusammengesetzt werden.

2.2 Kontrollarchitekturen in Benutzerschnittstellen

Die Software-Architektur interaktiver Anwendungen wird wesentlich durch die Trennung von Benutzerschnittstelle und Applikation geprägt ([End84], [Hay85], [Pfa85], [Dan87], [Har89], [Duc91], [Nak91], [Lau93]). Charakteristische Eigenschaften interaktiver Anwendungen sind deshalb die Kommunikation und gegenseitige Kontrolle dieser beiden Komponenten. Die Kommunikation sollte sowohl den Aufruf von Applikationsfunktionen als Reaktion auf Benutzereingaben als auch den Aufruf von Benutzerschnittstellenfunktionen durch die Applikation unterstützen. Die Kontrolle einer interaktiven Anwendung kann durch die Applikation (interne Kontrolle), durch die Benutzerschnittstelle (externe Kontrolle) oder durch beide Komponenten (wechselseitige Kontrolle) gemeinsam erfolgen. Die kontrollierende Komponente einer interaktiven Anwendung steuert die Ein- und Ausgabe von Daten und Befehlen. Kommunikation und Lokalisierung der Kontrolle sind voneinander abhängig und beeinflussen die Flexibilität und Gestaltung der Interaktionsmöglichkeiten des Benutzers einer interaktiven Anwendung wesentlich.

Interaktive Anwendungen wurden ursprünglich ausschließlich mit einer internen Kontrollarchitektur entwickelt, so daß die Kontrolle über den Dialog mit dem Benutzer der Applikation unterlag. Mit dem Aufkommen graphischer Benutzerschnittstellen war ein radikaler Wechsel zu einer externen Kontrolle, d.h. einer Kontrolle interaktiver Anwendungen durch den Benutzer, verbunden. Im Rahmen der Entwicklung moderner Client-/Server-Anwendungen muß die Kontrolle interaktiver Anwendungen jedoch häufig zwischen dem Benutzer und der Applikation wechseln können. Diese Anforderung führte zur Weiterentwicklung der externen Kontrolle zur sogenannten wechselseitigen Kontrolle. Modernen graphischen Benutzerschnittstellen liegt heute entweder eine externe oder eine wechselseitige Kontrolle zugrunde. Die interne Kontrolle hat dagegen keine Bedeutung mehr.

2.2.1 Interne Kontrolle

Die in Abb. 2.9 dargestellte interne Kontrolle [Hay85] repräsentiert den klassischen Ansatz der Implementierung interaktiver Anwendungen, bei dem die Kontrolle vollständig in der Applikation liegt und eine unidirektionale Kommunikation zwischen Applikation und Benutzerschnittstelle erfolgt. Die Applikation ruft Funktionen der Benutzerschnittstelle auf und bestimmt damit Zeitpunkt und Art der

Interaktionsmöglichkeiten des Benutzers. Da der Benutzer bei der internen Kontrolle zu jedem Zeitpunkt nur die von der Applikation im aktuellen Modus vorgesehenen Interaktionsmöglichkeiten besitzt, werden die daraus resultierenden Dialoge auch als modal bezeichnet. Eine weitere Charakterisierung der internen Kontrolle bezeichnet diese Form der Dialogführung als systemgesteuerten Dialog. Für die Kommunikation mit dem Benutzer (Ein- und Ausgabeoperationen) werden vordefinierte Funktionen entsprechender Werkzeuge für die Benutzerschnittstellenentwicklung aufgerufen. Diese Werkzeuge besitzen deshalb meistens die Form von Funktions- oder Klassenbibliotheken, die zur Applikation gebunden werden.

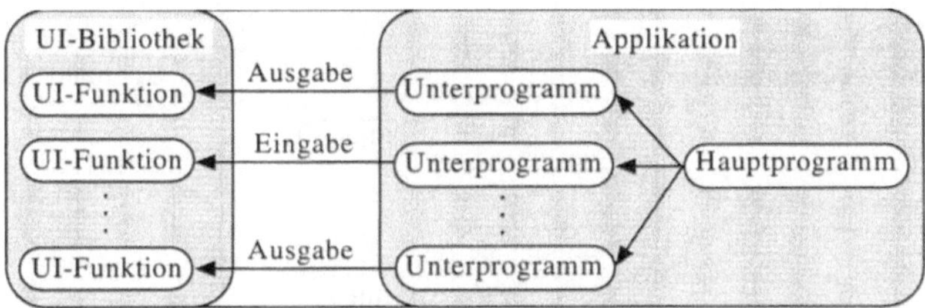

Abb. 2.9 Interne Kontrollarchitektur

Ein Nachteil der internen Kontrolle besteht darin, daß die Applikation zu jedem Zeitpunkt der Programmausführung alle Interaktionsmöglichkeiten des Benutzers berücksichtigen muß. Allgemeingültige Fehlerbehandlungen und Hilfefunktionen sowie gleichzeitig aktive Teildialoge (z.B. Mehrfenstertechnik) sind dadurch besonders schwer zu implementieren. Dialoggestaltung und -ablauf werden durch den Programmcode der Applikation festgelegt und besitzen damit keine explizite Repräsentation. Wesentlicher Nachteil einer internen Kontrollarchitektur ist jedoch die starke Abhängigkeit zwischen Applikation und Benutzerschnittstelle. Eine Trennung dieser beiden Komponenten wird nicht durch die Kontrollarchitektur erzwungen, sondern kann durch eine disziplinierte Implementierung nur teilweise erreicht werden.

2.2.2 Externe Kontrolle

Die Nachteile interaktiver Anwendungen mit interner Kontrollarchitektur haben dazu geführt, daß neuere Entwicklungswerkzeuge für Benutzerschnittstellen (siehe z.B. [Nye90], [OSF90]) auf der in Abb. 2.10 dargestellten externen Kontrolle [Hay85] aufbauen. Interaktive Anwendungen mit einer externen Kontrollarchitektur werden vollständig durch die Benutzerschnittstelle kontrolliert, so daß auch von einem benutzergesteuerten Dialog gesprochen wird. Die Applikation wird dabei geeignet modularisiert, d.h. in Unterprogramme zerlegt. Diese Unterprogramme oder auch Applikationsfunktionen (Callback-Funktionen) werden von der Benutzerschnittstelle als Reaktion auf Events (Benutzereingaben oder interne Nachrichten der Benutzerschnittstelle) aufgerufen. Die Benutzerschnittstelle besitzt dafür eine Kontrollschleife, die die Erkennung und Verarbeitung von Events steuert. Solange keine Benutzereingaben erfolgen, arbeitet die Anwendung diese Kontrollschleife ab. Da die Kontrolle über interaktive Anwendungen und die Modularisierung ihrer Komponenten bei der externen Kontrolle gerade entgegensetzt zur internen Kontrolle erfolgt, wird sie auch als invertierte Programmierung bezeichnet.

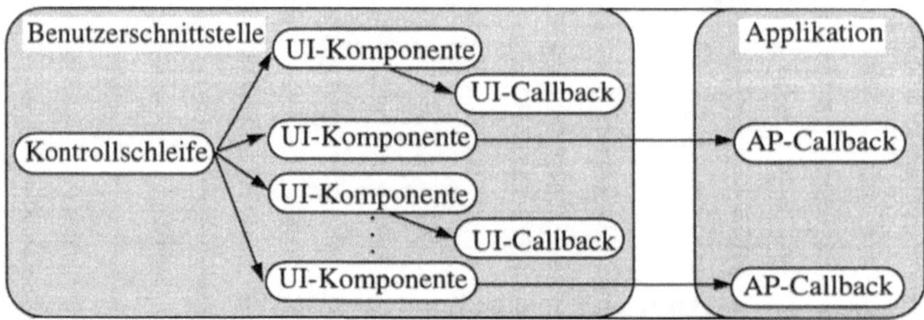

Abb. 2.10   Externe Kontrollarchitektur

Die Verarbeitung von Events beinhaltet den Aufruf von Applikationsfunktionen, die Abfrage darzustellender Applikationsdaten und den Aufruf interner Funktionen der Benutzerschnittstelle, z.B. das Aktivieren und Deaktivieren von User-Interface-Komponenten. Die externe Kontrolle impliziert eine unidirektionale Kommunikation zwischen Benutzerschnittstelle und Applikation, die im Gegensatz zur internen Kontrolle jedoch von der Benutzerschnittstelle ausgeht. Sie ermöglicht eine weitgehende Trennung und unabhängige Entwicklung dieser beiden Komponenten. Entwicklungswerkzeuge für Benutzerschnittstellen mit einer externen Kontrollarchitektur bieten dem Anwendungsprogrammierer neben einer Bibliothek von anwendungsunabhängigen User-Interface-Komponenten ein Laufzeitsystem, das die Kontrollschleife und Basismechanismen für die Eventerkennung und -verteilung beinhaltet. Das API dieser Entwicklungswerkzeuge unterstützt die Verknüpfung von interaktiven User-Interface-Komponenten mit den vom Anwendungsprogrammierer definierten Applikations- und Benutzerschnittstellenfunktionen. Das Laufzeitsystem ordnet dann Events den betroffenen User-Interface-Komponenten zu (z.B. über die aktuellen Mauskoordinaten) und ruft die installierten Callback-Funktionen auf.

Ein wesentlicher Vorteil einer externen Kontrollarchitektur besteht in den deutlich flexibleren Interaktionsmöglichkeiten des Benutzers. Sie ermöglicht z.B. eine einfache Implementierung von Benutzerschnittstellen mit gleichzeitig aktiven Teildialogen, zwischen denen beliebig gewechselt werden kann. Die auf einer externen Kontrollarchitektur aufbauenden Dialoge besitzen deshalb allgemein deutlich weniger Dialogmodi als bei einer internen Kontrollarchitektur.

Ein Nachteil der externen Kontrolle besteht jedoch in der fehlenden Unterstützung von Aufrufen der Benutzerschnittstellenfunktionen durch die Applikation, z.B. zur Aktualisierung der Darstellung von geänderten Applikationsdaten und zur Ausgabe von Zwischenergebnissen komplexer Berechnungen. Dieses Defizit liegt darin begründet, daß aufgerufene Applikationsfunktionen nicht ihrerseits wieder Benutzerschnittstellenfunktionen aufrufen können, ohne dabei die Kontrollschleife der Benutzerschnittstelle zu umgehen. Dadurch wird die Implementierung benutzergesteuerter Dialoge, in denen jedoch auch die Applikation Teildialoge anstoßen kann, behindert. Solche Dialoge sind z.B. Bestandteil von Kontrollanwendungen, in denen der Benutzer zum einen Geräte steuert und zum anderen von den Geräten über Ausnahmezustände informiert wird.

Im Gegensatz zur internen Kontrolle wird bei der externen Kontrolle die Kommunikation zwischen Benutzer und interaktiver Anwendung nicht durch die Applikation, sondern durch den Benutzer gesteuert. Durch die daraus resultierenden, weitgehenden Interaktionsfreiheiten des Benutzers ist die Implementierung einer Dialogkontrolle aufbauend auf einer externen Kontrollarchitektur komplizierter als bei einer internen Kontrollarchitektur.

Die Implementierung der Dialogkontrolle erfolgt häufig über interne Benutzerschnittstellenfunktionen (UI-Callbacks), die User-Interface-Komponenten so aktivieren und deaktivieren, daß in jedem Dialogschritt nur die zulässigen User-Interface-Komponenten aktiv sind. Aus software-ergonomischen Gründen werden aktive und inaktive User-Interface-Komponenten graphisch unterschieden, so daß der Benutzer in jedem Dialogschritt die zulässigen Interaktionsalternativen erkennen kann. Bei diesem Vorgehen wird die Dialogkontrolle implizit über eine Menge von internen Benutzerschnittstellenfunktionen definiert. Die fehlende explizite Dialogablaufrepräsentation und die große Anzahl benötigter Callbacks erschweren jedoch die Wartung der entsprechenden interaktiven Anwendungen und werden in [Mye91] als „spaghetti of callbacks" bezeichnet.

Die zweite Alternative für die Implementierung der Dialogkontrolle einer Benutzerschnittstelle mit externer Kontrollarchitektur besteht in einer expliziten Dialogablaufrepräsentation (Dialogspezifikation). Der expliziten Dialogablaufrepräsentation liegt dabei ein konzeptionelles Dialogmodell und eine damit verbundene Dialogspezifikationsmethode zugrunde, die in Abschnitt 2.3 ausführlicher behandelt werden.

2.2.3 Wechselseitige Kontrolle

Die aufgeführten Defizite der externen Kontrollarchitektur bei der Implementierung von benutzergesteuerten Dialogen, in denen jedoch auch die Applikation Teildialoge anstoßen kann, haben zur Entwicklung der wechselseitigen (gemischten) Kontrolle [Hay85] geführt. Die wechselseitige Kontrollarchitektur ist eine konsequente Weiterentwicklung der externen Kontrollarchitektur, bei der die Kontrolle über eine interaktive Anwendung zwischen der Benutzerschnittstelle und der Applikation wechseln kann. Dabei kann die Applikation selbständig Teildialoge anstoßen, z.B. um Zusatzinformationen abzufragen und Fehlermeldungen oder Zwischenergebnisse auszugeben. Die Benutzerschnittstelle arbeitet weiter nach dem Prinzip der externen Kontrolle, d.h. sie besitzt eine Kontrollschleife für die Eventerkennung und -verarbeitung und ruft Applikationsfunktionen auf, so daß eine wechselseitige Kontrollarchitektur weiterhin eine geeignete Modularisierung der Applikation erfordert. Um Konflikte zwischen der Kontrollschleife der Benutzerschnittstelle und der Applikation zu vermeiden, kann das Anstoßen von Teildialogen durch die Applikation als Event kodiert und durch die Kontrollschleife der Benutzerschnittstelle verarbeitet werden. Interaktive Anwendungen mit wechselseitiger Kontrollarchitektur unterstützen also einen Wechsel zwischen interner und externer Kontrolle und profitieren damit von den Vorteilen der externen Kontrolle für die Implementierung von benutzergesteuerten Dialogen.

Da die Kontrolle interaktiver Anwendung mit externer Kontrollarchitektur zwischen dem Verarbeiten der sequentiell eintretenden Events in der Kontrollschleife der Benutzerschnittstelle liegt, hat die Applikation einer sequentiell implementierten Anwendung keine Möglichkeit, selbständig Teildialoge anzustoßen. Aus diesem Grund erfordert die Implementierung einer wechselseitigen Kontrolle die in Abb. 2.11 dargestellte Aufteilung einer interaktiven Anwendung in zwei Prozesse: die Benutzerschnittstelle und die Applikation. Der wechselseitigen Kontrollarchitektur liegt damit eine Interprozeßkommunikation (IPC) und eine bidirektionale Kommunikation zwischen Benutzerschnittstelle und Applikation zugrunde.

Ein Nachteil der wechselseitigen Kontrolle gegenüber der externen Kontrolle ist jedoch die fehlende Unabhängigkeit der Applikation von der Benutzerschnittstelle. Durch die Programmteile der Applikation, die das Anstoßen von Teildialogen bewirken, wird sie von der Benutzerschnittstelle abhängig. Diese Abhängigkeit behindert eine getrennte Entwicklung von Benutzerschnittstelle und Applikation einer interaktiven Anwendung.

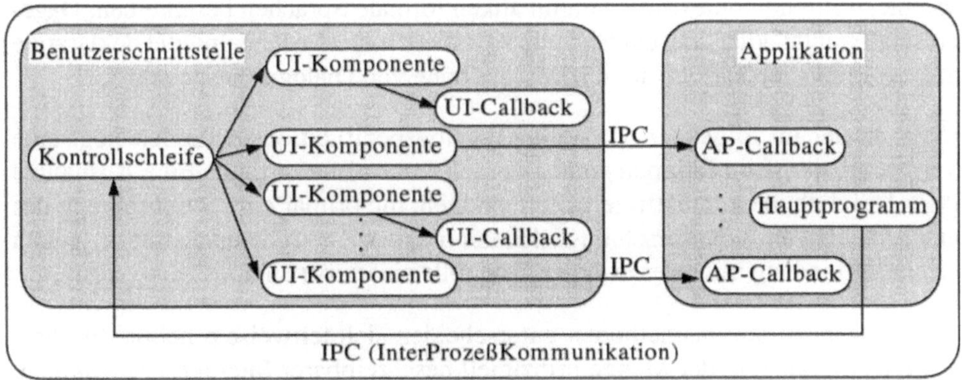

Abb. 2.11   Wechselseitige Kontrolle

2.3   Grundlagen der Dialogablaufbeschreibung

Für die Beschreibung des Dialogablaufs werden sogenannte Dialogspezifikationsmethoden verwendet ([Mye89a], [Gre85b], [Gre86], [Har89], [Hüb90], [Vos90], [Hof93]). Bezogen auf das Seeheim-Modell dienen Dialogspezifikationsmethoden der Beschreibung der Dialogkontrolle (siehe Abschnitt 2.1.1.1) einer Benutzerschnittstelle. Sie definieren damit die Struktur von Dialogen und werden vor allem in User-Interface-Management-Systemen eingesetzt (siehe Abschnitt 2.4.4). Einer Dialogspezifikationsmethode liegt immer ein konzeptionelles Modell von Dialogen zugrunde, das in Anlehnung an [Gre86] als Dialogmodell bezeichnet wird.

In diesem Abschnitt werden die zentralen Dialogspezifikationsmethoden vorgestellt: Zustandstransitionsgraphen, Statecharts, Petri-Netze, kontextfreie Grammatiken, Eventhandler, Zustandsbäume sowie die hierarchische und deklarative Dialogspezifikation. Weitere Dialogspezifikationsmethoden, die insbesondere für den Entwurf von Benutzerschnittstellen unter software-ergonomischen Kriterien geeignet sind, werden in [Hof93] ausführlich beschrieben, aber im folgenden aufgrund einer unterschiedlichen Zielsetzung nicht berücksichtigt. Konkrete Implementierungen einiger dieser Dialogspezifikationsmethoden werden in Abschnitt 3.1 in Verbindung mit der Beschreibung von Systemen zur objektorientierten Benutzerschnittstellenmodellierung vorgestellt.

Nicht alle der hier vorgestellten Methoden wurden speziell für die Dialogablaufbeschreibung entwickelt. Zustandstransitionsgraphen, Statecharts und Petri-Netze repräsentieren allgemeine Ansätze für die Beschreibung event-gesteuerter, reaktiver Systeme, während kontextfreie Grammatiken formale Sprachen beschreiben. Dagegen sind Eventhandler, Zustandsbäume sowie die hierarchische und die deklarative Dialogspezifikation speziell auf die Beschreibung von Dialogen ausgerichtet.

Fast allen der im folgenden vorstellten Dialogspezifikationsmethoden liegt eine Eventverarbeitung im Rahmen einer externen Kontrolle zugrunde. Eine Ausnahme bilden lediglich die kontextfreien Grammatiken, die primär eine Beschreibung des Dialogablaufs von Benutzerschnittstellen mit interner Kontrolle unterstützen, jedoch auch in Verbindung mit einer externen Kontrolle einsetzbar sind.

Die Dialogspezifikationsmethoden unterscheiden sich teilweise erheblich in ihrer Ausdrucksstärke, d.h. der Menge prinzipiell beschreibbarer Interaktionstechniken, und dem Umfang der Beschreibung dieser Interaktionstechniken. Für eine abschließende Bewertung verschiedener Dialogspezifikationsmethoden werden zunächst qualitative Anforderungen definiert (siehe auch [Vos90]).

Strukturierung und Abstraktion
Die vielfältigen Interaktionsmöglichkeiten in graphischen Benutzerschnittstellen haben eine hohe Komplexität entsprechender Dialogspezifikationen zur Folge, so daß geeignete Strukturierungsmöglichkeiten notwendig sind. Wesentlichen Einfluß auf die Strukturierung von Dialogspezifikationen hat die Wahl der Spezifikationseinheiten. Eine Dialogspezifikation kann z.B. die schrittweise Verfeinerung durch wiederholte Zerlegung in Teildialoge unterstützen oder ausschließlich das Dialogverhalten einzelner User-Interface-Komponenten einer Benutzerschnittstelle beschreiben. Teildialoge können dann in kleinere Dialogschritte und das Dialogverhalten einzelner User-Interface-Komponenten in Interaktionen zerlegt werden.

Durch die Strukturierung von Dialogspezifikationen erfolgt gleichzeitig eine Abstraktion. Auf der obersten Abstraktionsebene der Dialogspezifikation werden Teildialoge zu Dialogen verknüpft oder Interaktionen von User-Interface-Objekten kombiniert. Dabei wird von den elementaren Interaktionstechniken abstrahiert. Eine Dialogspezifikationsmethode sollte jedoch neben geeigneten Abstraktionsmöglichkeiten eine hinreichende Granularität besitzen, um auch diese elementaren Interaktionstechniken beschreiben zu können. Auch wenn Werkzeuge für die Benutzerschnittstellenentwicklung eine Vielzahl von vordefinierten, elementaren Interaktionstechniken enthalten, ist insbesondere im Kontext interaktiver anwendungsspezifischer Graphik auch die Spezifikation neuer Interaktionstechniken erforderlich. Die Strukturierungsmöglichkeiten einer Dialogspezifikationsmethode sollten deshalb sowohl auf abstrakte Teildialoge als auch auf elementare Interaktionstechniken anwendbar sein.

Ausdrucksstärke und Einfachheit

Eine Dialogspezifikationsmethode sollte möglichst ausdrucksstark sein, damit Dialogabläufe einfach und problemorientiert beschreibbar sind. Der angestrebten Einfachheit steht jedoch die Vielfalt der Interaktionsmöglichkeiten in graphischen Benutzerschnittstellen gegenüber, die auch durch adäquate Dialogspezifikationsmethoden nicht reduziert werden kann. Eine Dialogspezifikationsmethode sollte jedoch durch ihrer Ausdrucksstärke die Beherrschung dieser Komplexität ermöglichen. Neben den Strukturierungsmöglichkeiten hat die Ausdrucksstärke einer Dialogspezifikationsmethode wesentlichen Einfluß auf die Anschaulichkeit von Dialogspezifikationen. Prinzipiell sind Dialogspezifikationsmethoden mit wenigen Konstrukten zu bevorzugen, die jedoch flexibel kombiniert werden können und damit ausdrucksstark sind.

Dialogstrukturierung

Dialogspezifikationsmethoden müssen die Struktur der Dialogabläufe in graphischen Benutzerschnittstellen geeignet beschreiben können. Die dafür erforderlichen Konzepte dienen der Definition von komplexen Dialogen und sollten folgende Dialogstrukturen unterstützen:

- Sequenz von Dialogschritten eines Teildialoges,
- Verzweigungen des Dialogablaufs aufgrund von Benutzereingaben (z.B. Menüauswahl) oder Berechnungsergebnissen,
- Nebenläufigkeit von Dialogschritten für die Beschreibung gleichzeitig aktiver Teildialoge (z.B. Mehrfenstertechnik),
- beliebige Reihenfolgen der Dialogschritte (Permutationen) eines Teildialoges (z.B. Dateneingabe in Dialogboxen),
- globale Interaktionsmöglichkeiten, die unabhängig vom Dialogzustand immer zulässig sind (z.B. Abfrage von Hilfsinformationen oder Unterbrechungen),
- explizite Repräsentation von Dialogzuständen und ihren zulässigen Interaktionsmöglichkeiten.

Dialogspezifikationsmethoden sollten außerdem berücksichtigen, daß Dialogstrukturen in der Regel dynamisch sind, d.h. sich zur Laufzeit ändern können. In sogenannten dynamischen Dialogen können z.B. zur Laufzeit einzelne Interaktionsmöglichkeiten gesperrt und später wieder freigegeben sowie User-Interface-Komponenten dynamisch erzeugt und wieder gelöscht werden. Mit dieser dynamischen Manipulation der Benutzerschnittstelle ist dann jeweils eine Anpassung der Dialogstruktur verbunden. Eine Dialogspezifikationsmethode sollte deshalb Konzepte für die Beschreibung dynamischer Dialoge anbieten.

Ausführbarkeit
Eine fast selbstverständliche Anforderung an eine Dialogspezifikationsmethode ist
die Ausführbarkeit der Dialogspezifikationen, z.B. durch Interpretierung oder Übersetzung in ein ablauffähiges Programm. Im Rahmen des Prototyping von graphischen Benutzerschnittstellen wird ein iterativer Wechsel zwischen Spezifikations-
und Ausführungsphase angestrebt, um die Präsentation und das Dialogablaufverhalten von Benutzerschnittstellen möglichst frühzeitig mit Benutzern zu testen. Für eine
unabhängige Entwicklung von Benutzerschnittstelle und Applikation ist dabei die
Ausführbarkeit unvollständiger Dialogspezifikationen erforderlich, in denen insbesondere die Anbindung an die Applikation fehlen kann.

2.3.1   Zustandstransitionsgraphen

Zustandstransitionsgraphen ([Gre86], [Mye89a]) sind graphische Darstellungen
endlicher Zustandsautomaten. Dialogspezifikationen durch Zustandstransitionsgraphen beschreiben die Dialogzustände, den zulässigen Dialogablauf und die
Verarbeitung von Benutzereingaben durch Knoten, Kanten und Markierungen
gerichteter Graphen. Die Knoten der Graphen repräsentieren Dialogzustände, die
Kanten die Zustandsübergänge (Transitionen). Kanten beschreiben die zulässigen
Interaktionsmöglichkeiten in den einzelnen Dialogzuständen und werden durch die
Namen der Ereignisse (Benutzereingaben und interne Nachrichten) markiert, die
eine entsprechende Transition auslösen. Außerdem können den Kanten Aktionen
zugeordnet werden, die bei der entsprechenden Transition ausgeführt werden.
Alternative Definitionen von Zustandstransitionsgraphen ordnen Aktionen nicht den
Kanten, sondern den Knoten zu.

Abb. 2.12 zeigt einen einfachen Zustandstransitionsgraph zum Zeichnen einer Linie,
deren Stützpunkte durch einfache Mausklicks eingegeben werden. Ein doppelter
Mausklick ohne zwischenzeitliche Mausbewegung beendet die Interaktion. Auf jede
Mausbewegung wird sofort mit dem Zeichnen der sich daraus ergebenden Linie
reagiert.

Zustandstransitionsgraphen besitzen einen Startzustand und eine Menge von End-
zuständen. Eine Sequenz von Ereignissen stellt genau dann einen zulässigen Dialogablauf dar, wenn der Zustandstransitionsgraph einen vom Startzustand ausgehenden Pfad (Folge von Kanten) besitzt, dessen Markierung identisch mit der
Ereignissequenz ist. Die Verarbeitung dieser Ereignissequenz erfolgt dabei durch die
Ausführung der den Kanten zugeordneten Aktionen. In [Gre86] werden drei
wesentliche Erweiterungen der einfachen Zustandstransitionsgraphen vorgestellt.

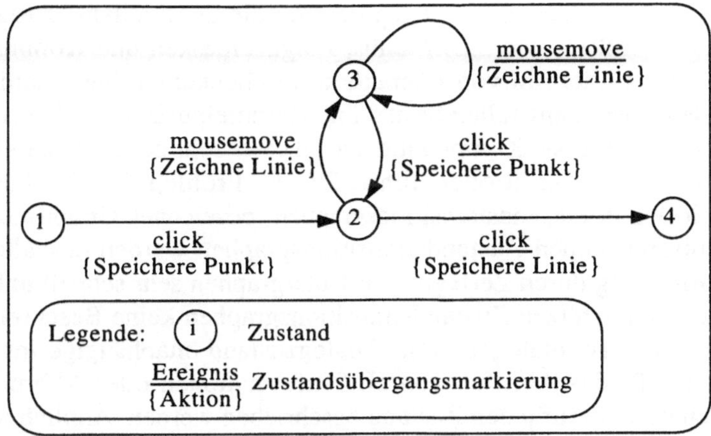

Abb. 2.12   Zustandstransitionsgraph zum Zeichnen einer Linie

- Modulare Zustandstransitionsgraphen bieten die Voraussetzung für eine Strukturierung und Reduzierung der Komplexität von Zustandstransitionsgraphen durch Zerlegung in mehrere Untergraphen. Die Markierung einer Kante kann dann entweder durch den Namen eines Ereignisses oder den Namen eines Untergraphen erfolgen. Befindet sich ein Zustandstransitionsgraph in einem Zustand, von dem eine durch einen Untergraphen markierte Kante ausgeht, so wird dieser Untergraph aktiviert, wenn ein Event eintritt, das er in seinem Startzustand verarbeiten kann. Die durch den Untergraphen markierte Transition gilt als abgearbeitet, wenn er einen Endzustand erreicht hat.

- Rekursive Zustandstransitionsgraphen sind eine Erweiterung modularer Zustandstransitionsgraphen um die Möglichkeit der rekursiven Aktivierung von Untergraphen. Dabei können Kanten eines Untergraphen mit dem Namen des Untergraphen markiert werden, so daß durch Rekursion mehrere aktive Instanzen dieses Untergraphen erzeugt und auch wieder gelöscht werden können.

- Erweiterte Zustandstransitionsgraphen sind Zustandstransitionsgraphen, deren Kanten neben Ereignissen auch Bedingungen zur Überprüfung der Zulässigkeit einer Transition zugeordnet werden können. Die Bedingungen sind abhängig von den Werten lokaler Register des Zustandstransitionsgraphen, deren Werte durch die Aktionen der Zustandsübergänge verändert werden. Die Änderung von Registerwerten ermöglicht damit eine dynamische Änderung des zulässigen Dialogablaufs in Abhängigkeit von den bisherigen Benutzereingaben. Erweiterte Zustandstransitionsgraphen besitzen eine gegenüber den einfachen und rekursiven Zustandstransitionsgraphen erhöhte Ausdrucksstärke.

Zustandstransitionsgraphen eignen sich primär für die Beschreibung zustandsorientierter Eingabetechniken, wie z.B. Menüs, Eingabemasken und Kommandosprachen. Aufgrund der Vielzahl von Interaktionsmöglichkeiten direktmanipulativer, graphischer Benutzerschnittstellen besitzt ihre Beschreibung durch Zustandstransitionsgraphen eine sehr hohe Komplexität, die zu einer sehr hohen Zustandszahl und entsprechend vielen Transitionen führt. Dieses Problem wird allgemein als „Zustandsexplosion in Zustandstransitionsgraphen" bezeichnet. Graphische Darstellungen der entsprechenden Zustandstransitionsgraphen werden deshalb auch bei einer Modularisierung durch Zerlegung in Untergraphen sehr schnell unübersichtlich. Außerdem unterstützen Zustandstransitionsgraphen keine Beschreibung von gleichzeitig aktiven Teildialogen. Vom Dialogzustand unabhängige Interaktionsmöglichkeiten, z.B. das Abrufen von Hilfsinformationen oder Abbruchinteraktionen, müssen deshalb für jeden Zustand beschrieben werden. Ähnlich aufwendig ist die Beschreibung einer einheitlichen Fehlerbehandlung.

Diese Defizite von Zustandstransitionsgraphen haben dazu geführt, daß Möglichkeiten der Verknüpfung von zustandsorientierter Dialogspezifikation und Nebenläufigkeit untersucht wurden. Eine direkte Erweiterung auf nebenläufige Zustandstransitionsgraphen wird von Jacob in seiner objektorientierten Spezifikationssprache für direktmanipulative Benutzerschnittstellen ([Jac85], [Jac86]) vorgeschlagen (siehe Abschnitt 3.1.2). Dabei werden die Zustandstransitionsgraphen von Interaktionsobjekten von einem zentralen Scheduler nebenläufig ausgeführt und durch Koroutinenaufrufe aktiviert und deaktiviert.

Ein ähnlicher Ansatz für die Spezifikation reaktiver Systeme wird mit ObjChart [Gan93] vorgestellt. ObjChart modelliert ein reaktives System als Menge von asynchron kommunizierenden und hierarchisch (im Sinne einer „part-of"-Beziehung) angeordneten Objekten sowie funktionalen Beziehungen zwischen den Attributen der Objekte. Das Dialogverhalten der einzelnen Objekte wird durch Zustandstransitionsgraphen (Zustandsautomaten) beschrieben. Diese Verknüpfung einer objektorientierten Benutzerschnittstellenmodellierung mit einer Dialogspezifikation durch Zustandstransitionsgraphen liegt auch dem PAC-Modell ([Cou87a], [Cou87b], [Bas91], siehe Abschnitt 3.1.1) und dem Interaktormodell ([Mye89b], [Mye90], siehe Abschnitt 3.1.2) zugrunde.

Weiterreichende Ansätze, die Nebenläufigkeit bereits als inhärentes Konzept der Verhaltensbeschreibung behandeln, repräsentieren Statecharts und Petri-Netze. Sie wurden beide für die Dialogspezifikation eingesetzt und werden deshalb in den folgenden Abschnitten ausführlicher beschrieben.

2.3.2   Statecharts

Statecharts [Har87] unterstützen eine formale Beschreibung von reaktiven Systemen, die kontinuierlich auf externe und interne Events reagieren, z.B. Telephonvermittlungen, Kommunikationssysteme, Betriebssysteme und auch Benutzerschnittstellen. Mathematische Grundlage von Statecharts sind sogenannte Higraphen [Har88a].

Higraphen

Higraphen [Har88a] sind eine Erweiterung von gerichteten Graphen um mehrstellige Relationen und strukturierte Knotenmengen. Indem einzelne Knoten als einelementige Knotenmengen betrachtet werden, unterscheiden Higraphen nicht mehr zwischen Knoten und Knotenmengen. Die Definition strukturierter Knotenmengen erfolgt u.a. durch Mengeninklusion, so daß Knotenmengen als Elemente anderer Knotenmengen verwendet werden können. Die Kanten eines Higraphen beschreiben mehrstellige Relationen und verbinden Knotenmengen (siehe Abb. 2.13). Sie können sowohl Relationen zwischen komplexen Knotenmengen als auch Relationen zwischen deren Teilmengen beschreiben. Ihre Bedeutung ist anwendungsspezifisch, so daß eine Kante zwischen zwei Knotenmengen z.B. eine Relation beschreiben kann, die dem Kreuzprodukt zwischen den Knotenmengen entspricht.

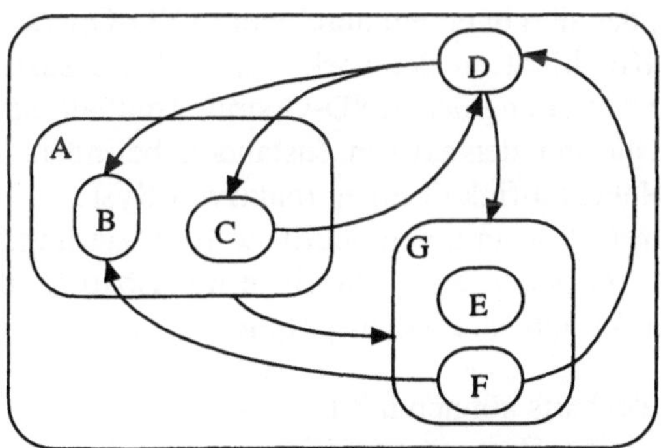

Abb. 2.13   Einfacher Higraph

Neben der Mengeninklusion unterstützen Higraphen noch drei weitere Mengenoperationen: den nichtleeren Schnitt, die Mengenvereinigung und das kartesische Produkt. Durch Anwendung dieser Mengenoperationen können komplex strukturierte Knotenmengen beschrieben werden.

Die Modellierung reaktiver Systeme durch Higraphen baut damit auf zwei verschiedenen, gleichzeitig anwendbaren Konzepten auf: Anwendungsunabhängige Mengenoperatoren für die Beschreibung von strukturierten Knotenmengen und die durch Kanten repräsentierten Relationen zwischen Knotenmengen mit anwendungsspezifischer Bedeutung. Higraphen dienen damit sowohl einer formalen Beschreibung als auch einer graphischen Darstellung von Hierarchisierung und Modularisierung auf einer anwendungsunabhängigen Abstraktionsebene. Durch die anwendungsspezifische Bedeutung der Kanten sind Higraphen sehr flexibel und können in unterschiedlichen Anwendungsgebieten eingesetzt werden. In [Har88a] wird z.B. die Anwendbarkeit von Higraphen auf die Datenmodellierung im ER-Modell [Che76] gezeigt.

Statecharts: Higraphen mit Zustandstransitionen
Statecharts sind eine auf Higraphen basierende Erweiterung von Zustandstransitionsgraphen. Sie besitzen einen gegenüber Zustandstransitionsgraphen erweiterten Zustandsbegriff, da Zustände durch die Definition von Unterzuständen komplex strukturiert werden können. Zwischen den Unterzuständen eines komplex strukturierten Zustandes können Transitionen existieren. Mengenvereinigung und kartesisches Produkt der Higraphen werden in Statecharts durch die beiden Operatoren XOR und AND für die Verknüpfung von Zuständen beschrieben.

Ein reaktives System, das sich in einem durch den XOR-Operator strukturierten Zustand befindet, nimmt genau einen der verknüpften Unterzustände an, während ein reaktives System, das sich in einem durch den AND-Operator strukturierten Zustand befindet, die Kombination der verknüpften Unterzustände annimmt. Ein Statechart, dessen Beschreibung den AND-Operator enthält, kann sich also gleichzeitig in mehreren Zuständen, den aktiven Zuständen, befinden. Mit dem AND-Operator wird also die Nebenläufigkeit eines reaktiven Systems modelliert und eine gegenüber Zustandstransitionsgraphen deutliche Reduzierung der Zustandsanzahl erzielt. Statecharts repräsentieren damit eine Lösung des Problems der „Zustandsexplosion in Zustandstransitionsgraphen".

Transitionen eines Statecharts können mit Events, Prädikaten und Aktionen markiert werden. Sie besitzen die aus Zustandstransitionsgraphen bekannte Semantik: Events lösen Zustandsübergänge aus, die nur ausgeführt werden, falls das Prädikat erfüllt ist. Abb. 2.14 zeigt einen einfachen Statechart, in dem die beiden komplexen Zustände A und D durch den AND-Operator (dargestellt durch eine gestrichelte Linie) zum komplexen Zustand Y verknüpft sind. Die Zustände B und F sind (durch die von einem Punkt ausgehenden Transitionen) als Anfangszustände markiert und werden nach dem Starten des Statecharts oder nach einer HY-Transition angenommen. Eine Synchronisation der Transitionen in den Zuständen A und D wird durch das als Markierung mehrerer Transitionen verwendete Event e erzielt. Die YI-Transition beschreibt einen Zustandsübergang, der durch das Event p ausgelöst wird und unabhängig von dem gerade angenommenen Unterzustand des komplexen Zustands Y zulässig ist.

Als Erweiterung gegenüber Zustandstransitionsgraphen können Transitionen einerseits zeitliche Verzögerungen (siehe FE-Transition in Abb. 2.14) und andererseits Bedingungen an nebenläufige Zustände (siehe BC-Transition) zugeordnet werden. Durch das Prädikat in(G) wird z.B. sichergestellt, daß die BC-Transition nur dann ausgeführt wird, wenn der nebenläufige Zustand D gerade den Unterzustand G annimmt. Transitionen mit einer zeitlichen Verzögerung werden nach Verstreichen der spezifizierten Zeitspanne ausgeführt, falls das optionale Prädikat erfüllt ist.

Die bei einem Zustandsübergang ausgeführte Aktion kann selbst wieder Events erzeugen, die an alle aktiven Zustände verteilt werden (Broadcasting) und damit eine interne Kommunikation auslösen. Eine Synchronisation zwischen nebenläufigen Zustandstransitionen wird durch die Markierung mit gleichen Events beschrieben. Zusammenfassend betrachtet erweitern Statecharts Zustandstransitionsgraphen um Konzepte für eine hierarchische Strukturierung von Zuständen, Dekomposition in nebenläufige Komponenten und Kommunikation durch Eventverteilung. Sie wurden als anwendungsunabhängiger Formalismus für die Beschreibung reaktiver Systeme entwickelt und besitzen deshalb keine dialogspezifischen Konzepte. Eine kommerzielle Implementierung von Statecharts erfolgte durch das System STATEMATE [Har88b]. Statecharts werden u.a. in der objektorientierten Entwurfsmethode OMT („Object Modeling Technique", [Rum91]) für die Beschreibung der Dynamik objektorientierter Systeme eingesetzt.

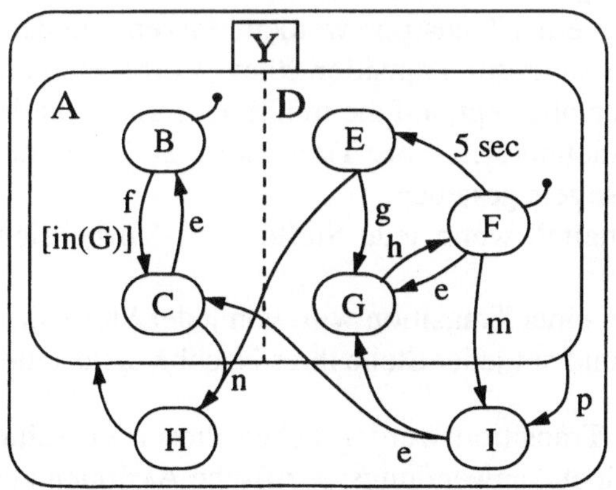

Abb. 2.14   Einfacher Statechart

Einen weiteren Ansatz für die Verknüpfung von Statecharts mit dem objektorientierten Paradigma stellen die in [Col92] vorgestellten ObjectCharts dar. In ObjectCharts werden Statecharts für die Beschreibung des Dialogverhaltens von Objekten eingesetzt. Die Eignung von Statecharts für die Dialogspezifikation wurde außerdem durch das UIMS Statemaster [Wel89] belegt. Durch die inhärente Unterstützung von Nebenläufigkeit eignen sie sich insbesondere für die Beschreibung gleichzeitig aktiver Teildialoge und vom Dialogzustand unabhängigen Interaktionsmöglichkeiten.

2.3.3 Petri-Netze

Unter den formalen Ansätzen zur Beschreibung event-gesteuerter Systeme haben Petri-Netze [Rei85] die meiste Aufmerksamkeit gefunden und wurden dementsprechend intensiv untersucht. Sie sind für die Beschreibung von Nebenläufigkeit und Synchronisation geeignet.

Einfache Petri-Netze
Ein Petri-Netz ist ein bipartiter, gerichteter Graph, der in seiner einfachsten Form durch eine Menge von Stellen, eine Menge von Transitionen und eine Menge gerichteter Kanten zwischen Stellen und Transitionen (und umgekehrt) definiert wird. Stellen dienen der „Zwischenablage von Daten", die durch Transitionen verarbeitet werden. Jede Stelle kann sogenannte Marken aufnehmen, die das „Schalten von Transitionen" auslösen. Marken können z.B. durch einfache Objekte vom Datentyp `boolean` oder `integer` oder durch komplex strukturierte Objekte modelliert werden. Beim Schalten einer Transition werden Marken von den Stellen abgezogen, von denen eine Kante zu dieser Transition führt (Vorbereich einer Transition) und Marken auf den Stellen abgelegt, auf die mindestens eine von der Transition ausgehende Kante führt (Nachbereich einer Transition). Das Schalten von Transitionen wird durch folgende Regeln gesteuert:
- Ein Transition schaltet, wenn jede Stelle ihres Vorbereichs mindestens eine Marke enthält.
- Durch das Schalten einer Transition wird von jeder Stelle ihres Vorbereichs eine Marke abgezogen und auf jeder Stelle ihres Nachbereichs eine Marke abgelegt.

Beim Schalten einer Transition werden neben dieser Verschiebung von Marken außerdem ihr zugeordnete, anwendungsspezifische Aktionen ausgeführt. Transitionen definieren also die anwendungsspezifische Funktionalität eines durch ein Petri-Netz modellierten Systems. Petri-Netze besitzen keine direkte Repräsentation von Zuständen. Der Zustand eines durch ein Petri-Netz modellierten Systems wird durch die Belegung der Stellen mit Marken repräsentiert. Anfangszustände werden als initiale Markenbelegung definiert.

Nebenläufigkeit wird in Petri-Netzen durch das gleichzeitige Schalten mehrerer Transitionen modelliert. Unmittelbar verbunden mit der Nebenläufigkeit von Transitionen ist ihre Synchronisation, z.B. durch die Definition von Transitionen, deren Vorbereiche gemeinsame Stellen besitzen. In einfachen Petri-Netzen wird das Schalten einer Transition als Ereignis ohne eine zeitliche Ausprägung betrachtet. Die Beschreibung zeitvarianter reaktiver Systeme ist erst mit sogenannten Timed-Petri-Netzen ([Hol85], [Fle93]) möglich, in denen jeder Transition eine Dauer zugeordnet werden kann.

Dialogspezifikation durch Petri-Netze
Die Modellierung reaktiver Systeme mit Petri-Netzen erfordert die Definition einer Schnittstelle zwischen dem modellierten System und seiner Umgebung. Bei der Dialogspezifikation durch Petri-Netze wird die Umgebung durch die Applikation und die vom Benutzer bedienten Eingabegeräte repräsentiert. Nach [Pal93] gibt es zwei prinzipielle Ansätze der Definition einer Schnittstelle für die von der Umgebung erzeugten externen Events:
- Bestimmte Transitionen, sogenannte Eventtransitionen, können als Schnittstelle deklariert und durch externe Events ausgelöst werden.
- Bestimmte Stellen, sogenannte Eventstellen, können als Schnittstelle deklariert und aufgrund von externen Events mit Marken belegt werden.

Im ersten Ansatz schaltet eine Eventtransition beim Eintreten eines externen Events, falls alle ihre Vorbereichsstellen mit Marken belegt sind. Beim zweiten Ansatz wird ein Event explizit als Marke im System repräsentiert (siehe Abb. 2.15). Die Verarbeitung von Events unterliegt aber in beiden Fällen der Kontrolle des Petri-Netzes. Die den Transitionen zugeordneten Aktionen rufen Präsentations- und Applikationsfunktionen auf und implementieren damit die Verarbeitung von Benutzereingaben. Aufgrund ihrer formalen Grundlage unterstützten Petri-Netze eine Validierung und Analyse von Dialogspezifikationen und wurden deshalb bereits mehrfach zur Dialogspezifikation eingesetzt (siehe auch [Hof93]).

Im UIMS SCENARIOO [Rou90], das Petri-Netze in Form sogenannter Eventgraphen für die Dialogablaufbeschreibung von Benutzerschnittstellen einsetzt, werden Dialoge in eine Menge von unabhängigen Teildialogen zerlegt. Teildialoge werden durch einfache Petri-Netze beschrieben. Ein Eventgraph besteht aus einer Menge von einfachen Petri-Netzen, die nebenläufig ausgeführt werden und damit gleichzeitig aktive Teildialoge beschreiben. Die Integration externer Events erfolgt in diesem Ansatz über Eventtransitionen.

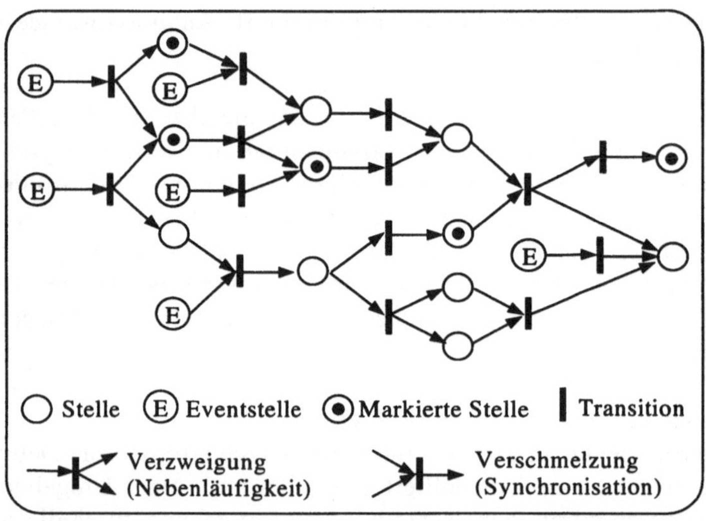

Abb. 2.15   Graphische Darstellung von Petri-Netzen

Ein anderer Ansatz der Dialogstrukturierung mit Petri-Netzen ist die im PNO-Formalismus („Petri Nets with Objects", [Bas90], [Pal93]) verfolgte Verknüpfung von Petri-Netzen mit einer objektorientierten Modellierung von Benutzerschnittstellen. Dabei wird eine Benutzerschnittstelle als System von kooperierenden Objekten, sogenannten „Interactive Cooperative Objects" (ICO) modelliert. Ein ICO kann z.B. ein Fenster und damit einen Teildialog modellieren. Das Dialogverhalten der ICO wird durch sogenannte höhere Petri-Netze beschrieben, in denen Marken durch Objekte modelliert werden. Außerdem können Transitionen eine Vorbedingung besitzen, deren Überprüfung z.B. durch Aufruf von Methoden der als Marken übergebenen Objekte erfolgt. Vorbedingungen von Transitionen bieten eine weitere Möglichkeit, die Zulässigkeit von Events (Benutzereingaben) zu überprüfen. Höhere Petri-Netze werden im PNO-Formalismus sowohl für die Beschreibung des Dialogverhaltens einzelner ICO, als auch für die Beschreibung ihrer Kooperation eingesetzt.

Der klassische Ansatz einer Dialogstrukturierung mit Petri-Netzen ist ihre hierarchische Strukturierung. Dabei können Petri-Netze entweder sogenannte komplexe Stellen oder komplexe Transitionen enthalten, die durch Unternetze definiert werden. Das Markieren einer komplexen Stelle oder das Schalten einer komplexen Transition führen dann zur Aktivierung des entsprechenden Unternetzes. Eine Dialogspezifikation durch hierarchische Petri-Netze wird mit den Dialognetzen [Jan93] verfolgt. In Dialognetzen werden die einzelnen Dialogschritte durch Transitionen beschrieben. Für Transitionen können Aktionen und Bedingungen definiert werden.

Diese Bedingungen überprüfen z.B., ob ein externes Event eingetreten ist. Dialognetze werden auf zwei verschiedenen Abstraktionsebenen zur Beschreibung von Dialogabläufen eingesetzt:

- grobe Dialogabläufe: Dialogabläufe auf Fensterebene beschreiben die Abfolge von fensterorientierten Teildialogen,
- feine Dialogabläufe: Dialogabläufe auf Objektebene beschreiben das Dialogverhalten der User-Interface-Komponenten.

Nach [Jan93] eignen sich Dialognetze prinzipiell für beide Abstraktionsebenen. Eine vollständige Beschreibung der Dialogabläufe auf Objektebene wird jedoch aufgrund der vielfältigen Interaktionsmöglichkeiten graphischer Benutzerschnittstellen für eine graphische Dialogablaufspezifikation durch Petri-Netze zu umfangreich. Aus diesem Grund sind Dialognetze primär für die Beschreibung der Dialogabläufe auf Fensterebene geeignet.

2.3.4 Kontextfreie Grammatiken

Die Dialogspezifikation durch kontextfreie Grammatiken ([Gre86], [Mye89a]) basiert auf einer linguistischen Benutzerschnittstellenmodellierung (siehe Abschnitt 2.1.1) und kann dadurch bewährte Techniken der Beschreibung und Erkennung formaler Sprachen ausnutzen. Die einfache Struktur kontextfreier Sprachen und die im Compilerbau entwickelten Algorithmen für ihre Erkennung haben dazu geführt, daß für die Dialogspezifikation nur kontextfreie Grammatiken eingesetzt werden. Terminalsymbole dieser Grammatiken bilden die Benutzereingaben und internen Nachrichten. Nichtterminalsymbole und Produktionen der Grammatik dienen der Dialogstrukturierung. Die Dialogablaufsteuerung einer Benutzerschnittstelle besitzt dann die Funktionalität eines Parsers für Benutzereingaben und interne Nachrichten. Die bekanntesten formalen Notationen für kontextfreie Grammatiken sind die Backus-Naur-Form (BNF, [Nau63]) und ihre Erweiterungen, die Erweiterte-Backus-Naur-Form (EBNF, [Wir85]). Die BNF wurde z.B. in SYNGRAPH ([Ols83a], [Ols83b]) für die Beschreibung des Dialogablaufs von Benutzerschnittstellen eingesetzt.

Kontextfreie Grammatiken beschreiben jedoch nur die Erkennung elementarer und komplexer Events. Eine vollständige Beschreibung der Dialogkontrolle muß jedoch auch die Eventverarbeitung, d.h. die Kommunikation mit der Präsentationskomponente und der Applikation sowie die Erzeugung interner Nachrichten, umfassen. Deshalb werden für die Dialogspezifikation erweiterte kontextfreie Grammatiken eingesetzt, deren Produktionen Aktionen für die Eventverarbeitung (an beliebiger oder fest vorgegebener Position der rechten Seite) zugeordnet werden können. Aktionen werden vom Parser aktiviert, wenn die entsprechende Produktion angewendet und bis zur Position der Aktion abgearbeitet wurde. Diese Technik stammt ebenfalls aus dem Compilerbau, da sie bereits für die Eingabegrammatiken von Parser-Generatoren eingesetzt wurde. Für die Dialogspezifikation besitzt diese Verknüpfung von Eventerkennung und -verarbeitung jedoch den Nachteil, daß das Dialogverhalten der spezifizierten Benutzerschnittstelle von dem verwendeten Parser-Algorithmus (top-down oder bottom-up) abhängig ist.

Die folgende kontextfreie Grammatik spezifiziert eine Interaktion zum Zeichnen einer Linie durch Eingabe von Stützpunkten. Als direktes graphisches Feedback auf Benutzereingaben wird während der Interaktion die bisher eingegebene Linie gezeichnet. Die Interaktion endet durch zwei aufeinander folgende Mausklicks ohne zwischenzeitliche Mausbewegung. Die Produktion für das Nichtterminalzeichen startpoint beschreibt das Setzen des ersten Stützpunktes. Das Setzen weiterer Stützpunkte wird durch die Produktion für das Nichtterminalzeichen points spezifiziert. Die Produktion für das Nichtterminalzeichen moving spezifiziert das Bewegen der Maus und Zeichnen der Linie zwischen dem Setzen von zwei Stützpunkten.

Beispiel:

```
drawline      ::= startpoint points.
startpoint    ::= "click" {Speichere Punkt}.
points        ::= "mousemove" {Zeichne Linie} moving
                | "click" {Speichere Linie}.
moving        ::= "mousemove" {Zeichne Linie} moving
                | "click" {Speichere Punkt} points.
```

Für die Dialogspezifikation durch Grammatiken sind nur zwei Untermengen der kontextfreien Grammatiken praktisch relevant, die LL(1)- und die LALR(1)-Grammatiken [Aho88]. Bei der Erkennung der durch diese Grammatiken beschriebenen formalen Sprachen wird jede Aktion des Parsers eindeutig durch seinen Zustand und das nächste Eingabezeichen bestimmt. Auf die Dialogkontrolle übertragen bedeutet diese Eigenschaft, daß jede elementare Benutzereingabe eine eindeutige Reaktion der Benutzerschnittstelle auslöst. Die Verwendung allgemeiner kontextfreier Grammatiken würde dagegen zur Folge haben, daß die Benutzerschnittstelle in bestimmten Dialogzuständen erst nach mehreren Benutzereingaben eindeutig reagieren könnte.

Obwohl kontextfreie Grammatiken aufgrund ihrer Deklarativität eine sehr anschauliche und kompakte Dialogspezifikationsmethode repräsentieren, eignen sie sich nicht für die Beschreibung des Dialogablaufs in graphischen Benutzerschnittstellen.

Dagegen sind sie für die Beschreibung von Dialogabläufen in menü-, masken- und kommandoorientierten Benutzerschnittstellen prädestiniert. Kontextfreie Grammatiken sind auf die Verarbeitung einer sequentiellen Folge von Benutzereingaben und interner Nachrichten ausgerichtet und besitzen deshalb keine Konzepte zur Beschreibung von Nebenläufigkeit. Durch diese Defizite müssen Dialogspezifikationen mit kontextfreien Grammatiken in jedem Dialogzustand alle zulässigen Interaktionsmöglichkeiten aufführen und besitzen damit ähnliche Nachteile wie Zustandstransitionsgraphen. Gleichzeitig aktive Teildialoge und vom Dialogzustand unabhängige Interaktionsmöglichkeiten können nur sehr aufwendig beschrieben werden. Außerdem ist eine dynamische Manipulation einer durch eine kontextfreie Grammatik spezifizierten Dialogstruktur nicht möglich, da aus der Dialogspezifikation ein Parser erzeugt wird und die Dialogstruktur deshalb zur Laufzeit nicht als manipulierbare Datenstruktur vorliegt.

Kontextfreie Grammatiken wurden in Form von BNF-Grammatiken zur Beschreibung interaktiver Graphik im SYNGRAPH-System ([Ols83a], [Ols83b]) verwendet. Dabei wurden sie um Konzepte zur Beschreibung von Kommandoabbruch, Rücknahme von Eingaben und globalen Dialogzuständen erweitert. Die Defizite kontextfreier Grammatiken bei der Beschreibung von Nebenläufigkeit sind jedoch inhärent und damit nicht durch Erweiterungen kompensierbar. Darüber hinaus wurden kontextfreie Grammatiken in TAG [Pay84], in CLG [Mor81] und in ETAG [Tau90] für die Dialogspezifikation eingesetzt. Diese beiden Ansätze sind durch die Einbeziehung eines Aufgabenmodells (TAG, ETAG) bzw. eines Benutzermodells (CLG) in den Entwurf von Benutzerschnittstellen gekennzeichnet.

2.3.5 Eventhandler

Eine einfache und weit verbreitete Form der Dialogspezifikation sind Eventhandler ([Gre86], [Mye89a]). Dialogabläufe werden dabei durch eine Menge von gleichzeitig aktiven Modulen für die Eventverarbeitung, den sogenannten Eventhandlern, spezifiziert. Sie besitzen lokale Variablen für die Verwaltung ihres Zustandes und lokale Prozeduren für die Verarbeitung bestimmter, vorgegebener Events. Eine zentrale Komponente, der sogenannte Eventmanager, verwaltet eine Eventqueue und verteilt Events an geeignete Eventhandler, die sie durch Kommunikation mit der Präsentationskomponente, mit der Applikation und mit anderen Eventhandlern verarbeiten. Die Dialogspezifikation durch Eventhandler impliziert eine verteilte Dialogablaufsteuerung und eignet sich insbesondere für die Beschreibung von Benutzerschnittstellen mit gleichzeitig aktiven Teildialogen und vom Dialogzustand unabhängigen Interaktionsmöglichkeiten.

Der Dialogzustand ergibt sich aus der Kombination der lokalen Zustände der Eventhandler und besitzt damit keine explizite Repräsentation. Die lokalen Prozeduren
eines Eventhandlers werden durch Events aktiviert, ändern den lokalen Zustand und
stoßen Kommunikationen an. Durch die Kommunikation zwischen Eventhandlern
können neue Eventhandler erzeugt und existierende Eventhandler gelöscht oder
manipuliert werden, so daß dynamische Dialoge spezifizierbar sind.

Der Dialogablauf wird also durch interne Nachrichten zwischen den Eventhandlern
gesteuert. Wesentlicher Nachteil der Dialogspezifikation durch Eventhandler ist das
Fehlen einer expliziten Dialogablaufrepräsentation wie bei Zustandstransitionsgraphen und kontextfreien Grammatiken. Aus diesem Grund gibt es für Eventhandler
auch keine allgemeingültige Notation. Statt dessen existieren verschiedene Event-
handler-Beschreibungssprachen, die entweder als Spezialsprache (z.B. [Car89])
oder als Erweiterung einer universellen Programmiersprache (z.B. die C-Erweite-
rungen in ALGAE [Fle87] und dem „University of Alberta"-UIMS [Gre85a] definiert wurden.

Das folgende Beispiel (Pseudo-Code in Anlehung an [Gre85a]) spezifiziert einen
Eventhandler für das Zeichnen einer Linie durch Eingabe mehrerer Stützpunkte. Der
Dialogzustand wird von der lokalen Variablen state verwaltet. Der Eventhandler
drawline enthält vom aktuellen Dialogzustand abhängige Regeln für die Verarbeitung der Events click und mousemove. Nach zwei aufeinanderfolgenden Mausklicks ohne zwischenzeitliche Mausbewegung wird die Interaktion durch Stoppen
des Eventhandlers drawline beendet.

Beispiel:

```
    EVENT HANDLER drawline

    TOKEN
       mouseclick Click;
       mousemove Move;

    VAR
       state : integer;       /* Zustand mit Werten 0,1 oder 2 */
       last  : Positiontype;

    EVENT Click : Positiontype DO {
       SpeicherePunkt(Click);
        last = Click;
       if state < 2            /* Erster/neuer Punkt eingegeben */
         then state := 2;
```

```
    else
      if state = 2 then   /* 2: Zwei Mausklicks nacheinander */
         { SpeichereLinie(); StopEventhandler(drawline); }
  };


  EVENT Move : Positiontype {
    if state > 0 {          /* Bereits Punkte eingegeben */
      ZeichneLinie(last,Move);
      state := 1; }         /* 1: Eingabe eines neunen Punktes */
  };


  INIT
    state := 0;             /* 0: Noch kein Punkt eingegeben */


  END EVENT HANDLER drawline;
```

Ein weiterer Nachteil der Dialogspezifikation durch Eventhandler ist die fehlende
Unterstützung der Dialogstrukturierung, d.h. der Zusammenfassung mehrerer Eingaben und Aktionen zu einer komplexen Interaktion, wie sie in kontextfreien
Grammatiken durch Nichtterminalsymbole und in Zustandstransitionsgraphen durch
Untergraphen gegeben sind. Eventhandler beschreiben die Verarbeitung von einfachen Events kontextunabhängig. Abhängigkeiten vom Dialogablauf können nur
durch Kommunikation zwischen Eventhandlern und die lokale Verwaltung von Zustandsinformationen programmiert, aber nicht spezifiziert werden.

Trotz dieser schwerwiegenden Nachteile hat die Dialogspezifikation durch Eventhandler aufgrund ihrer einfachen Anwendbarkeit und hohen Flexibilität eine starke
Verbreitung in Werkzeugen für die Benutzerschnittstellenentwicklung gefunden,
z.B. im X Toolkit ([McC88], [Nye90]) und dem darauf aufbauenden OSF/Motif
[OSF90]. Eventhandler unterstützen insbesondere eine einfache Beschreibung von
Nebenläufigkeit, während die Verwendung von Statecharts und Petri-Netzen fun-
dierte Kenntnisse des zugrundeliegenden Formalismus erfordert. In [Gre86] wird
außerdem gezeigt, daß eine Dialogspezifikation durch Eventhandler den Zustandstransitionsgraphen und kontextfreien Grammatiken in ihrer Ausdrucksstärke überlegen ist.

In objektorientierten Werkzeugen und Modellen für die Benutzerschnittstellenentwicklung bilden Eventhandler häufig integrale Bestandteile von User-Interface-
Objekten. In Abschnitt 3.1.1 werden mit dem DIWA-Modell ([Vos90], [Vos91],
[Six91]) und dem COA-Modell ([Her89a], [Her89b], [Hil91]) zwei Beispiele für
diese Verknüpfung einer objektorientierten Benutzerschnittstellenmodellierung mit
einer Dialogspezifikation durch Eventhandler vorgestellt.

Produktionssysteme

Eine Variante des Eventhandler-Ansatzes stellen die sogenannten Event-Response-Systeme dar, die Events durch Produktionssysteme verarbeiten. Ein Produktionssystem besteht mindestens aus einer Menge von Regeln (Produktionen) und einem Regelinterpreter. Die linke Seite einer Regel beschreibt eine Bedingung für ihre Anwendung, die rechte Seite die dabei auszuführenden Aktionen. Regeln können durch Aktionen dynamisch hinzugefügt und gelöscht werden, so daß Produktionssysteme für die Beschreibung dynamischer Dialoge geeignet sind.

Der Regelinterpreter bestimmt in jedem Schritt zunächst die anwendbaren Regeln und wählt gemäß einer Konfliktlösungsstrategie die zu aktivierende Regel aus. In Produktionssystemen für die Dialogspezifikation entsprechen die Regeln einfachen Eventhandlern. Die linke Seite der Regeln enthält neben Bedingungen die Spezifikation von Events, die für die Anwendbarkeit der Regel eingetreten sein müssen. Die Aktionen einer Regel können interne Events erzeugen und die Auswertung von Bedingungen anderer Regeln beeinflussen. Als Variante der Eventhandler unterstützt die Dialogspezifikation durch Produktionssysteme eine einfache Beschreibung gleichzeitig aktiver Teildialoge und zustandsunabhängiger Interaktionsmöglichkeiten. Sie besitzen jedoch ebenfalls den Nachteil, daß keine explizite Dialogablaufrepräsentation existiert. Bekannte Ansätze dieser Art sind Sassafras ([Hil86], [Hil87]) und Tube ([Her89a], [Her89b]).

CSP-Dialogspezifikation

Die Vorzüge der Sprache CSP [Hoa85] für die Beschreibung paralleler Prozesse und deren Kommunikation haben dazu geführt, daß CSP u.a. für die Beschreibung von Eventhandlern eingesetzt wird. Beispiele dafür sind die Sprachen Squeak [Car85a] und SPI ([Ale87a], [Ale87b]).

Squeak [Car85a] ist eine parallele Implementierungssprache für die Dialogkontrolle einer Benutzerschnittstelle. Ein Squeak-Programm besteht aus parallelen Prozessen, die über Kanäle miteinander kommunizieren und Events austauschen. Primitive Kanäle dienen der Kommunikation mit den Eingabe-Devices, während nichtprimitive Kanäle für die Interprozeßkommunikation und damit für die Kommunikation zwischen User-Interface-Komponenten definiert werden. Das Verhalten von Prozessen wird in CSP durch die Kombination von Operatoren (z.B. für die Beschreibung von Sequenz, Wiederholung, Auswahl und bedingter Verzweigung) definiert. Außerdem werden Operatoren für eine Beschreibung des maximal zulässigen zeitlichen Abstandes zwischen Events angeboten. Alle diese Operatoren definieren jedoch nur den zulässigen Dialogablauf, während die als Reaktion auf Events auszuführenden Aktionen in der Programmiersprache C implementiert werden. Ein

Squeak-Programm wird in ein event-gesteuertes, sequentielles C-Programm übersetzt, das die spezifizierte Parallelität simuliert.

Squeak wurde für die Beschreibung der elementaren Interaktionstechniken einer Benutzerschnittstelle entworfen. Eine hierarchische Anordnung von Squeak-Modulen ermöglicht jedoch die Strukturierung von Dialogspezifikationen, so daß abstrakte Teildialoge auf einer höheren Abstraktionsebene beschrieben werden können.

EventCSP ([Ale87a], [Ale87b]) ist eine Teilsprache der Sprache SPI („Specifying and Prototyping Interaction"), die für eine formale Spezifikation von Benutzerschnittstellen entworfen wurde. SPI dient primär der Beschreibung des Dialogablaufs und nur sekundär der Beschreibung der Präsentationskomponente einer Benutzerschnittstelle. Die Sprache besteht aus den beiden Teilsprachen EventCSP und EventISL („Interaction Specification Language").

EventCSP wurde von CSP abgeleitet und dient der Beschreibung des zulässigen Dialogablaufs durch eine Menge von kommunizierenden Prozessen. Dafür stehen die CSP-Operatoren Präfix, Auswahl, Sequenz und parallele Komposition zur Verfügung. Durch die parallele Komposition kann die Beschreibung des Dialogablaufs einer Benutzerschnittstelle aus mehreren CSP-Prozessen zusammengesetzt werden.

EventISL [Ale87b] beschreibt dagegen die nicht weiter unterteilbaren Dialogschritte durch verschiedene Eventtypen. Jeder Eventtyp besitzt mehrere Attribute, die Bedingungen für die Verarbeitung eines Events, die Ein- und Ausgabeaktionen, Transformationen des Dialogzustandes und Aufrufe von Applikationsfunktionen beschreiben. Für den Aufruf von Applikationsfunktionen wird EventISL in eine Programmiersprache eingebettet.

Das folgende Beispiel aus [Vos90] beschreibt die Eingabe eines Textes und Ausgabe an einer durch einen Mausklick definierten Bildschirmposition in EventCSP. Der Prozeß `Text` besteht aus den drei parallelen Prozessen `Mouse`, `Keyboard` und `Position`. Die Kommunikation zwischen diesen Prozessen erfolgt durch die gemeinsamen Events `send-position` und `send-line`. Der Operator ? spezifiziert in diesem Beispiel die Eingabe eines Zeilenendezeichens (`newline?`) oder eines druckbaren Zeichens (`text-char?`). Eventabhängige Verzweigungen des Dialogablaufs werden durch den Operator ☐ spezifiziert. EventCSP dient jedoch nur der Spezifikation der zulässigen Reihenfolge von Events sowie der Kommunikation zwischen den Teilprozessen. Die zusätzlich erforderliche Spezifikation der Verarbeitung von Events erfolgt dagegen in der Sprache EventISL, wird jedoch hier nicht angegeben.

Beispiel:

```
Mouse = (buttondown → get-position → send-position
            → buttonup → Mouse)
Keyboard = (get-char →
              (newline? → send-line → Keyboard
              ▯ text-char? → add-char → Keyboard)
Position =    (send-position → save-position → Text
              ▯ send-line → write-line → Text)
Text = Mouse || Keyboard || Position.
```

2.3.6 Zustandsbäume

Die Defizite der Eventhandler in der Strukturierung von Dialogspezifikationen haben
zu der Entwicklung von Zustandsbäumen („state trees", [Rum88]), einer Kombination von Eventhandlern und Zustandstransitionsgraphen, geführt. Zustandsbäume
sind strukturierte, endliche Zustandsautomaten für die Dialogkontrolle. Sie definieren und steuern den Dialogablauf durch hierarchisch angeordnete Zustände, denen
lokale Variablen, Aktionen und Eventhandler („event traps") zugeordnet werden.
Lokale Variablen verwalten anwendungsspezifische Zustandsinformationen. Ein-
gangs- und Ausgangsaktionen sind ausgezeichnete Aktionen, die beim Annehmen
bzw. Verlassen eines Zustandes ausgeführt und z.B. für die Ausgabe und das
Löschen von Prompts verwendet werden. Eventhandler bestehen jeweils aus einem
Event und einer zugeordneten Aktion. Sie legen fest, wie in einem gegebenen Zustand auf Events reagiert wird.

Die hierarchische Anordnung definiert eine Subzustandbeziehung zwischen den
Zuständen. Entsprechend der Vererbung in objektorientierten Klassenhierarchien
erfolgt in Zustandsbäumen die Vererbung von lokalen Variablen und Eventhandlern.
Ein Subzustand erbt die lokalen Variablen und Eventhandler seines Superzustandes
und kann sie durch eigene Definitionen erweitern oder überschreiben. Beim Eintreten eines Events oder beim Zugriff auf eine lokale Variable wird durch eine vom aktuellen Zustand ausgehende bottom-up-Suche im Zustandsbaum ein passender
Eventhandler bzw. eine passende Variablendefinition gesucht. Im Gegensatz zur
Vererbung in Klassenhierarchien hat die Vererbung in Zustandsbäumen den gemeinsamen Zugriff auf lokale Variablen und Eventhandler zur Folge. Ein Subzustand besitzt keine eigene Instanz geerbter Variablen oder Eventhandler, sondern
greift auf die in seinen Superzuständen definierten Instanzen zu. Durch diese Form
der Vererbung können das gemeinsame Dialogverhalten und die gemeinsamen Zustandsinformationen mehrerer Zustände in einem Superzustand zusammengefaßt
werden. Entsprechend den abstrakten Klassen definieren abstrakte Zustände ge-

meinsame Informationen und Eventhandler ihrer Subzustände, werden aber bei der Dialogablaufsteuerung selbst niemals angenommen.

Abb. 2.16 zeigt einen Ausschnitt aus einem Zustandsbaum (Instanzstruktur) eines Graphikprogramms, der u.a. Zustände für das Zeichnen von Kreisen, Linien und Polygonen enthält (Teilbaum mit der Wurzel draw). Der Zustand für das Zeichnen einer Linie (line) besitzt noch einmal zwei Subzustände, die das Zeichnen einfacher Linien und Pfeile definieren. Bestimmte Events werden in allen Zuständen für das Zeichnen von Graphikobjekten gleich behandelt, so daß die entsprechenden Eventhandler im gemeinsamen Superzustand draw definiert werden. Die Subzustände von draw definieren Eventhandler für die Events, die eine spezifische Behandlung für jedes Graphikobjekt erfordern. Das Zeichnen von Graphikobjekten benötigt außerdem allgemeine Informationen, wie z.B. Farbe, Liniendicke und Füllmuster, die als lokale Variablen von draw definiert und damit an alle Subzustände vererbt werden.

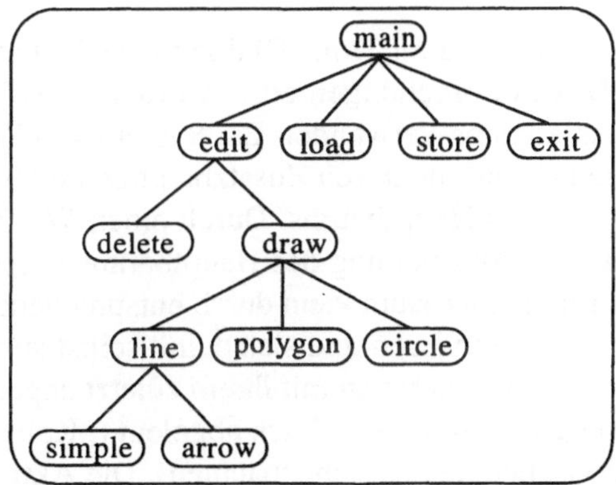

Abb. 2.16   Zustandsbaum eines Graphikprogramms

Obwohl in einem Zustandsbaum nur Wechsel zwischen direkten Super- und Subzuständen explizit definiert werden, sind Wechsel zwischen beliebigen Zuständen möglich. Diese implizit definierten Zustandswechsel werden über die eindeutigen Pfade zwischen je zwei Knoten des Zustandsbaums definiert und als Folge von definierten Zustandswechseln ausgeführt. Ein Wechsel zwischen den Zuständen delete und exit impliziert somit eine Folge von drei Zustandswechseln (delete nach edit, edit nach main und main nach exit).

Die Dialogablaufsteuerung durch Ausführung eines Zustandsbaums erfolgt durch einen globalen Eventmonitor, der Events empfängt und ausgehend vom aktuellen

Zustand nach einem passenden Eventhandler sucht. Eine Dialogspezifikation durch Zustandsbäume impliziert damit eine externe Kontrollarchitektur (siehe Abschnitt 2.2.2). Die Verarbeitung eines Events kann die Aktivierung von Eventhandlern, die Erzeugung interner Events, Zustandswechsel sowie den Aufruf von Funktionen der Präsentationskomponente und der Applikation beinhalten. Außerdem können durch Aktionen Eventhandler dynamisch an Zustände gebunden werden. Eine dynamische Veränderung der Struktur von Zustandsbäumen wird in [Rum88] nicht explizit beschrieben, läßt sich aber direkt in das Modell integrieren, so daß Zustandsbäume eine Beschreibung dynamischer Dialoge unterstützen.

Dialogzustände werden durch die Struktur des Zustandsbaums, den aktuellen Zustand und die Wertebelegung der lokalen Variablen definiert. Ein Zustandsbaum befindet sich zu jedem Zeitpunkt in genau einem Zustand. In [Rum88] wird jedoch eine an Statecharts orientierte Erweiterung von Zustandsbäumen um nebenläufige Zustände vorgeschlagen, die eine Partitionierung komplexer Zustände in das kartesische Produkt ihrer Subzustände ermöglichen.

Für die Beschreibung von globalen, vom Dialogzustand unabhängigen Interaktionsmöglichkeiten, z.B. Unterbrechungen oder Abfragen von Hilfsinformationen, werden sogenannte Zusatzbäume verwendet. Ein System von Zustandsbäumen besteht aus einem Hauptbaum und mehreren Zusatzbäumen und befindet sich normalerweise in einem Zustand des Hauptbaums. Durch einen Wechsel in den Zustand eines Zusatzbaums wird die Abarbeitung des Hauptbaums suspendiert und die des Zusatzbaums aktiviert. Ein Zusatzbaum kann durch entsprechende Zustandswechsel wieder andere Zusatzbäume aktivieren und sich damit selbst suspendieren. Suspendierte Zustandsbäume werden zusammen mit ihrem zuletzt angenommenen Zustand für eine spätere Reaktivierung auf einem Stack abgelegt („Kellermechanismus" für geordnete Übergänge zwischen den Zustandsbäumen). Die Aktivierung von Zusatzbäumen erfolgt durch Aktionen von Eventhandlern.

Für die Beschreibung von gleichzeitig aktiven Teildialogen wird in [Rum88] ein Prozeßkonzept eingeführt. Das Verhalten sogenannter Zustandsbaumprozesse wird durch Zustandsbäume bzw. ein System von Zustandsbäumen definiert. Zustandsbaumprozesse werden dynamisch erzeugt oder zerstört und parallel abgearbeitet. Ein Eventmonitor ordnet externe und interne Events den einzelnen Zustandsbaumprozessen zu, z.B. aufbauend auf einer festen Verknüpfung von Zustandsbaumprozessen und Fenstern.

Die in Zustandsbäumen unterstützte Vererbung von Dialogablaufbeschreibungen und die implizite Definition von Zustandswechseln gewährleisten eine Reduzierung des Umfangs von Dialogspezifikationen. Außerdem unterstützen Zustandsbäume gegenüber Eventhandlern eine deutlich verbesserte Strukturierung von Dialogspezifikationen. Die Mängel der Eventhandler in der Dialogstrukturierung übertragen sich jedoch auf die Zustandsbäume. So unterstützen Zustandsbäume z.B. keine explizite Beschreibung von Sequenzen und Verzweigungen des Dialogablaufs.

2.3.7 Hierarchische Dialogspezifikation

Grundlage der hierarchischen Dialogspezifikation ([Ans82], [Bos88], [Hüb90]) ist das Paradigma der Interaktionshierarchien [Bos88] und die damit verbundene Feststellung, daß Dialoge inhärent hierarchisch sind und deshalb hierarchisch modelliert werden sollten.

Einer hierarchischen Dialogspezifikation liegt Anson's Device-Modell (siehe Abschnitt 2.1.2) zugrunde, da die Verarbeitung von Benutzereingaben und die Steuerung des Dialogablaufs durch hierarchisch angeordnete Interaktionskomponenten erfolgen. Die Blätter dieser Hierarchien sind elementare Interaktionskomponenten und kommunizieren mit den Eingabegeräten. Innere Knoten repräsentieren dagegen komplexe Interaktionskomponenten, die einerseits durch Aktivierung und Deaktivierung von untergeordneten Interaktionskomponenten die Reihenfolge festlegen, in der Events eintreten dürfen, und andererseits die von den untergeordneten Interaktionskomponenten gelieferten Events zu sogenannten komplexen Events aggregieren. Da deaktivierte Komponenten keine Events verarbeiten können, gewährleistet dieses Vorgehen, daß nur zulässige Events verarbeitet werden.

Komplexe Interaktionskomponenten dienen damit sowohl der Abstraktion in der Eventerkennung als auch der Strukturierung des Dialoges. Sie definieren Teildialoge und können selbst wieder als untergeordnete Interaktionskomponenten der Definition komplexerer Teildialoge dienen. Durch diese hierarchische Anordnung von Interaktionskomponenten lassen sich strukturierte Dialogabläufe definieren und überwachen (siehe Abb. 2.17).

Der Dialogablauf muß jedoch nicht durch eine einzige Hierarchie von Interaktionskomponenten definiert werden. Voneinander unabhängige Teildialoge werden durch unabhängige Hierarchien modelliert, die nebenläufig abgearbeitet werden. Im Extremfall besteht eine hierarchische Dialogspezifikation aus einer Menge von unabhängigen elementaren Interaktionskomponenten, die direkt mit Eingabegeräten kommunizieren, und entspricht damit der Dialogspezifikation durch Eventhandler. Die hierarchische Dialogspezifikation verknüpft damit die Vorteile der Dialogspezifikation durch Eventhandler (Einfachheit und Flexibilität) mit den Möglichkeiten einer übersichtlichen Dialogstrukturierung.

Hierarchien von Interaktionsobjekten werden sowohl für die Dialogspezifikation als auch für die Dialogablaufsteuerung verwendet. Komplexe Interaktionskomponenten können untergeordnete Interaktionskomponenten gleichzeitig aktivieren. Da die untergeordneten Interaktionskomponenten selbst wieder Teildialoge repräsentieren, unterstützt die hierarchische Dialogspezifikation eine einfache Beschreibung nebenläufiger Teildialoge.

Interaktionskomponenten beschreiben jedoch nicht nur die Eingabeerkennung, sondern auch die damit verbundene Eingabeverarbeitung. Für elementare und komplexe Interaktionskomponenten können Aktionen definiert werden, die vor oder nach dem Eintreten des überwachten Events ausgeführt werden. Diese Aktionen können z.B. neue Interaktionskomponenten erzeugen, existierende Interaktionskomponenten löschen und die hierarchische Anordnung von Interaktionskomponenten manipulieren. Sie ermöglichen damit die Spezifikation von dynamischen Dialogen, in denen sich die Interaktionsmöglichkeiten zur Laufzeit ändern.

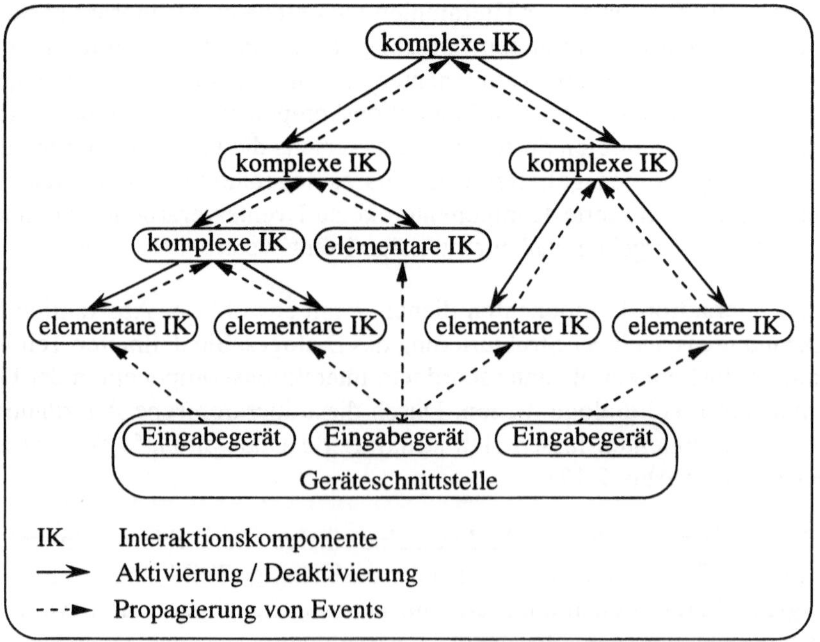

Abb. 2.17   Kommunikation in Hierarchien von Interaktionskomponenten

Bekannte Implementierungen der hierarchischen Dialogspezifikation sind das AIT-Modell [Bos88], das Interaktionsmodell [Hüb90] und das OOI-Modell [Hüb89b], die in Abschnitt 3.1.1 vorgestellt werden. Im AIT-Modell wird die zulässige

Reihenfolge der Erkennung untergeordneter Events durch reguläre Ausdrücke beschrieben. Dagegen enthält das Interaktionsmodell vier vordefinierte Operatoren für die Verknüpfung von untergeordneten Events, die unter Berücksichtigung der in direktmanipulativen, graphischen Benutzerschnittstellen gebräuchlichen Interaktionstechniken ausgewählt wurden. Die Flexibilität der Verwendung von Aktionen wird in diesen beiden Dialogmodellen jedoch dadurch eingeschränkt, daß ihre Ausführung fest an die einzelnen Schritte der Eventerkennung gebunden und nicht durch die Dialogspezifikation frei definierbar ist.

Das folgende an das Interaktionsmodell [Hüb90] angelehnte Beispiel (siehe Abb. 2.18) einer hierarchischen Dialogspezifikation beschreibt das bereits in vorangehenden Abschnitten spezifizierte Zeichnen einer Linie durch Eingabe von mehreren Stützpunkten. Die zulässige Reihenfolge der Events click und mousemove wird durch die inneren Knoten Sequenz und Wiederholung spezifiziert, während die Blätter Events und die ihnen zugeordneten Aktionen beschreiben. Die Interaktion besteht aus der Sequenz eines Mausklicks und der wiederholten Eingabe eines Stützpunktes, die durch einen doppelten Mausklick beendet wird. Die Eingabe eines Stützpunktes wird ebenfalls durch eine Wiederholung spezifiziert, die aus einer mehrfachen Mausbewegung und dem Zeichnen der sich daraus ergebenden Linie besteht und mit einem Mausklick terminiert.

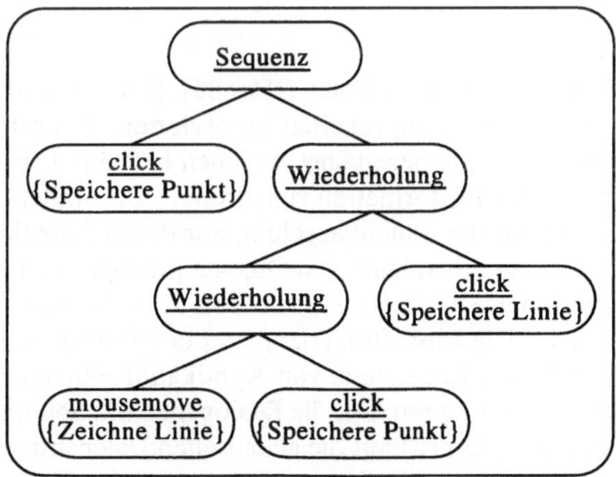

Abb. 2.18   Interaktionshierarchie für das Zeichnen einer Linie

Eine Modifikation der hierarchischen Dialogspezifikation stellen die in [Kle88] beschriebenen Event-Dekompositions-Graphen (EDG) dar, die ebenfalls in Abschnitt 3.1.1 vorgestellt werden. EDG beschreiben Dialoge durch gerichtete Graphen, in denen neben AND- und OR-Knoten für die hierarchische Anordnung von Events und eventverarbeitenden Aktionen auch Zyklen für die Modellierung von Iterationen verwendet werden. Im Gegensatz zu den anderen beiden hierarchischen Dialogmodellen ermöglicht die einheitliche Behandlung von Events und Aktionen als Blätter eines EDG eine deutlich flexiblere Verwendung von eventverarbeitenden Aktionen.

2.3.8 Deklarative Dialogspezifikationsmethoden

Eine konzeptionell grundsätzlich andere Form der Dialogspezifikation repräsentieren deklarative Dialogspezifikationsmethoden ([Mye89a], [Rum90], [Dix93]), da sie die Abhängigkeiten zwischen den Daten der Benutzerschnittstelle und der Applikation sowie die Datenabhängigkeiten innerhalb der Benutzerschnittstelle in den Mittelpunkt stellen. Eine deklarative Dialogspezifikationsmethode beschreibt den Dialogablauf nicht explizit, sondern durch die zwischen zulässigen Dialogzuständen auszuführenden Operationen oder die notwendigen Eigenschaften zulässiger Dialogzustände. Konzeptionell lassen sich zwei verschiedene Methoden der deklarativen Dialogspezifikation unterscheiden:

- Aktive Daten in Form von gemeinsamen Datenstrukturen der Benutzungsoberfläche und der Applikation,
- Constraints für eine deklarative Beschreibung von einzuhaltenden Beziehungen zwischen den Daten.

Aktive Daten
Eine Dialogspezifikation mit aktiven Daten ([Hen88], [Har91], [Sze88]) basiert auf der Kapselung der in Datenabhängigkeiten involvierten Datenstrukturen. Diese Datenstrukturen werden als aktiv bezeichnet, da ihnen Listen mit abhängigen Objekten und Funktionen für deren Information zugeordnet sind. Änderungen der Werte aktiver Daten, die aufgrund der Datenkapselung nur durch festgelegte Funktionen erfolgen können, werden an die abhängigen Objekte propagiert und lösen den Aufruf von Update-Funktionen aus (z.B. Aufrufe von Applikations- oder Benutzerschnittstellenfunktionen). Die Einhaltung der damit beschriebenen Datenabhängigkeiten gewährleistet z.B. die Konsistenz von Applikationsobjekten und den ihnen zugeordneten Präsentationsobjekten. Für die Dialogspezifikation mit aktiven Daten ist deshalb ein gemeinsamer Zugriff auf die gekapselten Datenstrukturen notwendig. Das Konzept aktiver Daten ist durch die inhärente Datenkapselung und Zusammenfassung von Datenstrukturen und Funktionen für eine objektorientierte Implementierung prädestiniert.

Constraints
Eine auf Constraints basierende Dialogspezifikation ([Bar86], [Bor87]) wird meistens in Kombination mit einer objektorientierten Benutzerschnittstellenmodel-

lierung für die Beschreibung von einzuhaltenden Beziehungen zwischen den Attributen von Präsentations-, Dialogkontroll- und Applikationsobjekten verwendet. Das Verhalten einer durch Constraints beschriebenen Benutzerschnittstelle wird durch einen sogenannten Constraint-Solver [Lel87] gesteuert. Bei Verletzung eines Constraints, z.B. als Folge einer Benutzerinteraktion, steuert er die Wiederherstellung eines konsistenten Dialogzustandes durch Aufruf von Methoden, die u.a. die Benutzungsoberfläche aktualisieren und die Applikation informieren.
Repräsentative Beispiele für die Dialogspezifikation durch Constraints sind die Entwicklungswerkzeuge ThingLabII ([Mal89], [Bor87]), GROW [Bar86] und Garnet [Mye89b]. Eine Kombination der Dialogspezifikation durch Constraints und aktive Daten kommt in dem Entwicklungswerkzeug Coral [Sze88] zum Einsatz. Dabei beschreiben Constraints Einschränkungen der Beziehungen zwischen Graphikobjekten, während aktive Daten für die Beschreibung und Überwachung der Abhängigkeiten zwischen Graphik- und Applikationsobjekten sowie zwischen Graphik- und Dialogkontrollobjekten eingesetzt werden.

2.3.9 Bewertung von Dialogspezifikationsmethoden

Für eine Bewertung der vorgestellten Dialogspezifikationsmethoden werden die zu Beginn dieses Abschnitts diskutierten Anforderungen herangezogen. Auch wenn diese Anforderungen weitgehend akzeptiert werden, so bleibt die Bewertung bestimmter Kriterien doch subjektiv. Aus diesem Grund werden in der folgenden Tabelle (Abb. 2.19) die Anforderungen „Ausdrucksstärke und Einfachheit" nicht bewertet. Die im letzten Abschnitt vorgestellten deklarativen Dialogspezifikationsmethoden werden in dieser Bewertung nicht berücksichtigt, da sie aufgrund ihres grundsätzlich verschiedenen Vorgehens mit den anderen Dialogspezifikationsmethoden nicht unmittelbar vergleichbar sind.

Die explizite Repräsentation von Dialogzuständen (Zeile A) wird nur in zustandsorientierten Dialogspezifikationsmethoden, also in Zustandstransitionsgraphen, Statecharts und Zustandsbäumen unterstützt, während der Dialogzustand in den anderen Dialogspezifikationsmethoden implizit durch den Abarbeitungszustand repräsentiert wird. Allerdings sind die Vorteile einer expliziten Zustandsrepräsentation aufgrund der „Zustandsexplosion" in graphischen Benutzerschnittstellen fragwürdig.

Die Strukturierung und damit verbundene Abstraktion in Dialogspezifikationen (Zeile B) sind mit Ausnahme der Eventhandler in allen Dialogspezifikationsmethoden möglich. Besonders gut werden sie jedoch von Statecharts,

Zustandsbäumen und der hierarchischen Dialogspezifikation unterstützt, da sie als fundamentale Konzepte in die Dialogspezifikationsmethode integriert sind.

Bei der Beschreibung von Sequenz und Verzweigung (Zeilen C.1 und C.2) weisen Dialogspezifikationen durch Eventhandler und Zustandsbäume mit ihrer impliziten Dialogablaufdefinition deutlich Nachteile auf, während die anderen Ansätzen damit keine Probleme haben. Eventhandler unterstützen diese beiden Formen der Dialogstrukturierung nur nach konzeptioneller Erweiterung durch Verwendung der Sprache CSP.

Bewertungsstufen:
  − keine Unterstützung
  + Basisunterstützung
  ++ gute Unterstützung

Bewertungskriterien	Zustandstransitionsgraphen	Statecharts	Petri-Netze	kontextfreie Grammatiken	Eventhandler	Zustandsbäume	Hierarchische Dialogspezifikation
A. Dialogzustände	++	++	−	−	−	++	−
B. Strukturierung/Abstraktion	+	++	+	+	−	++	++
C.1 Sequenz	++	++	++	++	−	−	++
C.2 Verzweigung	++	++	++	++	−	−	++
C.3 Nebenläufigkeit	−	++	++	−	++	++	++
C.4 globale Interaktionen	−	++	++	−	++	++	++
C.5 Permutationen	−	−	+	−	+	+	++
C.6 dynamische Dialoge	−	−	−	−	++	++	++
D. Ausführbarkeit	++	++	++	++	++	++	++

(C. Dialogstrukturierung)

Abb. 2.19   Bewertung von Dialogspezifikationsmethoden

Nebenläufige (gleichzeitig aktive) Teildialoge und globale, vom Dialogzustand unabhängige Interaktionsmöglichkeiten (Zeilen C.3 und C.4) sind mit den speziell auf Nebenläufigkeit ausgerichteten Statecharts und Petri-Netzen, aber auch mit Eventhandlern, Zustandsbäumen und der hierarchischen Dialogspezifikation einfach zu beschreiben. Dagegen bieten Zustandstransitionsgraphen und kontextfreie Grammatiken überhaupt keine Unterstützung bei der Beschreibung dieser Dialogstrukturen und sind deshalb für die Dialogspezifikation graphischer Benutzerschnittstellen nicht geeignet.

Permutationen (Zeile C.5) bereiten den zustandsorientierten Dialogspezifikationsmethoden und den kontextfreien Grammatiken erhebliche Probleme. Dagegen ist ihre Beschreibung mit Petri-Netzen, Eventhandlern und insbesondere der hierarchischen Dialogspezifikation problemlos möglich.

Die Beschreibung dynamischer Dialoge (Zeile C.6) wird von den meisten Dialogspezifikationsmethoden nicht unterstützt. Lediglich Eventhandler, Zustandsbäume und Hierarchien von Interaktionskomponenten können dynamisch manipuliert und damit an den bisherigen Dialogablauf angepaßt werden.

Alle hier vorgestellten Dialogspezifikationsmethoden sind ausführbar (Zeile D) und eignen sich damit für eine Benutzerschnittstellenentwicklung durch Prototyping.

2.4 Werkzeuge für die Benutzerschnittstellenentwicklung

Der Benutzerfreundlichkeit direktmanipulativer, graphischer Benutzungsoberflächen, die aus ihrem hohen Abstraktionsgrad und ihrer einfachen Bedienbarkeit resultiert, steht eine hohe Software-Komplexität gegenüber, die durch die Verwendung zeitvarianter Medien wie Video und Audio in multimedialen Benutzungsoberflächen noch zunimmt.

Richtlinien und Standards für die Entwicklung software-ergonomisch guter Benutzungsoberflächen sind Gegenstand der aktuellen Forschung ([Fol84], [Vie87], [Bal88], [Gor91], [Gor92], [Shn92], [Gor93], [Dix93], [Maa93]) und insbesondere für graphische Benutzungsoberflächen noch nicht ausgereift. Aus diesem Grund findet verstärkt eine auf dem Prototyping aufbauende Entwicklung von graphischen Benutzungsoberflächen ([Mas87], [Hop88], [Win90]) statt. Dabei werden in einem iterativen Vorgehen Prototypen graphischer Benutzerschnittstellen entwickelt, mit Benutzern getestet und anschließend entsprechend den dabei gemachten Erfahrungen geändert.

Die Software-Komplexität und die iterative Entwicklung graphischer Benutzungsoberflächen haben einen hohen Implementierungsaufwand zur Folge. Um diesem Aufwand zu reduzieren, wurden Software-Werkzeuge für den Entwurf und die Implementierung graphischer Benutzerschnittstellen ([Ols87], [Rhy87], [Har89],

[Lee90], [Man90], [Rum90], [Dix93]) entwickelt. Nach praktischen Erfahrungen [Fäh91] ist mit geeigneten Software-Werkzeugen für die Entwicklung graphischer Benutzerschnittstellen ein Produktionsgewinn um den Faktor 5 bis 10 erzielbar. Aufgrund des hohen Implementierungsaufwandes wird außerdem die Portabilität von graphischen Benutzerschnittstellen immer wichtiger. Entsprechende Entwicklungswerkzeuge sollten deshalb auf verschiedenen Hard- und Software-Umgebungen lauffähig sein und dem Entwickler systemunabhängige Entwicklungsschnittstellen bieten. Der Anpassungsaufwand wird dadurch von den vielen Entwicklern graphischer Benutzerschnittstellen auf die wenigen Entwickler der Software-Werkzeuge verlagert.

Entwicklungswerkzeuge für graphische Benutzerschnittstellen [Fäh92] werden allgemein in Window-Systeme ([Hop86], [Lev88], [Wei92]), User-Interface-Toolkits (UIT) ([Mye89a], [Rum90], [Herc92]) und User-Interface-Management-Systeme (UIMS) ([Kas82], [Pfa85], [Har89], [Mye89a], [Dix93], [Hix93]) unterteilt (siehe Abb. 2.20). Diese drei Schichten zwischen Betriebssystem und Anwendung werden im folgenden ausführlich dargestellt.

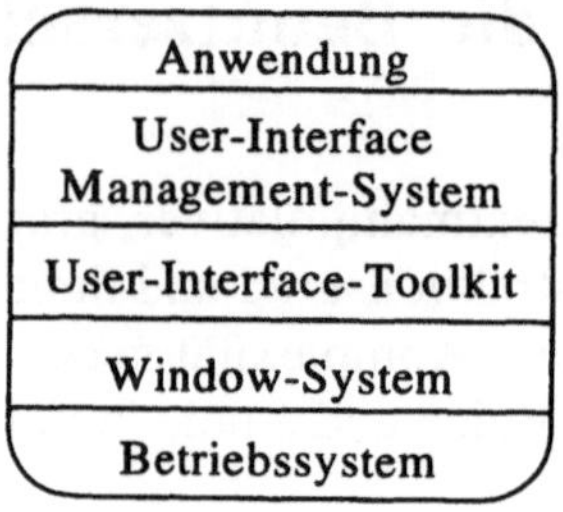

Anwendung
User-Interface Management-System
User-Interface-Toolkit
Window-System
Betriebssystem

Abb. 2.20   Software-Schichten interaktiver Anwendungen

2.4.1 Window-Systeme

Window-Systeme verwalten den Zugriff auf die Ein- und Ausgabegeräte eines Rechners mit Graphikbildschirm und können deshalb als Erweiterung des Betriebssystems betrachtet werden. Sie verwalten einen Graphikbildschirm als Menge von rechteckigen Dialogbereichen, sogenannten Windows (Fenstern), und besitzen graphische Ausgabeoperationen, die Ausgaben durch Anwendung von Clipping-Algorithmen auf jeweils ein Window begrenzen. Abhängig von den Entwurfskonzepten des Window-Systems können Windows hierarchisch angeordnet werden und sich graphisch überlappen.

Ein Window-System unterstützt mindestens die Eingabegeräte Tastatur und Maus und besitzt Operationen für die Erkennung und Verarbeitung der über die Eingabegeräte erzeugten Benutzereingaben (Events). Interaktive Anwendungen werden aufbauend auf der Anwendungsprogrammiererschnittstelle (API: Application Programmer's Interface) des Window-Systems implementiert. Ein Window-System kann konzeptionell in zwei Komponenten, das Basis-Window-System und den Window-Manager, zerlegt werden.

Basis-Window-System
Das Basis-Window-System verwaltet die in interaktiven Anwendungen benötigten Ressourcen (z.B. Windows, Farbtabellen, Zeichensätze, Koordinatensysteme) und gewährleistet einen geräteunabhängigen Zugriff auf die Ein- und Ausgabegeräte. In Multitasking-Umgebungen mit mehreren gleichzeitig aktiven Anwendungen besitzt es außerdem die Funktion eines I/O-Multiplexers, der den Zugriff auf die Ein- und Ausgabegeräte synchronisiert.

Das API des Basis-Window-Systems bietet damit Abstraktionen für den Zugriff auf abstrakte Ressourcen, die intern auf physikalische Ressourcen abgebildet werden. Grundlage der vom API unterstützten graphischen Ausgabeoperationen ist das sogenannte Darstellungsmodell des Basis-Window-Systems. Die Menge der graphischen Ausgabeoperationen wird als Graphikbibliothek bezeichnet und sowohl vom Basis-Window-System selbst als auch von den darauf aufbauenden interaktiven Anwendungen benutzt.

Window-Manager
Der Window-Manager stellt die anwendungsunabhängige, graphische Benutzerschnittstelle des Window-Systems ([Hop86], [Mye88]) dar. Über den Window-Manager können z.B. Windows erzeugt und gelöscht, geöffnet und geschlossen, in ihrer Größe verändert und verschoben werden. Er bestimmt das Layout der Fenster (z.B. Titelzeile und Scrollbars) und die Art der Interaktion mit dem Benutzer. Der Window-Manager verwaltet die graphische Darstellung und die Position der Fenster selbständig, um nach fenstermanipulierenden Benutzerinteraktionen einen konsistenten Bildschirm herzustellen.

Über entsprechende Nachrichten an das Basis-Window-System werden interaktive Anwendungen über die vom Window-Manager durchgeführten Fenstermanipulationen informiert. Konzeptionell kann der Window-Manager als interaktive Anwendung betrachtet werden, die mit dem Basis-Window-System über spezielle Events kommuniziert.

2.4.2 User-Interface-Toolkits (UIT)

Die meisten Window-Systeme, z.B. das X Window-System und OpenWindows, stellen flexible Basismechanismen für die Entwicklung interaktiver Anwendungen zur Verfügung, ohne dabei die Gestaltungsmöglichkeiten für Benutzungsoberflächen einzuschränken. Nachteil dieser Flexibilität ist der große Umfang und das niedrige Abstraktionsniveau der API dieser Window-Systeme. Deshalb wurden aufbauend auf Window-Systemen sogenannte User-Interface-Toolkits (UIT) entwickelt. UIT werden in der Literatur oft als Komponenten vom Window-System angesehen (z.B. [Hüb90], [Wei92]). In diesem Buch werden sie dagegen als eigenständige Werkzeuge für die Benutzerschnittstellenentwicklung betrachtet, da sie Abstraktionen der Funktionalität eines Window-Systems darstellen und keine neue Basisfunktionalität definieren. Darüber hinaus werden für einige Window-Systeme mehrere UIT mit überlappender Funktionalität angeboten, so daß eine konzeptionelle Trennung dieser beiden Werkzeugarten sinnvoll ist.

Ein UIT stellt eine Menge von vordefinierten UI-Komponenten (Widgets) sowie die darauf anwendbaren Interaktionstechniken zur Verfügung. In Abhängigkeit von der Software-Architektur eines UIT kann diese Menge vom Anwendungsprogrammierer erweitert werden, z.B. durch die objektorientierten Konzepte der Vererbung und Komposition. UI-Komponenten werden aufbauend auf dem zugrundeliegenden Window-System implementiert und definieren das Ein- und Ausgabeverhalten anwendungsunabhängiger, wiederverwendbarer Komponenten graphischer Benutzungsoberflächen.

Ein UIT kapselt weitgehend den Zugriff auf das zugrundeliegende Window-System und unterstützt damit eine Entkopplung interaktiver Anwendungen vom Window-System, die zu einer Verbesserung der Portabilität führt. Durch ein gegenüber dem Window-System deutlich höheres Abstraktionsniveau wird die „konzeptionelle Lücke" zwischen dem Window-System und der Anwendung verringert und der Implementierungsaufwand graphischer Benutzungsoberflächen erheblich reduziert. Wie bei den meisten Abstraktionen ist mit diesem Effizienzgewinn jedoch eine Einschränkung der Flexibilität bei der Implementierung graphischer Benutzungsoberflächen verbunden.

Durch die graphische Präsentation und das Interaktionsverhalten der UI-Komponenten definiert ein UIT ein sogenanntes „Look-and-Feel" graphischer Benutzungsoberflächen. Interaktive Anwendungen, die mit dem gleichen UIT entwickelt werden, besitzen das gleiche Look-and-Feel und damit einheitliche Benutzungsoberflächen. Diese Einheitlichkeit hat z.B. erheblich zum Erfolg der Benutzungsoberfläche des Apple Macintosh beigetragen.

Objektorientierte Toolkits
Objektorientierten Toolkits liegt heute meistens eine externe Kontrollarchitektur (siehe Abschnitt 2.2.2) zugrunde. Die Vorteile der externen Kontrollarchitektur in Verbindung mit einer objektorientierten Benutzerschnittstellenmodellierung haben zu einer weiten kommerziellen Verbreitung objektorientierter Toolkits geführt. Beispiele objektorientierter Toolkits sind das X Toolkit [Nye90], OSF/Motif [OSF90], XView [Hel89], InterViews ([Lin90a], [Lin90b]), THESEUS++ [Din92], XIT ([Herc91], [Herc92]), USIT ([Herc89]) und das XFantasy-UIT ([Göt92a], [Göt92b]).

Die UI-Komponenten objektorientierter Toolkits werden als Instanzen hierarchisch angeordneter User-Interface-Klassen (Widget-Klassen) erzeugt und als User-Interface-Objekte bezeichnet. User-Interface-Klassenhierarchien (UI-Klassenhierarchie, Widget-Set) können durch die objektorientierten Konzepte der Vererbung und Komposition anwendungsspezifischer Klassen erweitert werden. Eine strukturierte Implementierung graphischer Benutzungsoberflächen wird durch eine Unterscheidung elementarer und komplexer User-Interface-Objekte unterstützt.

Komplexe User-Interface-Objekte fassen die ihnen untergeordneten User-Interface-Objekte zu einer Einheit zusammen und dienen damit der Abstraktion innerhalb graphischer Benutzungsoberflächen. Außerdem können sie Beziehungen zwischen den User-Interface-Objekten überwachen (z.B. Constraints über den Darstellungsattributen) und sind deshalb für das sogenannte Geometrie-Management verantwortlich, z.B. die Berechnung und Anpassung der relativen Positionen und Größen der User-Interface-Objekte. Eine graphische Benutzungsoberfläche wird dadurch als Hierarchie von User-Interface-Objekten implementiert. Über das API objektorientierter UIT, das durch die Schnittstellen der User-Interface-Klassen definiert wird, können Eventhandlern der User-Interface-Objekte Callback-Funktionen für die Verarbeitung von Benutzereingaben zugeordnet werden. Dieser Ansatz ermöglicht eine implizite Dialogablaufbeschreibung in der vom Toolkit unterstützten universellen Programmiersprache.

Objektorientierte Toolkits besitzen neben der User-Interface-Klassenhierarchie ein Laufzeitsystem, das die für eine externe Kontrollarchitektur notwendige Kontrollschleife sowie die Basismechanismen der Eventverarbeitung und Kommunikation mit den User-Interface-Objekten enthält. Im Vergleich zu Funktions- und Modulbibliotheken beinhalten sie damit bereits die den Kontrollfluß einer interaktiven Anwendung steuernden Software-Komponenten. Die durch objektorientierte Toolkits gewährleistete Unterstützung bei der Implementierung graphischer Benutzerschnittstellen beschränkt sich auf die Erzeugung der User-Interface-Objekthierarchie einer Benutzerschnittstelle und die Installation von Callback-Funktionen. Mit Aktivierung

der Kontrollschleife des Laufzeitsystems wird die Kontrolle dann an die Benutzerschnittstelle abgegeben.

2.4.3 User-Interface-Editoren

Bei der Entwicklung graphischer Benutzungsoberflächen entfällt ein erheblicher Teil
des Implementierungsaufwandes auf die Präsentationskomponente. Ihre Implementierung erfordert die Auswahl der UI-Komponenten, die Definition ihrer Darstellungsattribute (z.B. Position, Größe und Farbe) und ihrer räumliche Anordnung. Da
diese Aufgabe interaktiv deutlich schneller und durch das direkte Feedback auch
zielstrebiger durchgeführt werden kann, haben entsprechende interaktive Entwicklungswerkzeuge, sogenannte User-Interface-Editoren (UI-Editoren, Interface-
Builder) eine weite Verbreitung gefunden. Sie besitzen eine graphische Benutzerschnittstelle für die interaktive Auswahl, Anordnung und Attributierung von UI-
Komponenten.

UI-Editoren setzen auf einem UIT auf und erzeugen Beschreibungen von Benutzungsoberflächen in einer Benutzungsoberflächensprache („User Interface
Language"), einer universellen Programmiersprache oder einer internen Darstellung
für das Laufzeitsystem des UIT. Ihre Einsatzmöglichkeiten sind jedoch auf die Präsentationskomponente einer Benutzerschnittstelle beschränkt. Die Dialogkontrolle
und Applikationsanbindung müssen deshalb vom Anwendungsprogrammierer in
einer universellen Programmiersprache (z.B. C [Ker90] oder C++ [Str91]) oder
Dialogspezifikationssprache (z.B. eventorientierte Regelsprache) implementiert
werden. Die meisten UI-Editoren setzen eine externe Kontrollarchitektur (siehe Abschnitt 2.2.2) voraus, indem an die einzelnen UI-Komponenten Callback-Funktionen gebunden werden. Dialogkontrolle und Applikationsanbindung werden dabei
über diese Callback-Funktionen implementiert.

Durch einen Wechsel zwischen interaktivem Entwicklungs- und Testmodus ermöglichen UI-Editoren das frühzeitige Testen und Evaluieren graphischer Benutzungsoberflächen. Das Testen erfolgt unabhängig von der Applikation, so daß Benutzerschnittstelle und Applikation getrennt entwickelt werden können. UI-Editoren besitzen jedoch Defizite in der Handhabung anwendungsspezifischer Graphik, da sich
die interaktiven Entwicklungsmöglichkeiten meistens nur auf die UI-Komponenten
des zugrundeliegenden UIT beziehen. Eine vollständig interaktive Entwicklung graphischer Benutzungsoberflächen mit UI-Editoren ist deshalb in vielen Fällen nicht
möglich. Dennoch repräsentieren sie wichtige Werkzeuge für die Entwicklung graphischer Benutzungsoberflächen, die sich mittlerweile auch kommerziell etabliert
haben.

2.4.4 User-Interface-Management-Systeme (UIMS)

UIT unterstützten hauptsächlich die Implementierung der Benutzungsoberfläche interaktiver Anwendungen. Eine Benutzerschnittstelle umfaßt jedoch außerdem Software-Komponenten für die Dialogkontrolle und die Anbindung an die Applikation.

Eine vollständige Unterstützung der Entwicklung graphischer Benutzerschnittstellen ist dagegen das Ziel sogenannter User-Interface-Management-Systeme (UIMS, [Kas82], [Gre85b], [Pfa85], [Hix90], [Duc91], [Sas92], [Dix93]). Entsprechend dem in Abschnitt 2.1.1.1 vorgestellten Seeheim-Modell muß ein UIMS deshalb die Entwicklung der Präsentationskomponente (Benutzungsoberfläche), der Dialogkontrolle und der Applikationsschnittstelle unterstützen.

Grundlegendes Konzept eines UIMS ist die Aufteilung interaktiver Anwendungen in Benutzerschnittstelle und Applikation sowie die damit verbundene getrennte Entwicklung dieser beiden Komponenten. Diese Trennung von Benutzerschnittstelle und Applikation wird jedoch im Kontext direktmanipulativer graphischer Benutzerschnittstellen oft kritisiert, da sie die Implementierung des direkten Feedbacks auf Benutzereingaben, die eine intensive Kommunikation zwischen Benutzerschnittstelle und Applikation erfordern kann, behindert. Aus diesem Grund wurden Software-Architekturen für UIMS entwickelt, in denen die Benutzerschnittstelle die für Feedback-Operationen benötigten Applikationsdaten selbständig verwaltet oder effiziente Zugriffsmöglichkeiten auf sie besitzt ([Dan87], [Hud87]). Trotz dieser Kritik beinhaltet die Trennung von Benutzerschnittstelle und Applikation jedoch einige wesentliche Vorteile:
* getrennte Entwicklung von Benutzerschnittstelle und Applikation durch spezifische Entwicklungswerkzeuge,
* Austauschbarkeit von Benutzerschnittstellen für die Anpassung an verschiedene Hardware-Umgebungen und Benutzerklassen,
* Portabilität der Benutzerschnittstellen interaktiver Anwendungen durch Kapselung des Zugriffs auf das zugrundeliegende Window-System,
* Einheitliches Look-and-Feel der mit dem gleichen Entwicklungswerkzeug erstellten Benutzerschnittstellen.

Ein UIMS unterstützt die Entwicklung und Ausführung der gesamten Benutzerschnittstelle. Die Funktionalität eines UIMS stellt also eine Obermenge der Funktionalität eines UIT dar. UIMS besitzen sogar oft ein UIT als integralen Bestandteil ihres Laufzeitsystems (siehe Abb. 2.21), wie z.B. die C-Bibliothek Tk des UIMS Tcl/Tk („Tool command language / Toolkit", [Ous94]).

In der Fachliteratur gibt es jedoch keine exakte und anerkannte Definition dieser beiden Werkzeugklassen. Die beschriebenen Grenzen zwischen UIT und UIMS sind in existierenden Werkzeugen nicht immer scharf ausgeprägt. Kommerziell verfügbare UIT werden von der Herstellern häufig als UIMS bezeichnet, obwohl ihnen die charakteristischen Eigenschaften eines UIMS fehlen oder diese nur sehr schwach ausgeprägt sind. Für eine eindeutige Unterscheidung der durch die Werkzeuge unterstützten Funktionalität wird hier jedoch eine scharfe Abgrenzung bevorzugt.

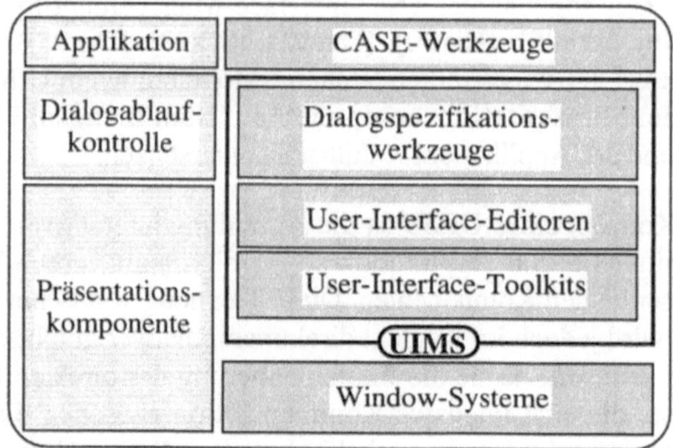

Abb. 2.21   Abgrenzung von UIMS und UIT

Klassifizierung von UIMS

UIMS können nach [Mye89a] anhand der Art der Dialogspezifikation in drei verschiedene Klassen eingeteilt werden: Sprachbasierte Dialogspezifikation, graphisch-interaktive Dialogspezifikation und automatische Dialogspezifikation. In [Rum90] wird diese Klassifizierung aufgegriffen und ausführlich mit Beispielsystemen kommentiert.

- Sprachbasierte Dialogspezifikation
  Dialogspezifikationen werden in einer textuellen oder graphischen Sprache beschrieben, der eine Dialogspezifikationsmethode (siehe Abschnitt 2.3) zugrundeliegt, und können dementsprechend in Sprachen zur Beschreibung von Zustandstransitionsgraphen, Statecharts, Petri-Netzen, kontextfreien Grammatiken, Eventhandlern, Zustandsbäumen, Interaktionshierarchien sowie Constraints und aktiven Daten aufgeteilt werden. Im Gegensatz zu reinen Benutzungsoberflächensprachen, z.B. UIL („User Interface Language") [OSF90], unterstützen Dialogspezifikationssprachen neben der Beschreibung der Präsentationskomponente insbesondere die Beschreibung des Dialogablaufs.

- Graphisch-interaktive Dialogspezifikation
  Dialogspezifikationen werden mit interaktiven Entwicklungswerkzeugen graphisch entwickelt. Die wichtigste Komponente eines entsprechenden UIMS ist ein UI-Editor für die interaktive Definition der Präsentationskomponente. Die Spezifikation des zulässigen Dialogablaufs erfolgt durch das interaktive Dialogspezifikationswerkzeug einer graphisch darstellbaren Dialogspezifikationsmethode [Hof93] (z.B. Zustandstransitionsgraphen, Petri-Netze, Statecharts oder Interaktionshierarchien) oder „demonstrativ" anhand von Beispielen, aus denen das UIMS mit einem Inferenzalgorithmus auf den zulässigen Dialogablauf schließt ([Mye86], [Mye87]).

- Automatische Dialogspezifikation
  Dialogspezifikationen werden aus einer abstrakten Spezifikation der Funktionalität der Applikation generiert (z.B. [Ols86], [Fol87], [Fol88], [Bal93]). Der Dialogentwickler kann die automatisch erzeugte Dialogspezifikation modifizieren und damit an anwendungsspezifische Anforderungen anpassen, die nicht durch die Funktionalität der Applikation impliziert werden. Aufgrund der eingeschränkten Funktionalität automatisch generierbarer Benutzerschnittstellen haben entsprechende UIMS keine weite Verbreitung gefunden.

Neben klassischen Vertretern der drei UIMS-Klassen existieren jedoch einige kommerzielle UIMS, die nicht eindeutig einer dieser Klassen zugeordnet werden können.

User-Interface-Editoren gehören mittlerweile zu den Standardwerkzeugen kommerzieller UIMS. Beispiele für UIMS mit User-Interface-Editor sind die Trillium User-Interface-Entwurfsumgebung [Hen86], der ISA Dialog-Manager [Fäh91], der Dialog-Editor [Car88], das Menulay-System [Bux83] und nahezu alle neueren UIMS-Entwicklungen. Diese UIMS unterstützen dadurch eine interaktive Entwicklung der Präsentationskomponente einer Benutzerschnittstelle und gehören in die Klasse der UIMS mit graphisch-interaktiver Dialogspezifikation. Für die Beschreibung der Dialogkontrolle und der Anbindung an die Applikation wird dagegen oft eine spezielle Dialogablaufbeschreibungssprache eingesetzt, die Merkmal einer sprachbasierten Dialogspezifikation ist. Moderne UIMS verwenden damit eine Kombination aus graphisch-interaktiver und textueller Dialogspezifikation.

Abb. 2.22 zeigt das daraus resultierende Vorgehen bei der Entwicklung einer Benutzerschnittstelle mit einem UIMS. Die mit den Entwicklungswerkzeugen erstellte Dialogspezifikation wird vom Laufzeitsystem des UIMS interpretiert oder übersetzt. Die dafür benötigten UI-Komponenten und Interaktionstechniken werden von einem integrierten UIT bereitgestellt. Für das Testen von Benutzerschnittstellen durch

Wechsel zwischen Entwicklungs- und Testmodus besitzen einige UIMS Simulationswerkzeuge, die eine von der Applikation unabhängige Ausführung von Dialogspezifikationen durch Interpretation oder Übersetzung ermöglichen und dadurch eine Entwicklung von Benutzerschnittstellen durch Prototyping unterstützen.

Eine vollständig graphisch-interaktive Entwicklung von graphischen Benutzerschnittstellen erfordert neben den User-Interface-Editoren vor allem interaktive Werkzeuge für die Dialogablaufdefinition, die sich jedoch bisher nicht durchsetzen konnten. Graphisch-interaktive Dialogspezifikationen durch Zustandstransitionsgraphen oder Petri-Netze werden für umfangreichere Benutzerschnittstellen zu groß und damit unübersichtlich [Mye89a]. Dieses Problem kann durch Hierarchisierung und der Graphen bzw. Netze nur vermindert, aber nicht behoben werden.

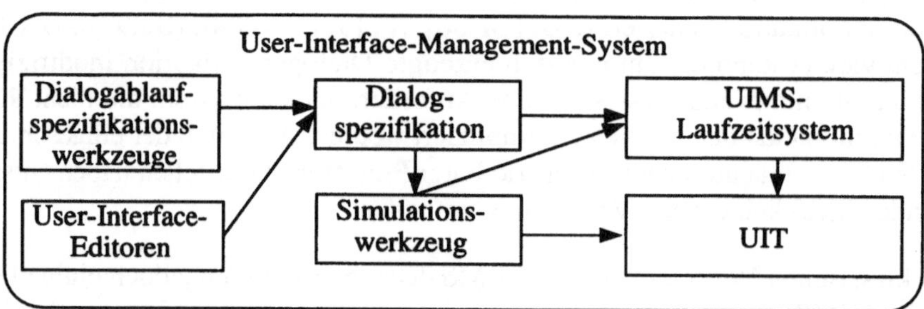

Abb. 2.22   Benutzerschnittstellenentwicklung mit einem UIMS

User-Interface-Development-Systeme

Der Begriff User-Interface-Management-System wird in vielen Veröffentlichungen (z.B. [Har89], [Mye89a]) synonym zu dem Begriff User-Interface-Development-System (UIDS) verwendet. In diesem Buch wird dagegen die in [Duc91] vorgestellte Terminologie verwendet, die zwischen UIMS und UIDS unterscheidet.

In einem UIMS lassen sich Werkzeuge für die Benutzerschnittstellenentwicklung und Komponenten für die Ausführung entwickelter Benutzerschnittstellen unterscheiden. Die Entwicklungswerkzeuge eines UIMS werden zum UIDS zusammengefaßt, während die Ausführungskomponenten (Laufzeitsystem und UIT) das User-Interface-System (UIS) bilden. Interaktive Anwendungen, die mit einem UIMS entwickelt wurden, bestehen aus dem durch die Benutzerschnittstellendefinition konfigurierten UIS und der Applikation. Abb. 2.23 zeigt die Komponenten und das Umfeld eines UIMS unter Verwendung der eingeführten Terminologie.

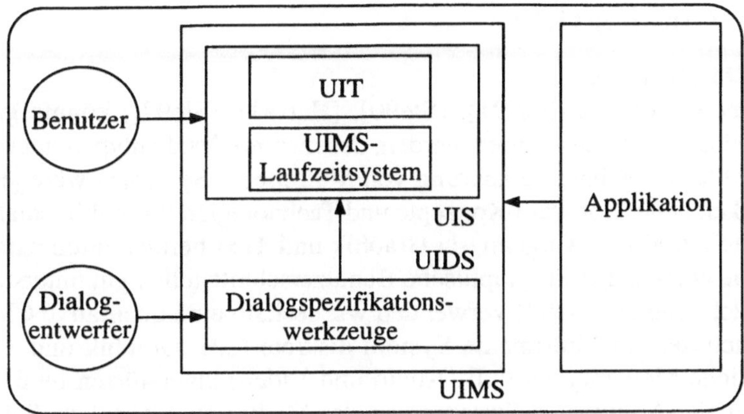

Abb. 2.23 Komponenten und Schnittstellen eines UIMS

2.5 Konzepte multimedialer Benutzerschnittstellen

In diesem Abschnitt werden die Terminologie und die Konzepte multimedialer Benutzerschnittstellen erläutert. Dabei beschränken wir uns auf die Konzepte, die multimediale Benutzerschnittstellen von graphischen Benutzerschnittstellen unterscheiden und damit neue Anforderungen an Modelle und Software-Werkzeuge für ihre Entwicklung stellen.

Nach der Einführung relevanter Grundbegriffe von Multimedia-Systemen werden aufgrund der herausragenden Bedeutung der Darstellungsdimension Zeit für multimediale Benutzerschnittstellen zunächst die Grundlagen der Zeitmodellierung und -repräsentation vorgestellt. Anschließend erfolgt die Beschreibung der bereits einleitend erwähnten räumlichen, zeitlichen und konfigurellen Komposition in der Modellierung multimedialer Präsentationen. Da die zeitliche Komposition für die Entwicklung eines auf multimediale Benutzerschnittstellen ausgerichteten Dialogmodells besonders wichtig ist, wird sie relativ ausführlich diskutiert und mit einer Bewertung zeitlicher Kompositionsformen abgeschlossen. Die im Rahmen der zeitlichen Komposition definierten zeitlichen Beziehungen müssen zur Laufzeit durch Mechanismen der Synchronisation sichergestellt werden. Den Grundkonzepten der Synchronisation in multimedialen Benutzerschnittstellen wird deshalb ein eigener Abschnitt gewidmet. Abschließend wird die Abstraktion in der Entwicklung multimedialer Benutzerschnittstellen unter besonderer Berücksichtigung objektorientierter Abstraktionskonzepte diskutiert.

2.5.1 Grundbegriffe

Multimedia-Systeme

Als Multimedia-System ([Gri91], [Ste90], [Herr91], [Ste93]) könnte genau genommen jedes System bezeichnet werden, das mehrere Medientypen integriert. Bei dieser quantitativen Charakterisierung von Multimedia-Systemen wäre jedoch die Notwendigkeit neuer Software-Konzepte und Technologien für multimediale Benutzerschnittstellen nicht zwingend, da Graphik und Text bereits durch existierende Entwicklungswerkzeuge für graphische Benutzerschnittstellen gut unterstützt werden. In Anlehnung an [Ste93] verwenden wir deshalb eine qualitative Charakterisierung, nach der ein Multimedia-System diskrete (z.B. Graphik und Text) und kontinuierliche Medientypen (z.B. Audio und Video) unterstützen muß. In sogenannten digitalen Multimedia-Systemen werden Medien ausschließlich digital verarbeitet, während in hybriden Multimedia-Systemen Medien sowohl analog als auch digital verarbeitet werden. In diesem Buch werden jedoch nur digitale Multimedia-Systeme betrachtet.

Darüber hinaus sollte ein Multimedia-System Medienunabhängigkeit gewährleisten, d.h. die unterstützten Medien müssen unabhängig voneinander verarbeitet werden können. Medienunabhängigkeit ist z.B. aufgrund der festen Kopplung von Audio- und Video-Informationen beim Fernsehen nicht gegeben. Ein Multimedia-System, das Medienunabhängigkeit gewährleistet, muß für die Definition multimedialer Präsentationen rechnergestützte Mechanismen zur räumlichen, zeitlichen und konfigurellen Komposition [Vaz93] anbieten.

Diese Kompositionsmechanismen sollten als abstrakte Schnittstellen definiert werden und damit eine einheitliche Behandlung diskreter und kontinuierlicher Medien unabhängig von konkreten Medientypen gewährleisten. Erst durch die Abstraktion von konkreten Medientypen können Multimedia-Systeme problemlos um neue Medientypen erweitert werden. In einem verteilten Multimedia-System sind die multimedialen Informationen und die Verarbeitungskomponenten eines Multimedia-Systems auf mehrere miteinander vernetzte Rechner verteilt. Ein verteiltes Multimedia-System muß deshalb die Übertragung multimedialer Informationen über entsprechend leistungsfähige Netzwerke unterstützten. Die diesem Buch zugrundeliegende Bedeutung des Begriffs „Multimedia-System" wird durch die in [Ste93] gegebene Definition zusammenfassend beschrieben:

> „Ein Multimedia-System ist durch die rechnergesteuerte, integrierte Erzeugung, Manipulation, Darstellung, Speicherung und Kommunikation von unabhängigen Informationen gekennzeichnet, die in mindestens einem kontinuierlichen (zeitabhängigen) und einem diskreten (zeitunabhängigen) Medium codiert sind."

Kontinuierliche und diskrete Medien

Werkzeuge für die Entwicklung multimedialer Benutzerschnittstellen werden entscheidend durch die Anforderungen an die Verarbeitung der Daten sogenannter kontinuierlicher Medientypen geprägt. Kontinuierliche Medien, wie z.B. Video, Audio und Animation, beschreiben zeitvariante Informationen, deren Verarbeitung deshalb zeitkritisch ist. So sollte z.B. für eine qualitativ gute Darstellung des kontinuierlichen Mediums Video alle 40 ms ein neues Einzelbild (Frame) ausgegeben werden. Dagegen repräsentieren diskrete Medien, wie z.B. Text, Graphik und Pixelbilder, zeitinvariante Informationen, deren Darstellung zeitunkritisch ist. Ihre Darstellung besitzt keine inhärente zeitliche Ausprägung, ist jedoch auf das Zeitintervall zwischen dem Ausgeben und dem Löschen der Informationen auf dem Bildschirm beschränkt.

Ein kontinuierliches Medium besitzt eine zeitabhängige Darstellung, d.h. die Darstellungswerte des Mediums sind zeitvariant. Die digitale Repräsentation kontinuierlicher Medien erfolgt jedoch als Folge diskreter Werte. So besteht z.B. die digitale Repräsentation des Mediums Video aus einer Folge von diskreten Einzelbildern (Frames) und des Mediums Audio als Folge diskreter Digitalisierungseinheiten (Samples). Erst durch die zeitvariante Darstellung dieser diskreten Informationseinheiten entsteht beim Benutzer der Eindruck einer kontinuierlichen Information.

Die für die Repräsentation kontinuierlicher Medien verwendeten Informationseinheiten werden in [Ste93] als logische Dateneinheiten (LDU: „Logical Data Units") bezeichnet. LDUs können als zeitlich kleinste Informationseinheiten eines Repräsentationsmediums betrachtet werden und sind unabhängig vom Perzeptionsmedium. Das Medium Video kann z.B. als Folge von Pixeln, digitalisierten Bildbereichen, digitalisierten Einzelbildern oder digitalisierten Bildsequenzen repräsentiert werden. Die LDU des Repräsentationsmediums bestimmt damit die Granularität der Verarbeitung der Daten eines kontinuierlichen Medientyps. Die Darstellung kontinuierlicher Medien erfolgt durch Verarbeitung eines aus LDUs bestehenden Datenstroms. Ein Multimedia-System muß damit Datenströme unter vorgegebenen zeitlichen Restriktionen, z.B. 25 Einzelbilder pro Sekunde, verarbeiten können.

Die hier verwendete Unterscheidung von Perzeptions- und Repräsentationsmedien dient hauptsächlich einer präzisen Definition diskreter und kontinuierlicher Medientypen. In den weiteren Abschnitten und Kapiteln wird sie jedoch nicht mehr aufgegriffen. Statt dessen werden diese beiden Medienbegriffe unter dem Oberbegriff „Medien" zusammengefaßt. Die Verarbeitung von Medien bezeichnet damit sowohl ihre Darstellung als auch ihre interne Verarbeitung (z.B. Codierung und Decodierung).

2.5.2   Zeitmodellierung und Zeitrepräsentation

Die Darstellungsdimension Zeit ist nach [Ste93] das wesentliche Kriterium, das
multimediale Benutzerschnittstellen von graphischen Benutzerschnittstellen unterscheidet. Ursache für die besondere Bedeutung der Zeit in multimedialen Benutzerschnittstellen ist die zeitliche Ausprägung kontinuierlicher Ausgaben. Eine auf Multimedia ausgerichtete Erweiterung von Modellen und Werkzeugen für die Benutzerschnittstellenentwicklung erfordert deshalb eine Betrachtung charakteristischer
Eigenschaften der Zeitmodellierung. Die in diesem Abschnitt gegebene Darstellung
beschränkt sich jedoch auf die für multimediale Benutzerschnittstellen relevanten
Konzepte. Ausführliche und teilweise anwendungsunabhängige Darstellungen der
Zeitmodellierung können [Gal87], [All91], [Oss92] und [Gla93] entnommen werden.

Die Beschreibung zeitlicher Informationen wird entscheidend durch die Eigenschaften des verwendeten Zeitmodells bestimmt. Das Zeitmodell bestimmt die Struktur
und Repräsentationsform der Zeit und gibt damit Antworten auf die folgenden Fra-
gen:
- Wie wird die Zeit modelliert ? Wie werden die elementaren Zeitobjekte repräsentiert ?
- Wie werden zeitliche Beziehungen, also Beschränkungen zwischen Zeitobjekten,
  modelliert? Wie werden zeitliche Beziehungen repräsentiert ?

Die Auswahl der elementaren Zeitobjekte wird wesentlich von der Frage beeinflußt,
ob die Zeit diskret oder analog modelliert wird. Eine diskrete Zeitmodellierung beschreibt Zustandsänderungen nur zu bestimmten (diskreten) Zeitpunkten mit einem
vorgegebenen Minimalabstand, z.B. eine Sekunde. Die elementaren Zeitobjekte
einer diskreten Zeitmodellierung sind also Zeitpunkte. Diskrete Zeitmodelle werden
deshalb oft durch eine Abbildung auf die natürlichen Zahlen definiert. Eine analoge
Zeitmodellierung betont dagegen das kontinuierliche Fortschreiten der Zeit und
eignet sich insbesondere für die Beschreibung von kontinuierlichen Zustandsänderungen und Zeitintervallen, in denen unendlich viele Zeitpunkte liegen. Sie erfolgt
deshalb oft durch eine Abbildung auf die reellen Zahlen unter Vernachlässigung der
endlichen Zahlendarstellung. Im Gegensatz zu einer diskreten Zeitmodellierung
kennt eine analoge Zeitmodellierung keinen Minimalabstand zwischen zwei Zeitpunkten und unterstützt damit prinzipiell eine beliebige Granularität der
Zeitrepräsentation. Elementare Zeitobjekte einer analogen Zeitmodellierung können
damit sowohl Zeitpunkte als auch Zeitintervalle sein.

Zeitliche Beziehungen werden durch die betroffenen Zeitobjekte und die zwischen
ihnen geltenden Zeitbeschränkungen beschrieben. Zeitobjekte können entweder ab-

solut durch die Angabe eines konkreten Zeitobjektes (Zeitpunkt, Zeitintervall) oder relativ durch den Bezug auf ein sogenanntes Referenzobjekt definiert werden. Eine absolute Beschreibung erfolgt durch die Angabe eines konkreten Zeitwertes in einer für die Zeitmodellierung gewählten Metrik (z.B. 20.15h oder 10 sec), während eine relative Beschreibung ein Zeitobjekt durch die symbolische Bezeichnung eines anderen Zeitobjektes (z.B. Ende der Video-Ausgabe, Dauer der Video-Ausgabe) definiert. Die relative Beschreibung von Zeitpunkten ist deshalb invariant gegenüber Zeitverschiebungen des Referenzobjektes. Für Zeitbeschränkungen besteht die Alternative zwischen einer symbolischen (z.B. vor, nach, gleichzeitig) und einer numerischen (z.B. 30 sec später, 10 sec lang) Beschreibung. Symbolische Zeitbeschränkungen beschreiben damit qualitative Beziehungen und numerische Zeitbeschränkungen quantitative Beziehungen. Abb. 2.24 faßt die aus diesen Unterscheidungen resultierenden Alternativen für die Beschreibung zeitlicher Beziehungen exemplarisch in einer Matrix zusammen.

Zeitbeschränkung / Zeitobjekt	symbolisch	numerisch
absolut	nach 20.15h	20 sec nach 20.15
relativ	vor dem Ende des Videos	20 sec vor dem Ende des Videos

Abb. 2.24   Alternativen für die Beschreibung zeitlicher Beziehungen

In [Gal87], [Oss92] und [Gla93] werden weitere Konzepte eines Zeitmodells diskutiert, z.B. ob die Zeit als beschränkt oder unbeschränkt betrachtet wird. Da sie im Kontext der Beschreibung multimedialer Benutzerschnittstellen jedoch nicht relevant sind, werden sie nicht weiter berücksichtigt.

2.5.3 Komposition

Die von einem Multimedia-System geforderte Medienunabhängigkeit impliziert die Notwendigkeit geeigneter Kompositionsmechanismen für die Definition multimedialer Präsentationen, die aus mehreren kontinuierlichen und diskreten Ausgaben zusammengesetzt sind. Durch die Komposition werden die geometrische Struktur, der zeitliche Verlauf und der Inhalt einer multimedialen Präsentation festgelegt. Nach [Gib91a] und [Vaz93] können in multimedialen Benutzerschnittstellen drei verschiedene Formen der Komposition unterschieden werden:

- räumliche Komposition,
- zeitliche Komposition,
- konfigurelle Komposition.

2.5.3.1 Räumliche Komposition

Die räumliche Komposition ([Gib91a], [Lit91], [Vaz93]) beschreibt die geometrische Struktur multimedialer Benutzerschnittstellen und wird durch das bereits in graphischen Benutzerschnittstellen verwendete Geometrie-Management in das konkrete Layout der Benutzungsoberfläche umgesetzt. Das Geometrie-Management dient allgemein der Beschreibung und Überwachung von Abhängigkeiten zwischen den Darstellungsattributen der graphischen Ausgaben. Über diese Abhängigkeiten werden geometrische Darstellungswerte, z.B. Größe, Position, Anordnung und Reihenfolge, berechnet oder zumindest eingeschränkt. Ein möglicher Ansatz für die Implementierung geometrischer Abhängigkeiten sind Constraints ([Lel87], [Bor87], [Lux91a], [Lux91b]), die insbesondere in Verbindung mit objektorientierten Software-Architekturen bereits mehrfach für die Implementierung des Geometrie-Managements in graphischen Benutzerschnittstellen eingesetzt wurden ([Bar86], [Sze88], [Mal89], [Mye89b]). Eine alternative Implementierung des Geometrie-Managements ist die hierarchische Anordnung von Graphikobjekten, bei der übergeordnete Graphikobjekte die geometrischen Darstellungswerte der ihnen untergeordneten Graphikobjekte beeinflussen.

Für die Entwicklung multimedialer Benutzerschnittstellen müssen kontinuierliche Ausgaben, die eine räumliche Ausprägung besitzen (z.B. Video-Ausgaben), in das Geometrie-Management integriert werden [Gui92]. Erst durch diese Integration können graphische Ausgaben in kontinuierliche Ausgaben eingeblendet werden, wie z.B. textuelle oder graphische Annotationen einer Video-Ausgabe. Durch ihre zeitvariante Darstellung stellen kontinuierliche Medien jedoch erhöhte Anforderungen an das Geometrie-Management. Die geometrische Ausprägung kontinuierlicher Ausgaben kann sich mit den Darstellungswerten ändern, so daß ein kontinuierliches Geometrie-Management erforderlich wird. Ein Beispiel für eine kontinuierliche Ausgabe mit zeitvarianter geometrischer Ausprägung ist Animation ([Dam89], [Kal92]), bei der Graphikobjekte kontinuierlich bewegt werden.

2.5.3.2 Zeitliche Komposition

Die zeitliche (temporale) Komposition ([Gib91a], [Lit91], [Vaz93]) definiert zeitliche Beziehungen in multimedialen Präsentationen, z.B. die gleichzeitige oder sequentielle Darstellung kontinuierlicher Medien, die zur Laufzeit sichergestellt werden müssen. Für eine homogene Behandlung diskreter und kontinuierlicher Medien kann diskreten Medien dabei als Präsentationsdauer die Zeitdifferenz zwischen dem Ausgeben und dem Löschen der Informationen zugeordnet werden. Damit wird sowohl die Dauer diskreter als auch die Dauer kontinuierlicher Ausgaben durch Zeitintervalle, sogenannte Präsentationsintervalle, beschrieben. Aufgabe der zeitlichen Komposition ist also letztlich die Definition von Beziehungen zwischen Zeitintervallen, sogenannten Intervallrelationen.

Intervallkalkül

Intervallrelationen wurden bereits im Kontext des zeitlichen Schließens [Oss92] intensiv betrachtet. Einer der bekanntesten Kalküle für das zeitliche Schließen über Zeitintervallen ist der Intervallkalkül ([All83], [All91]), der alle möglichen binären Intervallrelationen definiert (siehe Abb. 2.25). Mit Ausnahme von equals besitzen alle dargestellten Intervallrelationen jeweils eine inverse Relation, so daß insgesamt dreizehn binäre Intervallrelationen existieren. In [All83] wird gezeigt, daß zwischen zwei Intervallen immer genau eine dieser Intervallrelationen bestehen muß. Im allgemeinen werden jedoch nur die sieben dargestellten Intervallrelationen berücksichtigt, da die inversen Relationen sich durch Vertauschen der beiden Intervalle ergeben. Aufgrund der Vollständigkeit wurden die Intervallrelationen des Intervallkalküls bereits in mehreren Arbeiten über die zeitliche Komposition in multimedialen Präsentationen (Lit90], [Hoe91a], [Gui92]) als konzeptionelle Grundlage verwendet.

Die Intervallrelationen des Intervallkalküls beschreiben zeitliche Beziehungen zwischen zeitbehafteten Aussagen, d.h. Aussagen mit einer zeitlich begrenzten Gültigkeit. Unsicheres Wissen wird als Disjunktion von Intervallrelationen beschrieben.

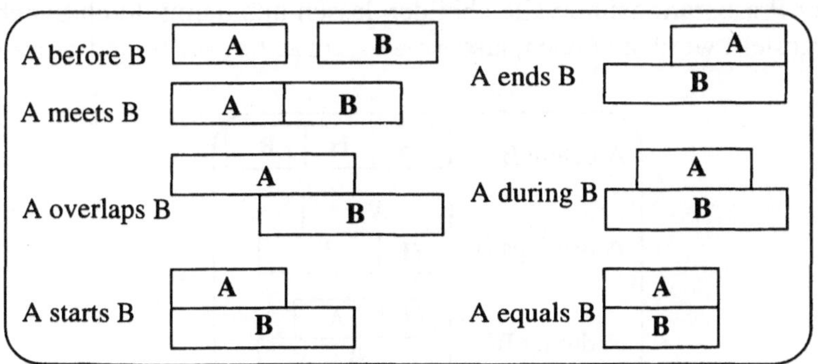

Abb. 2.25   Zeitliche Beziehungen des Intervallkalküls

Intervallrelationen für die zeitliche Komposition
Für die Modellierung zeitlicher Beziehungen in multimedialen Präsentationen sind
jedoch nicht alle sieben Intervallrelationen relevant. Die zeitliche Komposition in
multimedialen Präsentationen beschreibt zeitliche Beziehungen, die eine Vorgabe für
die Synchronisation bilden. Unscharfe Intervallrelationen wie `before`, `overlaps`
und `during` sind dabei nicht sinnvoll, da die Synchronisation eine exakte Beschreibung der zu gewährleistenden zeitlichen Beziehungen zwischen den Ausgaben
einer multimedialen Präsentation erfordert. Durch Synchronisation sind allgemein
nur zeitliche Beziehungen sicherzustellen, die auf Gleichungen zwischen den Start-
und Endzeitpunkten von Präsentationsintervallen abbildbar sind. Neben Start- und
Endzeitpunkten können diese Gleichungen zusätzlich noch zeitliche Differenzen enthalten. Beispiele für zulässige Synchronisationsgleichungen sind:

$$\text{Start}(A) = \text{Start}(B), \quad \text{Start}(A) = \text{Start}(B) + 20\ \text{sec}$$
$$\text{Start}(B) = \text{Ende}(A), \quad \text{Start}(A) = \text{Ende}(B) + 20\ \text{sec}$$

Die für die Synchronisation erforderliche Beschränkung auf scharfe zeitliche Beziehungen hat zur Konsequenz, daß die Intervallrelationen `before`, `overlaps` und
`during` für die zeitliche Komposition nicht geeignet sind. Eine Verwendung dieser
Intervallrelationen für die temporale Komposition wäre nur bei bekannten zeitlichen
Differenzen zwischen Start- und Endzeitpunkten der beiden Intervalle möglich, so
daß die beiden Präsentationsintervalle entsprechend synchronisiert werden könnten.
In [Hoe91b] wird jedoch gezeigt, daß sie unter dieser Voraussetzung durch Einfügen eines Hilfsintervalls H bereits mit den Intervallrelationen `starts` und `meets`
beschrieben werden können (siehe Abb. 2.26).

Zusammenfassend betrachtet kommen für die zeitliche Komposition nur die Intervallrelationen in Frage, die sich auf Gleichungen zwischen den Start- und Endzeitpunkten der Präsentationsintervalle abbilden lassen und damit durch Synchronisation sichergestellt werden können, also `meets`, `starts`, `ends` und `equals`.

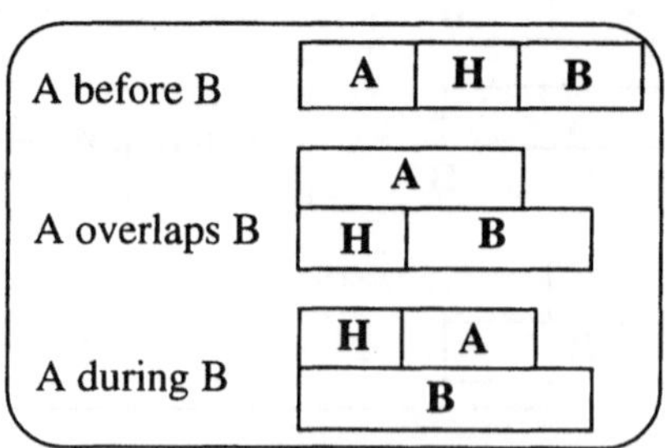

Abb. 2.26		Beschreibung unscharfer Intervallrelationen mit Hilfsintervall

Die zu einer multimedialen Präsentation kombinierten Ausgaben können durch Benutzerinteraktionen vorzeitig abgebrochen werden und damit nichtdeterministische Präsentationsdauern besitzen. Das Adjektiv „nichtdeterministisch" bezieht sich dabei auf die bei der Spezifikation vorliegenden Informationen über die Präsentationsdauer einer kontinuierlichen Ausgabe. Nichtdeterministische Präsentationsdauern treten z.B. bei Ausgaben von kontinuierlichen Medien auf, die von einer Live-Quelle (z.B. Kamera oder Mikrofon) erzeugt werden. Diese Ausgaben besitzen eine potentiell unendliche Präsentationsdauer und werden meistens durch eine Benutzerinteraktion beendet.

Die Intervallrelation `ends` kann jedoch nur bei bekannten Präsentationsdauern durch die Synchronisation sichergestellt werden. Unter dieser Voraussetzung ist sie jedoch ebenfalls durch die Intervallrelationen `meets` und `starts` in Verbindung mit einem passenden Hilfsintervall beschreibbar, so daß sie für die zeitliche Komposition in multimedialen Präsentation nicht benötigt wird.

Die Gültigkeit der Intervallrelation `equals` ist nur von den Präsentationsdauern der beteiligten Ausgaben abhängig und kann deshalb nicht durch einfache Synchronisation (Festlegen von Start- oder Endzeitpunkten) sichergestellt werden. Dagegen ist ein Erzwingen der `equals`-Relation durch vorzeitiges Abbrechen der zeitlich längeren Ausgabe oder Verlängern der zeitlich kürzeren Ausgabe durchaus möglich (siehe [Hoe91b] und [Cla93]). Diese modifizierte `equals`-Relation kann z.B. in Verbindung mit Zeitintervallen für die Beschränkung nichtdeterministischer Präsentationsdauern eingesetzt werden und ist deshalb für die zeitliche Komposition in multimedialen Präsentationen gut geeignet.

Bisher wurden nur einzelne Intervallrelationen für die Beschreibung der zeitlichen Beziehungen zwischen zwei Präsentationsintervallen betrachtet. Da multimediale Präsentationen jedoch aus mehreren Ausgaben bestehen können, muß die temporale Komposition auch Kombinationen von Intervallrelationen für die Beschreibung zeitlicher Beziehungen zwischen mehreren Präsentationsintervallen unterstützen. Eine disjunktive Verknüpfung von zeitlichen Beziehungen wird insbesondere im Zusammenhang mit nichtdeterministischen Präsentationsdauern benötigt, wie das folgende dargestellte Beispiel belegt.

> Die Ausgaben B und C sollen eine nichtderministische Präsentationsdauer besitzen und gleichzeitig nach dem Ende von Ausgabe A gestartet werden. Ausgabe D soll unmittelbar nach dem Ende von Ausgabe B **oder** C und Ausgabe E unmittelbar nach dem Ende von Ausgabe B **und** C gestartet werden. Die Präsentationsdauern der Ausgaben D und E sollen dabei länger als die von B und C sein.

Abb. 2.27 zeigt die beiden möglichen Präsentationsverläufe. Die zeitliche Komposition dieser Präsentation kann durch die disjunktive und konjunktive Intervallrelationenverknüpfung

$\quad$ (A meets B) and (B starts C) and

$\quad$ (((C meets D) and (B overlaps D) and (B meets E) or

$\quad$ ((B meets D) and (C overlaps D) and (C meets E)))

oder durch die Synchronisationsgleichungen

$\quad$ Ende(A) = Start(B), Ende(A) = Start(C),

$\quad$ Start(D) = Minimum(Ende(B),Ende(C)),

$\quad$ Start(E) = Maximum(Ende(B),Ende(C))

beschrieben werden.

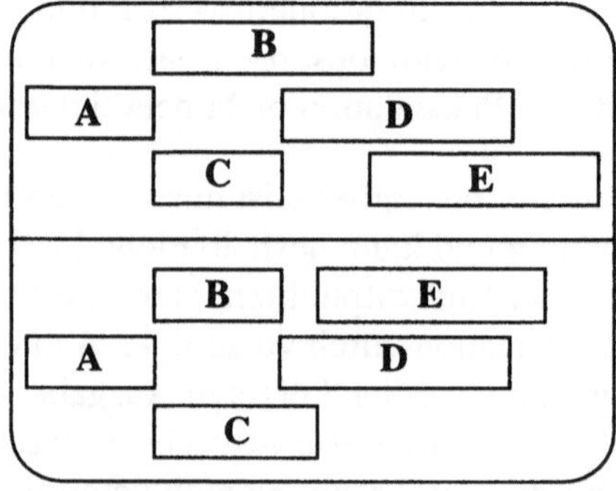

Abb. 2.27$\qquad$Disjunktive und konjunktive Verknüpfung von Intervallrelationen

Da Minimum-/Maximum-Beziehungen zwischen Start- und Endzeitpunkten in praktischen Beispielen für multimediale Präsentationen durchaus vorstellbar sind, belegt dieses Beispiel die Notwendigkeit von entsprechenden Verknüpfungsmöglichkeiten zeitlicher Beziehungen.

Ansätze für die zeitliche Komposition

Für die zeitliche Komposition in multimedialen Präsentationen wurden eine Reihe von problemspezifischen Ansätze entwickelt, die sich nach [Bla91a] in drei Kategorien unterteilen lassen:
- Komposition auf einer Timeline (Zeitachse),
- hierarchische Komposition,
- Komposition über Referenzpunkte.

Diese Ansätze können in existierenden Multimedia-Systemen jedoch nicht immer eindeutig voneinander abgegrenzt werden. So kann z.B. die in ([Gib91a], [Gib91b]) vorgestellte objektorientierte Klassenbibliothek für die Implementierung multimedialer Anwendungen sowohl der Komposition auf einer Timeline als auch der hierarchischen Komposition zugeordnet werden.

Die in [Mar92] vorgestellte objektorientierte Implementierung des angehenden ISO-Standards MHEG [ISO92] vereint dagegen charakteristische Eigenschaften der hierarchischen Komposition und der Komposition über Referenzpunkte. In Abschnitt 3.2 werden verschiedene Ansätze zur Modellierung und Implementierung multimedialer Benutzerschnittstellen und damit konkrete Umsetzungen der drei Kompositionsformen vorgestellt.

Komposition auf einer Timeline
Bei der temporalen Komposition auf einer Timeline (siehe Abb. 2.28) werden die Ausgaben einer multimedialen Präsentation relativ zu einer Zeitachse angeordnet, die die Präsentationszeit repräsentiert. Zeitliche Beziehungen zwischen diesen Ausgaben werden implizit definiert und deshalb durch zeitliche Verschiebungen von Präsentationsintervallen verändert. Aufgrund des direkten Bezugs zur Präsentationszeit repräsentiert der Timeline-Ansatz eine absolute zeitliche Komposition. Die Komposition auf einer Timeline setzt allerdings voraus, daß sowohl die Präsentationsdauern als auch die Start- und Endzeitpunkte der einzelnen Ausgaben bekannt sind. Eine einfache Sequenz von Ausgaben mit nichtderministischer Präsentationsdauer kann deshalb mit dem Timeline-Ansatz schon nicht mehr beschrieben werden.

Dennoch wird die Komposition auf einer Timeline aufgrund ihrer Anschaulichkeit und der daraus resultierenden Benutzerfreundlichkeit von vielen Multimedia-Systemen und -Werkzeugen für die zeitliche Komposition verwendet, z.B. von den in Abschnitt 3.2 vorgestellten Systemen QuickTime [App92], Muse [Hod89], MAEstro [Dra91] und Composite-Multimedia ([Gib91a], [Gib91b], [Gib91c]) sowie von den kommerziellen Multimedia-Entwicklungswerkzeugen Director [Wes91] und MediaMaker [Wes91].

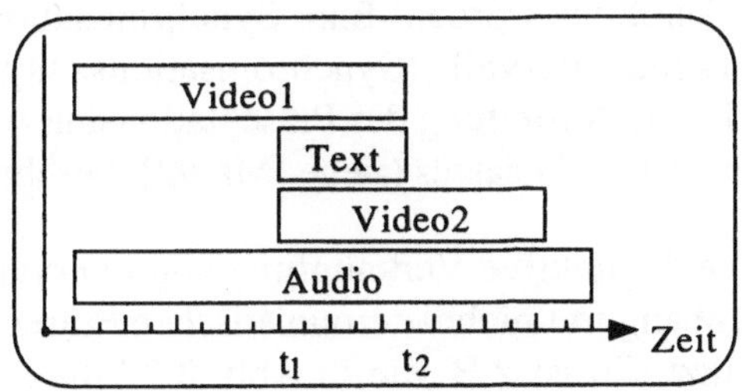

Abb. 2.28   Absolute temporale Komposition auf einer Timeline

Hierarchische Komposition

Die hierarchische Komposition ([Hoe91a], [Mar92], [Gui92]) unterstützt im Gegensatz zum Timeline-Ansatz auch die Integration von Ausgaben mit nichtdeterministischer Präsentationsdauer, da sie keinen direkten Bezug zur Präsentationszeit verwendet. Zeitliche Beziehungen zwischen den Ausgaben einer multimedialen Präsentation werden dabei durch die inneren Knoten einer Hierarchie beschrieben (siehe Abb. 2.29). Die Blätter dieser Hierarchie repräsentieren diskrete und kontinuierliche Ausgaben.

Für die Beschreibung zeitlicher Verzögerungen sind außerdem Zeitintervalle (im Beispiel t_1 und t_2-t_1) als Blätter oder als Attribute von Knoten zulässig. Innere Knoten modellieren komplexe Ausgaben und können selbst wieder anderen Knoten untergeordnet werden. Durch diese Abstraktion kann die hierarchische Komposition zeitliche Beziehungen sowohl zwischen elementaren als auch zwischen komplexen Ausgaben beschreiben.

Die hierarchische Komposition beschreibt zeitliche Beziehungen durch Intervallrelationen (`meets`, `starts` und `equals`) zwischen den Präsentationsintervallen untergeordneter Ausgaben. Mit der Intervallrelation `meets` kann z.B. sichergestellt werden, daß zwei Ausgaben unmittelbar nacheinander ausgeführt werden, auch wenn ihre Präsentationsdauern bei der Spezifikation nicht bekannt sind. Aufgrund der Vermeidung eines direkten Bezugs zur Präsentationszeit, wird die hierarchische Komposition hier als relative zeitliche Komposition bezeichnet. Die hierarchische Struktur hat dazu geführt, daß die meisten Implementierungen dieser Kompositionsform objektorientiert sind, z.B. die in Abschnitt 3.2 vorgestellten Systeme Ttoolkit [Gui92], Composite-Multimedia ([Gib91a], [Gib91b], [Gib91c]), MME [Din93], ET++ ([Wei89], [Wei92], [Gam92]) und MHEG ([ISO88a], [Mar92]).

Ein Nachteil der hierarchischen Komposition ist jedoch ihre geringe Granularität, da für die Definition zeitlicher Beziehungen nur Start- und Endzeitpunkte von Präsentationsintervallen berücksichtigt werden. Eine Synchronisation an einem inneren Zeitpunkt eines Präsentationsintervalls (Synchronisationszeitpunkt) kann deshalb nur durch eine entsprechende Aufteilung des Präsentationsintervalls oder nach einer konzeptionelle Erweiterung des Ansatzes (siehe [Mar92]) beschrieben werden.

Darüber hinaus wird eine disjunktive Verknüpfung von Intervallrelationen, die insbesondere im Zusammenhang mit nichtdeterministischen Präsentationsdauern benötigt wird, nicht unterstützt. So ist z.B. die in Abb. 2.27 dargestellte Präsentation durch die hierarchische Komposition nicht beschreibbar.

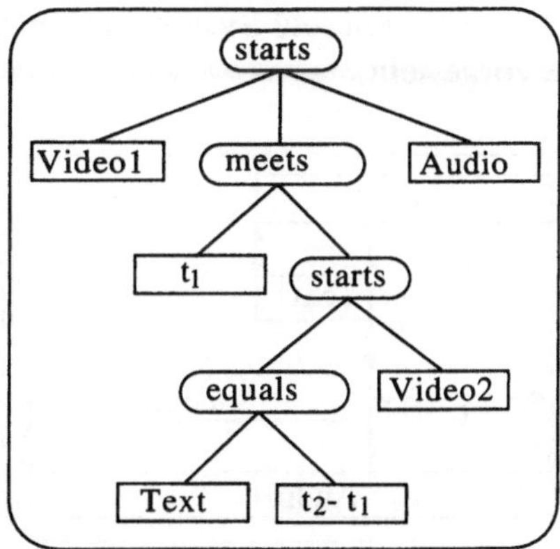

Abb. 2.29   Hierarchische Komposition

Komposition über Referenzpunkte

Die Komposition über Referenzpunkte ([Bla91a], [Herz92], [Vaz93]) besitzt gegenüber der hierarchischen Komposition eine deutlich verbesserte Granularität, da sie für die Beschreibung zeitlicher Beziehungen beliebige Zeitpunkte der Präsentationsintervalle, sogenannte Synchronisationszeitpunkten, verwendet. Synchronisationszeitpunkte können sowohl Start- und Endzeitpunkte als auch innere Zeitpunkte von Präsentationsintervallen darstellen. Zeitliche Beziehungen werden dabei durch Referenzpunkte, eine Liste von gleichzeitig zu erreichenden Synchronisationszeitpunkten der beteiligten Ausgaben, definiert (siehe Abb. 2.30). Durch das zeitliche Gleichsetzen von Startzeitpunkten wird z.B. die gleichzeitige Präsentation und durch das zeitliche Gleichsetzen von Start- und Endzeitpunkten die sequentielle Präsentation beschrieben.

Für die Beschreibung zeitlicher Verzögerungen zwischen sequentiell angeordneten Präsentationsintervallen wird neben dem Gleichsetzen von Synchronisationszeitpunkten zusätzlich die Beschreibung von zeitlich versetzt angeordneten Synchronisationszeitpunkten benötigt ([Bla91a], [Herz92]). Disjunktive und konjunktive Verknüpfungen von Gleichungen über Synchronisationszeitpunkten ermöglichen die Einbeziehung von Ausgaben mit nichtdeterministischer Präsentationsdauer, so daß Manipulationen einer multimedialen Präsentation durch Benutzerinteraktionen zulässig sind. Referenzpunkte werden also relativ zu vordefinierten Zeitpunkten (Start- und Endzeitpunkte) oder internen Synchronisationszeitpunkten definiert und sind invariant gegenüber zeitlichen Verschiebungen von Präsentationsintervallen. Die Komposition durch Referenzpunkte stellt deshalb eine relative zeitliche Komposition dar. In Abschnitt 3.2 werden mit den Systemen MODE ([Bla91a], [Bla91b]) und

MMV ([Herz92], [Kum92]) zwei konkrete Systeme mit einer zeitlichen Komposition durch Referenzpunkte vorgestellt.

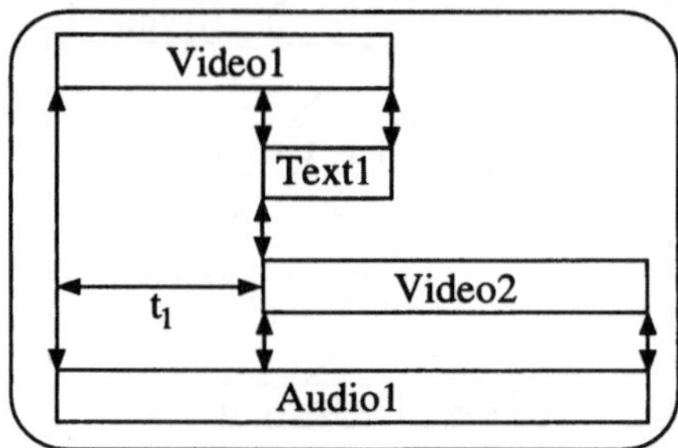

Abb. 2.30   Zeitliche Komposition durch Referenzpunkte

Vergleich der Ansätze zur zeitlichen Komposition
Für einen Vergleich der drei vorgestellten Kompositionsformen werden die zu Beginn dieses Abschnitts eingeführten Kriterien herangezogen. Generelle Prämisse dieses Vergleichs ist die Beschränkung auf zeitliche Beziehungen, die auf Verknüpfungen von Gleichungen zwischen konkreten Zeitpunkten der Präsentationsintervalle abbildbar sind und damit von der Synchronisation sichergestellt werden können.

Der Vergleich bewertet die Möglichkeiten zur Beschreibung zeitlicher Beziehungen durch einzelne Intervallrelationen und Verknüpfungen von Intervallrelationen sowohl für deterministische als auch für nichtdeterministische Präsentationsdauern. Für deterministische Präsentationsdauern sind dabei nur konjunktive Verknüpfungen relevant, da disjunktive Verknüpfungen nur im Zusammenhang mit unvollständigen Informationen über die Präsentationsdauern kontinuierlicher Ausgaben benötigt werden. Sind bei der Spezifikation dagegen die Präsentationsdauern der beteiligten Ausgaben bekannt, so können alle möglichen zeitlichen Kompositionen bereits durch konjunktive Verknüpfungen zeitlicher Beziehungen spezifiziert werden.

Weitere Bewertungskriterien sind die Invarianz gegenüber zeitlichen Verschiebungen von Präsentationsintervallen, die Einfachheit und damit verbundene Benutzerfreundlichkeit sowie die Unterstützung der Abstraktion durch Zusammenfassung mehrerer Ausgaben zu einer komplexen Ausgabe. Abb. 2.31 faßt die Bewertung der drei Kompositionsformen hinsichtlich dieser Kriterien zusammen.

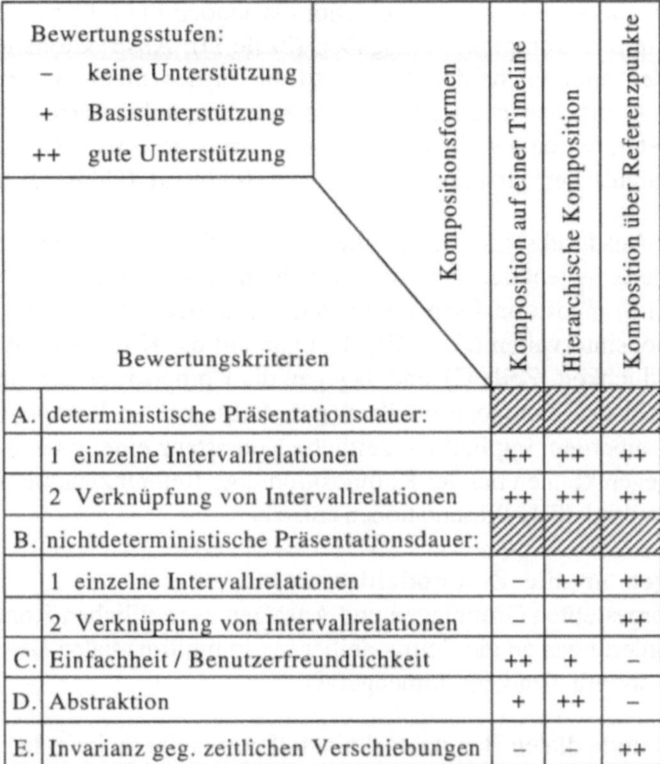

Bewertungsstufen: − keine Unterstützung + Basisunterstützung ++ gute Unterstützung Bewertungskriterien	Komposition auf einer Timeline	Hierarchische Komposition	Komposition über Referenzpunkte
A. deterministische Präsentationsdauer:			
1 einzelne Intervallrelationen	++	++	++
2 Verknüpfung von Intervallrelationen	++	++	++
B. nichtdeterministische Präsentationsdauer:			
1 einzelne Intervallrelationen	−	++	++
2 Verknüpfung von Intervallrelationen	−	−	++
C. Einfachheit / Benutzerfreundlichkeit	++	+	−
D. Abstraktion	+	++	−
E. Invarianz geg. zeitlichen Verschiebungen	−	−	++

Abb. 2.31   Bewertung von Kompositionsformen

Während die drei Kompositionsformen bei deterministischen Präsentationsdauern die Anforderungen an die zeitliche Komposition voll erfüllen (Zeilen A.1 und A.2), existieren bei nichtdeterministischen Präsentationsdauern (Zeilen B.1 und B.2) deutliche Unterschiede bezüglich der Ausdrucksstärke.

Die Komposition auf einer Timeline unterstützt keine nichtdeterministischen Präsentationsdauern und läßt damit keine Manipulation multimedialer Präsentationen durch Benutzerinteraktionen zu. Aufgrund der streng hierarchischen Anordnung und der fehlenden Möglichkeit einer disjunktiven Verknüpfung von Intervallrelationen besitzt die hierarchische Komposition Defizite bei der Verknüpfung von Intervallrelationen in Verbindung mit nichtdeterministischen Präsentationsdauern. Dagegen erfüllt die Komposition über Referenzpunkte auch bei nichtdeterministischen Präsentationsdauern alle Anforderungen an die zeitliche Komposition.

Ein Vorteil der hierarchischen Komposition ist jedoch die inhärente Abstraktion durch die Definition komplexer Ausgaben (Zeile D). Abstraktionsmechanismen werden von den anderen beiden Kompositionsformen nicht direkt unterstützt. Während eine entsprechende Erweiterung des Referenzpunktansatzes konzeptionelle Probleme bereitet, wurde der Timeline-Ansatz bereits um Abstraktionskonzepte in Form von hierarchischen Timeline-Diagrammen ([Gib91a], [Gib91b]) erweitert.

Bezüglich der Ausdruckstärke besitzt die Komposition über Referenzpunkte also deutliche Vorteile gegenüber den anderen beiden Ansätzen. Außerdem ist sie als einzige der drei Kompositionsformen invariant gegenüber zeitlichen Verschiebungen von Präsentationsintervallen (Zeile E). Bezogen auf die Kriterien Einfachheit und Benutzerfreundlichkeit (Zeile C) sind dagegen die Komposition auf einer Timeline und die hierarchische Komposition überlegen. Diese beiden Kompositionsformen gewährleisten außerdem implizit die zeitliche Konsistenz einer multimedialen Präsentation. Dagegen können bei der Komposition über Referenzpunkte sogar zeitlich inkonsistente multimediale Präsentationen entstehen.

Anforderungen an die Zeitmodellierung
Die aus den vorgestellten Grundlagen und Ansätzen zur zeitlichen Komposition ableitbaren Anforderungen an die Zeitmodellierung in multimedialen Benutzerschnittstellen werden abschließend zusammengefaßt.

Zeit wird in multimedialen Benutzerschnittstellen im allgemeinen diskret (kleinste Zeiteinheit) modelliert. Für die zeitliche Komposition sind Zeitpunkte als elementare Zeitobjekte prädestiniert, da sich zeitliche Beziehungen in multimedialen Präsentationen auf Gleichungen zwischen Start- und Endzeitpunkten sowie internen Synchronisationszeitpunkten abbilden lassen müssen. Zeitpunkte sollten sowohl absolut als auch symbolisch (Start- und Endzeitpunkte) spezifiziert werden können. Die Beschreibung vorgegebener Präsentationsdauern und zeitlicher Verzögerungen zwischen Synchronisationszeitpunkten erfordert außerdem die Unterstützung von Realzeitspezifikationen. Für eine Modellierung nichtdeterministischer und potentiell unendlicher Präsentationsdauern, müssen Start- und Endzeitpunkte als unsichere Informationen betrachtet werden können. Schließlich sollte das Zeitmodell beliebige disjunktive und konjunktive Verknüpfungen von zeitlichen Beziehungen unterstützten.

2.5.3.3 Konfigurelle Komposition

Der konfigurellen Komposition ([Gib91a], [Gib91b], [Ande91], [Vaz93]) liegt eine Unterscheidung der Verarbeitungskomponenten eines Multimedia-Systems in Quellen und Senken zugrunde. Quellen stellen Produzenten multimedialer Informationen dar und besitzen Ausgabeschnittstellen. Dagegen repräsentieren Senken Verbraucher multimedialer Informationen und verfügen dementsprechend über Eingabeschnittstellen. Ein- und Ausgabeschnittstellen werden allgemein als Ports bezeichnet. Verarbeitungskomponenten, die Funktionalität von Quellen und Senken vereinigen, werden als Filter bezeichnet und dienen der Transformation multimedialer Informationen. Für die Verarbeitung von Medien müssen Quellen, Senken und Filter entsprechend verbunden und damit das Multimedia-System konfiguriert werden. Diese Konfigurierung wird als konfigurelle Komposition bezeichnet und bestimmt den Datenfluß innerhalb eines Multimedia-Systems, d.h. die Zuordnung von Datenströmen zu Verarbeitungseinheiten. Dabei muß berücksichtigt werden, daß Ports nur bestimmte Medientypen verarbeiten können.

Die konfigurelle Komposition eines Multimedia-Systems ist zeitvariant, da Quellen, Senken und Filter zur Laufzeit dynamisch verbunden und voneinander gelöst werden können. In [Gib91a] werden für die Verbindung von Ports sogenannte Connektor-Objekte verwendet. Connektor-Objekte schaffen die Voraussetzung für die Übertragung von Datenströmen zwischen Quellen, Senken und Filtern und werden insbesondere in verteilten Multimedia-Systemen eingesetzt, in denen sich Verarbeitungseinheiten auf verschiedenen Rechnern befinden. Sie kapseln dann die für die Verbindung von Ports erforderliche Kommunikation zwischen den beteiligten Rechnern. Einem Anwendungsprogrammierer bieten sie eine transparente Handhabung von lokalen und verteilten Verarbeitungskomponenten eines Multimedia-Systems.

2.5.4 Synchronisation

Die Komposition in multimedialen Benutzerschnittstellen definiert räumliche und zeitliche Beziehungen zwischen den einzelnen Ausgaben einer multimedialen Präsentation sowie konfigurelle Beziehungen zwischen den Verarbeitungskomponenten eines Multimedia-Systems. Zeitliche Beziehungen entstehen dabei hauptsächlich durch die zeitliche Komposition, aber aufgrund ihrer Zeitvarianz auch durch die räumliche und konfigurelle Komposition. Die Sicherstellung zeitlicher Beziehungen zur Laufzeit wird als Synchronisation bezeichnet ([Ste89], [Gib91a], [Vaz93], [Ste93]). Zeitliche Beziehungen definieren damit explizite Synchronisationsanforderungen für das Laufzeitsystem eines Multimedia-Systems. Implizite Synchronisationsanforderungen entstehen dagegen durch die Vorgabe von Präsentationsgeschwindigkeiten für die Darstellung kontinuierlicher Medien und die zu berücksichtigenden medienspezifischen Initialisierungszeiten.

Die Synchronisation ist jedoch kein Multimedia-spezifisches Konzept, sondern in der parallelen Programmierung ([Andr91], [Brä93]) bereits intensiv erforscht worden. Während in der parallelen Programmierung mit „harten", exakt einzuhaltenden Synchronisationsanforderungen gearbeitet wird, werden in Multimedia-Systemen überwiegend „weiche" Synchronisationsanforderungen verwendet. Zeitliche Beziehungen in Multimedia-Systemen müssen zur Laufzeit nur soweit sichergestellt werden, daß der Benutzer den Eindruck einer exakten Synchronisation erhält. Sehr kleine zeitliche Abweichungen werden vom Benutzer jedoch nicht wahrgenommen, so daß für die Synchronisation in Multimedia-Systemen sogenannte Toleranzgrenzen definiert werden. Zeitliche Abweichungen von den vorgegeben Synchronisationsanforderungen sind nur innerhalb dieser Toleranzgrenzen zulässig.

In diesem Abschnitt werden jedoch ausschließlich die Anforderungen an die Synchronisation in Multimedia-Systemen betrachtet. Außerdem erfolgt eine Beschränkung auf die durch zeitliche Komposition implizierten Synchronisationsanforderungen, da einerseits die zeitliche Komposition einen Schwerpunkt des in Kapitel 4 vorgestellten Ansatzes darstellt und andererseits die räumliche und konfigurelle Komposition für die Synchronisation nur eine untergeordnete Bedeutung besitzen. Unter dieser Restriktion hat die Synchronisation in Multimedia-Systemen folgende Aufgaben:

- zeitlich korrekte Ausgabe von kontinuierlichen und diskreten Medien entsprechend vorgegebener zeitlicher Beziehungen unter Berücksichtigung von medienspezifischen Initialisierungszeiten,
- zeitlich korrekte Ausgabe kontinuierlicher Medien mit einer vorgegebenen Präsentationsgeschwindigkeit,
- Behebung von Synchronisationsproblemen durch geeignete Gegenmaßnahmen (z.B. Verzögerung oder Beschleunigung einzelner Ausgaben).

Diskrete und kontinuierliche Synchronisation

In [Ste89] werden Kriterien für die Charakterisierung der Synchronisation in multimedialen Systemen erläutert. Abhängig vom Zeitpunkt der Synchronisation lassen sich die diskrete und die kontinuierliche Synchronisation unterscheiden. Eine diskrete Synchronisation erfolgt zu fest vorgegebenen Zeitpunkten der beteiligten Ausgaben, z.B. Start- und Endzeitpunkte oder interne Synchronisationszeitpunkte. Beim Erreichen dieser Synchronisationszeitpunkte werden Synchronisationsevents erzeugt, die das Starten oder Beenden anderer Ausgaben auslösen. Synchronisationsevents am Anfang und Ende kontinuierlicher Ausgaben ermöglichen z.B. die Realisierung einer Start- und Stoppsynchronisation für die parallele oder sequentielle Ausgabe kontinuierlicher und diskreter Medien. Dagegen können Synchronisationsevents für interne Synchronisationszeitpunkte u.a. für die Annotation kontinuierlicher Ausgaben, z.B. die Einblendung von Texten zu einem bestimmten Video-

Frame oder Audio-Sample, verwendet werden. Die Berücksichtigung von medienspezifischen Initialisierungszeiten stellt eine zusätzliche Anforderung an die diskrete Synchronisation, insbesondere bei der Sicherstellung vorgegebener zeitlicher Beziehungen dar.

Ziel der kontinuierlichen Synchronisation ist die weitgehende Synchronität nebenläufiger Ausgaben, um z.B. eine lippensynchrone Darstellung einer Video- und einer Audio-Ausgabe zu erzielen. Die kontinuierliche Synchronisation dient einer möglichst exakten Einhaltung vorgegebener Präsentationsgeschwindigkeiten. Algorithmen für die kontinuierliche Synchronisation versuchen durch eine regelmäßige Überprüfung und gegebenenfalls Anpassung der Präsentationsgeschwindigkeiten nebenläufiger Ausgaben, sich diesem Ziel möglichst gut anzunähern. Dabei wird zunächst überprüft, ob die zeitlichen Abweichungen der Präsentationsgeschwindigkeit innerhalb medienspezifischer Toleranzgrenzen liegen. Erst bei Überschreitung dieser Toleranzgrenzen werden temporär einzelne Ausgaben verzögert oder durch periodisches Auslassen von Ausgabeinformationen beschleunigt, um die zeitlichen Abweichungen wieder auszugleichen. Eine kontinuierliche Synchronisation kann z.B. durch den regelmäßigen Vergleich der lokalen Präsentationszeiten nebenläufiger Ausgaben nach jedem Video-Frame oder Audio-Sample realisiert werden (siehe [Gib91a] und [Ande91]).

Sowohl bei der diskreten als auch bei der kontinuierlichen Synchronisation erfolgt die Synchronisation also nur zu diskreten Zeitpunkten. Während eine diskrete Synchronisation auf endlich vielen, fest vordefinierten Synchronisationszeitpunkten aufbaut, werden bei der kontinuierlichen Synchronisation potentiell unendlich viele, implizit definierte Synchronisationszeitpunkte, die nach [Herz92] entweder zeit- oder positionsbezogen sein können, verwendet.

Synchronisation von Interaktionen und kontinuierlichen Ausgaben
Eine weitere Form der Synchronisation, die häufig nur unzureichend berücksichtigt wird, ist die Synchronisation von Interaktionen und kontinuierlichen Ausgaben. Die inhärente Nebenläufigkeit von Interaktionen und kontinuierlichen Ausgaben in multimedialen Benutzerschnittstellen erfordert entsprechende Synchronisationsmechanismen, die z.B. gewährleisten, daß eine Interaktion nur während einer bestimmten Ausgabe ausführbar ist. Allgemein sollten diese Synchronisationsmechanismen analog zur diskreten Synchronisation vorgegebene zeitliche Beziehungen zwischen Interaktionen und kontinuierlichen Ausgaben zur Laufzeit sicherstellen. Unterschiede zwischen diesen beiden Synchronisationsformen bestehen jedoch in den Aktionen, die beim Eintreten von Synchronisationsevents ausgeführt werden. Während Synchronisationsevents bei der diskreten Synchronisation das Starten oder Beenden von Ausgaben auslösen, bewirken sie bei der Synchronisation von

Interaktionen und kontinuierlichen Ausgaben z.B. das Freigeben oder Sperren von Interaktionen. Bekannte Ansätze für die Entwicklung multimedialer Präsentationen berücksichtigen entweder keine Interaktionen oder nur vordefinierte Standardinteraktionen wie Buttons oder maus-sensitive Bereiche innerhalb von visuellen Ausgaben (z.B. [Hod89], [Gui92], [Mar92]). Eine Synchronisation von Interaktionen und Ausgaben wird jedoch in keinem Ansatz unterstützt.

Kapitel 3

Benutzerschnittstellenmodelle und Multimedialität

Die Entwicklung interaktiver multimedialer Anwendungen wird sowohl durch die Modellierung von Benutzerschnittstellen als auch die Modellierung multimedialer Präsentationen beeinflußt. Die folgenden Abschnitte stellen die wichtigsten Ansätze dieser beiden Themengebiete vor und bilden damit die Grundlage einer Einordnung des in diesem Buch vorgestellten Ansatzes.

Da nahezu alle neueren Ansätze für die Benutzerschnittstellenmodellierung und auch das in ODIS verwendete Benutzerschnittstellenmodell auf dem objektorientierten Paradigma aufsetzen, ist die in Abschnitt 3.1 vorgestellte Auswahl auf objektorientierte Benutzerschnittstellenmodelle beschränkt. In Abschnitt 3.2 werden dann die wichtigsten Modelle und Ansätze zur zeitlichen Komposition in multimedialen Präsentationen beschrieben. Unter den Software-Bibliotheken für die Implementierung multimedialer Präsentationen dominieren ebenfalls auf dem objektorientierten Paradigma aufsetzende Ansätze.

Als Bindeglied zwischen diesen beiden Modellgruppen besitzen Benutzerinteraktionen für die dynamische Manipulation multimedialer Präsentationen eine besondere Bedeutung. Die Manipulationsmöglichkeiten durch Benutzerinteraktionen werden entscheidend durch den gewählten Ansatz für die zeitliche Komposition beeinflußt und deshalb gemeinsam mit den Modellen für multimediale Präsentationen vorgestellt.

Die Aufteilung dieses Kapitels in Abschnitte zur Modellierung von Benutzerschnittstellen und multimedialen Präsentationen verdeutlicht bereits, daß die meisten Ansätze bezogen auf den in diesem Buch entwickelten Ansatz „Insellösungen" darstellen, d.h. ihre Zielsetzung ist entweder die Entwicklung von (graphischen) Benutzerschnittstellen oder die Entwicklung multimedialer Präsentationen.

Eine getrennte Modellierung und Implementierung der UI-Komponenten der Benutzungsoberfläche und der Komponenten multimediale Präsentationen ist jedoch für die Entwicklung interaktiver multimedialer Anwendungen nachteilig, da sie die erforderliche Verknüpfung von Interaktionen und multimedialen Präsentationen behindert. Integrierte Lösungen für die Entwicklung multimedialer Benutzerschnittstellen werden dagegen erst in neueren Arbeiten angestrebt, z.B. Ttoolkit [Gui92], ET++ [Ack93], MME [Din93], XIT ([Herc91], [Herc92]) sowie der in diesem Buch entwickelte Ansatz.

3.1   Objektorientierte Benutzerschnittstellenmodelle

Die Beschreibung objektorientierter Benutzerschnittstellenmodelle orientiert sich an der in Abschnitt 2.1.3 eingeführten Unterscheidung von Interobjekt- und Intraobjekt-Modellierung. Während die Interobjekt-Modellierung die Funktionalität der Komponenten des Seeheim-Modells (Präsentationsobjekte, Dialogkontrolle, Applikationsschnittstelle) auf Objekte verschiedener Klassen aufteilt und Interaktionsobjekte als Objektkooperationen modelliert, wird diese Funktionalität bei der Intraobjekt-Modellierung in den Interaktionsobjekten zusammengefaßt.

Für jeden der im folgenden vorgestellten Ansätze erfolgt eine Betrachtung der zugrundeliegenden Konzepte des objektorientierten Benutzerschnittstellenmodells (siehe Abschnitt 2.1.3) und der verwendete Dialogspezifikationsmethode (siehe Abschnitt 2.3). Aufbauend auf diesen beiden Kriterien wird eine abschließende Zusammenfassung und Bewertung der vorgestellten Ansätze gegeben.

Die objektorientierte Benutzerschnittstellenmodellierung wird einerseits durch den Aufbau von Interaktionsobjekten (UI-Objekten) und andererseits durch die Komposition von Interaktionsobjekten in Benutzerschnittstellen, das sogenannte Kompositionskonzept, beeinflußt. Unter Berücksichtigung der veröffentlichten Ansätze lassen sich folgende Kompositionskonzepte unterscheiden:
* graphisch: Komposition von Interaktionsobjekten entsprechend der Schachtelung ihrer graphischen Darstellung (Präsentation).
* funktional: Komposition von Interaktionsobjekten entsprechend ihrer funktionalen Beziehungen, d.h. ein komplexes UI-Objekt aggregiert die Interaktionsobjekte, die für die Realisierung des entsprechenden Teildialogs benötigt werden.
* dialogorientiert: Komposition von User-Interface-Objekten für die Definition von komplexen Interaktionen aufbauend auf dem Device-Modell (siehe Abschnitt 2.1.2).

Eine eindeutige Einordnung existierender Ansätze ist jedoch nicht immer möglich, da insbesondere graphische und funktionale Kompositionskonzepte oft in Kombination verwendet werden.

3.1.1 Intraobjekt-Modellierung

PAC-Modell

Das PAC-Modell ([Cou87a], [Cou87b], [Bas91]) modelliert eine Benutzerschnittstelle als Hierarchie von kommunizierenden Interaktionsobjekten, die selbständige und gleichzeitig aktive Agenten darstellen, und wird in [Bas91] deshalb auch als Multi-Agenten-Architektur einer Benutzerschnittstelle bezeichnet. Interaktionsobjekte des PAC-Modells bestehen jeweils aus den drei Komponenten Presentation, Abstraction und Control (siehe Abb. 3.1).

Die Presentation-Komponente definiert das Ein- und Ausgabeverhalten eines Interaktionsobjektes und ist damit für die Kommunikation mit dem Benutzer zuständig. Das PAC-Modell gewährleistet eine gegenüber dem MVC-Modell (siehe Abschnitt 3.1.2) verbesserte Implementierung direkten Feedbacks, da die Ein- und Ausgabeverarbeitung nicht auf zwei Komponenten verteilt, sondern in einer Komponente zusammengefaßt wird. Die Abstraction-Komponente bildet die Schnittstelle eines Interaktionsobjektes zur Applikation.

Die Control-Komponente ist die aktive Komponente eines Interaktionsobjektes, die den lokalen Dialogablauf, die Kommunikation zwischen Presentation- und Abstraction-Komponente und die Kommunikation mit anderen Interaktionsobjekten steuert. Durch den Aufruf von Update-Funktionen stellt sie die Konsistenz zwischen den Daten der Abstraction- und der Presentation-Komponente eines Interaktionsobjektes sicher. Die interne Kommunikation zwischen den Interaktionsobjekten einer Benutzerschnittstelle erfolgt damit ausschließlich über die Control-Komponenten. Der Dialogablauf und der Dialogzustand eines Interaktionsobjektes werden durch lokale, endliche Zustandsautomaten der Control-Komponente definiert und gesteuert. Der globale Dialogzustand einer Benutzerschnittstelle ergibt sich implizit aus der Kombination der lokalen Dialogzustände der Interaktionsobjekte. Durch diese Verteilung der Dialogkontrolle auf die einzelnen Interaktionsobjekte und die Verwaltung lokaler Dialogzustände ermöglicht das PAC-Modell eine einfache Modellierung mehrerer gleichzeitig aktiver Teildialoge.

Im PAC-Modell werden komplexe Interaktionsobjekte durch Komposition elementarer und komplexer Interaktionsobjekte definiert. Die Komposition von Interaktionsobjekten basiert auf einer „besteht-aus"-Relation und impliziert hierarchische Anordnungen von jeweils zusammengehörigen Presentation-, Control- und Abstraction-Komponenten. Dem PAC-Modell liegen damit sowohl funktionale als auch graphische Kompositionskonzepte zugrunde. Durch rekursive Anwendung der Komposition werden alle Komponenten einer Benutzerschnittstelle, ausgehend vom elementaren UI-Objekt bis zur gesamten Benutzerschnittstelle, als Interaktionsobjekte des PAC-Modells modelliert. Die `Control`-Komponente des obersten Interaktionsobjektes enthält die Kontrollschleife der Benutzerschnittstelle und ist für die Eventerkennung und -verteilung zuständig. Ziel der Komposition von Interaktionsobjekten im PAC-Modell ist damit die Abstraktion in der Benutzerschnittstellenmodellierung.

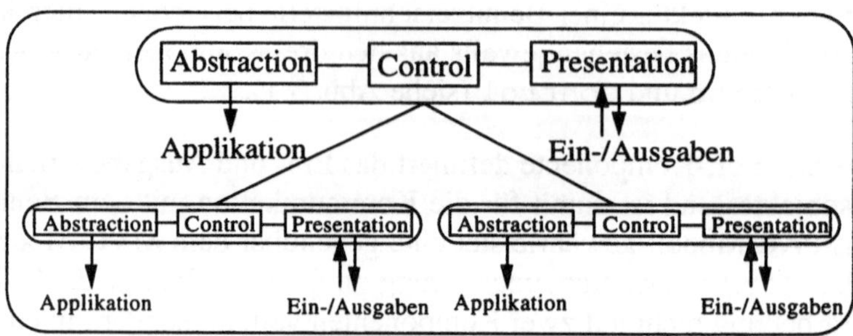

Abb. 3.1 Objekthierarchie des PAC-Modells

DIWA-Modell

Das DIWA-Modell ([Vos90], [Vos91], [Six91]) greift Konzepte des PAC-Modells auf, indem es Benutzerschnittstellen als hierarchische Anordnung von User-Interface-Objekten modelliert, die selbständige Agenten darstellen und durch ihre lokale Dialogkontrolle gesteuert werden. UI-Objekte des DIWA-Modells bestehen ebenfalls aus den drei Komponenten Dialogkontrolle, Präsentationskomponente und Anwendungs-Interface (siehe Abb. 3.2) und lassen sich sowohl nach funktionalen als auch graphischen Kompositionskonzepten komponieren. Im Gegensatz zum PAC-Modell bietet es jedoch deutlich ausdrucksstärkere Konzepte zur Beschreibung des Dialogablaufs von User-Interface-Objekten durch ein System von lokalen Eventhandlern.

Die Dialogkontrolle ist für die Kommunikation zwischen der Präsentationskomponente und dem Anwendungs-Interface sowie für die Kommunikation mit anderen UI-Objekten zuständig. Die Ein- und Ausgabeverarbeitung ist im DIWA-Modell jedoch auf die Dialogkontrolle und die Präsentationskomponente aufgeteilt. Die Dialogkontrolle verarbeitet sowohl Benutzereingaben als auch interne Nachrichten von anderen UI-Objekten, so daß eine Aufteilung dieser Funktionalität entsprechend dem PAC-Modell im DIWA-Modell vermieden wird.

Der hierarchischen Anordnung von UI-Objekten liegt sowohl eine geometrische „liegt-in"-Relation als auch eine funktionale „benutzt"- oder „kontrolliert"-Relation zugrunde. Grundkonzepte der hierarchischen Benutzerschnittstellenmodellierung im

DIWA-Modell sind die Beschränkung der Zugriffsmöglichkeiten eines UI-Objektes auf seine Subobjekte sowie die Kapselung der Subobjekte komplexer UI-Objekte.

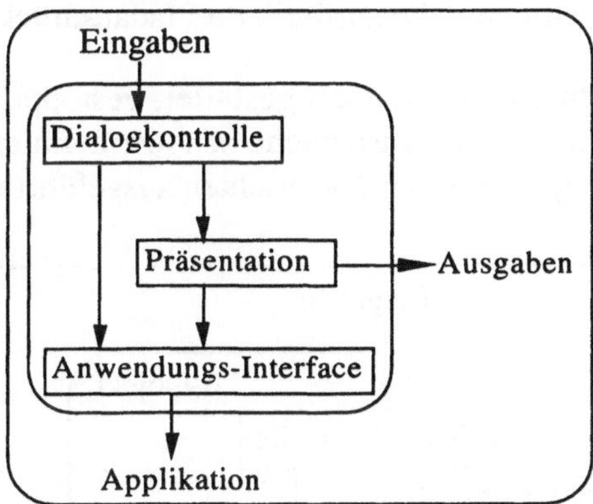

Abb. 3.2 Komponenten eines UI-Objektes des DIWA-Modells

Kommunikation findet deshalb nur zwischen UI-Objekten und ihren Subobjekten statt. Außerdem sind Subobjekte außerhalb ihres übergeordneten Objektes nicht mehr bekannt (Lokalitätsprinzip). Das Anwendungs-Interface eines Subobjektes kommuniziert nicht direkt mit der Applikation, sondern ausschließlich mit dem Anwendungs-Interface des übergeordneten UI-Objektes. Eine Kommunikation mit der Applikation erfolgt nur über das Anwendungs-Interface des obersten UI-Objektes. Die Dialogkontrolle eines UI-Objektes aktiviert und deaktiviert direkte Subobjekte durch Versenden von Nachrichten an deren Dialogkontrolle. Die Präsentationskomponente eines UI-Objektes beeinflußt die Darstellung (Lage und Größe) direkter Subobjekte durch Kommunikation mit deren Präsentationskomponente. Abb. 3.3 zeigt die Kommunikation zwischen einem UI-Objekt und seinem direkten Subobjekt.

Die Dialogkontrolle eines UI-Objektes besteht aus einem System von Eventhandlern, die in einer an Zustandstransitionsgraphen angelehnten Dialogablaufbeschreibungssprache definiert werden und aus Events, Aktionen und Zuständen bestehen. Eventhandler enthalten jeweils eine Liste von sogenannten Reaktionsschemata, die sowohl das Interesse an bestimmten Events als auch die als Reaktion auf diese Events auszuführenden Aktionen und anzunehmenden Folgezustände beschreiben. Die Dialogstrukturierung erfolgt im DIWA-Modell durch Verknüpfung der Reaktionsschemata eines Eventhandlers mittels Sprachkonstrukten zur Beschreibung von Sequenzen, Verzweigungen und Synchronisationszeitpunkten. Der Implementierung gleichzeitig aktiver Teildialoge liegt die parallele Ausführung der Dialogkontrollen der Interaktionsobjekte zugrunde. Aktionen können synchrone oder asynchrone Nachrichten an andere UI-Objekte und Eventhandler versenden. Dabei stehen ihnen speziell auf die hierarchische Anordnung von UI-Objekten zugeschnittene Objektausdrücke zur Verfügung, die attributierte Pfadausdrücke darstellen.

Eventhandler werden durch Nachrichten gestartet, gestoppt, aktiviert und deaktiviert. Jedem Eventhandler können zusätzliche benutzerdefinierte Aktionen zugeordnet werden, die beim Empfang dieser Nachrichten ausgeführt werden.

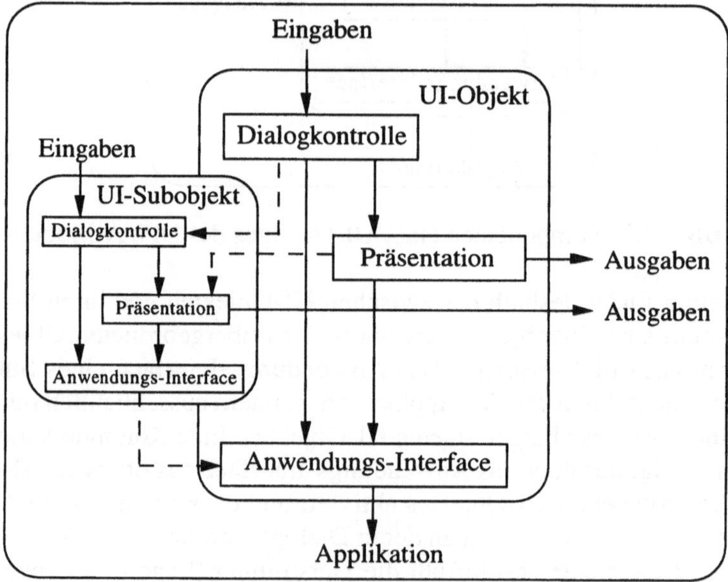

Abb. 3.3 Komplexes User-Interface Objekt im DIWA-Modell

Die in einer UI-Klasse definierten Eventhandler werden hierarchisch angeordnet. Übergeordnete Eventhandler aktivieren und deaktivieren untergeordnete Eventhandler und steuern damit den Dialogablauf. Als objektorientiertes Benutzerschnittstellenmodell unterscheidet das DIWA-Modell zwischen UI-Klassen und deren Instanzen, den UI-Objekten. Das DIWA-Modell unterstützt die Vererbung von abstrakten Dialogablaufbeschreibungen. Abgeleitete UI-Klassen können einerseits die Hierarchie von Eventhandlern der Basisklasse um zusätzliche Eventhandler erweitern und andererseits einzelne Eventhandler um weitere Reaktionsschemata ergänzen. Ein Überschreiben geerbter Eventhandler wird jedoch nicht unterstützt.

COA-Modell

Ein dem PAC-Modell sehr ähnliches Benutzerschnittstellenmodell ist das COA-Modell („Composite-Object-Architecture", [Her89a], [Her89b], [Hil91]), das im Tube-UIMS implementiert wurde. Im COA-Modell bestehen hierarchisch angeordnete UI-Objekte ebenfalls aus der Präsentationskomponente, der Dialogkontrolle und der Applikationsschnittstelle. Das COA-Modell unterstützt graphische und funktionale Kompositionskonzepte von UI-Objekten und besitzt dadurch die gleichen Abstraktionsmöglichkeiten wie das PAC-Modell.

Beziehungen zwischen den UI-Objekten einer Benutzerschnittstellen werden im COA-Modell als Constraints in Form von funktionalen Gleichungen beschrieben, die von einem inkrementellen Constraint-System sichergestellt werden. Durch diese funktionalen Abhängigkeiten greift das COA-Modell Konzepte des Systems GROW [Bar86] auf.

Der Dialogablauf von UI-Objekten wird in ERL [Hil87], einer regelbasierten Event-verarbeitungssprache, spezifiziert. Jedem UI-Objekt kann eine Menge von ERL-Regeln und damit ein Produktionssystem zugeordnet werden. ERL-Regeln beschreiben die Reaktion von UI-Objekten auf externe (Benutzereingaben) sowie interne Events (Nachrichten zwischen UI-Objekten) und bestehen aus drei Komponenten: Eingabe, Bedingung und Aktionen. Die Eingabe beschreibt ein Event, das die Aktivierung einer Regel auslöst, falls die Bedingung unmittelbar nach dem Eintreten dieses Events erfüllt ist. Die Bedingung einer Regel besteht aus einer Liste von Flags, die den aktuellen Zustand von ERL-Prozessen beschreiben. Sie gilt als erfüllt, wenn alle Flags gesetzt sind. Der Aktionsteil einer Regel besteht aus einer Liste von Aktionen, durch die neue Events erzeugt, Flags gesetzt und mit der Applikation kommuniziert werden kann. Die Dialogkontrolle einer nach dem COA-Modell entwickelten Benutzerschnittstelle wird also durch ein System verteilter, event-gesteuerter Produktionssysteme definiert, die als Lightweight-Prozesse[1] [Andr91] parallel abgearbeitet werden und durch das Versenden von internen Events asynchron kommunizieren.

AIT-Modell

Das AIT-Modell [Bos88] ist eine Weiterentwicklung des IOT-Modells („Input-Output Tools") [Bos83] und verbindet die Dialogspezifikation durch Grammatiken mit der hierarchischen Dialogspezifikation. Benutzerschnittstellen werden im AIT-Modell als hierarchische Anordnung von sogenannten AI-Tools („Abstract Interaction Tools") beschrieben. Hierarchien von AI-Tools definieren komplexe Interak-

---

[1] Parallele Prozesse eines Mono-Prozessorsystems, denen ein gemeinsamer Adreßraum zugeordnet ist.

tionen, so daß dem AIT-Modell ein dialogorientiertes Kompositionskonzept zugrundeliegt. Die unterste Ebene dieser Hierarchien bilden die sogenannten Basis-AI-Tools, die die Anbindung an die physikalischen Eingabegeräte realisieren.

AI-Tools erhalten Events von den Eingabegeräten oder untergeordneten AI-Tools und beschreiben die zulässigen Eventsequenzen durch erweiterte reguläre Ausdrücke, sogenannte Eingabeausdrücke. Sie fassen die in ihren Eingabeausdrücken referenzierten Events zu einem komplexen Event zusammen und unterstützen damit die Abstraktion innerhalb der Eventbehandlung. Neben den Eingabeausdrücken definieren AI-Tools Aktionen für die Initialisierung, die Ausgabe und das Löschen einer Eingabeaufforderung (Prompt) sowie die Eingabeverarbeitung. Das AIT-Modell unterstützt damit eine enge Verknüpfung der Ein- und Ausgabeverarbeitung. Die Definition eines AI-Tools besteht aus folgenden Komponenten:

- Eingabeausdruck: erweiterter regulärer Ausdruck zur Spezifikation der zulässigen Eventfolgen,
- formale Ein- und Ausgabeparameter für die Kommunikation zwischen AI-Tools,
- lokale Variablen und Prozeduren für die Aktionen,
- lokale AI-Tools,
- INIT-Komponente: Initialisierung eines AI-Tools,
- PROMPT-Komponente: Ausgeben und Löschen des Prompts,
- ACTION-Komponente: Eingabeverarbeitung, u.a. durch Aufruf von Applikationsfunktionen.

Die hierarchische Anordnung der AI-Tools erfolgt durch die Definition lokaler AI-Tools, deren Bezeichner im Eingabeausdruck des übergeordneten AI-Tools verwendet werden. Eingabeausdrücke stellen damit erweiterte reguläre Ausdrücke über den Bezeichnern externer Events und lokaler AI-Tools dar. Für die erfolgreiche Abarbeitung des Eingabeausdrucks eines AI-Tools müssen die externen und komplexen Events in der durch den Eingabeausdruck vorgegebenen Reihenfolge eintreten.

Die Dialogstrukturierung erfolgt mittels der Operatoren der Eingabeausdrücke. Das AIT-Modell bietet einem Dialogentwickler umfangreiche Möglichkeiten der Dialogstrukturierung durch Operatoren für die Beschreibung von Sequentialität, Selektion (Auswahl), Parallelität (Interleaving), Optionalität (optionale Events), unbeschränkter und beschränkter Iteration sowie bedingter Verzweigung. Durch den Interleaving-Operator wird die Beschreibung mehrerer gleichzeitig aktiver Teildialoge ermöglicht. Den durch lokale AI-Tools definierten komplexen Events können sogenannte Eventbedingungen zugeordnet werden. Im Fall einer nicht erfüllten Eventbedingung wird ein eingetretenes Event vom AI-Tool ignoriert.

Der Dialogablauf einer mit dem AIT-Modell beschriebenen Benutzerschnittstelle wird durch die aus der hierarchischen Anordnung der Eingabeausdrücke resultierenden Grammatik definiert: Basis-AI-Tools bilden die Terminalsymbole, komplexe AI-Tools die Nichtterminalsymbole und Eingabeausdrücke die Produktionen dieser Grammatik. Bei der Übersetzung einer mit dem AIT-Modell beschriebenen Benutzerschnittstelle werden aus den Eingabeausdrücken ein Topdown-Parser und ein dynamisch manipulierbarer Parser-Baum erzeugt. Ein AI-Tool aktiviert die lokalen AI-Tools entsprechend seinem Eingabeausdruck, d.h. ein lokales AI-Tool wird nur dann aktiviert, wenn das entsprechende komplexe Event im aktuellen Zustand des übergeordneten AI-Tools auch zulässig ist. Die Aktivierung einer Benutzerschnittstelle erfolgt durch Aktivierung des Wurzel-AI-Tools. Durch die dynamische Aktivierung und Deaktivierung von AI-Tools ist in jedem Dialogzustand nur eine Teilmenge der Eingabeausdrücke gültig, so daß die Dialogablaufsteuerung im AIT-Modell durch ein „kontrolliertes" Produktionssystem erfolgt.

Die Grundkonzepte des AIT-Modells werden in einem weiterführenden Ansatz [Laf91] auf ein geschichtetes, objektorientiertes Benutzerschnittstellenmodell übertragen.

Interaktionsmodell

Das Interaktionsmodell ([Hüb89a], [Hüb90]) verbindet die Vorteile objektorientierter Benutzerschnittstellenmodelle mit denen der Gerätemodelle und unterstützt insbesondere die Erkennung und Verarbeitung von komplex strukturierten Benutzereingaben, sogenannten Interaktionen. Es beinhaltet Konzepte des AIT-Modells und basiert ebenfalls auf einem dialogorientierten Kompositionskonzept. Das Interaktionsmodell beschreibt den Dialogablauf einer Benutzerschnittstelle durch eine hierarchische Anordnung von Interaktionsobjekten. Innere Knoten dieser Hierarchien repräsentieren komplexe Interaktionen, während Blätter elementare Interaktionen, sogenannte Basis-Interaktionen, darstellen (siehe Abb. 3.4).

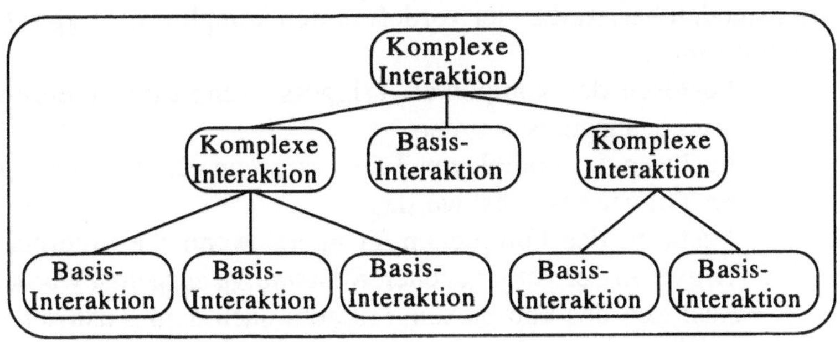

Abb. 3.4 Hierarchie von Interaktionsobjekten

Interaktionsobjekte integrieren die Eingabeerkennung und -verarbeitung und bestehen aus den fünf in Abb. 3.5 dargestellten Komponenten Prompt, Trigger, Feedback, Semantik und Dynamik. Das Interaktionsmodell unterstützt damit eine strenge Kopplung der Ein- und Ausgabeverarbeitung, die insbesondere für die Realisierung des direkten Feedbacks geeignet ist. Der Trigger eines Interaktionsobjektes definiert die elementare oder komplexe Benutzereingabe, die von einem Interaktionsobjekt verarbeitet wird, und ist die zentrale Komponente eines Interaktionsobjektes. Anhand der Komplexität des Triggers werden einfache und komplexe Interaktionsobjekte unterschieden. Einfache Interaktionsobjekte besitzen einen Trigger, der durch eine elementare Benutzereingabe (z.B. `ButtonDown`, `ButtonUp`, `EnterArea`, `LeaveArea`, `Move` oder `Key`), eine sogenannte Basis-Interaktion, ausgelöst wird, und definieren die Geräteschnittstelle des Interaktionsmodells (Schnittstelle zu den physikalischen Eingabegeräten). Komplexe Interaktionsobjekte besitzen dagegen einen Trigger, der durch eine Kombination der Trigger seiner direkt untergeordneten Interaktionsobjekte und damit durch eine komplexe Benutzereingabe ausgelöst wird.

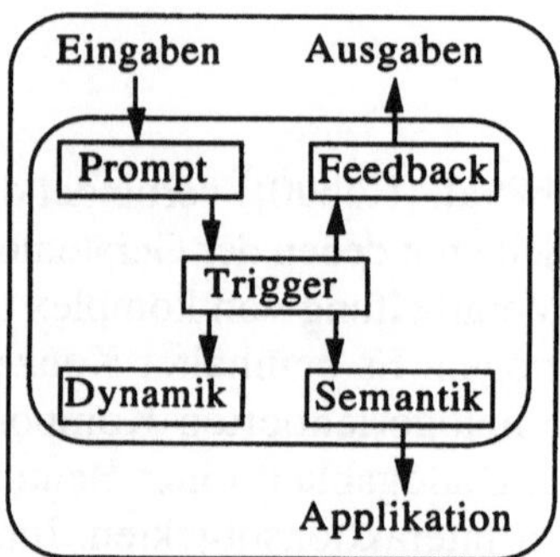

Abb. 3.5 Komponenten eines Interaktionsobjektes

Das Interaktionsmodell besitzt die vier vordefinierten komplexen Trigger `And`, `Or`, `Sequence` und `Repeat`:
- `And:`   Auslösen des komplexen Triggers, wenn *alle* untergeordneten Trigger ausgelöst wurden,
- `Or:`   Auslösen des komplexen Triggers, wenn *einer* der untergeordneten Trigger ausgelöst wurde,
- `Sequence:`   Auslösen des komplexen Triggers, wenn die untergeordneten Trigger in der vorgegebenen *Reihenfolge* ausgelöst wurden,
- `Repeat:`   Auslösen des komplexen Triggers nach dem Auslösen des Abbruchtriggers und *wiederholtem* Auslösen des Iterationstriggers.

Die vier Aktionskomponenten eines Interaktionsobjektes sind optionale Komponenten und dienen der Vorbereitung und Verarbeitung der den Trigger auslösenden Benutzereingabe. Die Prompt-Komponente wird direkt nach der Aktivierung eines Interaktionsobjektes ausgeführt und zeigt dem Benutzer die Bereitschaft des Interaktionsobjektes zur Eingabeverarbeitung durch graphische Ausgaben an. Die anderen drei Komponenten dienen der Eingabeverarbeitung. Die Feedback-Komponente wird direkt nach der Auslösung des Triggers ausgeführt und beschreibt das direkte Feedback auf eine Benutzereingabe, das sogenannte direkte Feedback. Die Semantik-Komponente dient der Kommunikation mit der Applikation, d.h. sie informiert die Applikation über die Benutzereingabe. Aktionen der Dynamik-Komponente können einzelne Interaktionsobjekte und die hierarchische Anordnung von Interaktionsobjekten zur Laufzeit manipulieren und ermöglichen damit die Beschreibung dynamischer Dialoge.

Komplexe Interaktionsobjekte informieren übergeordnete Interaktionsobjekte über die Auslösung ihrer Trigger und steuern den Dialogablauf durch das Aktivieren und Deaktivieren der ihnen untergeordneten Interaktionsobjekte. Ein deaktiviertes Interaktionsobjekt reagiert nicht auf Nachrichten von den Eingabegeräten oder auf die Auslösung der Trigger untergeordneter Interaktionsobjekte. Die in einem Dialogzustand zulässigen Benutzereingaben werden also durch die Hierarchie der aktivierten Interaktionsobjekte, den sogenannten aktiven Graph, definiert. Ein durch eine Benutzereingabe ausgelöster Dialogschritt besteht aus fünf Phasen: Triggerauslösung im aktiven Graphen, Ausführung der Feedback-Komponenten, Ausführung der Semantik-Komponenten, Ausführung der Dynamik-Komponenten und Aktualisierung des aktiven Graphen (inklusive Ausführung von Prompt-Komponenten).

EDGE
Ein dem Interaktionsmodell ähnlicher Ansatz wird in EDGE [Kle88], einem Software-Werkzeug für die Spezifikation komplexer Interaktionen durch sogenannte Event-Dekompositions-Graphen (EDG), verwendet. In einem EDG werden elementare und komplexe Events durch AND- und OR-Knoten hierarchisch angeordnet. Jedem Event kann einerseits eine Vorbedingung in Form eines Prädikats über Zustandsvariablen und andererseits eine die Zustandsvariablen manipulierende Aktion zugeordnet werden. Diese Aktion wird unmittelbar nach dem Eintreten des Events ausgeführt. Im Gegensatz zum Interaktionsmodell definiert ein AND-Knoten in EDGE jedoch keine beliebige, sondern eine sequentielle Reihenfolge der untergeordneten Events. Iterationen im Dialogverlauf komplexer Interaktionen werden durch Zyklen im EDG (Verweise auf übergeordnete Knoten) spezifiziert, so daß EDGE anstelle von Hierarchien gerichtete, zyklische Graphen zur Dialogspezifikation einsetzt. Indem Blätter eines EDG sowohl Benutzerevents (externe Events) als auch Systemevents (z.B. Öffnen eines Fensters, Invertieren eines Buttons) reprä-

sentieren können, erfolgt eine gleichwertige Behandlung von Events und eventverarbeitenden Aktionen als Operanden der inneren Knoten eines EDG. EDGE bietet
dem Dialogentwickler neben einem Editor zur interaktiven Entwicklung eines EDG
ein wissensbasiertes Analysewerkzeug, das einen EDG z.B. auf Deadlocks und
Inkonsistenzen überprüft.

OOI-Modell

Das OOI-Modell („Object-Oriented Interactors") [Hüb89b] ist eine objektorientierte
Generalisierung des GKS-Eingabemodells ([ISO85], [Duc89]) und wurde im
CADUIMS implementiert, einem UIMS für CAD-Benutzerschnittstellen. Eine
Benutzerschnittstelle wird dabei als Menge von kommunizierenden OO-Interaktoren
modelliert, die wie im Interaktionsmodell, hierarchisch angeordnet werden, so daß
auch dem OOI-Modell ein dialogorientiertes Kompositionskonzept zugrundeliegt.

Der Kommunikation zwischen den OO-Interaktoren liegt das Maßwert-Trigger
Konzept des GKS-Eingabemodells (siehe Abschnitt 2.1.2) zugrunde. Eine Triggernachricht informiert ein übergeordnetes Interaktionsobjekt (Client) über das Eintreten eines Ereignisses und wird von einem untergeordneten Interaktionsobjekt
(Server) versendet, während eine Maßwertnachricht die von einem Server angebotenen Informationen abfragt und vom Client ausgeht. Durch Maßwertnachrichten
können genauere Informationen zu einem Ereignis, über das zuvor mittels einer
Triggernachricht informiert wurde, abgefragt werden.

Analog dem Interaktionsmodell realisiert das OOI-Modell eine dezentrale Dialogkontrolle, die von den Triggern der OO-Interaktoren gesteuert wird. OO-Interaktoren
können einfache und komplexe Trigger besitzen. Einfache Trigger werden durch
Nachrichten von den physikalischen Eingabegeräten ausgelöst, während komplexe
Trigger Kombinationen der Trigger untergeordneter OO-Interaktoren mittels der
Operatoren `and`, `or`, `not`, `if-then-else`, `sequence`, `repeat-until` und
`loop` beschreiben.

Jacob's Spezifikationssprache

Die in [Jac86] vorgestellte objektorientierte Dialogspezifikationssprache für direktmanipulative Benutzerschnittstellen modelliert eine Benutzerschnittstelle als Menge
von kommunizierenden, nebenläufigen Interaktionsobjekte. Wie in den meisten
anderen objektorientierten Benutzerschnittstellenmodellen erfolgt eine auf die
Interaktionsobjekte verteilte Implementierung der Dialogkontrolle. Interaktionsobjekte werden durch Instanzvariablen, Methoden, Ein- und Ausgabe-Token und
einen Zustandstransitionsgraphen definiert. Eingabe- und Ausgabe-Token repräsentieren abstrakte Events bzw. abstrakte Aktionen, z.B. Feedback-Aktionen. Methoden können einerseits die graphische Darstellung von Interaktionsobjekten manipu-

lieren und andererseits mit der Applikation kommunizieren. Der Zustandstransitionsgraph eines Interaktionsobjektes kann in mehrere Untergraphen aufgeteilt werden und definiert den zulässigen Dialogablauf und die Verarbeitung von Events. Zur Vermeidung von Redundanz werden permanent erreichbare Zustände (z.B. Hilfe- und Abbruchzustände) gesondert beschrieben und gekennzeichnet. Sie sind von jedem anderen Zustand über vordefinierte Eingabe-Token erreichbar, ohne daß der Zustandstransitionsgraph entsprechende Kanten enthält.

Die Zustandstransitionsgraphen der Interaktionsobjekte werden von einem zentralen Scheduler nebenläufig ausgeführt. Aktivierungen und Deaktivierungen von Zustandstransitionsgraphen erfolgen als Koroutinenaufrufe. Die Dialogspezifikationssprache unterstützt damit die Beschreibung von mehreren gleichzeitig aktiven Teildialogen als System von nebenläufigen Zustandstransitionsgraphen.

Komplexe Interaktionsobjekte werden durch Komposition von Interaktionsobjekten definiert. Untergeordnete Interaktionsobjekte werden zusammen mit komplexen Interaktionsobjekten erzeugt und gelöscht. Die Kommunikation zwischen einem Interaktionsobjekt und seinen untergeordneten Interaktionsobjekten erfolgt nach dem Rendevouz-Konzept [Andr91] durch das Senden und Empfangen sogenannter synthetischer Token und bewirkt damit eine Synchronisation der lokalen Dialogkontrollen von Interaktionsobjekten. Synthetische Token entsprechen internen Events, die Zustandsübergängen als Ein- oder Ausgabe-Token zugeordnet werden können. Sie können u.a. elementare Eingabe-Token zusammenfassen und andere Interaktionsobjekte über komplexe Benutzereingaben informieren.

3.1.2 Interobjekt-Modellierung

MVC-Modell

Eines der ersten objektorientierten Benutzerschnittstellenmodelle ist das MVC-Modell (Model-View-Controller Model) [Kra88] der objektorientierten Programmiersprache Smalltalk [Gol84]. Interaktionskomponenten einer graphischen Benutzerschnittstelle werden im MVC-Modell als Objektaggregationen, bestehend aus einem Controller-Objekt, einem View-Objekt und einem Model-Objekt (siehe Abb. 3.6), modelliert. Das Model-Objekt ist das Applikationsobjekt, dessen Informationen auf der Benutzungsoberfläche dargestellt werden. Das View-Objekt steuert die Darstellung dieser Informationen an der Benutzungsoberfläche. Dafür wird ihm ein rechteckiger Bildschirmbereich (Fenster) zugeordnet. Das zentrale Objekt des MVC-Modells ist das Controller-Objekt, das Benutzereingaben und interne Nachrichten durch Kommunikation mit dem View- und Applikationsobjckt verarbeitet und damit Interaktionen steuert. Jedem View-Objekt ist genau ein Controller-Objekt zugeordnet.

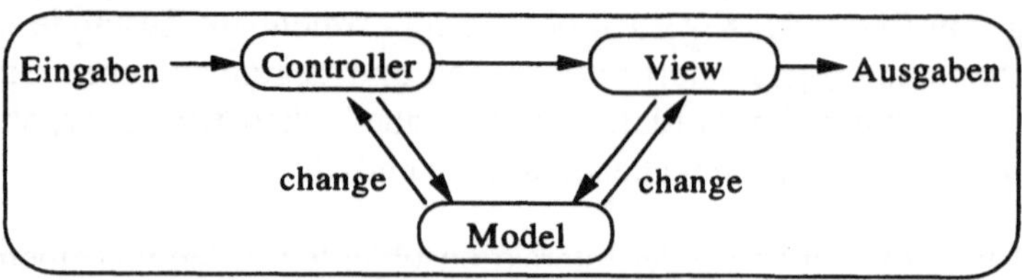

Abb. 3.6 MVC-Modell von Smalltalk-80

Komplex strukturierte Benutzungsoberflächen werden im MVC-Modell durch hierarchische Anordnung von View-Objekten aufbauend auf einer geometrischen „liegt-in"-Relation modelliert, so daß dem MVC-Modell ein graphisches Kompositionskonzept zugrundeliegt. Das von einer Benutzereingabe betroffene Controller-Objekt wird über das Fenster des zugeordneten View-Objektes bestimmt, in dem sich der Mauszeiger befindet. Betritt der Mauszeiger das Fenster eines untergeordneten View-Objektes, so wird dessen Controller-Objekt aktiviert und das bisher aktive Controller-Objekt deaktiviert, so daß zu jedem Zeitpunkt genau ein Controller-Objekt aktiv ist. Das MVC-Modell realisiert eine verteilte Implementierung der Dialogkontrolle einer Benutzerschnittstelle, unterstützt aber keine explizite Dialogspezifikation. Der zulässige Dialogablauf einer Benutzerschnittstelle wird im MVC-Modell durch die dynamische Aktivierung und Deaktivierung von Controller-Objekten und die in den Controller-Klassen programmierte Verarbeitung externer und interner Events (Benutzereingaben und interne Nachrichten) implizit festgelegt.

Für die Anbindung von Applikationsobjekten an View- und Controller-Objekte verwendet das MVC-Modell ein Konzept, das einerseits die Konsistenz zwischen Applikations- und Präsentationsdaten sicherstellt und andererseits eine weitgehende Unabhängigkeit der Applikation von der Benutzerschnittstelle gewährleistet. Während das View- und das Controller-Objekt ihr zugeordnetes Model-Objekt explizit kennen, verwaltet das Model-Objekt nur eine Liste von abhängigen View- und Controller-Objekten, die über Änderungen von Applikationsdaten informiert werden müssen. Dadurch können einem Model-Objekt mehrere View-Controller-Paare und damit mehrere graphische Darstellungen zugeordnet werden (Multiple-View-Konzept). Ändern sich die Daten eines Model-Objektes, werden alle abhängigen Objekte durch eine sogenannte changed-Nachricht darüber informiert. Durch Zugriff auf das ihnen bekannte Model-Objekt erhalten sie Informationen über die geänderten Applikationsdaten.

EZWin

Das in [Lie85] vorgestellte User-Interface-Toolkit EZWin unterstützt eine objektorientierte Modellierung von graphischen Benutzerschnittstellen, die als Editoren graphischer Objekte betrachtet werden. Im Mittelpunkt der Modellierung stehen deshalb die Präsentationsobjekte und die darauf anwendbaren Kommandos. Die EZWin-Klassen lassen sich dementsprechend in die Präsentations- und die Kommandoklassen aufteilen. Eine weitere Klassenkategorie bilden die sogenannten EZWin-Klassen, deren Instanzen die globalen Komponenten einer Benutzerschnittstelle (z.B. Kontrollschleife, Hauptfenster) realisieren. EZWin liegt ein graphisches Kompositionskonzept zugrunde, das komplexe Präsentationsobjekte als Aggregation von einfachen und selbst wieder komplexen Präsentationsobjekten definiert.

Außerdem erfolgt in EZWin eine Trennung der Argumentauswahl (z.B. Selektion graphischer Objekte) von der Implementierung der Kommandos, so daß für jedes Kommando zwischen Präfix-, Postfix- oder Infix-Modus gewählt werden kann. Präfix-Kommandos entsprechen Kommando-Objekt-Interaktionen (Auswahl des Kommandos vor der Auswahl der Argumentobjekte) und Postfix-Kommandos Objekt-Kommando-Interaktionen. Durch die Definition generischer Kommandoklassen sind die üblichen, auf Präsentationsobjekte anwendbaren Interaktionen wie z.B. Bewegen, Dragging, Löschen, Kopieren und Selektieren in EZWin bereits vordefiniert und auf die Instanzen neuer Präsentationsklassen anwendbar. Durch das objektorientierte Konzept der Vererbung können die Kommando- und Präsentationsklassen an anwendungsspezifische Anforderungen angepaßt werden.

Interaktormodell (Garnet)

Ein dem EZWin-Toolkit ähnlicher Ansatz ist Garnet ([Mye89b], [Mye90]), ein objektorientiertes User-Interface-Management-System, dem das sogenannte Interaktormodell zugrundeliegt. Das Interaktormodell geht von der Feststellung aus, daß in direktmanipulativen Benutzerschnittstellen nur wenige Arten von prinzipiell verschiedenen Interaktionstechniken benötigt werden. Diese Interaktionstechniken werden im Interaktormodell durch flexibel parametrisierbare Interaktorklassen bereitgestellt, deren Instanzen die Erkennung und Verarbeitung von Events kapseln.

Das Interaktormodell verfolgt eine getrennte Implementierung der Interaktionen und der graphischen Darstellung einer Benutzerschnittstelle und greift damit die im MVC-Modell realisierte Aufteilung in View- und Controller-Objekte auf. Die Präsentationskomponente einer Benutzerschnittstelle wird mit einem objektorientierten Graphiksystem implementiert, dem ein graphisches Kompositionskonzept zugrundeliegt. Die Schnittstelle zwischen den Graphik- und Interaktorobjekten bilden Constraints, die von einem in Garnet integrierten Constraint-System überwacht werden. Garnet bietet sechs parametrisierbare Interaktorklassen an, deren Instanzen

die Eingabebehandlung und das Feedback ausgewählter Interaktionstechniken realisieren:

* Menu-Interaktor: Auswahl, z.B. durch Menüs oder Button-Leisten,
* Move-Grow-Interaktor: Bewegen und Verformen graphischer Objekte,
* New-Point-Interaktor: Eingabe von einem oder mehreren Punkten,
* Angle-Interaktor: Eingabe eines Winkels,
* Text-Interaktor: Ein- und mehrzeilige Texteingabe,
* Trace-Interaktor: Verarbeitung einer Sequenz von Mauskoordinaten.

Die Parameter von Interaktorklassen definieren die Start- und Stoppevents, die
Feedback-Aktionen, die vom Feedback betroffenen graphischen Objekte und die
Behandlung von Sonderfällen einer Interaktionstechnik. Sie ermöglichen damit die
Manipulation des Look-and-Feels von Interaktionstechniken und lassen sich in
objektspezifische und globale, d.h. von allen Interaktorobjekten gemeinsam ver-
wendete Parameter aufteilen.

Die Steuerung eines Interaktorobjektes erfolgt durch einen vordefinierten, parame-
trisierbaren Zustandstransitionsgraphen. Durch die Parameter der Interaktorklassen
wird festgelegt, welche Events Zustandsübergänge auslösen und welche Aktionen
dann ausgeführt werden. Den Zustandsübergängen können vordefinierte Defaultak-
tionen, aber auch benutzerdefinierte Aktionen zugeordnet werden. Der Dialogablauf
eines Interaktionsobjektes kann im Interaktormodell also nicht frei definiert, sondern
nur parametrisiert werden.

Die verteilte Implementierung der Dialogkontrolle durch Interaktorobjekte ermöglicht eine einfache Entwicklung von Benutzerschnittstellen mit mehreren aktiven
Teildialogen. Außerdem können einem Graphikobjekt mehrere Interaktorobjekte
und damit verschiedene Interaktionstechniken zugeordnet werden. Die durch
Interaktorobjekte definierten Interaktionstechniken können jedoch nicht zu komplexen Interaktionen kombiniert werden.

GWUIMS

Das GWUIMS-Modell [Sib86] modelliert graphische Benutzerschnittstellen als
System von kommunizierenden Objekten, die entsprechend den Schichten des See-
heim-Modells angeordnet werden. Im Gegensatz zu anderen objektorientierten
Modellen verwendet das GWUIMS-Modell kein einheitliches Objektmodell für die
Komponenten graphischer Benutzerschnittstellen, sondern definiert fünf Basisklas-
sen, deren Instanzen die Schichten des Seeheim-Modells oder die Schnittstellen
zwischen diesen Schichten modellieren: A-Objekte, I-Objekte, R-Objekte,
G-Objekte und T-Objekte (siehe Abb. 3.7).

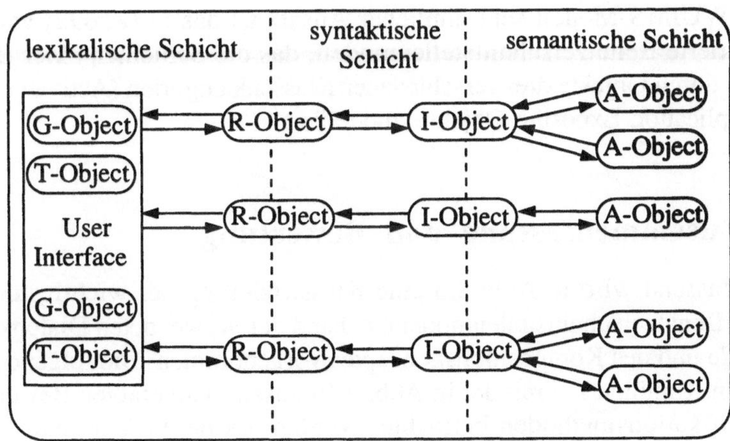

Abb. 3.7 Objekte des GWUIMS-Modell

A-Objekte (Applikationsobjekte) modellieren die semantische Schicht und beschreiben die Semantik der Anwendung aus der Sicht der Benutzerschnittstelle. Sie kapseln die Datenstrukturen und Funktionen der Applikation.

I-Objekte (Interaktionsobjekte) modellieren die Grenze zwischen der syntaktischen und der semantischen Schicht und kommunizieren mit A-Objekten und R-Objekten (Repräsentationsobjekte). Nachrichten an die A-Objekte rufen Applikationsfunktionen auf und übergeben die dafür notwendigen Parameter. A-Objekte senden ihrerseits Nachrichten an die I-Objekte, die über Fehler und applikationsspezifische Ereignisse informieren.

R-Objekte (Repräsentationsobjekte) modellieren die Grenze zwischen der lexikalischen und syntaktischen Schicht. Sie bestimmen die Darstellungsart von Informationen und überprüfen die Syntax von Benutzereingaben. Syntaktisch korrekte Benutzereingaben werden an die I-Objekte weitergeleitet.

Die lexikalische Schicht der Benutzerschnittstelle wird durch G-Objekte (Graphikobjekte) und T-Objekte (Technische Objekte) modelliert. G-Objekte realisieren graphische Ausgaben, während die T-Objekte Eingaben des Benutzers empfangen und an die R-Objekte weiterleiten. G-Objekte können hierarchisch angeordnet werden, so daß GWUIMS ein graphisches Kompositionskonzept besitzt.

Der Dialogablauf wird im GWUIMS-Modell durch die R- und I-Objekte sowie die Kommunikation zwischen diesen Objekten implementiert und damit implizit definiert, d.h. er besitzt keine explizite Repräsentation.

Ein dem GWUIMS-Modell sehr ähnlicher Ansatz ist das in [Zho92] vorgestellte objektorientierte Benutzerschnittstellenmodell, das die Schichten einer Benutzerschnittstelle durch Objekte drei verschiedener Klassenkategorien (Activator-, Mediator- und Application-Exposure-Objekte) modelliert.

3.1.3 Zusammenfassung und Bewertung

Zusammenfassend wird in Abb. 3.8 eine Klassifizierung der wichtigsten objektorientierten Benutzerschnittstellenmodelle anhand der verwendeten Dialogspezifikationsmethode und des Kompositionskonzeptes vorgenommen. Die folgende Tabelle sollte stets in Kombination mit der in Abb. 2.19 zusammengefaßten Bewertung der Dialogspezifikationsmethoden betrachtet werden, da deren Vor- und Nachteile wesentliche Faktoren der Bewertung der vorgestellten Ansätze darstellen.

	Dialogablauf-spezifikation	Kompositions-konzept
Intraobjekt-Modellierung		
1 PAC-Modell	Zustandstransitionen	graphisch/funktional
2 DIWA-Modell	Eventhandler	graphisch/funktional
3 COA-Modell	Eventhandler	graphisch/funktional
4 Spezifikationssprache	Zustandstransitionen	graphisch/funktional
5 AIT-Modell	hierarchisch	dialogorientiert
6 OOI-Modell	hierarchisch	dialogorientiert
7 Interaktionsmodell	hierarchisch	dialogorientiert
8 EDG-Modell	hierarchisch	dialogorientiert
Interobjekt-Modellierung		
9 MVC-Modell	Controller-Objekte	graphisch
10 EZWin	Command-Objekte	graphisch
11 Interaktormodell	Zustandstransitionen	graphisch
12 GWUIMS	Interaktionsobjekte	graphisch

Abb. 3.8 Klassifizierung von Benutzerschnittstellenmodellen

Ansätze der Kategorie Intraobjekt-Modellierung (1 - 8) besitzen unterschiedliche Kompositionskonzepte. Im PAC-Modell, DIWA-Modell, COA-Modell und der Spezifikationssprache von Jacob (1-4) wird sowohl ein graphisches Kompositionskonzept (Komposition von Präsentationskomponenten) als auch funktionales Kompositionskonzept (Komposition der Dialogkontrolle) verwendet. Durch die Definition von komplexen Interaktionsobjekten wird die Abstraktion in der Präsentationskomponente und Dialogkontrolle von Benutzerschnittstellen unterstützt. Die verwendeten Dialogspezifikationsmethoden (Zustandstransitionsgraphen und Eventhandler) repräsentieren, mit Ausnahme der Dialogablaufbeschreibung des DIWA-Modells, relativ einfache Ansätze, die keine Beschreibung komplexer Interaktionen unterstützten. Komplexe Interaktionen mit Beteiligung mehrerer Interaktionsobjekte müssen in allen vier Ansätzen durch Kommunikation zwischen den Dialogkontrollen komplexer und untergeordneter Interaktionsobjekte definiert werden. Zusammenfassend betrachtet besitzen die Ansätze (1 - 4) deutliche Vorteile bei der Modellierung von Benutzerschnittstellen, aber Nachteile bei der Beschreibung komplexer Interaktionen.

Die Stärken der anderen vier Ansätze der Kategorie Intraobjekt-Modellierung (AIT-Modell, OOI-Modell, Interaktionsmodell, EDG-Modell) liegen gerade in der Beschreibung komplexer Interaktionen, da sie ein dialogorientiertes Kompositionskonzept besitzen. Diese vier Ansätze verwenden eine hierarchische Dialogspezifikation, die sowohl die Modellierung komplexer Interaktionen als auch die explizite Beschreibung des Dialogablaufs unterstützt. Durch diese Konzentration auf die Modellierung des Dialogablaufs besitzen diese Modelle im Vergleich zu den anderen Modellen dieser Kategorie jedoch Nachteile bei der Modellierung von Benutzerschnittstellen. So wird z.B. die Komposition von Präsentationsobjekten nicht direkt unterstützt, da die vier Ansätze kein graphisches Kompositionskonzept besitzen.

Ansätze der Gruppe Interobjekt-Modellierung (9-12) implementieren graphische Benutzungsoberflächen als Komposition von Graphikobjekten, denen Dialogkontrollobjekte zugeordnet werden können. Sie ermöglichen die Definition getrennter Hierarchien für Präsentations- und Dialogkontrollobjekte, so daß aufbauend auf der Vererbung eine separate Wiederverwendbarkeit der Komponenten von Interaktionsobjekten gewährleistet wird. Nachteile dieser Ansätze bestehen darin, daß komplexe Interaktionen mit Beteiligung von mehreren Dialogkontrollobjekten entweder überhaupt nicht oder nur implizit durch Kommunikation zwischen diesen Objekten modelliert werden können.

Mit der Entwicklung von ODIS wird ein objektorientiertes Benutzerschnittstellenmodell angestrebt, das die Vorteile der Ansätze mit graphisch/funktionalen, dialogorientierten und graphischen Kompositionskonzepten kombiniert und folgende Eigenschaften besitzt:
- Separate Wiederverwendbarkeit der Komponenten von Interaktionsobjekten durch Interobjekt-Modellierung,

- Kombination graphischer und dialogorientierter Kompositionskonzepte durch eine unabhängige, hierarchische Anordnung von Präsentations- und Dialogkontrollobjekten,
- Hierarchische Dialogspezifikation für Interaktionsobjekte, die in Verbindung mit der Komposition von Dialogkontrollobjekten eine objektübergreifende Beschreibung komplexer Interaktionen unterstützt.

3.2   Entwicklung multimedialer Präsentationen

In diesem Abschnitt werden Ansätze zur Modellierung und Implementierung multimedialer Präsentationen vorgestellt. Schwerpunkte der Beschreibung einzelner Ansätze bilden die verwendeten Modelle für die zeitliche Komposition sowie die Möglichkeiten der Manipulation des Präsentationsverlaufs durch Benutzerinteraktionen, da diese Kriterien für interaktive multimediale Anwendungen und damit für den in diesem Buch entwickelten Ansatz die größte Relevanz besitzen. Zu dieser Thematik veröffentlichte Ansätze lassen sich in Anlehnung an [Gui92] in vier Kategorien einteilen, für die in den folgenden Abschnitten repräsentative Ansätze vorgestellt werden:

- Konstruktionswerkzeuge für die Entwicklung multimedialer Präsentationen (Abschnitt 3.2.1),
- Software-Bibliotheken für die Implementierung multimedialer Präsentationen (Abschnitt 3.2.2),
- Multimediale Dokumentarchitekturen (Abschnitt 3.2.3),
- Formale Beschreibung multimedialer Präsentationen (Abschnitt 3.2.4).

Abschließend erfolgt in Abschnitt 3.2.5 eine Zusammenfassung und Bewertung dieser Ansätze. Bewertet werden dabei die Möglichkeiten der dynamischen Manipulation des Präsentationsverlaufs und die Integration von Benutzerinteraktionen in die zeitliche Komposition. Grundsätzlich ist eine Manipulation des Präsentationsverlaufs (z.B. Starten und Stoppen kontinuierlicher Ausgaben) durch Benutzerinteraktionen nur dann möglich, wenn die zeitliche Komposition nichtdeterministische Präsentationsdauern zuläßt.

Für die Bewertung sind nur solche Benutzerinteraktionen relevant, die den Präsentationsverlauf verändern, z.B. Manipulationen des Start- und Endzeitpunktes oder der Dauer einzelner Ausgaben. Benutzerinteraktionen zur Manipulation zeitinvarianter Darstellungsattribute der Ausgaben (z.B. räumliche Darstellungsattribute) beeinflussen dagegen nicht die zeitliche Komposition und sind deshalb für diese Bewertung irrelevant.

Existierende Ansätze für die Entwicklung multimedialer Anwendungen lassen sich in die folgenden vier Bewertungsstufen einteilen:

- keine Manipulation: Ansätze, die eine Manipulation des Präsentationsverlaufs durch Benutzerinteraktionen konzeptionell ausschließen,
- programmierbare Manipulation: Ansätze, die eine dynamische Manipulation des Präsentationsverlaufs über Programmierschnittstellen unterstützen, aber Benutzerinteraktionen nicht in die zeitliche Komposition einbeziehen,
- eingeschränkte Manipulation: Ansätze, die eine dynamische Manipulation des Präsentationsverlaufs auf bestimmte Sonderfälle einschränken, z.B. den Abbruch von Ausgaben und den Start nachfolgender Ausgaben, und dafür vordefinierte Benutzerinteraktionen anbieten, die in die zeitliche Komposition einbezogen werden,
- integrierte Manipulation: Ansätze, die eine dynamische Manipulation des Präsentationsverlaufs durch definierbare Benutzerinteraktionen zulassen und diese Interaktionen in die zeitliche Komposition einbeziehen.

3.2.1 Konstruktionswerkzeuge

In die Kategorie der Konstruktionswerkzeuge fallen die weit verbreiteten Authoring-Werkzeuge (Autorenwerkzeuge, [Enc93]) für die Erstellung interaktiver, multimedialer Anwendungen, z.B. Hypermedia-Werkzeuge ([Müh91], [Glo90]), und Werkzeuge für die Entwicklung multimedialer Lehr-/Lernprogramme [Bre93].

Diese Werkzeuge unterstützen die Erstellung multimedialer Informationen, die Aggregation von Informationen, den Aufbau von Informationsstrukturen (semantische Beziehungen zwischen den Informationen, z.B. Erklärungen, Assoziationen) sowie die Definition von Interaktionsmöglichkeiten. In Hypermedia-Werkzeugen können darüber hinaus benutzergesteuerte Navigationsmöglichkeiten auf den Informationsstrukturen in Form gerichteter Graphen definiert werden. Knoten und Kanten dieser Graphen beschreiben die elementaren und komplexen Informationen sowie die zwischen ihnen bestehenden semantischen Beziehungen. In multimedialen Präsentationsanwendungen wird der Benutzer dagegen vom System durch die Präsentation geführt und hat oft nur wenig Einflußmöglichkeiten auf den Präsentationsverlauf. Die Unterschiede zwischen Hypermedia-Systemen und multimedialen Präsentationsanwendungen sind jedoch fließend, so daß eine eindeutige Zuordnung entsprechender Software-Werkzeuge häufig nicht möglich ist.

Werkzeuge für die Entwicklung multimedialer Lehr- und Lernprogrammen unterstützen neben der Erstellung multimedialer Präsentationen insbesondere die Protokollierung und Auswertung von Benutzerinteraktionen für eine systemgesteuerte Präsentation, bei der die Antworten und Reaktionen des Benutzers nur indirekten Einfluß auf den Präsentationsverlauf besitzen.

MAEstro

MAEstro [Dra91] ist eine Authoring-Umgebung, die als verteiltes Multimedia-System mit dem Ziel der einfachen Erweiterbarkeit um neue Medientypen entwickelt wurde. Jeder unterstützte Medientyp besitzt einen spezifischen Medieneditor. Für die Kommunikation zwischen den Medieneditoren und einem zentralen Authoring-Werkzeug wurde ein spezielles, medienunabhängiges Kommunikationsprotokoll (Interapplikations-Kommunikationssystem) definiert. Nachrichten dieses Kommunikationsprotokolls repräsentieren u.a. Anweisungen für das Öffnen von Dokumenten, das Durchführen von Selektionen, das Präsentieren selektierter Teildokumente sowie das Abfragen von Zustandsinformationen der einzelnen Medieneditoren. Neue Medieneditoren und andere Anwendungen können sich bei einem sogenannten Port-Manager anmelden und sowohl Clients (Informationsverbraucher) als auch Server (Informationsproduzenten) darstellen. MAEstro kann damit durch das Anmelden entsprechender Medieneditoren um neue Medientypen erweitert werden. Das zentrale Authoring-Werkzeug steuert die Erstellung und Präsentation multimedialer Dokumente und kommuniziert dabei mit dem Port-Manager und den Medieneditoren.

Zeitliche Beziehungen zwischen den Präsentationsobjekten einer multimedialen Präsentation werden mit einem Timeline-Editor des zentralen Authoring-Werkzeugs interaktiv beschrieben. Dieser Timeline-Editor verwendet für jedes integrierte Informationsobjekt eine sogenannte Zeitspur, auf der das entsprechende Präsentationsintervall definiert wird. Dadurch ist prinzipiell nur eine eingeschränkte Manipulation multimedialer Präsentationen durch Benutzerinteraktionen möglich, auf die in [Dra91] jedoch nicht eingegangen wird. Die Verwendung dieses relativ einfachen Ansatzes zur zeitlichen Komposition verdeutlicht, daß MAEstro hauptsächlich für die Erstellung und Präsentation multimedialer Informationen und nicht für die Interaktion mit multimedialen Informationen entwickelt wurde.

Muse

Das Athena Muse-System [Hod89] ist eine Authoring-Umgebung, die ein Datenmodell und eine Menge von Werkzeugen für die Erstellung strukturierter multimedialer Dokumente sowie deren Verbindung zu komplexen Netzen beinhaltet. Zentrale Informationsstrukturen von Muse sind gerichtete Graphen, deren Knoten multimediale Dokumente repräsentieren. Die Kanten dieser Graphen besitzen die Bedeutung von Hypermedia-Links oder Zustandstransitionen.

Multimediale Dokumente werden in Muse als Aggregationen von Informationen verschiedener Medien zu sogenannten Informationspaketen definiert und durch Kanten gerichteter Graphen verbunden. Das Aktivieren und Deaktivieren von Informationspaketen erfolgt durch Versenden entsprechender Signale entlang der Kanten des gerichteten Graphen. Die für die Präsentation erforderliche räumliche und zeitliche Komposition der Informationen eines Informationspakets werden auf lokalen Koordinatensystemen definiert, die beliebig viele Dimensionen besitzen können. Für die Darstellungsdimension Zeit entspricht dieses Vorgehen der Komposition auf einer Timeline. Jede Dimension wird durch einen Integer-Wertebereich beschrieben und besitzt eine aktuelle Position, die durch die Systemuhr oder durch spezielle Signale dynamisch verändert wird. Allgemein können den Dimensionen dieser Koordinatensysteme beliebige zeitvariante Darstellungswerte zugeordnet werden. Die dynamische Manipulation multimedialer Präsentationen wird in MUSE durch Constraints in Form von Gleichungen zwischen den Darstellungsattributen diskreter oder kontinuierlicher Ausgaben und den durch Interaktionen veränderbaren Attributen von UI-Komponenten definiert.

Für die Beschreibung der Dynamik multimedialer Anwendungen können Informationspaketen und ihren Komponenten prozedural definierte Aktionen und Eventhandler zugeordnet werden. Die Definition von Eventhandlern erfolgt in einer objektorientierten Eventverarbeitungssprache. Durch Eventhandler für die vom zugrundeliegenden Window-System erzeugten Events werden Benutzerinteraktionen definiert. Die Aktionen dieser Eventhandler können die aktuellen Positionen einzelner Dimensionen der Koordinatensysteme verschieben und damit die aktuelle Präsentationszeit verändern. Dadurch können in Muse einzelne Präsentationszeitpunkte direkt angesteuert werden. Durch die mit dem Timeline-Ansatz verbundenen Beschränkungen unterstützt Muse jedoch nur eine eingeschränkte Manipulation multimedialer Präsentationen durch Benutzerinteraktionen.

MODE
Im MODE-Projekt („**Multimedia Objects in a Distributed Environment**", [Bla91a], [Bla91b]), einem Teilprojekt des NESTOR-Projekts („**Networked System for Tutorring**"), werden ein Objektmodell und darauf basierende Objekttransport- und Darstellungsdienste entwickelt. Ziel des NESTOR-Projektes ist die Entwicklung einer verteilten multimedialen Autoren-/Lernumgebung. Eine der im MODE-Projekt berücksichtigten Anforderungen ist deshalb die Unterstützung der zeitlichen und räumlichen Komposition interaktiver multimedialer Dokumente.

Die in MODE entwickelten Konzepte basieren auf einer Unterscheidung von Informations-, Präsentations- und Transportobjekten. Die Präsentation von Informationsobjekten erfolgt durch die Erzeugung ein oder mehrerer Präsentationsobjekte.

Durch die Konvertierung von Präsentationsobjekten in sogenannte Transportobjekte unterstützt MODE die Präsentation von Informationsobjekten auf entfernten Arbeitsplatzrechnern eines verteilten Multimedia-Systems. Für die Verwendung von Informationsobjekten in multimedialen Präsentationen sind weitere Attribute, wie z.B. die Präsentationsgeschwindigkeit und die Auflösung einer Video-Ausgabe erforderlich. Deshalb werden sogenannte Basisobjekte eingeführt, die neben einer Referenz auf ein Informationsobjekt eine Menge von Präsentationsattributen besitzen. In MODE wird entsprechend der zeitlichen Struktur der zu präsentierenden Informationen zwischen statischen und dynamischen Basisobjekten unterschieden. Einem statischen Basisobjekt wird genau ein Präsentationsobjekt zugeordnet, während einem dynamischen Basisobjekt eine Folge von Präsentationsobjekten, z.B. Frames einer Video-Ausgabe, zugeordnet wird. Die Indizes dieser Präsentationsobjekte bilden die zulässigen Synchronisationspunkte des dynamischen Basisobjektes. Statische Basisobjekte besitzen genau zwei Synchronisationspunkte, ihren Start- und Endzeitpunkt. Synchronisationspunkte werden entweder absolut durch einen Index oder relativ durch einen Wert zwischen 0 und 1 (normalisierte Koordinaten) beschrieben, der intern in den Index einer logischen Dateneinheit (z.B. Audio-Sample oder Video-Frame) umgerechnet wird.

MODE verwendet eine zeitliche Komposition über Referenzpunkte. Ein Referenzpunkt wird durch die Liste der Synchronisationspunkte der beteiligten Basisobjekte definiert. Das Laufzeitsystem, das aus einem Synchronisierer, einem Optimierer und einem globalen Synchronisationskoordinator besteht, gewährleistet durch sogenannte Inter-Objektsynchronisation, daß die durch Synchronisationszeitpunkte eines Referenzpunktes indizierten Präsentationsobjekte gleichzeitig dargestellt werden. Eine weitere Aufgabe des Laufzeitsystems ist die sogenannte Intra-Objektsynchronisation, die die Einhaltung der korrekten Präsentationsgeschwindigkeit dynamischer Basisobjekte gewährleistet. Neben den Basisobjekten definiert MODE außerdem noch Timer-Objekte und interaktive Objekte. Timer-Objekte besitzen eine vorgebene Dauer und können z.B. für die Definition von schnell aufeinander folgenden Synchronisationszeitpunkten verwendet werden. Interaktive Objekte implementieren dagegen Benutzerinteraktionen und besitzen jeweils nur zwei Synchronisationszeitpunkte, ihre Start- und Endzeitpunkte. Sie können multimediale Präsentationen durch Aufrufe der Methoden des Laufzeitsystems manipulieren.

Die in MODE realisierte zeitliche Komposition über Referenzpunkte unterstützt damit Objekte mit nichtdeterministischer Dauer (Präsentationsdauer eines Basisobjektes, Dauer eines interaktiven Objektes) und ist invariant gegenüber zeitlichen Verschiebungen und Verzögerungen einzelner Ausgaben einer multimedialen Präsentation. Benutzerinteraktionen werden in Form von interaktiven Objekten in die zeitliche Komposition integriert und können u.a. die Präsentation von Basisobjekten starten und abbrechen. MODE unterstützt damit eine integrierte Manipulation multimedialer Präsentationen durch Benutzerinteraktionen.

Kommerzielle Werkzeuge
Stellvertretend für die Gruppe der kommerziellen Konstruktionswerkzeuge für multimediale Anwendungen werden in diesem Abschnitt einige der für den Apple Macintosh entwickelten Produkte betrachtet, da sie in den letzten Jahren die größte Beachtung gefunden haben.

All diesen Werkzeugen gemeinsam ist eine graphische Benutzerschnittstelle für die interaktive Erstellung multimedialer Präsentationen und Anwendungen. Zusätzlich bieten einige von ihnen Skriptsprachen an, mit denen die nicht interaktiv erstellbaren Komponenten multimedialer Anwendungen programmiert werden können. Die visuelle Darstellung von Präsentations- und Programmabläufen erfolgt aufbauend auf der Metapher einer Timeline bzw. eines Flowcharts (gerichtete Ablaufgraphen). Für die Verwaltung und Präsentation zeitvarianter Medien wird meistens auf die Systemerweiterung QuickTime (siehe Abschnitt 3.2.2) zurückgegriffen.

Eines der bekanntesten Multimedia-Werkzeuge für den Apple Macintosh ist HyperCard ([App88], [Mou89]), ein Werkzeug für die Erstellung graphischer Benutzerschnittstellen, das aus einer interaktiven Entwicklungsumgebung und der Skriptsprache HyperTalk [App88] besteht. HyperCard liegt die Metapher eines Kartenstapels zugrunde. Informationsobjekte (z.B. Text, Graphik, Video, Audio) und UI-Komponenten werden auf Karten plaziert, die in einem Stack verwaltet werden. Für die Beschreibung des Dialogablaufverhaltens von HyperCard-Anwendungen werden den UI-Komponenten Skripte der objektbasierten Sprache HyperTalk zugeordnet. HyperTalk-Skripte beschreiben das Dialogablaufverhalten von UI-Komponenten durch eine Menge von Eventhandlern. HyperCard wurde nicht speziell für die Erstellung multimedialer Anwendungen entwickelt und besitzt deshalb keine spezifisch multimedialen Konzepte wie z.B. eine visuelle Darstellung der zeitlichen Komposition multimedialer Präsentationen.

Die von Macromedia angebotenen Werkzeuge Director ([Wes91], [Bre93]) und MediaMaker ([Wes91], [Yag91]) sind dagegen auf Multimedia-Anwendungen ausgerichtet und unterstützen eine interaktive zeitliche Komposition multimedialer Präsentationen durch Timeline-Editoren. Während MediaMaker nur die zeitliche Anordnung von Icons (Symboldarstellungen von Informationsknoten) verwaltet und darstellt, besitzt Director eine deutliche feinere Granularität und ermöglicht die interaktive Erstellung aufwendiger multimedialer Präsentationen und Animationen. Der Timeline-Editor von Director verwendet eine Film-Metapher, indem der Präsentationsverlauf als Film mit bis zu 24 Spuren visuell dargestellt wird. Die Komplexität und Granularität dieses Timeline-Editors führt jedoch dazu, daß der zeitliche Verlauf aufwendiger Präsentationen nur schwer zu überblicken ist.

Director bietet außerdem eine HyperTalk-ähnliche Skriptsprache (LINGO) für die Beschreibung der interaktiven Kontrolle multimedialer Anwendungen durch Benutzerinteraktionen, z.B. über Menüs und Buttons. LINGO erlaubt die Einbindung externer Prozeduren und Funktionen, die in einer universellen Programmiersprache implementiert werden können und erweitert damit das Spektrum der mit Director erstellbaren multimedialen Anwendungen. MediaMaker bietet dagegen keine Skriptsprache und unterstützt deshalb keine interaktive Kontrolle des Präsentationsverlaufs durch Benutzerinteraktionen.

Course Builder [Wes91] und Authorware Professional ([Wes91], [Bre93]) repräsentieren Konstruktionswerkzeuge, die primär der Entwicklung von multimedialen Lehr-/Lernprogrammen dienen. Beide Werkzeuge setzen Ablaufgraphen für die visuelle Darstellung von Programmabläufen ein und besitzen keine Skriptsprache. Authorware Professional verwendet eine Icon-basierte Flowchart-Darstellung (Icon-Graphen) des Programmablaufs, die als Flow-Line bezeichnet wird. Durch die Hierarchisierung von Icon-Graphen wird eine strukturierte Entwicklung und übersichtliche Darstellung von Programmabläufen unterstützt. Course Builder wurde mit HyperCard implementiert und visualisert den Programmablauf ebenfalls durch eine Graphstruktur, die sogenannte Course-Map, in der Informationsknoten durch Ein- und Ausgangspfeile verbunden werden. Im Gegensatz zu Authorware Professional ist jedoch keine Hierarchisierung der Graphdarstellung möglich.

Zusammenfassend kann beobachtet werden, daß Director und MediaMaker durch die Verwendung von Timeline-Editoren die zeitliche Komposition multimedialer Präsentationen betonen, während Authorware Professional und Course Builder durch ihre Graphdarstellungen den Schwerpunkt auf den Programmablauf setzen.

3.2.2   Software-Bibliotheken

Software-Bibliotheken für die Entwicklung multimedialer Anwendungen definieren Basiskomponenten und Konstruktionsmechanismen für die Programmierung mit kontinuierlichen Medien. Sie stellen keine eigenständigen Programme dar wie z.B. die Konstruktionswerkzeuge, sondern liegen als Funktions- oder Klassenbibliotheken vor. Viele dieser Ansätze basieren auf dem objektorientierten Paradigma, um einerseits durch Kapselung von der hardwarespezifischen Implementierung zu abstrahieren und andererseits durch Vererbung die Erweiterbarkeit der Bibliotheken zu gewährleisten. Objektorientierte Klassenbibliotheken ermöglichen eine Abstraktion in der Entwicklung multimedialer Präsentationen durch Klassenhierarchien für Ein-/ Ausgabegeräte, Medientypen, Verarbeitungskomponenten, Kompositionsmechanismen und Kommunikationsverbindungen.

Composite-Multimedia
In ([Gib91a], [Gib91b], [Gib91c]) wird eine objektorientierte Klassenbibliothek für die zeitliche und konfigurelle Komposition multimedialer Präsentationen sowie die Synchronisation kontinuierlicher Ausgaben vorgestellt, die hier als „Composite-Multimedia" bezeichnet wird. Multimediale Präsentationen werden im Composite-Multimedia-Ansatz als hierarchische Anordnung von Multimedia-Objekten implementiert. Die Klassenbibliothek enthält Klassen für Medientypen, einfache Multimedia-Objekte (Quellen, Senken und Filter) und komplexe Multimedia-Objekte. Multimedia-Objekte werden als aktive Objekte implementiert, die im Gegensatz zu passiven Objekten interne Kontrollprozesse besitzen und selbständig Aktionen ausführen, ohne daß vorher eine Nachricht empfangen wurde. Aktive Objekte werden in Device- und Prozeßobjekte unterteilt und kapseln Ein- und Ausgabeprozesse kontinuierlicher Medien. Multimedia-Klassen werden durch Mehrfachvererbung von den Prozeßklassen und den abstrakten Multimedia-Klassen abgeleitet.

Komplexe Multimedia-Objekte besitzen mehrere untergeordnete Multimedia-Objekte und definieren multimediale Präsentationen durch deren räumliche und zeitliche Komposition. Indem komplexe Multimedia-Objekte selbst wieder als untergeordnete Multimedia-Objekte verwendet werden, entsteht eine Hierarchie von Multimedia-Objekten. Die Definition zeitlicher Beziehungen zwischen untergeordneten Multimedia-Objekten erfolgt implizit durch Timeline-Diagramme komplexer Multimedia-Objekte, die jedem untergeordneten Multimedia-Objekt ein Präsentationsintervall zuordnen. Für die Anordnung der Präsentationsintervalle untergeordneter Multimedia-Objekte werden Methoden für das zeitliche Verschieben, Skalieren (Verändern der Präsentationsgeschwindigkeit) und Invertieren (Umdrehen der Präsentationsrichtung), sogenannte zeitliche Transformationen, angeboten. Neben der zeitlichen und konfigurellen Komposition sind komplexe Multimedia-Objekte außerdem für die kontinuierliche Synchronisation ihrer untergeordneten Multimedia-Objekte verantwortlich.

Die in Composite-Multimedia realisierten Konzepte zur zeitlichen Komposition verbinden die zeitliche Komposition auf einer Timeline mit der hierarchischen Komposition. Über Methoden für die Manipulation der hierarchischen Anordnung von Multimedia-Objekten sowie für die zeitliche Transformationen untergeordneter Multimedia-Objekte kann die dynamische Manipulation multimedialer Präsentationen implementiert werden. Eine Integration von Benutzerinteraktionen in die zeitliche

Komposition ist jedoch nicht möglich, so daß Composite-Multimedia nur eine programmierbare Manipulation multimedialer Präsentationen unterstützt.

Ttoolkit
Das Ttoolkit [Gui92] ist eine objektorientierte Software-Bibliothek für die Implementierung multimedialer Benutzerschnittstellen und integriert die Zeitmodellierung in ein zunächst für graphische Benutzerschnittstellen entwickeltes User-Interface-Toolkit.

Die Klassenhierarchie des Ttoolkits wurde als Erweiterung des X Toolkits [Nye90] implementiert (siehe Abb. 3.9). Gemeinsame Basisklasse ist die im X Toolkit definierte Klasse `Object`, deren Definition keine Kompositionsmechanismen beinhaltet. Ihre direkten Unterklassen, die neue Klasse `TCore` und die X Toolkit-Klasse `Core`, definieren die Basismechanismen der zeitlichen bzw. räumlichen Komposition multimedialer Präsentationen.

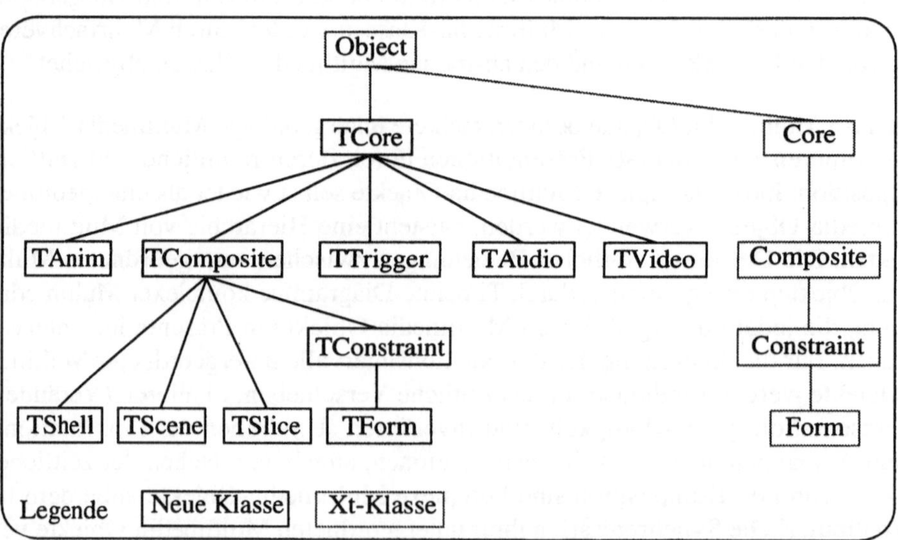

Abb. 3.9 Klassenhierarchie des Ttoolkits

Um eine strukturell einheitliche Behandlung der räumlichen und zeitlichen Komposition zu erzielen, besitzt die Klassenhierarchie für die zeitliche Komposition eine Struktur, die mit der X Toolkit-Klassenhierarchie für die räumliche Komposition konform ist und deshalb in einfache Klassen und Kompositionsklassen unterteilt werden kann.

Instanzen einfacher Zeitklassen steuern die Ausgabe kontinuierlicher Medien und besitzen Zeitattribute wie `currentTime` (Präsentationszeit) und `duration` (Präsentationsdauer) sowie Methoden wie `start` und `stop`. Dafür kommunizieren sie mit sogenannten externen Objekten, die direkten Zugriff auf Ein- und Ausgabegeräte besitzen. Instanzen der Klasse `TTrigger` integrieren diskrete Medien in multimediale Präsentationen, indem sie ihnen eine potentiell unendliche Präsentationsdauer zuordnen.

Instanzen der zeitlichen Kompositionsklassen definieren und überwachen zeitliche Beziehungen zwischen den Präsentationsintervallen der Subobjekte. Das Ttoolkit verwendet damit eine hierarchische Komposition. Entsprechend den Basisklassen für die räumlichen Komposition (`Core`, `Composite` und `Constraint`) werden für die zeitliche Komposition die Basisklassen `TCore`, `TComposite` und `TConstraint` definiert. Die Klasse `TComposite` definiert Mechanismen für die Gruppierung von Instanzen der von `TCore` abgeleiteten Klassen. Die von ihr abgeleiteten Klassen `TSlice`, `TScene` und `TForm` erweitern diese Funktionalität um Mechanismen für die Definition zeitlicher Beziehungen zwischen den Präsentationsintervallen untergeordneter Objekte.

Durch die Implementierung des Ttoolkits als Erweiterung eines existierenden User-Interface-Toolkits lassen sich beliebige Benutzerinteraktion definieren. Das Ttoolkit unterstützt die Implementierung von Benutzerinteraktionen durch Eventhandler (siehe Abschnitt 2.3.5), deren Aktionen die als Objekthierarchien implementierten multimedialen Präsentationen dynamisch manipulieren können. Eine Integration von Benutzerinteraktionen in die zeitliche Komposition ist jedoch nicht möglich, so daß das Ttoolkit nur eine programmierbare Manipulation multimedialer Präsentationen durch Benutzerinteraktionen unterstützt.

MME

MME („Multimediale Erweiterung") [Din93] ist eine Erweiterung des objektorientierten User-Interface-Toolkits THESEUS++ [Din92] um Klassen zur Implementierung interaktiver multimedialer Präsentationen. THESEUS++ liegt das in Abschnitt 3.1.1 vorgestellte Interaktionsmodell zugrunde. Analog dem in diesem Buch entwickelten Ansatz wird mit MME die integrierte Modellierung und Implementierung von Interaktionen und multimedialen Präsentationen durch beliebige Kombinationen von User-Interface- und Medienobjekten angestrebt. Weitere Entwicklungsziele von MME sind die Hardware-Unabhängigkeit interaktiver multimedialer Anwendungen durch Kapselung des Zugriffs auf Medienobjekte (Quellen und Senken) sowie die Modellierung der zeitlichen Komposition multimedialer Präsentationen.

MME verwendet eine hierarchische Komposition und unterscheidet dafür Basis-Medienobjekte und komplexe Medienobjekte: Basis-Medienobjekte definieren die auf diskrete und kontinuierliche Medien anwendbaren Operationen, während komplexe Medienobjekte zeitliche Beziehungen zwischen untergeordneten Medienobjekten beschreiben und zur Laufzeit sicherstellen. Eine weitere Aufgabe komplexer Medienobjekte ist die kontinuierliche Synchronisation untergeordneter Medienobjekte und die Definition event-gesteuerter Abhängigkeiten.

Interaktionen und die durch Medienobjekte gekapselten kontinuierlichen Ausgaben werden als parallele Prozesse implementiert. Durch Aufruf der Methoden von Medienobjekten, z.B. für das Starten und Stoppen von Ausgaben, können Interaktionen den Verlauf multimedialer Präsentationen manipulieren. MME verwendet also eine Erweiterung der hierarchischen Komposition und unterstützt eine programmierbare Manipulation multimedialer Präsentationen durch Benutzerinteraktionen, die jedoch nicht in die zeitliche Komposition integriert werden.

ET++
ET++ ([Wei89], [Wei92], [Gam92]) ist ein weiteres objektorientiertes User-Interface-Toolkit, das nachträglich um Klassen für die Implementierung multimedialer Präsentationen erweitert wird [Ack93]. Als objektorientiertes Application-Framework besitzt ET++ Basisklassen für die Verarbeitung kontinuierlicher Medien (z.B. Audio und Animation) und für die zeitliche Komposition multimedialer Präsentationen. Basisklasse der Zeitmodellierung ist die Klasse `TEvent`, die u.a. Attribute für den Startzeitpunkt und die Dauer zeitvarianter Ausgaben sowie Methoden für den Zugriff auf diese Attribute, die Berechnung von Präsentationsintervallen und die Ausgabe kontinuierlicher Medien definiert. Alle zeitabhängigen ET++-Klassen werden von dieser Basisklasse abgeleitet und erben damit deren Synchronisationsmechanismen.

ET++ unterscheidet zwei Formen der Synchronisation: Die Intramedia-Synchronisation ist für die zeitlich korrekte Präsentation kontinuierlicher Medien, z.B. Einhaltung der korrekten Präsentationsgeschwindigkeit, verantwortlich, während die Intermedia-Synchronisation die Einhaltung zeitlicher Beziehungen zwischen den Ausgaben einer multimedialen Präsentation sicherstellt. Die Intramedia-Synchronisation wird vollständig durch die von `TEvent` abgeleiteten Medienklassen gekapselt. Dagegen verwendet ET++ für die Implementierung der Intermedia-Sychronisation eine hierarchische Komposition und definiert dafür die Kompositionsklasse `CompositeTEvent` und die von ihr abgeleiteten Klassen `TSynchro` (gleichzeitiger Start), `TSequence` (sequentieller Start), `Timeline` (frei definierbare Startzeitpunkte) und `TLoop` (wiederholter Start). Blätter der dabei definierten

Objekthierarchien sind Zeitobjekte (z.B. Zeitintervalle) und Medienobjekte (z.B. kontinuierlicher Medien).

ET++ definiert zwei konzeptionelle Erweiterungen der hierarchischen Komposition: Mehrfachreferenzen und Zeitfunktionen. Instanzen der Klasse `TShift` ermöglichen die Mehrfachreferenzierung von Zeit- und Medienobjekten innerhalb von Objekthierarchien, die dadurch zu gerichteten, azyklischen Graphen erweitert werden. Zeitfunktionen repräsentieren zeitvariante Funktionen, die für die Implementierung von Operationen wie Ausblenden, Skalieren und Positionieren kontinuierlicher Ausgaben verwendet und als Unterklassen der Kompositionsklasse `TFunction` definiert werden.

Die dynamische Manipulation des Verlaufs multimedialer Präsentationen wird in ET++ über den Aufruf von Methoden der zeitabhängigen Klassen implementiert. ET++ verwendet also eine auf gerichtete Graphen erweiterte, hierarchische Komposition multimedialer Präsentationen und unterstützt eine programmierbare Manipulation multimedialer Präsentationen durch Benutzerinteraktionen.

QuickTime
Apple's QuickTime ([Eff91], [App92]) stellt eine modulare, hardware-unabhängige Systemerweiterung des Macintosh Betriebssystems für die Verwaltung und Präsentation zeitvarianter Informationen dar. QuickTime liegt eine Film-Metapher zugrunde, d.h. zeitvariante Informationen werden in sogenannten Movies verwaltet, die mehrere Spuren (Tracks) enthalten. Spuren eines Movies können dynamisch erzeugt und gelöscht werden. Sie enthalten nicht die eigentlichen Daten, sondern Folgen von Referenzen auf extern gespeicherte Daten eines Medientyps. Durch die Speicherung von Referenzen auf Daten verschiedener Medientypen kann ein Movie multimediale Informationen verwalten. Neben diesen Referenzen verwalten Spuren Informationen für die räumliche und zeitlichen Komposition in multimedialen Präsentationen, die von vordefinierten Präsentationsfunktionen ausgewertet werden.

Für die Beschreibung zeitlicher Beziehungen und Ausprägungen wird jedem Movie ein Zeitkoordinatensystem und eine sogenannte Zeitbasis zugeordnet (siehe Abb. 3.10). Ein Zeitkoordinatensystem wird durch eine Zeitskalierung (Anzahl logischer Zeiteinheiten pro Sekunde) und eine Dauer (Länge der zeitvarianten Daten in logischen Zeiteinheiten) beschrieben. Die Zeitbasis eines Movies definiert den aktuellen Zeitwert (in logischen Zeiteinheiten), die Präsentationsgeschwindigkeit, die Präsentationsrichtung und eine Referenz auf einen Zeitgeber. Präsentationszeitpunkte werden als diskrete Werte eines Zeitkoordinatensystems definiert. Die einem Zeitkoordinatensystem zugeordnete Dauer beschreibt den maximal zulässigen Zeitwert. Das Zeitkoordinatensystem eines Movies wird von allen Spuren gemeinsam verwendet, so daß seine Zeitskalierung damit die von allen Spuren verwendete logische Zeiteinheit definiert. QuickTime ordnet den extern gespeicherten Medien eigene Zeitkoordinatensysteme zu, die unabhängig von dem Zeitkoordinatensystem des Movies sind, das diese Daten referenziert. Die Abbildung vom Zeitkoordinatensystem des Movies in die Zeitkoordinatensysteme der externen Medien erfolgt durch die einzelnen Spuren.

Zeitliche Beziehungen zwischen den zeitvarianten Daten der Spuren eines Movies werden durch die Positionierung und Ausprägung im Zeitkoordinatensystem des Movies und damit nur implizit beschrieben. Zur Laufzeit garantiert QuickTime die Einhaltung der korrekten Präsentationsgeschwindigkeit und die Synchronisation verschiedener Datenströme wie Video und Audio. Die in QuickTime verwendeten Konzepte zur zeitlichen Komposition stellen eine erweiterte Variante der Komposition auf einer Timeline dar und unterstützen keine Integration von Benutzerinteraktionen zur Manipulation des Präsentationsverlaufs. Diese Benutzerinteraktionen können in den auf QuickTime aufbauenden Anwendungen durch den Aufruf vordefinierter Funktionen (Starten, Stoppen, Einblenden, Ausblenden) implementiert werden, so daß QuickTime eine programmierbare Manipulation des Präsentationsverlaufs unterstützt.

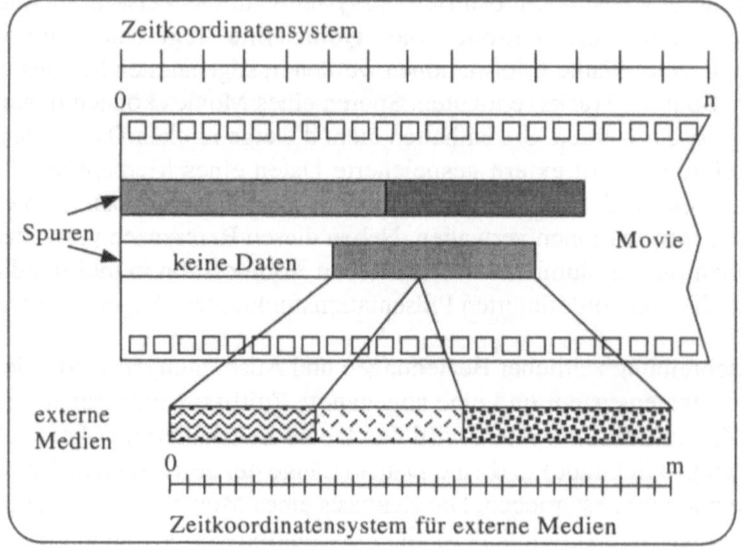

Abb. 3.10   Zeitverwaltung in QuickTime

3.2.3 Standards für multimediale Dokumentarchitekturen

Ansätze für die Standardisierung von Dokumentarchitekturen für Multimedia- und Hypermedia-Objekte repräsentieren entweder Erweiterungen bestehender („klassischer") Dokumentarchitekturen, z.B. ODA/ODIF und CDA/DDIF, oder Neuentwicklungen, z.B. HyTime und MHEG. Ein Überblick über Normungsprojekte und -ergebnisse im Kontext der Bearbeitung multimedialer Dokumente wird in [Bor91] gegeben. In diesem Abschnitt werden die wichtigsten Standards und Standardentwürfe unter besonderer Berücksichtigung der Konzepte zur Beschreibung zeitlicher Ausprägungen und Beziehungen sowie der Einbeziehung von Benutzerinteraktionen vorgestellt.

HyTime
HyTime („Hypermedia/Time-based Document Structuring Language", [Bor91], [New91], [ISO91]) ist eine SGML-Anwendung („Standard Generalized Markup Language") [ISO86] und wird von der ISO/IEC im Rahmen von Standardisierungsbestrebungen für den Austausch von strukturierten Hypermedia- und Multimedia-Dokumenten entwickelt.

Zeitliche und räumliche Ausprägungen und Beziehungen werden in HyTime einheitlich in diskreten, endlichen Koordinatensystemen (FCS: „Finite Coordinate Space") beschrieben. Ein FCS besitzt ein spezifisches Maßsystem und eine Referenzeinheit für jede seiner Koordinatenachsen. Außerdem können zusätzliche virtuelle Maßeinheiten und ihre Umrechnung in Referenzeinheiten definiert werden. Die zeitliche und räumliche Anordnung der Präsentation von Objekten wird durch Events beschrieben, die jeweils eine Position und eine Ausprägung auf einer Koordinatenachse festlegen. Die darzustellenden Objekte werden dabei als Inhalt der Events betrachtet. Multimediale Präsentationen werden in HyTime als zeitliche Anordnung von Events auf Koordinatenachsen, sogenannten Event-Zeitplänen („event schedules"), modelliert. Für jedes FCS können beliebig viele Event-Zeitpläne definiert werden. Die durch Event-Zeitpläne modellierten multimedialen Präsentationen werden außerdem durch Eventprojektionen und Objektmodifikationen manipuliert. Eventprojektionen stellen Abbildungen zwischen verschiedenen FCS dar (z.B. Umrechnung von Maßeinheiten), während Objektmodifikationen z.B. die Darstellungsattribute von Objekten verändern können. Eine multimediale Präsentation wird in HyTime damit durch drei Arten verschiedener Zeitpläne beschrieben: Event-Zeitpläne, Eventprojektionen-Zeitpläne und Objektmanipulationen-Zeitpläne.

HyTime realisiert die zeitliche Komposition in multimedialen Präsentationen also durch Anordnung von Events auf Koordinatenachsen und repräsentiert damit eine Variante der Komposition auf einer Timeline. Neben dieser absoluten Positionierung und Dimensionierung unterstützt HyTime außerdem eine relative Positionierung und Dimensionierung durch Bezug auf andere Events und Event-Zeitpläne und greift damit Konzepte der Komposition über Referenzpunkte auf. Die Manipulation multimedialer Präsentationen durch Benutzerinteraktionen ist nicht Bestandteil der mit HyTime verfolgten Standardisierungsbestrebungen.

HM-Modell (MHEG)

Eine weitere Standardisierung innerhalb der ISO/IEC ist MHEG („Multimedia and Hypermedia Information Coding Experts Group", [ISO88a], [Mar92]). MHEG bewegt sich im Kontext interaktiver multimedialer Anwendungen und strebt eine standardisierte Codierung von interaktiven Multimedia- und Hypermedia-Objekten an.

In [Mar92] werden ein auf MHEG basierendes Hypermedia-Objektmodell und eine entsprechende Präsentationsumgebung vorgestellt. Für die Beschreibung interaktiver Hypermedia-Objekte (HM-Objekte) wurde eine spezielle Hypermedia-Beschreibungssprache (HML: „HyperMedia description Language") definiert. Die räumliche und die zeitliche Komposition erfolgen in dieser Sprache durch eine hierarchische Komposition von HM-Objekten. Komplexe HM-Objekte steuern die räumliche und zeitliche Präsentation der ihnen untergeordneten HM-Objekte.

Das Protokoll von HM-Objekten beinhaltet Methoden für das Initialisieren, das Starten, das Stoppen, das Anhalten, das Fortsetzen von Präsentationen und das Löschen von HM-Objekten. Komplexe HM-Objekte delegieren Aufrufe dieser Methoden unter Berücksichtigung zeitlicher Beziehungen an ihre untergeordneten HM-Objekte. Darüber hinaus informieren untergeordnete HM-Objekte ihr übergeordnetes HM-Objekt durch ein sogenanntes DONE-Event über das Ende ihrer Präsentation. Aufbauend auf diesem Protokoll existieren drei komplexe HM-Klassen, die unterschiedliche Formen der zeitlichen Komposition definieren:

- SERIAL: serielle Präsentation untergeordneter HM-Objekte,
- PARALLEL: parallele Präsentation untergeordneter HM-Objekte,
- CONDITIONAL: benutzerdefinierte Präsentation untergeordneter HM-Objekte.

Instanzen der HM-Klasse CONDITIONAL beschreiben die zeitlichen Beziehungen zwischen den Präsentationsintervallen untergeordneter HM-Objekte durch eine STARTUP-Komponente und eine Liste von CONDITIONS. Die STARTUP-Komponente definiert das als erstes zu präsentierende, untergeordnete HM-Objekt. CONDITIONS besitzen die Funktion von lokalen Eventhandlern und beschreiben die Reaktionen komplexer HM-Objekte auf Events von ihren untergeordneten HM-Objekten, z.B. DONE-Events.

Elementare HM-Objekte können diskrete oder kontinuierliche Medien verwalten und besitzen zeitliche Attribute für die vorgegebene Präsentationsdauer und die Verzögerung zwischen dem Empfang einer PRESENT-Nachricht und dem Start der Präsentation. HM-Objekten für kontinuierliche Medien kann eine Liste von internen Synchronisationszeitpunkten, z.B. bestimmte Video-Frames oder Audio-Samples, zugeordnet werden, an denen sogenannte TIMESTONE-Events an das übergeordnete HM-Objekt gesendet und durch CONDITIONS verarbeitet werden. Dadurch lassen sich im HM-Modell Aktionen definieren, die bei Erreichen interner Synchronisationszeitpunkte ausgeführt werden. Das HM-Modell verwendet damit eine Erweiterung der hierarchischen Komposition für die zeitliche Komposition multimedialer Präsentationen.

Die in Hypermedia-Systemen erforderlichen Navigationsinteraktionen unterstützt das HM-Modell durch eine Liste von sogenannten SELECTIONS, die elementaren HM-Objekten zugeordnet werden können und selektierbare Buttons einer Präsentation beschreiben. Bei Betätigung eines Buttons wird ein SELECT-Event an das übergeordnete HM-Objekt gesendet und dessen CONDITIONS-Definition verarbeitet, z.B. durch das Starten und Stoppen der Präsentation weiterer HM-Objekte. Benutzerinteraktionen können damit den Verlauf multimedialer Präsentationen manipulieren. Ihre Integration in die zeitliche Komposition bleibt jedoch entsprechend des Schwerpunktes Hypermedia auf Navigationsinteraktionen beschränkt, so daß nur eine eingeschränkte Manipulation des Präsentationsverlaufs möglich ist.

ODA
Für den ISO/IEC-Standard ODA/ODIF („Open Document Architecture" / „Open Document Interchange Format") [ISO88a] wird in ([Hoe91a], [Hoe91b]) eine Erweiterung auf zeitvariante Medientypen vorgeschlagen, die jedoch noch nicht offizieller Teil der Norm ist. Der dabei gewählte Ansatz für die zeitliche Komposition verwendet sogenannte Pfadausdrücke für die Beschreibung zeitlicher Beziehungen zwischen den Ausgaben einer multimedialen Präsentation. Pfadausdrücke verknüpfen Ausgaben durch monadische und dyadische Pfadoperatoren, die relative zeitliche Beziehungen zwischen den Start- und Endzeitpunkten der Präsentationsintervalle dieser Ausgaben beschreiben:

- A ∧ B Parallel-last: Parallele Präsentation von A und B, die nach dem Ende aller Ausgabeaktionen terminiert.

- A ∨ B Parallel-first: Parallele Präsentation von A und B, die gleichzeitig mit der zuerst endenden Ausgabeaktion terminiert.

- A ; B Sequential: Sequentielle Präsentation von A und B.

- $A \mid B$ Selective: Verzweigung zwischen der Präsentation von A und B aufgrund einer „von außen" getroffenen Auswahl, z.B. eine einfache Benutzerinteraktion,
- $A^i *$ Repetition: Wiederholte (i-fache) Präsentation von A; falls i nicht spezifiziert ist, wird A beliebig oft wiederholt.

In einem Pfadausdruck kann eine Ausgabeaktion nur als Operand eines Pfadoperators auftreten. Dadurch ist es jedoch z.B. nicht möglich, die zu einer parallelen Präsentation zusammengefaßten Ausgabeaktionen einzeln mit weiteren Ausgabeaktionen zu verknüpfen. Aus diesem Grund erfolgt die Beschreibung der zeitlichen Komposition durch eine Liste von Pfadausdrücken.

Dieses allgemein gehaltene Modell zur zeitlichen Komposition wird in [Hoe91b] in die hierarchische Layout-Struktur von ODA-Dokumenten integriert, die auf einer Unterscheidung von elementaren und komplexen Objekten basiert. Die Umformung von Pfadausdrücken in Präfixnotation führt zu einer hierarchischen Syntaxstruktur, die unmittelbar in die Objekthierarchien der Layout-Struktur integriert werden kann. Elementare Layout-Objekte werden um Attribute erweitert, die die zeitliche Struktur (diskret oder kontinuierlich) und die vorgegebene Dauer der Präsentation beschreiben. Komplexen Layout-Objekten werden Attribute zugeordnet, die zeitliche Beziehungen zwischen untergeordneten Layout-Objekten durch Pfadoperatoren definieren, so daß der vorgeschlagenen ODA-Erweiterung eine hierarchische Komposition zugrundeliegt. Layout-Objekte besitzen außerdem Attribute für die Beschreibung zeitlicher Verzögerungen und den Einfluß von Benutzerinteraktionen auf die Präsentation. Der Start und das Ende einzelner Ausgabeaktionen können durch einfache, in die zeitliche Komposition integrierte Benutzerinteraktionen wie z.B. die Auswahl eines Buttons oder Icons ausgelöst werden. Die vorgeschlagene ODA-Erweiterung unterstützt damit eine eingeschränkte Manipulation multimedialer Präsentationen durch Benutzerinteraktionen.

Multimedia-Viewer (MMV)
MMV ([Herz92], [Kum92]) repräsentiert einen weiteren Ansatz der Erweiterung einer Dokumentarchitektur um kontinuierliche Medientypen und die zeitliche Komposition multimedialer Dokumente. Das Modell wurde als konzeptionelle Erweiterung von CDA („Compound Document Architecture", [Bla90]), einer funktionalen Obermenge des ISO/IEC-Standards ODA/ODIF, in die Dokumentbeschreibungssprache DDIF („Digital Document Interchange Format", [DEC90]) integriert. Dieser Dokumentstruktur liegt ebenfalls eine hierarchische Strukturierung des Inhalts (primitive und zusammengesetzte Segmente) und der Präsentation von Dokumenten zugrunde.

Der in [Herz92] vorgestellte Ansatz beschreibt die zeitliche Komposition über Referenzpunkte und ist damit deutlich ausdrucksmächtiger als z.B. die vorgestellte ODA-Erweiterung. Die Beschreibung zeitlicher Beziehungen basiert auf einer Unterscheidung von Aktivitäten mit einer zeitlichen Ausprägung (z.B. Ausgaben) und Operationen zur Steuerung dieser Aktivitäten. Bedingungen für die Ausführung von Aktivitäten werden durch sogenannte Cues beschrieben, die aus folgenden Komponenten bestehen:

- optionaler Name,
- optionaler boolescher Ausdruck (Cue-Ausdruck),
- Operation,
- boolescher Wert (Indikator für ausgeführte Operation),
- absoluter Zeitwert (Zeitpunkt der Ausführung der Operation).

Cues besitzen die Funktionalität von Triggern und steuern die Ausführung der ihnen zugeordneten Operationen in Abhängigkeit von booleschen Ausdrücken. Zu Beginn einer Präsentation besitzt jeder Cue den Wert `false`. Sobald ein Cue-Ausdruck den Wert `true` annimmt, wird die zugeordnete Operation ausgeführt. Nach Beendigung dieser Operation wechselt der boolesche Wert des Cues auf `true` und der Zeitwert wird mit der aktuellen Präsentationszeit initialisiert. Ein Cue besitzt damit einen booleschen und einen zeitlichen Wert. Diese Werte können in anderen Cue-Ausdrücken durch logische Operatoren (z.B. `and`, `or`, `not`), zeitliche Vergleichsoperatoren (z.B. `greater`, `equal`, `less`) und konditionale Operatoren (`if-then-else`) zu booleschen Ausdrücken verknüpft werden. Nach der Ausführung einer Cue-Operation und der damit verbundenen Änderungen der Cue-Werte wird ein Event erzeugt, über das Cues informiert werden, die diese Werte in ihren Cue-Ausdrücken referenzieren. Diese Events können Änderungen der aktuellen Werte von Cue-Ausdrücken hervorrufen und damit die Ausführung weiterer Operationen anstoßen.

Die Operationen eines Cues können z.B. kontinuierliche Ausgaben initialisieren, starten und stoppen, so daß durch Cues erzeugte Events Start- und Endzeitpunkte von Ausgaben beschreiben können. Durch die Verknüpfung des Zeitwerts eines Cues mit einem absoluten Zeitwert (zeitliche Differenz) lassen sich auch interne Synchronisationszeitpunkte der Präsentationsintervalle von Ausgaben beschreiben. Zeitliche Beziehungen werden in MMV implizit durch die Cue-Ausdrücke beschrieben. Die Vielfalt der Operatoren zur Definition von komplexen Cue-Ausdrücken ermöglicht eine flexible Verknüpfung zeitlicher Beziehungen, z.B. in Form einer Disjunktion oder Konjunktion.

Die Integration von Benutzerinteraktionen in die zeitliche Komposition erfolgt über sogenannte Milestones, die spezielle Cues ohne zugeordnete Operation darstellen.

Milestones dienen der Integration von externen Events (Benutzerinteraktionen) in die zeitliche Komposition und werden durch die Selektion einzelner User-Interface-Komponenten ausgelöst. Durch das Referenzieren von Milestones in anderen Cue-Ausdrücken kann die Ausführung von Aktivitäten durch einfache Benutzerinteraktionen beeinflußt werden. MMV unterstützt damit die integrierte Manipulation multimedialer Präsentationen durch einfache Benutzerinteraktionen.

Zusammenfassend betrachtet realisiert der MMV eine zeitliche Komposition über Referenzpunkte, die nichtdeterministische Präsentationsdauern von Aktivitäten und eine Beeinflussung der Präsentation durch Benutzerinteraktionen zuläßt. Der Präsentationsverlauf einer durch Cues beschriebenen multimedialen Präsentation besitzt keine explizite Repräsentation, sondern ergibt sich implizit aus den Cue-Ausdrücken. Bei der Präsentation großer multimedialer Dokumente geht deshalb die Übersichtlichkeit des Präsentationsverlaufs schnell verloren.

3.2.4   Formale Beschreibung multimedialer Präsentationen

Formale Ansätze für die Beschreibung der Synchronisation haben bisher nur einen geringen Einfluß auf Werkzeuge für die Entwicklung multimedialer Anwendungen. Dementsprechend existieren in dieser Kategorie auch deutlich weniger Ansätze, von denen nachfolgend der wichtigste vorgestellt wird.

Timed-Petri-Netze

In [Lit90] wird ein Ansatz für die formale Spezifikation und Modellierung der zeitlichen Komposition in multimedialen Systemen beschrieben. Das dafür eingeführte OCPN-Modell („Object Composition Petri Net") basiert auf Zeitintervallen und sogenannten Timed-Petri-Netzen [Hol85], einer Erweiterung von Petri-Netzen um zeitliche Ausprägungen. Eine Erweiterung dieses Ansatzes durch Integration der räumlichen Komposition, aufbauend auf einer einfachen, an ODA/ODIF angelehnten hierarchischen Layout-Struktur, wird in [Lit91] vorgestellt.

Das OCPN-Modell modelliert die sequentiellen und nebenläufigen Ausgaben multimedialer Präsentationen durch die Stellen eines Petri-Netzes und definiert zwei zusätzliche Abbildungen, die den Stellen zeitliche Ausprägungen und die für multimediale Ausgaben notwendigen Ressourcen zuordnen. In [Lit90] wird gezeigt, daß alle Intervallrelationen zwischen zwei Ausgabeprozessen P_a und P_b durch entsprechende Wahl des Parameters τ_d des in Abb. 3.11 dargestellten Petri-Netzes beschrieben werden können. Der Prozeß P_d ist kein Ausgabeprozeß, sondern beschreibt die zeitliche Verzögerung zwischen dem Start von P_a und dem von P_b.

Z.B. können die Intervallrelationen P_a `meets` P_b durch $\tau_d = \tau_a$ und P_a `equals` P_b durch $\tau_d = 0$, $\tau_a = \tau_b$ beschrieben werden.

Zeitliche Beziehungen zwischen mehreren Ausgabeprozessen werden im OCPN-Modell durch Hierarchisierung von Timed-Petri-Netzen beschrieben. Dabei werden Teilnetze durch sogenannte komplexe Stellen des übergeordneten Petri-Netzes ersetzt. Die zeitliche Ausprägung einer komplexen Stelle läßt sich eindeutig aus den zeitlichen Ausprägungen der Stellen des ersetzten Teilnetzes ableiten.

Zeitliche Beziehungen werden im OCPN-Modell also durch die Zusammenfassung der beteiligten Ausgabeprozesse zu Teilnetzen und entsprechend gewählter Verzögerungsprozesse modelliert. Das OCPN-Modell läßt sich nicht direkt einer der in Abschnitt 2.5.3.2 vorgestellten Ansätze zur zeitlichen Komposition zuordnen. Einerseits definieren Transitionen eines Timed-Petri-Netzes zeitliche Beziehungen zwischen den Start- und Endzeitpunkten von Ausgabeprozessen, so daß eine zeitliche Komposition über Referenzpunkte erfolgt. Andererseits besitzt dieser Ansatz aufgrund der Hierarchisierung Merkmale der hierarchischen Komposition.

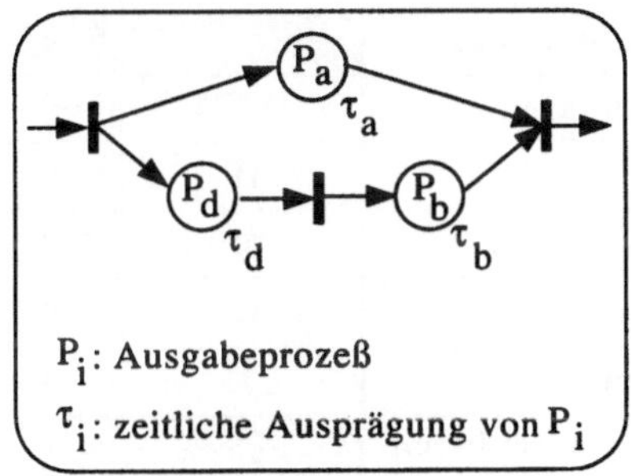

Abb. 3.11   Timed-Petri-Netz für die Beschreibung von Intervallrelationen

Voraussetzung dieses Ansatzes sind deterministische Präsentationsdauern der Ausgabeprozesse, um die Dauer von Verzögerungsprozessen bestimmen zu können. Damit wird jedoch eine Manipulation des Verlaufs multimedialer Präsentationen durch Benutzerinteraktionen ausgeschlossen.

3.2.5 Zusammenfassung und Bewertung

Eine Bewertung der hier vorgestellten Ansätze erfolgt anhand der zeitlichen Komposition und der Möglichkeiten zur Manipulation des Verlaufs multimedialer Präsentationen durch Benutzerinteraktionen. Für jeden Ansatz wird die zeitliche Kompositionsform oder eine Kombination zeitlicher Kompositionsformen angegeben. Die Möglichkeiten zur Manipulation des Präsentationsverlaufs durch Benutzerinteraktionen werden entsprechend den bereits eingeführten Bewertungsstufen in keine, programmierbare, eingeschränkte und integrierte Manipulationen unterteilt. Abb. 3.12 faßt die Bewertung der vorgestellten Ansätze zusammen und sollte stets in Kombination mit der in Abb. 2.31 zusammengefaßten Bewertung der zeitlichen Kompositionsformen betrachtet werden, da die Vor- und Nachteile der zeitlichen Kompositionsform wesentliche Faktoren der Bewertung der vorgestellten Ansätze darstellen.

T = Timeline H = Hierarchien R = Referenzpunkte	Zeitliche Komposition	Dynamische Manipulation
Konstruktionswerkzeuge		
1 MAEstro	T	(unbekannt)
2 Muse	T	eingeschränkt
3 MODE	R	integriert
Software-Bibliotheken		
4 Composite-Multimedia	H / T	programmierbar
5 Ttoolkit	H	programmierbar
6 MME	H	programmierbar
7 ET++	H	programmierbar
8 QuickTime	T	programmierbar
Dokumentarchitekturen		
9 HyTime	T	keine
10 HM-Modell (MHEG)	H	eingeschränkt
11 ODA/ODIF	H	eingeschränkt
12 CDA/CDIF (MMV)	R	integriert
Formale Beschreibung		
13 Timed-Petri-Netze	H / R	(unbekannt)

Abb. 3.12   Bewertungskriterien der vorgestellten Ansätze

Die in Abschnitt 3.2.1 aufgeführten kommerziellen Konstruktionswerkzeuge für multimediale Anwendungen werden in diesen Vergleich nicht einbezogen, da die anderen, ausführlicher vorgestellten Ansätze bereits die wesentlichen Konzepte abdecken.

Konstruktionswerkzeuge (1-3), die für die zeitliche Komposition eine Timeline oder ein zeitliches Koordinatensystem verwenden (MAEstro, Muse und HyTime), setzen deterministische Präsentationsdauern und vordefinierte Start- und Endzeitpunkte voraus, so daß nur eingeschränkte Manipulationen des Präsentationsverlaufs durch Benutzerinteraktionen unterstützt werden. So können z.B. die in Muse definierbaren Eventhandler nur die aktuelle Präsentationszeit einer multimedialen Präsentation verändern. Konstruktionswerkzeuge, die den Programmablauf multimedialer Anwendungen durch Ablaufgraphen beschreiben und visualisieren (z.B. Authorware Professional und Course Builder [Wes91]), besitzen keine explizite zeitliche Kompositionsform, da der Präsentationsverlauf sich implizit aus dem Ablaufgraphen ergibt, und sind deshalb für den in diesem Buch entwickelten Ansatz nicht relevant.

Da die Veröffentlichungen über MAEstro (1) und Timed-Petri-Netze (13) auf eine Manipulation durch Benutzerinteraktionen nicht eingehen, wird keine Einordnung vorgenommen. Die in diesen Ansätzen gewählte zeitliche Komposition läßt jedoch konzeptionell nur eine eingeschränkte Manipulation multimedialer Präsentationen durch Benutzerinteraktionen zu.

Die Software-Bibliotheken (4-8) Composite-Multimedia, Ttoolkit, MME, ET++ und QuickTime besitzen objektorientierte oder prozedurale Schnittstellen für die Implementierung von Benutzerinteraktionen, die den Verlauf multimedialer Präsentationen manipulieren. Keiner dieser Ansätze integriert Benutzerinteraktionen jedoch in die zeitliche Komposition, so daß keine zeitlichen Beziehungen zwischen Benutzerinteraktionen und kontinuierlichen Ausgaben definiert werden können. Die mit diesen Software-Bibliotheken implementierten Anwendungsprogramme müssen deshalb definieren, wann welche Benutzerinteraktionen zulässig sind.

Das HM-Modell (MHEG-Implementierung) sowie die ODA/ODIF- und CDA/DDIF-Erweiterungen (10-12) verwenden Benutzerinteraktionen vorwiegend für die Navigation in Hypermedia-Dokumenten. Sie unterstützten damit nur eine eingeschränkte Manipulation des Präsentationsverlaufs durch Benutzerinteraktionen, die in die zeitliche Komposition integriert werden. Dagegen werden Benutzerinteraktionen in HyTime (9) konzeptionell nicht berücksichtigt.

Eine integrierte Manipulation des Verlaufs multimedialer Präsentationen durch Benutzerinteraktionen wird nur in MODE und MMV unterstützt. Beide Ansätze integrieren Benutzerinteraktionen in eine zeitliche Komposition über Referenzpunkte. MMV besitzt gegenüber MODE den Vorteil, daß sowohl disjunktive als auch konjunktive Verknüpfungen zeitlicher Beziehungen modellierbar sind, während MODE nur konjunktive Verknüpfungen zeitlicher Beziehungen zuläßt.

Ein Nachteil dieser beiden Ansätze ist jedoch die fehlenden Abstraktion der zeitlichen Komposition über Referenzpunkte. Komplexe Ausgaben werden nur implizit durch die Verknüpfung von Referenzpunkten definiert und nicht als Einheit behandelt. Darüber hinaus besitzt keiner der beiden Ansätze ein Interaktionsmodell, das Benutzerinteraktionen eine zeitliche Ausprägung zuordnet. Erst die Kombination von Abstraktionsmechanismen der zeitlichen Komposition mit einem geeigneten Interaktionsmodell ermöglicht die Definition zeitlicher Beziehungen zwischen (komplexen) Ausgaben und (komplexen) Benutzerinteraktionen und damit die vollständige Integration von Benutzerinteraktionen in die zeitliche Komposition interaktiver multimedialer Präsentationen.

Kapitel 4

Die Dialogablaufbeschreibungssprache ODIS

In diesem Kapitel wird die Dialogablaufbeschreibungssprache ODIS („Object-Oriented Dialogue Specification") und damit der in diesem Buch entwickelte Ansatz für die Dialogablaufbeschreibung in multimedialen Benutzerschnittstellen vorgestellt. Inhaltliche Schwerpunkte dieses Kapitels bilden die Beschreibung des objektorientierten Benutzerschnittstellenmodells und des auf multimediale Benutzerschnittstellen ausgerichteten hierarchischen Dialogmodells.

Die von ODIS ([Göt91a], [Göt91b], [Göt92c]) definierten Sprachkonstrukte dienen ausschließlich der Dialogablaufbeschreibung. Die Präsentationskomponente einer Benutzerschnittstelle wird durch eingebetteten C++-Code beschrieben, der auf den Schnittstellen des objektorientierten XFantasy-UIT ([Göt92a], [Göt92b], [Cla93], [Voß93]) aufsetzt. Der ODIS-Compiler übernimmt diesen C++-Code unverändert in das Zielprogramm und übersetzt ausschließlich Dialogablaufbeschreibungen. Diese Einbettung erfordert jedoch Schnittstellen zwischen den ODIS- und C++-Sprachkonstrukten, z.B. Attribute von Interaktionsobjekten, Parameter von Interaktionen und Eventobjekte, so daß die Beschreibung von ODIS nicht C++-unabhängig erfolgen kann. In den folgenden Abschnitten dieses Kapitels wird deshalb neben der abstrakten Sprachbeschreibung auch die Schnittstelle zu dem eingebetteten C++-Code vorgestellt.

Der Entwurf von ODIS wird durch die Anforderungen sowohl graphischer als auch multimedialer Benutzerschnittstellen beeinflußt. Die flexiblen Interaktionsmöglichkeiten direktmanipulativer, graphischer Benutzerschnittstellen haben zu folgenden Entwurfsentscheidungen geführt:

- Beschreibung des Dialogablaufs einer Benutzerschnittstelle durch das Dialogablaufverhalten von Interaktionsobjekten und damit ohne eine globale Dialogablaufsteuerung,
- Verwendung eines hierarchischen Dialogmodells für die Beschreibung von hierarchisch angeordneten Interaktionen (Teildialogen),
- Komposition von Interaktionsobjekten für die Beschreibung von komplexen, objektübergreifenden Teildialogen,
- Beschreibung dynamischer Benutzerschnittstellen, deren Dialogablaufverhalten zur Laufzeit manipuliert werden kann,

- hierarchische Anordnung von Interaktionsklassen aufbauend auf dem objektorientierten Konzept der Vererbung,
- asynchrone, event-basierte Kommunikation zwischen Interaktionsobjekten.

Die für die Dialogablaufbeschreibung wichtigsten Eigenschaften multimedialer Benutzerschnittstellen sind die zeitliche Ausprägung kontinuierlicher Ausgaben und die damit verbundene Nebenläufigkeit, die zu folgenden zusätzlichen Entwurfsentscheidungen geführt haben:

- Integration von diskreten und kontinuierlichen Ausgaben in der Dialogablaufbeschreibung,
- Beschreibung von qualitativen und quantitativen zeitlichen Beziehungen in multimedialen Präsentationen,
- Beschreibung zeitlicher Beziehungen zwischen Interaktionen und kontinuierlichen Ausgaben.

Im folgenden Abschnitt werden zunächst das ODIS zugrundeliegende objektorientierte Benutzerschnittstellenmodell und die Struktur von ODIS-Programmen vorgestellt. Anschließend folgt die Beschreibung des hierarchischen Dialogmodells und der entsprechenden ODIS-Sprachkonstrukte. Konzeptionelle Schwerpunkte dieser Abschnitte bilden die Modellierung hierarchisch angeordneter Interaktionen, multimedialer Präsentationen und der Nebenläufigkeit von Interaktionen und kontinuierlichen Ausgaben. Abschließend erfolgt eine Einordnung und Bewertung von ODIS unter Berücksichtigung der in Kapitel 3 vorgestellten Ansätze.

4.1   Benutzerschnittstellenmodell von ODIS

In ODIS werden Benutzerschnittstellen als System kommunizierender Interaktionsobjekte modelliert. Die Menge der Interaktionsobjekte einer Benutzerschnittstelle bildet ein reaktives System, das die vom Benutzer und der Applikation erzeugten Events verarbeitet und sich dabei dynamisch dem aktuellen Dialogablauf anpaßt. Der Dialogablauf einer Benutzerschnittstelle wird durch das Dialogablaufverhalten der einzelnen Interaktionsobjekte und durch ihre Kooperation festgelegt. Die Kooperation umfaßt sowohl die Kommunikation als auch die Komposition von Interaktionsobjekten. Komplexe Teildialoge einer Benutzerschnittstelle, z.B. Eingaben innerhalb einer Dialogbox, werden in ODIS durch komplexe Interaktionsobjekte modelliert, in denen übergeordnete Interaktionsobjekte das Dialogablaufverhalten der ihnen untergeordneten Interaktionsobjekte steuern (siehe Abschnitt 4.8.3).

Das ODIS zugrundeliegende objektorientierte Benutzerschnittstellenmodell greift Konzepte des MVC-Modells auf, indem Interaktionsobjekte als Kooperation eines

Präsentationsobjektes und eines Dynamikobjektes (Dialogkontrollobjekt) modelliert werden (siehe Abb. 4.1). Das Präsentationsobjekt bestimmt die graphische Darstellung eines Interaktionsobjektes, während das Dynamikobjekt den Dialogablauf kontrolliert. Interaktionsobjekte stellen in ODIS also nur konzeptionelle Objekte dar, die jeweils durch zwei kooperierende Objekte implementiert werden. Das Benutzerschnittstellenmodell von ODIS ist damit in die Kategorie „Interobjekt-Modellierung" (siehe Abschnitt 2.1.3) einzuordnen. Das Dialogablaufverhalten von Interaktionsobjekten wird aufbauend auf dem zugrundeliegenden Dialogmodell definiert und durch die Klasse des entsprechenden Dynamikobjektes (Dynamikklasse) beschrieben.

Der Vorteil dieser Aufteilung von Interaktionsobjekten besteht in einer größeren Flexibilität, da das Konzept der Vererbung auf Präsentations- und Dynamikklassen[1] getrennt angewendet werden kann. Außerdem können bei diesem Ansatz unabhängige Objekthierarchien für die Präsentations- und Dynamikobjekte definiert werden. Damit wird eine Entkopplung der die Benutzungsoberfläche betreffenden Objektstruktur von der Objektstruktur zur Dialogkontrolle erzielt. Ein weiterer Vorteil dieses Benutzerschnittstellenmodells ist die Möglichkeit, die Präsentationsobjekte der Interaktionsobjekte durch die Ausgabeobjekte eines objektorientierten User-Interface-Toolkits zu implementieren.

Eine Alternative zur Kooperation von Präsentations- und Dynamikobjekten ist die Verwendung von Mehrfachvererbung ([Weg90], [Str91]), bei der Interaktionsklassen gleichzeitig von einer Präsentationsklasse und einer Dynamikklasse abgeleitet werden. Da die Vererbung auf einer „is-a"-Beziehung beruht, stellen Interaktionsobjekte in dieser Alternative konzeptionelle Spezialisierungen von Präsentationsund Dynamikobjekten dar. Diese Implementierung von Interaktionsobjekten entspricht jedoch nicht ihrer Modellierung durch das zugrundeliegende Benutzerschnittstellenmodell und wurde deshalb nicht verwendet.

Das Benutzerschnittstellenmodell von ODIS unterstützt die Aufteilung einer Anwendung in die Benutzerschnittstelle und die Applikation, dem funktionalen Teil der Anwendung ([Hay85], [Pfa85], [Dan87], [Har89], [Duc91]). Eine Benutzerschnittstelle wird an die Applikation angebunden, indem jedem Interaktionsobjekt ein Applikationsobjekt zugeordnet werden kann. Applikationsobjekte repräsentieren anwendungsspezifische Objekte, die durch die Interaktionsobjekte graphisch dargestellt und manipuliert werden.

---

[1] Dynamikklassen definieren die für ODIS relevanten Eigenschaften von Interaktionsobjekten und werden in dieser Arbeit deshalb auch als Interaktionsklassen bezeichnet.

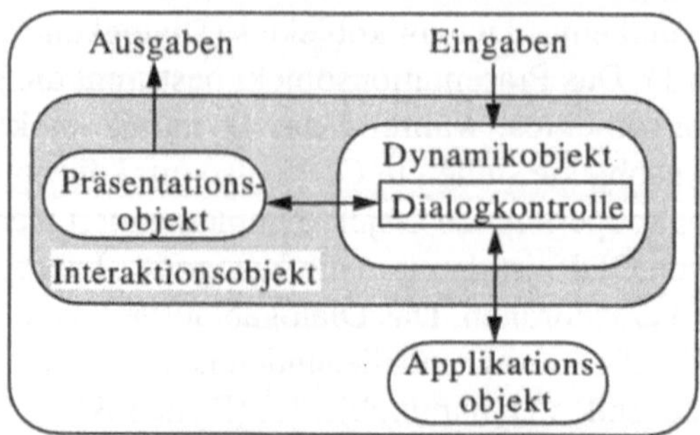

Abb. 4.1 Aufbau der ODIS-Interaktionsobjekte

Die Kommunikation innerhalb eines Interaktionsobjektes geht ausschließlich vom
Dynamikobjekt aus, das neben dem Dialogablauf auch die Kommunikation zwischen dem Präsentations- und Applikationsobjekt sowie die Kommunikation zwischen Interaktionsobjekten steuert. Die im Rahmen dieser Kommunikation versen-
deten Nachrichten ermöglichen einen bidirektionalen Datenaustausch zwischen dem
Dynamikobjekt und dem Präsentations- oder Applikationsobjekt. Einem Interaktionsobjekt kann höchstens ein Applikationsobjekt zugeordnet werden, während ein
Applikationsobjekt auch mehrere Interaktionsobjekte und damit gleichzeitig mehrere
manipulierbare, graphische Repräsentationen besitzen kann. ODIS unterstützt damit,
analog dem MVC-Modell, Mehrfachsichten auf die gleichen Applikationsobjekte
(Multiple-View-Konzept), die z.B. in graphischen Benutzerschnittstellen von CAD-
Anwendungssystemen verwendet werden.

4.2   Struktur eines ODIS-Programms

ODIS-Programme beschreiben Benutzerschnittstellen durch Definitionen von
Interaktionsklassen und ihren initialen Instanzen, d.h. den Interaktionsobjekten
(Instanzen der Interaktionsklassen), die bereits beim Start eines ODIS-Programms
erzeugt werden. Weitere Interaktionsobjekte werden dynamisch durch andere
Interaktionsobjekte im Rahmen der Verarbeitung von Events und vordefinierten
Nachrichten erzeugt. Nach der Erzeugung der initialen Interaktionsobjekte wird die
Programmkontrolle an ein internes Objekt des Laufzeitsystem (Dispatcher) abgege-
ben, das die Eventerkennung und -verteilung steuert. Durch die Verteilung von
Events wird die Eventverarbeitung von Interaktionsobjekten aktiviert.

Das Dialogablaufverhalten von Interaktionsobjekten wird durch ihre Interaktionsklassen definiert. Entsprechend dem objektorientierten Paradigma unterscheiden sie
sich durch ihren internen Zustand, der durch die aktuellen Werte der Attribute und

Subobjekte sowie den Zustand der einzelnen Interaktionen und kontinuierlichen Ausgaben festgelegt wird.

ODIS unterstützt schwerpunktmäßig die Beschreibung des Dialogablaufs und besitzt deshalb keine speziellen Sprachkonstrukte für die Beschreibung der Präsentationsobjekte einer Benutzerschnittstelle. Um die vollständige Beschreibung einer Benutzerschnittstelle zu gewährleisten, läßt die ODIS-Syntax in bestimmten Sprachkonstrukten Ausdrücke der Zielsprache, der objektorientierten Programmiersprache C++ [Str91], zu. Dies betrifft insbesondere die Erzeugung und hierarchische Anordnung von Präsentations- und Applikationsobjekten sowie die Kommunikation mit diesen Objekten.

Präsentationsobjekte werden als Instanzen der Ausgabeklassen des objektorientierten XFantasy-User-Interface-Toolkits (XFantasy-UIT, [Göt92a]) erzeugt (siehe Abschnitt 6.1). Das XFantasy-UIT besitzt eine Hierarchie von anwendungsunabhängigen Graphik- (z.B. Linie, Rechteck, Bitmap und Polygonzug) und User-Interface-Klassen (z.B. Button, Menü, Scrollbar und Dialogbox). Instanzen spezieller Kompositionsklassen ermöglichen eine hierarchische Anordnung von Präsentationsobjekten und damit die Implementierung der Präsentationskomponente einer Benutzerschnittstellen durch Komposition.

Definition von Interaktionsklassen
Die ODIS-Syntax wird als kontextfreie Grammatik in EBNF-Notation [Wir85] beschrieben (siehe Anhang B) und besitzt an mehreren Stellen deutliche Ähnlichkeiten zur Syntax von C++. Benutzerdefinierte Aktionen werden z.B. direkt durch C++-Ausdrücke beschrieben und können deshalb vom ODIS-Compiler direkt ins Zielprogramm übernommen werden. Die wichtigsten Sprachkonstrukte von ODIS dienen der Definition von Dynamikklassen (Interaktionsklassen). Die Definition einer Interaktionsklasse beinhaltet die folgenden syntaktischen Konstrukte:
* Name der Interaktionsklasse und ihrer Basisklasse (Vererbung),
* Name der Präsentationsklasse,
* Name der Applikationsklasse,
* Definition der untergeordneten Interaktionsobjekte (Subobjekte, Interaktionsobjektlisten),
* Attributdefinitionen,
* Definition von Aktionen, die an die vordefinierten Nachrichten gebunden werden,
* Definition des Dialogablaufverhaltens durch Interaktionen und kontinuierliche Ausgaben,
* Definition der Synchronisation zwischen Interaktionen und kontinuierlichen Ausgaben.

In der folgenden EBNF-Produktion werden (wie üblich) optionale syntaktische Konstrukte durch eckige Klammern gekennzeichnet:

```
class-specification ::=
        „DYNAMIC-CLASS" class-name [ „:" class-name ] „{"
        [ class-name „&" „pres" „;" ]
        [ class-name „&" „app" „;" ]
        [ „COMPONENTS"
                { class-name ( „&" | „*" ) subobject-name „;" |
                „LIST-OF" class-name [„*"] objectlist-name „;" } ]
        [ „ATTRIBUTES" attribute-definition „;"
                { attribute-definition „;" } ]
        [ „ACTIONS"  [ new-action ] [ delete-action ]
                [ activate_action ] [ deactivate-action ]
                [ add-action ] [ remove-action ] [ removeall-action ] ]
        „DYNAMICS" „=" interaction-name „[" expression-list „]"
                { „XOR" interaction-name „[" expression-list „]" } „;"
                interaction-declaration { interaction-declaration }
        [ „SYNCHRONIZATION"
                synchronization „;" { synchronization „;" } ]
        „}" „;".
```

Präsentations- und Applikationsobjekt besitzen die vordefinierten Namen pres bzw. app und sind optional, so daß Interaktionsobjekte auch nur aus Dynamikobjekten bestehen können. Solche „degenerierten" Interaktionsobjekte werden z.B. bei der Komposition verwendet, falls die Präsentation eines komplexen Interaktionsobjektes nur durch Komposition der Präsentationsobjekte der untergeordneten Interaktionsobjekte definiert wird.

Die Definition von komplexen Interaktionsklassen erfolgt in ODIS entweder durch die explizite Definition untergeordneter Interaktionsobjekte (Subobjekte) oder durch die Definition von (anfangs leeren) Interaktionsobjektlisten, in die zur Laufzeit Interaktionsobjekte bestimmte Klassen eingefügt werden können. Für die Modellierung von komplexen Teildialogen mit Beteiligung von mehreren Interaktionsobjekten (siehe Abschnitt 4.8), die auf der Komposition von Interaktionsobjekten aufbaut, unterscheidet ODIS zwischen exklusiven Subobjekten, die genau einem Interaktionsobjekt untergeordnet sind, und gemeinsamen Subobjekten, die mehreren komplexen Interaktionsobjekten untergeordnet werden können.

Die Attribute von Interaktionsobjekten dienen der Speicherung von Zwischen- und Endergebnissen der im Rahmen von Interaktionen durchgeführten Berechnungen.

Attribute werden durch das Interaktionsobjekt gekapselt, so daß andere Interaktionsobjekte keinen Zugriff auf sie besitzen. ODIS unterstützt damit das Konzept der Datenkapselung [Mey88]. Im Gegensatz zu objektorientierten Programmiersprachen beinhaltet die Definition einer Interaktionsklasse keine Methoden, da diese durch Interaktionen ersetzt werden.

Definition von Interaktionsobjekten

Die Definition eines Interaktionsobjektes (siehe Syntax in Anhang B) bewirkt die Erzeugung einer Instanz der angegebenen Interaktionsklasse und die Initialisierung der Applikations-, Präsentations- und Subobjekte sowie der Attribute mit den spezifizierten Initialwerten.

Präsentations- und Applikationsobjekt des neuen Interaktionsobjektes werden jeweils durch Ausdrucklisten spezifiziert und sind nach der Initialisierung über die in der Definition der Interaktionsklasse eingeführten Bezeichner pres und app referenzierbar. Die Initialwerte der Attribute eines Interaktionsobjektes werden ebenfalls durch Ausdrucklisten spezifiziert.

Subobjekte können entweder durch den Namen eines bereits existierenden Interaktionsobjektes oder durch ein neues Interaktionsobjekt, das über einen sogenannten Objektkonstruktur spezifiziert wird, initialisert werden.

Die EBNF-Syntax der Definition eines Interaktionsobjektes besitzt folgende Form:

```
object-specification ::=  „DYNAMIC-OBJECT" class-name object-name
                          constructor-parameter „;".
constructor-parameter ::=
        „(" [ „pres" „(" expression-list „)" „ ," ]
            [ „app" „(" expression-list „)" „ ," ]
            [ „components" „("
                object-name „(" ( „new" class-name object-constructor
                                  | path-expression ) „)"
                { „ ," object-name „(" ( „new" class-name object-constructor
                                         | path-expression ) „)" }
                „)" [ „ ," ] ]
            [ attribute-name „(" expression-list „)" }
                { „ ," attribute-name „(" expression-list „)" } ]
        „)".
```

4.3   Beschreibung von Interaktionen

Das Dialogablaufverhalten eines Interaktionsobjektes wird durch die Interaktionen der entsprechenden Interaktionsklasse festgelegt. Interaktionen definieren die zulässigen Eventkombinationen, die von einem Interaktionsobjekt verarbeitet werden können. Sie beschreiben dabei sowohl die Erkennung als auch die Verarbeitung dieser Eventkombinationen.

Der Beschreibung von Interaktionen in ODIS liegt eine bottom-up-Eventerkennung und -verarbeitung zugrunde (siehe Abb. 4.2). Für die Beschreibung der Grundkonzepte des Dialogmodells wird in diesem Abschnitt eine Hierarchiedarstellung verwendet und von inneren Knoten und Blättern gesprochen. Diese Darstellung entspricht einem vereinfachten, abstrakten Syntaxbaum und ist für die Erklärung der syntaktischen Struktur und informellen Semantik von Interaktionen geeignet.

Interaktionen werden durch Hierarchien von Basisevents und komplexen Events beschrieben. Basisevents (siehe Abschnitt 4.3.2) umfassen
- Maus- und Tastaturevents (Benutzereingaben über Maus oder Tastatur),
- Zeitevents wie das Verstreichen einer Zeitspanne oder das Erreichen eines Zeitpunktes,
- Applikationsevents, d.h. Events, die von der Applikation erzeugt wurden, und
- Variablenevents, die durch Änderung bestimmter Variablenwerte ausgelöst werden.

Komplexe Events beschreiben die Erkennung und Verarbeitung benutzerdefinierter Eventkombinationen. Indem die durch komplexe Events kombinierten Events selbst wieder komplexe Events sein können, entsteht eine Eventhierarchie. Um eine enge Verknüpfung der Eventerkennung und -verarbeitung zu unterstützten, können auf jeder Ebene der Eventhierarchie Aktionen und Bedingungen eingefügt werden. Aktionen dienen der Verarbeitung von Events, während Bedingungen notwendige Eigenschaften von Events überprüfen.

Eine Interaktion repräsentiert ein komplexes Event und wird durch eine Hierarchie von Basisevents, Aktionen, Bedingungen und komplexen Events beschrieben. Aus diesem Grund können die Begriffe „komplexes Event" und „Interaktion" nicht voneinander getrennt werden. Um eine übersichtliche Beschreibung komplexer Interaktionen zu gewährleisten, können komplexe Interaktionen auch in mehrere hierarchisch angeordnete Teilinteraktionen zerlegt werden. ODIS unterstützt also die Dekomposition komplexer Interaktionen, die eine Grundlage für ein strukturiertes Vorgehen bei der Entwicklung von Benutzerschnittstellen bildet.

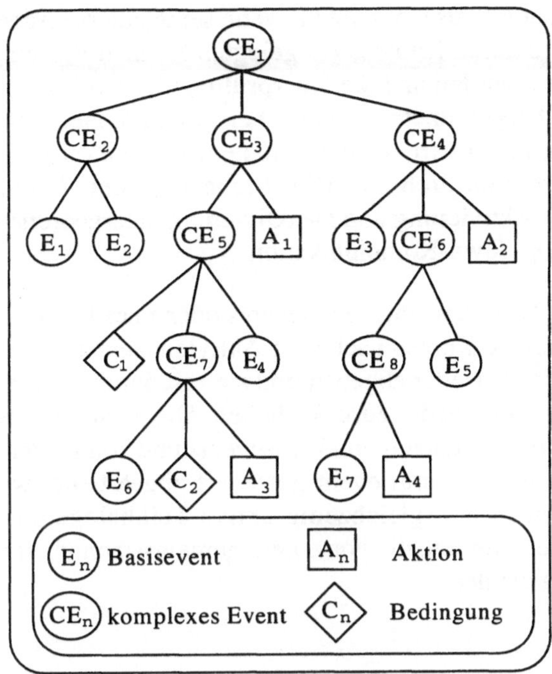

Abb. 4.2 Hierarchische Modellierung von Interaktionen

Innere Knoten der Eventhierarchie beschreiben die Erkennung und Verarbeitung komplexer Events durch ihren Typ und die ihnen untergeordneten Events, Aktionen und Bedingungen. Sie kapseln die Struktur komplexer Events und unterstützen dadurch eine Abstraktion in der Eventerkennung. Aktionen können sowohl für Basisevents als auch für komplexe Events definiert werden, so daß außerdem eine Abstraktion in der Eventverarbeitung ermöglicht wird.

Die Reihenfolge, in der untergeordnete Events eintreten dürfen sowie Aktionen ausgeführt und Bedingungen überprüft werden, ist vom Typ des inneren Knotens abhängig. Innere Knoten steuern die Erkennung und Verarbeitung komplexer Events, indem sie ihre untergeordneten Knoten entsprechend ihres Typs gleichzeitig (z.B. Knotentypen AND oder OR) oder in einer vorgegebenen Reihenfolge (z.B. Knotentypen Sequenz oder REPEAT) aktivieren und deaktivieren. Das Aktivieren eines untergeordneten Knotens hat folgende knotenspezifische Auswirkungen:

- Basisevent: Warten auf das Eintreten des Events,
- komplexes Event: Starten der Eventerkennung und -verarbeitung,
- Bedingung: Überprüfung der spezifizierten Bedingung,
- Aktion: Ausführung der spezifizierten Aktion.

Ein komplexes Event gilt als eingetreten, wenn seine untergeordneten Events in der durch den Typ des inneren Knotens festgelegten Reihenfolge eingetreten sind, die Aktionen ausgeführt wurden und die Überprüfung der Bedingungen positiv ausgefallen ist. Indem übergeordnete Knoten über das Erkennen und Verarbeiten des komplexen Events informiert werden, entsteht ein bottom-up-Informationsfluß innerhalb der Eventhierarchien. Die Steuerung der Eventerkennung und -verarbeitung durch Aktivierung und Deaktivierung untergeordneter Knoten basiert dagegen auf einer top-down-Kommunikation.

Das Warten auf das Eintreten eines Basisevents oder eines komplexen Events erfolgt passiv, da übergeordnete Knoten nach dem Aktivieren entsprechender Eventknoten die Programmkontrolle wieder abgeben und sie erst durch interne Nachrichten von untergeordneten Knoten wieder zurückerhalten. Diese internen Nachrichten realisieren das bottom-up-Propagieren von Basisevents und komplexen Events innerhalb der Eventhierarchien, die damit event-gesteuert abgearbeitet werden. Durch das passive Warten können z.B. gleichzeitig aktive Teildialoge durch mehrere Teilhierarchien modelliert werden, die von einem gemeinsamen übergeordneten Knoten gleichzeitig aktiviert werden.

4.3.1 Dynamikoperatoren

Für die Beschreibung verschiedener Typen komplexer Events besitzt ODIS sogenannte Dynamikoperatoren. Abb. 4.3 zeigt eine abstrakte Hierarchiedarstellung einer Interaktion (vereinfachter Syntaxbaum), in der die inneren Knoten zur Beschreibung komplexer Events durch Dynamikoperatoren markiert sind. Ein Dynamikoperator legt fest, in welcher Reihenfolge die untergeordneten Knoten aktiviert und wieder deaktiviert werden. Dabei schaltet ein deaktivierter Eventknoten die Erkennung und Verarbeitung des durch ihn beschriebenen Events aus. Dynamikoperatoren bestimmen damit die Reihenfolge, in der die Events einer Interaktion erkannt und verarbeitet werden können. ODIS beinhaltet Dynamikoperatoren, mit denen Sequentialität, Auswahl, Iteration, Nebenläufigkeit und Verzweigung im Dialogablauf beschrieben werden können. Eine komplexe Interaktion wird in ODIS durch Schachtelung von Dynamikoperatoren beschrieben. Dabei bewirkt das Aktivieren einer Teilinteraktion das Starten und das Deaktivieren entsprechend das Abbrechen dieser Teilinteraktion.

Jeder (Teil-)Interaktion, die mehrere Events erkennt und verarbeitet, kann als zeitliche Ausprägung das Zeitintervall zwischen dem Eintreten des ersten und des letzten

Events zugeordnet werden. Für die folgende Einführung der Dynamikoperatoren werden dem Start- und Endzeitpunkt dieses Intervalls interne Events zugeordnet[2].

- Das START-Event einer Interaktion wird direkt nach dem Eintreten des ersten untergeordneten Events erzeugt.
- Das END-Event einer Interaktion wird direkt nach dem Eintreten des letzten untergeordneten Events erzeugt.

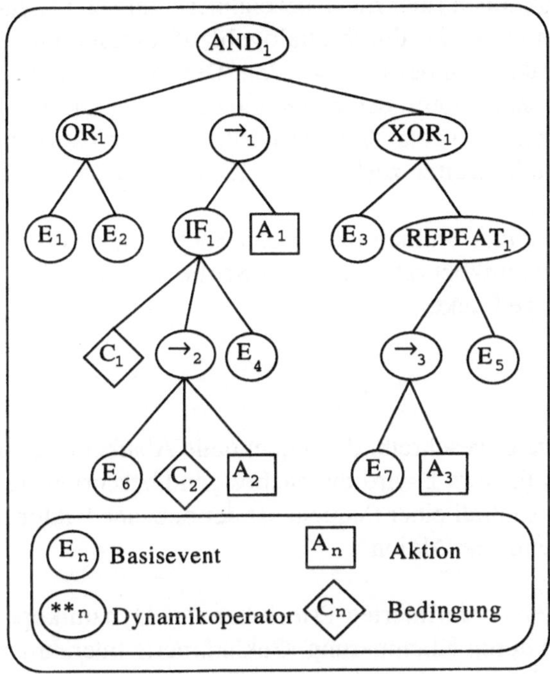

Abb. 4.3 Beschreibung von Interaktionen durch Dynamikoperatoren

Da Basisevents, (diskrete) Aktionen und Bedingungen keine zeitliche Ausprägung besitzen, werden unmittelbar nach ihrer Erkennung bzw. Abarbeitung direkt hintereinander ein START- und END-Event erzeugt. Jeder Dynamikoperator erzeugt diese internen Events in Abhängigkeit von den START- und END-Events seiner untergeordneten Knoten, um den Anfang und das Ende der Eventerkennung und -verarbeitung seinem übergeordneten Knoten mitzuteilen. Durch dieses bottom-up-Propagieren von START- und END-Events sind schließlich im Wurzelknoten einer

---

2 Diese Definition wird im Kontext der Sychronisation von Interaktionen und kontinuierlichen Ausgaben in Abschnitt 4.5.1 verfeinert.

Hierarchie Anfang und Ende der Abarbeitung der Interaktion determiniert. Eine präzise Beschreibung der Erzeugung von START- und END-Events durch Dynamikoperatoren wird in Abschnitt 4.5.1 im Kontext der Synchronisation von Interaktionen und kontinuierlichen Ausgaben gegeben.

Aufgrund der Schachtelung von Dynamikoperatoren in der Definition von Interaktionen ist die folgende Beschreibung der Dynamikoperatoren rekursiv. Nicht weiter definierte Teilinteraktionen (hier mit I bezeichnet), müssen in syntaktisch korrekten ODIS-Programmen entweder durch Dialogablaufbeschreibungen ersetzt oder als eigenständige Interaktionen definiert werden. Den Anker dieser rekursiven Definition bildet der Sequenzoperator, dessen Operanden in der ODIS-Syntax als Faktoren (einfache und komplexe Events, Aktionen, Bedingungen) bezeichnet werden. Faktoren bilden die nicht weiter zerlegbaren Komponenten der Beschreibung von Interaktionen.

Im folgenden bezeichnet f einen beliebigen Faktor und I oder I_j eine beliebige Teilinteraktion. Dynamikoperatoren bilden Schlüsselwörter der ODIS-Syntax und werden deshalb fett gedruckt.

Sequenz

a) f $\rightarrow$ I

Der Sequenzoperator beschreibt die sequentielle Abarbeitung von Faktoren. Nach Abarbeitung des Faktors f wird die nachfolgend beschriebene Teilinteraktion I gestartet. Ein Spezialfall einer Sequenz ist der einzelne Faktor, z.B. ein einzelnes Event oder eine einzelne Aktion.

b) (I_1)

Das Umgehen der vordefinierten Prioritäten der Dynamikoperatoren erfolgt in ODIS wie üblich durch Klammerung. Geklammerte Interaktionsdefinitionen bilden syntaktisch eine weitere Variante von Faktoren und ermöglichen als Operanden des Sequenzoperators die sequentielle Komposition von Teilinteraktionen, z.B. (I_1) $\rightarrow$ I_2.

Auswahl

a) I_1 **OR** I_2

Der OR-Operator beschreibt die nebenläufige Abarbeitung von Interaktionen, von denen jedoch nur eine vollständig abgearbeitet wird. Die Teilinteraktionen werden alle gleichzeitig gestartet. Sobald jedoch eine von ihnen ihr END-Event erzeugt hat, werden die anderen Teilinteraktionen abgebrochen.

b) I_1 **XOR** I_2

Der XOR-Operator beschreibt die exklusive Auswahl zwischen Interaktionen. Alle Teilinteraktionen werden gleichzeitig gestartet. Sobald jedoch eine von ihnen ihr START-Event erzeugt hat, werden die anderen Teilinteraktionen abgebrochen.

Nebenläufigkeit

I_1 **AND** I_2

Der AND-Operator beschreibt die „verschränkte" Abarbeitung von mehreren Interaktionen. Die dabei definierte komplexe Interaktion gilt als abgearbeitet, wenn alle Teilinteraktionen abgearbeitet sind. Operanden des AND-Operators werden hier auch als nebenläufige Interaktionen bezeichnet, obwohl die Implementierung dieses Dynamikoperators keine Nebenläufigkeit beinhaltet, da Events sequentiell eintreten und verarbeitet werden. Durch das abwechselnde Eintreten von Events der einzelnen Teilinteraktionen erfolgt jedoch eine ineinander verschränkte und damit quasi-nebenläufige Abarbeitung der Teilinteraktionen (engl.: multi-threaded dialogs).

Iteration

a) **REPEAT** I_1 **UNTIL** I_2

Der REPEAT-Operator beschreibt die wiederholte Abarbeitung einer Interaktion (hier I_1), der Iterationsinteraktion, bis zum Start einer zweiten Interaktion (hier I_2), der Abbruchinteraktion. Zu Beginn jeder Iteration werden zunächst beide Interaktionen gestartet. In Abhängigkeit von der Interaktion, die zuerst ein START-Event erzeugt, wird die Abbruchinteraktion abgebrochen und die Iteration fortgesetzt (begonnen) oder die Iterationsinteraktion abgebrochen und die Iteration nach Abarbeitung der Abbruchinteraktion beendet.

b) **LOOP** I **UNTIL** b

Der LOOP-Operator beschreibt die wiederholte Abarbeitung der Iterationsinteraktion, bis die Auswertung der booleschen Abbruchbedingung b (Zielsprachenausdruck) den Wert TRUE ergibt. Die Überprüfung der Abbruchbedingung erfolgt nach jeder Abarbeitung der Iterationsinteraktion, so daß mindestens ein Durchlauf erfolgt, falls die komplexe Interaktion nicht von außen abgebrochen wird.

Bedingte Verzweigung

IF b **THEN** I_1

IF b **THEN** I_1 **ELSE** I_2

Der IF-THEN-ELSE-Operator beschreibt die bedingte Verzweigung des Dialogablaufs in Abhängigkeit vom aktuellen Wert eines booleschen Ausdrucks b (Zielsprachenausdruck).

Die Prioritäten und Assoziativität der Dynamikoperatoren ergeben sich unmittelbar aus der folgenden, vereinfachten EBNF-Syntax zur Beschreibung von Interaktionen. Die vollständige Syntax kann Anhang B entnommen werden.

factor[3]	::=	event-factor I „(" interaction-spec „)".
sequence	::=	factor { „→" sequence }.
selection	::=	sequence „**OR**" sequence I selection „**OR**" sequence I sequence „**XOR**" sequence I selection „**XOR**" sequence.
composed	::=	sequence I selection.
conditional	::=	„**IF**" conditional-expression „**THEN**" composed [„**ELSE**" composed].
interleaving	::=	composed „**AND**" composed I interleaving „**AND**" composed.
iteration	::=	„**REPEAT**" composed „**UNTIL**" composed I „**LOOP**" composed „**UNTIL**" „{" conditional-expression „}".
interaction-spec	::=	composed I conditional I interleaving I iteration.

Tabelle 4.1 teilt die Dynamikoperatoren in absteigende Prioritätsgruppen ein und beschreibt ihre Assoziativitäts- und Kommutativitätseigenschaften. Durch die Klammerung von Teilinteraktionen kann einerseits die Priorität eines Dynamikoperators überschrieben und andererseits einer Teilinteraktion ein Name zugeordnet werden. Die Benennung von Teilinteraktionen wird für die Synchronisation von Interaktionen und kontinuierlichen Ausgabeaktionen benötigt (siehe Abschnitt 4.5).

ODIS besitzt keinen NOT-Operator, der beschreibt, daß ein bestimmtes Event nicht eingetreten ist. Eine solche Beschreibung wäre nur in Verbindung mit einer Zeitspanne sinnvoll, in der das Event nicht eintreten darf. Diese Zeitspanne kann entweder durch die explizite Angabe eines Zeitintervalls oder durch die Angabe der begrenzenden Events beschrieben werden. Außerdem muß das Verhalten der Interaktion im Fall des Eintretens dieses Events innerhalb der Zeitspanne definiert werden können. Diese beiden Fälle können jedoch bereits mit den eingeführten Dynamikoperatoren und einem Sprachkonstrukt für den Reset von Interaktionen beschrieben werden (siehe Abschnitt 4.3.7), so daß auf die Einführung eines NOT-Operators verzichtet wurde.

---

[3] Die Definition dieser Produktion ist vorläufig, da sie in späteren Abschnitten um eventverarbeitende Aktionen ergänzt wird. Die endgültige Produktion für das Nichtterminalsymbol `factor` kann Anhang B entnommen werden.

Operator		Assoziativität	Kommutativität
Sequenz	$\rightarrow$	rechts	nein
Auswahl	**OR**	links	ja
	XOR	links	ja
Nebenläufigkeit	**AND**	links	ja
Iteration	**REPEAT**	–	nein
	LOOP	–	nein
Verzweigung	**IF**	–	nein

Tab. 4.1 Dynamikoperatoren in ODIS

Die Beschreibung von Interaktionen durch Dynamikoperatoren soll an einem einfachen Beispiel demonstriert werden[4]. Die `Select`-Interaktion beschreibt die Selektion eines Menüeintrages (Button-Objekt) durch einen Mausklick. Nach einem `buttondown`-Event über dem Button-Objekt, wird innerhalb einer durch den `REPEAT`-Operator beschriebenen Teilinteraktion auf das anschließende `buttonup`-Event gewartet. Falls der Mauszeiger vorher jedoch aus dem Button-Objekt herausbewegt wird (`leave`-Event), muß der Benutzer vor dem `buttonup`-Event den Mauszeiger wieder in das Objekt bewegen (`enter`-Event). Dies kann entweder mit gedrückter oder nichtgedrückter Maustaste erfolgen. Die folgende Interaktion definiert die zulässige Reihenfolge der Basisevents beim Selektieren eines Menüeintrages.

Beispiel:

```
Select = buttondown[1,pres] →
    REPEAT leave[pres] →
        (enter[pres] OR buttonup[1] → buttondown[1,pres])
    UNTIL buttonup[1];
```

Das Dialogablaufverhalten von Interaktionsobjekten wird durch eine komplexe Interaktion mit dem vordefinierten Namen `DYNAMICS` beschrieben. Diese Interaktion besteht aus der Kombination der Interaktionen, die nach der Erzeugung oder Aktivierung eines Interaktionsobjektes ausführbar sind. Da zu jedem Zeitpunkt jedoch nur eine von ihnen abgearbeitet werden darf, werden sie durch den `XOR`-Operator verknüpft.

```
DYNAMICS = I₁ XOR I₂ XOR I₃ XOR ... XOR Iₙ;
```

---

[4] Die Parametrisierung der Basisevents sollte vorerst ignoriert werden; sie wird im folgenden Abschnitt erläutert.

Die Dialogablaufbeschreibung durch Interaktionen kommt ohne explizit definierte
Dialogzustände aus und ist kompakter als zustandsorientierte Dialogablaufbeschrei-
bungen, da sie das Dialogablaufverhalten durch eine Verknüpfung definierter
Interaktionen beschreiben. Der Dialogzustand besitzt in ODIS keine explizite Reprä-
sentation, sondern ergibt sich implizit aus dem Zustand der Abarbeitung der aktiven
Interaktionen und wird durch das ODIS-Laufzeitsystem verwaltet.

4.3.2 Basisevents

Basisevents bilden die nicht weiter zerlegbaren Komponenten der Beschreibung von
Interaktionen. Die von ODIS unterstützten Basisevents stellen Instanzen sogenann-
ter Eventtypen dar und können in fünf Kategorien aufgeteilt werden:
- Zeitevents,
- Tastaturevents,
- Mausevents,
- Applikationsevents,
- Variablenevents (Änderung von Variablenwerten).

Events der ersten drei Kategorien werden durch elementare Benutzereingaben oder
eine Systemuhr ausgelöst und deshalb als externe Events bezeichnet. Dagegen werden Events der beiden letzten Kategorien durch Applikationsobjekte oder Interaktionsobjekte erzeugt und deshalb als interne Events bezeichnet. Interne Events dienen der Kommunikation innerhalb einer Benutzerschnittstelle und der Kommunikation zwischen Benutzerschnittstelle und Applikation. START- und END-Events
gehören auch zu den internen Events, dienen aber nur der Dialogablaufsteuerung
und sind deshalb nicht als Basisevents innerhalb von Interaktionen zulässig.

Ein- und Ausgabeparameter von Events

Jeder Eventtyp besitzt formale Eingabe- und Ausgabeparameter. Durch die Angabe
aktueller Eingabeparameter in einer Eventbeschreibung wird das Interesse an einer
bestimmten Instanz eines Eventtyps beschrieben. In der `Select`-Interaktion wird
z.B. das Interesse an einem `buttondown`-Event durch `buttondown[1,pres]`
spezifiziert. Die beiden aktuellen Eingabeparameter beschreiben die Maustaste, die
betätigt werden soll, und das Graphikobjekt, über dem sich der Mauszeiger befinden muß. Einige der Eingabeparameter sind optional, so daß für sie nicht unbedingt
ein aktueller Wert angegeben werden muß. Durch das Weglassen bestimmter Eingabeparameter kann das Interesse an einer Menge von Events beschrieben werden.

Die Eigenschaften eingetretener Events werden in ODIS durch sogenannte Eventobjekte beschrieben, die in eventverarbeitenden Aktionen (siehe Abschnitt 4.3.3) refe-

renziert werden können und deshalb zur Schnittstelle zwischen den ODIS-Sprachkonstrukten und dem eingebetteten C++-Code gehören. Eventobjekte sind aktuelle Ausgabeparameter von Eventtypen und stellen Instanzen sogenannter Eventklassen dar. Für alle Basiseventtypen existieren vordefinierte Eventklassen, die zum ODIS-Laufzeitsystem gehören. Eventobjekte sind optionale Bestandteile von Eventbeschreibungen, da in Interaktionen sehr oft nur die Tatsache interessiert, daß ein Event eingetreten ist. Ausgabeparameter werden syntaktisch von den Eingabeparametern getrennt, so daß die vollständige Beschreibung eines buttondown-Events z.B. folgende Form besitzt:

```
buttondown[1,pres](eventobject)
```

Eventprioritäten und -konsumierung

Durch gleichzeitig aktive Teildialoge können mehrere Interaktionen Interesse an einem Event besitzen. Um die Reihenfolge beeinflussen zu können, in der Interaktionen über eingetretene Events informiert werden, unterstützt ODIS sogenannte Eventprioritäten. Die an einem Event interessierten Interaktionen werden nach absteigender Eventpriorität informiert. Außerdem kann in ODIS spezifiziert werden, ob eine Interaktion ein Event konsumiert. Durch das Konsumieren eines Events werden die bis dahin noch nicht informierten Interaktionen über dieses Event nicht mehr informiert. Per Default besitzt das Interesse an einem Event die niedrigste Priorität (0) und ist konsumierend. Durch die beiden Schlüsselwörter CONSUME und NOTCONSUME, die als optionalen Parameter eine positive, ganzzahlige Eventpriorität besitzen, kann das Defaultverhalten überschrieben werden, z.B. durch

```
NOTCONSUME[10] buttondown[1,pres](eventobject)

CONSUME[10] buttondown[1,pres](eventobject)

NOTCONSUME buttondown[1,pres](eventobject)
```

Nachfolgend werden die vordefinierten Eventtypen (Zeitevents, Tastaturevents, Mausevents, Applikationsevents, Variablenevents) getrennt nach den fünf Kategorien beschrieben.

Zeitevents

Zeitevents werden durch zwei Eventtypen beschrieben, das Erreichen eines Zeitpunktes (pointoftime) und das Verstreichen einer Zeitspanne (periodoftime). Beide Events besitzen jeweils einen obligatorischen Eingabeparameter zur Beschreibung eines Zeitpunktes bzw. einer Zeitspanne. Eingetretene Zeitevents werden durch Instanzen der Eventklasse FTimeEvent beschrieben.

```
pointoftime[point](timeEvent)
periodoftime[period](timeEvent)
```

Tastaturevents
Eventtypen für Tastaturevents beschreiben das Drücken (keypress) und das Loslassen (keyrelease) einer Taste. Sie besitzen jeweils zwei optionale Eingabeparameter. Der erste Parameter beschreibt die zu drückende Taste (Zeichen) und der
zweite Parameter eine Menge von gleichzeitig zu drückenden Modifier-Tasten (z.B.
Shift und Control). Tastaturevents werden durch Instanzen der Klasse FKeyEvent
beschrieben.

```
keypress[key, modifiers](keyEvent)

keyrelease[key, modifiers](keyEvent)
```

Mausevents
Die für Mausevents definierten Eventtypen lassen sich in zwei Gruppen aufteilen:
Eventtypen für das Betätigen der Maus-Buttons und Eventtypen für das Bewegen
des Mauszeigers. Die Instanzen dieser Eventtypen werden durch Objekte der
Eventklasse FMouseEvent beschrieben.

Die Eventtypen buttondown und buttonup beschreiben das Drücken bzw.
Loslassen von Maus-Buttons und besitzen als optionale Eingabeparameter die
Button-Nummer und das Graphikobjekt, über dem sich der Mauszeiger befinden
muß. Für die Beschreibung von einfachen und doppelten Mausklicks werden
zusätzlich die beiden Eventtypen click und doubleclick angeboten.

Das Bewegen der Maus wird durch den Eventtyp mousemove beschrieben, der
keine Eingabeparameter besitzt. Die beiden Eventtypen enter und leave
beschreiben das Betreten bzw. Verlassen eines als obligatorischen Eingabeparameter
angegebenen Graphikobjektes durch den Mauszeiger.

```
buttondown[button, graphobject](mouseEvent)

buttonup[button, graphobject](mouseEvent)

click[button, graphobject](mouseEvent)

doubleclick[button, graphobject](mouseEvent)

mousemove(mouseEvent)

enter[graphobject](mouseEvent)

leave[graphobject](mouseEvent).
```

Applikationsevents
Durch die von Applikationsobjekten erzeugten Applikationsevents unterstützt ODIS
die Beschreibung von Benutzerschnittstellen mit einer wechselseitigen Kontrollarchitektur (siehe Abschnitt 2.2.3). Applikationsevents integrieren das im MVC-Modell [Kra88] definierte change-Protokoll in die Eventerkennung von ODIS. Sie können z.B. die Benutzerschnittstelle über Änderungen von Applikationsdaten infor-

mieren. Die an Applikationsevents interessierten Interaktionsobjekte kommunizieren dann mit den ihnen zugeordneten Applikationsobjekten, um auf die geänderten Applikationsdaten zuzugreifen. Applikationsevents können außerdem Sicherheitsabfragen vor der Ausführung von irreversiblen Operationen oder die Ausgabe von Fehlermeldungen anstoßen.

ODIS besitzt den „generischen" Applikationseventtyp `appevent`, dessen obligatorischer Eingabeparameter den konkreten Applikationseventtyp als Textstring definiert. Ein optionaler Eingabeparameter beschreibt das Applikationsobjekt, von dem das Applikationsevent erzeugt werden soll. Applikationsevents werden durch Instanzen der Klasse `FApplicationEvent` beschrieben.

```
appevent[eventtype, appObject](appEvent)
```

Variablenevents
Variablenevents ermöglichen das event-gesteuerte Propagieren der Änderung von Attributwerten innerhalb einer Benutzerschnittstelle. Die entsprechenden Attribute werden dafür als Instanzen sogenannter Variablenklassen definiert, so daß ihre Werte nur über definierte Methoden geändert werden können. Variablenklassen werden in der Zielsprache der ODIS-Übersetzung definiert und gehören zum ODIS-Laufzeitsystem. Die Kategorie der Variablenevents beinhaltet nur den Eventtyp `change`, dessen obligatorischer Eingabeparameter den Identifier des betroffenen Variablenobjektes festlegt. Variablenevents werden im Gegensatz zu den anderen Basisevents nicht durch Eventobjekte beschrieben, da die Instanzen der Variablenklassen (Variablenobjekte) bereits Methoden für den Zugriff auf die geänderten Werte besitzen.

```
change[attr].
```

4.3.3 Aktionen zur Eventverarbeitung

Die bisher vorgestellten Interaktionen beschreiben alle nur die zulässigen Reihenfolgen der Events im Verlauf von Interaktionen. Die Verarbeitung von Events (z.B. durch graphisches Feedback) wird – wie bereits einleitend erläutert – durch Aktionen beschrieben. ODIS unterstützt eine integrierte Eventerkennung und -verarbeitung, indem Aktionen zur Eventverarbeitung als Operanden des Sequenzoperators in die Beschreibung von Interaktionen integriert werden können. Aktionen werden durch Ausdrucklisten der Zielsprache beschrieben und besitzen folgende Syntax:

```
simple-action := „{" expression-list „}".
```

Die in Interaktionen integrierten Aktionen beschreiben u.a.

* die Ausgabe von Prompts zur Anzeige der Bereitschaft zur Eingabeverarbeitung,
* das Löschen von Prompts nach Abarbeitung oder Abbruch der Interaktion,
* graphisches Feedback auf Benutzereingaben,
* Aufrufe von Methoden des Applikationsobjektes und
* Berechnungen von neuen Attributwerten.

Die vorgestellte `Select`-Interaktion (Selektion eines Menüeintrages) kann z.B. durch Aktionen zur Invertierung der Button-Darstellung um graphisches Feedback erweitert werden.

Beispiel:

```
Select = buttondown[1,pres](mouseEvent)
        → DO {pres.invert()}
        → ( REPEAT   leave[pres] → DO {pres.invert()}
                        → ( enter[pres] OR
                            buttonup[1] → buttondown[1,pres] )
                        → DO {pres.invert()}
                UNTIL buttonup[1,pres](mouseEvent)
                    → DO {pres.invert()} );
```

Ein weiteres Beispiel beschreibt das Verschieben von graphischen Objekten mit gleichzeitiger Berechnung eines Verschiebungsvektors. Für diese Berechnung werden die aktuellen Koordinaten des Mauszeigers nach dem ersten Basisevent der Interaktion gespeichert und nach dem letzten Basisevent für die Berechnung des Verschiebungsvektors (Differenzvektor des Start- und Zielpunktes) benutzt.

Beispiel:

```
ATTRIBUTES
    FMouseEvent me;
    int x;
    int y;
DYNAMICS = Move;
    Move = buttondown[1,pres](me)
            → DO {pres.invert(), x = me.xpos, y = me.ypos}
            → ( REPEAT mousemove(me)
                    → DO {pres.setposition(me.xpos, me.ypos)}
                UNTIL buttonup[1,pres](me)
                    → DO {pres.invert(), x = me.xpos - x,
                                         y = me.ypos - y} );
```

In diesen beiden Beispielinteraktionen werden Aktionen als Reaktion auf das Eintreten von Events ausgeführt. Die umgekehrte Reihenfolge, d.h. die Ausführung einer
Aktion vor der Erkennung von Events ist jedoch ebenfalls sinnvoll. Interaktionen,
die dem Benutzer ihre Bereitschaft zur Eingabeverarbeitung graphisch oder textuell
durch ein Prompt anzeigen, beginnen z.B. mit einer Aktion, die vor der Erkennung
irgendeines Basisevents den Prompt ausgibt. Bei einem Abbruch einer solchen
Interaktion, z.B. durch den übergeordneten Dynamikoperator, müssen sowohl
Prompt als auch graphisches Feedback zurückgenommen (gelöscht) werden. Die
Rücknahme der Ausgabeaktionen einer abgebrochenen Interaktion wird von ODIS
durch die Abbruchbehandlung des Sequenzoperators ermöglicht. Für jede mit dem
Sequenzoperator beschriebene (Teil-)Interaktion kann eine ausgezeichnete Aktion,
die sogenannte Abbruchaktion, definiert werden, die nur beim Abbruch der (Teil-)
Interaktion ausgeführt wird. Die Abbruchaktion wird syntaktisch durch das vorangestellte Schlüsselwort ABORT gekennzeichnet und an das Ende der (Teil-)
Interaktion gestellt. Um z.B. für die obige Move-Interaktion die Rücknahme der
invertierten Darstellung bei einem Abbruch der Interaktion zu gewährleisten, kann
diese wie folgt erweitert werden.

Beispiel:

```
Move = buttondown[1,pres](me)
        → DO {pres.invert(), x = me.xpos, y = me.ypos}
        → ( REPEAT mousemove(me)
              → DO {pres.setposition(me.xpos, me.ypos)}
            UNTIL buttonup[1,pres](me)
              → DO {pres.invert(), x = me.xpos - x,
                                   y = me.ypos - y} )
      ABORT {pres.invert()};
```

Die Beschreibung von Interaktionen multimedialer Benutzerschnittstellen in ODIS
soll am Beispiel der in Abb. 4.4 dargestellten Benutzerschnittstelle verdeutlicht werden. Diese Benutzerschnittstelle besitzt ein Kontrollfeld für eine gleichzeitige Video-
und Audio-Präsentation, die durch einen Start- und Stop-Button gestartet bzw.
abgebrochen werden kann. Dabei wird davon ausgegangen, daß die Video- und
Audio-Präsentation eine unendliche Präsentationsdauer besitzen, z.B. aufgrund von
sogenannten Live-Quellen wie Kamera und Mikrofon. Während der Präsentation
können die Auflösung (Volume) und die Lautstärke (Velocity) jeweils durch Verschieben eines Sliders (Software-Schieberegler) verändert werden. Außerdem kann
die Präsentation durch den Pause- und Resume-Button unterbrochen bzw. fortgesetzt werden.

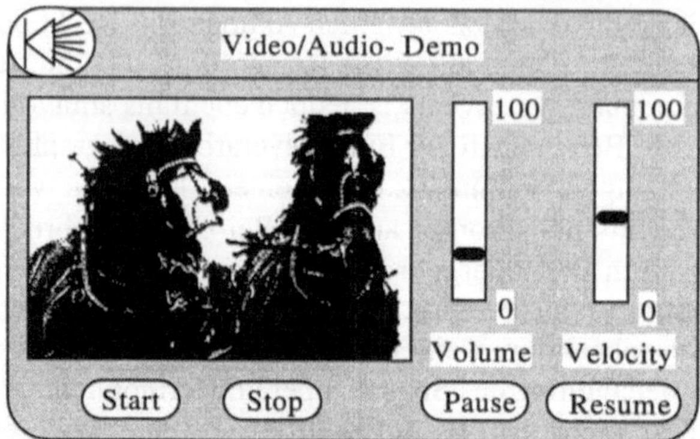

Abb. 4.4 Kontrollfeld für eine gleichzeitige Video- und Audio-Präsentation

Die Interaktionsmöglichkeiten des Kontrollfeldes können in ODIS durch folgende
Control-Interaktion beschrieben werden. Die Interaktion beginnt mit einem
click-Event über dem Start-Button und endet mit einem click-Event über dem
Stop-Button. Innerhalb der durch den REPEAT-Operator beschriebenen Iteration
werden die drei Alternativen Unterbrechen und Fortsetzen der Präsentation, Verändern der Präsentationsgeschwindigkeit und Verändern der Lautstärke durch XOR-
Operatoren verknüpft. Die letzten beiden Alternativen werden selbst wieder durch
eine Iteration beschrieben, in der das Verschieben des Sliders verarbeitet wird.

Beispiel:

```
Control = click[1,pres.Start]
   → DO {pres.Video.start(), pres.Audio.start()}
   → ( REPEAT click[1,pres.Pause]
          → DO {pres.Video.pause(), pres.Audio.pause()}
          → click[1,pres.Resume]
          → DO {pres.Video.resume(), pres.Audio.resume()}
       XOR buttondown[1,pres.Vel](me)
          → ( REPEAT mousemove(me)
                → DO {pres.Vel.move(me.xpos, me.ypos),
                      pres.Video.changeVel(me.xpos, me.ypos)}
                UNTIL buttonup[1,pres.Vel](me) )
       XOR buttondown[1,pres.Vol](me)
          → ( REPEAT mousemove(me)
                → DO {pres.Vol.move(me.xpos, me.ypos),
                      pres.Audio.changeVol(me.xpos, me.ypos)}
                UNTIL buttonup[1,pres.Vol](me) )
       UNTIL click[1,pres.Stop]
          → DO {pres.Video.abort(), pres.Audio.abort()} );
```

Abhängigkeiten zwischen Benutzerschnittstelle und Applikation
Ein sehr wichtiges Konzept der Benutzerschnittstellenentwicklung ist die Trennung der Applikation von der Benutzerschnittstelle. Ergebnis dieser Trennung ist die Unabhängigkeit der Applikation von der Benutzerschnittstelle und die daraus resultierende Austauschbarkeit von Benutzerschnittstellen. Für eine Dialogablaufbeschreibungssprache ergibt sich aus dieser Trennung die Anforderung, geeignete Sprachkonstrukte für die Kommunikation zwischen der Benutzerschnittstelle und der Applikation anzubieten. ODIS besitzt dafür die in diesem Abschnitt eingeführten Aktionen und die bereits vorgestellten Applikationsevents.

Aktionen können Methoden des Applikationsobjektes aufrufen und unterstützen damit das aus anderen Werkzeugen und Sprachen für die Benutzerschnittstellenentwicklung bekannte Callback-Konzept [Nye90]. Durch Applikationsevents kann die Applikation mit der Benutzerschnittstelle kommunizieren, ohne dadurch von ihr abhängig zu werden.

Ein oft diskutiertes Problem der Anbindung einer Applikation an die Benutzerschnittstelle sind bidirektionale Abhängigkeiten zwischen den Graphikobjekten einer Benutzerschnittstelle und den Applikationsobjekten. Graphische Benutzerschnittstellen präsentieren dem Benutzer die relevanten Applikationsdaten in Form von Graphikobjekten. Durch direkte Manipulation dieser Graphikobjekte kann der Benutzer die dargestellten Applikationsdaten manipulieren. Die Implementierung dieser Abhängigkeiten erfordert zum einen die Aktualisierung der Applikationsobjekte in Folge von Benutzereingaben und zum anderen die Aktualisierung der Graphikobjekte in Folge von Änderungen der Applikationsobjekte.

In ODIS werden diese Attributabhängigkeiten mit Hilfe von Variablen- und Applikationsevents beschrieben. Die Daten der Benutzerschnittstelle, über deren Änderung die Applikation informiert werden muß, werden in Variablenobjekten verwaltet, so daß Interaktionen durch Variablenevents über die Änderung der Daten informiert werden können. Die Änderung von Daten der Applikation werden der Benutzerschnittstelle durch Applikationsevents mitgeteilt.

Das folgende Beispiel demonstriert dieses Vorgehen am Beispiel einer float-Variablen. Die Überwachung von Attributabhängigkeiten erfolgt durch eine unendliche LOOP-Schleife, in der auf Applikations- und Variablenevents durch Aktualisierung des Präsentationsobjektes (`updateview`) bzw. des Applikationsobjektes (`updatedata`) reagiert wird. Für die Abfrage und das Setzen des gekapselten Variablenwertes werden die drei folgenden Methoden verwendet:
- `FGetValue:`   Abfragen des Variablenwertes,
- `FSetValue:`   Setzen des Variablenwertes mit Variablenevents,

- `FSetValueNoProp`:

  Setzen des Variablenwertes ohne Variablenevents.

Beispiel:

```
DYNAMIC-CLASS Dependency {
   ...
ATTRIBUTES
  FVarFloat obj;          // Variablenobjekt
  float f;
  FApplicationEvent ae;   // Applikationsevent
   ...
DYNAMICS = Control;
  Update = LOOP appevent["changed",app](ae)
                  → DO {ae.FGetValue(f), pres.updateview(f),
                        obj.FSetValueNoProp(f)}
              XOR changed[obj]
                  → DO {obj.FGetValue(f), app.updatedata(f)}
            UNTIL { FALSE };

  Interact = ... DO {obj.FSetValue(...)} ...;
  Control = Interact AND Update;
};
```

4.3.4 Komplexe Events

Komplexe Interaktionen werden durch Schachtelung von Teilinteraktionen definiert.
Dabei muß jedoch eine mehrfach verwendete Teilinteraktion auch mehrfach
beschrieben werden. Um diese Redundanz zu vermeiden und von der internen
Struktur von Teilinteraktionen zu abstrahieren, definiert eine Interaktion in ODIS
einen gleichnamigen komplexen Eventtyp. Instanzen dieses Eventtyps treten genau
dann ein, wenn die gleichnamige Interaktion abgearbeitet wurde. Instanzen komplexer Eventtypen können in der Definition von Interaktionen genauso wie Basisevents verwendet werden. Damit wird die bereits erläuterte hierarchische Anordnung von Basisevents und komplexen Events unterstützt.

Komplexe Eventtypen besitzen analog den Basiseventtypen formale Eingabeparameter und einen formalen Ausgabeparameter, die durch die Eingabeparameter und den
Ausgabeparameter der entsprechenden Interaktion definiert werden. Aktuelle Werte
der Eingabeparameter können u.a. den Verlauf einer Interaktion und damit die
Erkennung komplexer Events beeinflussen.

Um auch die Eigenschaften komplexer Events durch Eventobjekte zu beschreiben, unterstützt ODIS die Definition von neuen Eventklassen. Instanzen dieser Eventklassen beschreiben die relevanten Eigenschaften komplexer Events. Da sie analog den Eventobjekten der Basiseventtypen in eventverarbeitenden Aktionen referenziert werden können, gehören sie ebenfalls zur Schnittstelle zwischen den ODIS-Sprachkonstrukten und dem eingebetteten C++-Code. Entsprechend den Ausgabeparametern der Basiseventtypen sind auch die Eventobjekte komplexer Events optionale Teile der Beschreibung des Interesses an Events.

Die im letzten Beispiel definierte Move-Interaktion definiert z.B. einen gleichnamigen komplexen Eventtyp, der jedoch weder Eingabe- noch Ausgabeparameter besitzt. Diese Interaktion wird nun um einen Eingabeparameter erweitert, der die zu betätigende Maustaste definiert. Außerdem sollen Instanzen dieses komplexen Eventtyps durch Eventobjekte, die die Koordinaten des berechneten Verschiebungsvektors speichern, beschrieben werden. Dafür wird zunächst eine neue Eventklasse mit dem Namen FMoveEvent definiert. Anschließend wird die erweiterte Interaktion unter Verwendung der neuen Eventklasse definiert.

Beispiel:
```
EVENT-CLASS  FMoveEvent {
   int x;
   int y;
};


ATTRIBUTES
   FMouseEvent me;
   FMoveEvent mve;
DYNAMICS = Move;
   Move[int nr](FMoveEvent mve) = buttondown[nr,pres](me)
      → DO {pres.invert(), mve.x = me.xpos, mve.y = me.ypos}
      → ( REPEAT mousemove(me)
             → DO {pres.setposition(me.xpos, me.ypos)}
          UNTIL buttonup[nr,pres](me)
             → DO {pres.invert(),
                   mve.x = me.xpos - mve.x,
                   mve.y = me.ypos - mve.y} );
```

Ein weiteres Beispiel für die Verwendung komplexer Events in der Definition von Interaktionen ist die folgende Variante der Verschiebung von Graphikobjekten, bei der nicht das Graphikobjekt selbst, sondern eine sogenannte Framebox (Objektrahmen) verschoben wird. Das Graphikobjekt muß vor dem Verschieben (Drag-Interaktion) selektiert (Select-Interaktion) und anschließend deselektiert

(Deselect-Interaktion) werden. Die gesamte FrameMove-Interaktion wird als Sequenz der drei komplexen Events Select, Deselect und Drag spezifiziert.

Beispiel:

```
ATTRIBUTES
    FMouseEvent me;
    FMoveEvent mve;
DYNAMICS = FrameMove;
    Select = buttondown[1,pres] → DO {pres.drawframe()};
    Deselect = buttondown[1,pres] → DO {pres.eraseframe()};
    Drag(FMoveEvent mve) =
        REPEAT mousemove(me)
                → DO {pres.moveframe(me.xpos, me.ypos)}
        UNTIL buttonup[1](me)
                → DO { mve.x = me.xpos, mve.y = me.ypos };

    FrameMove = Select → Drag(mve)
                → DO {pres.move(mve.xpos,mve.ypos)} → Deselect;
```

4.3.5 Verknüpfung von Events und Bedingungen

Eine wichtige Anforderung an eine Sprache für die Eventverarbeitung ist die Möglichkeit, die Erkennung bzw. Verarbeitung von Events mit Bedingungen zu verknüpfen, wie sie z.B. auch in Regelsystemen in Form von ECA-Regeln (Event-Condition-Action-Regeln) [Gat91] gegeben ist. In ODIS können die in Interaktionen beschriebenen Events durch die Eingabeparameter des entsprechenden Eventtyps genauer qualifiziert werden. Dadurch werden Bedingungen an die Eigenschaften von Events beschrieben, die konjunktive Verknüpfungen von Vergleichen zwischen den aktuellen Eingabeparametern und den Eigenschaften eines eingetretenen Events darstellen.

ODIS unterstützt jedoch außerdem die Beschreibung benutzerdefinierter Eventbedingungen, in die z.B. die aktuellen Werte von Attributen eines Interaktionsobjektes oder Informationen der Applikation einbezogen werden können. Diese Bedingungen werden als Zielsprachenausdrücke formuliert und den Beschreibungen von Basisevents und komplexen Events nachgestellt. Die vollständige Spezifikation von Basisevents und komplexen Events besitzt damit die folgende EBNF-Syntax:

```
basic-event    ::= event-name   [ „[“ expression-list „]“ ]
                                 [ „(“ event-object-name „)“ ]
                                 [ „{“ conditional-expression „}“ ].
```

Im folgenden Beispiel wird nach der Abarbeitung der Move-Interaktion überprüft, ob sich die neuen Koordinaten von den alten Koordinaten unterscheiden (! = ist der C++-Operator für Ungleichheit). Bei unveränderten Koordinaten, d.h. nicht erfüllter Bedingung, erfolgt keine Verarbeitung des Events, während bei geänderten Koordinaten die neuen Koordinaten in Attributen gespeichert werden.

Beispiel:

```
ATTRIBUTES
    FMoveEvent mve;
    int x;
    int y;
DYNAMICS = CheckMove;
    Move[int nr](FMoveEvent mve) = ...;
    CheckMove = Move[1](mve){(x != mve.x) || (y != mve.y)}
                → DO {x = mve.x, y = mve.y};
```

Falls die Bedingung eines eingetretenen Events nicht erfüllt ist, wird das Event ignoriert, d.h. die Interaktion verhält sich anschließend genauso wie vor dem Eintreten dieses Events.

4.3.6 Interaktionen mit gemeinsamem Präfix

In den bisher vorgestellten Beispielen disjunktiv verknüpfter Interaktionen (mit dem XOR-Operator) wurde implizit vorausgesetzt, daß die Interaktionen sich bereits nach dem ersten Event unterscheiden und das Event damit eine eindeutige Auswahl zwischen diesen Interaktionen ermöglicht. Daß diese Einschränkung jedoch nicht praxisgerecht ist, belegt das folgende Beispiel, in dem für eine Interaktionsklasse die beiden Interaktionen Move und Select definiert werden.

Beispiel:

```
ATTRIBUTES
    FMouseEvent me;
DYNAMICS = Select XOR Move;
    Select = buttondown[1,pres] → DO {pres.invert()}
             → buttonup[1] → DO {pres.invert()};
    Move = buttondown[1,pres](me) → DO {pres.invert()}
           → ( REPEAT mousemove(me)
                  → DO {pres.setposition(me.xpos,me.ypos)}
               UNTIL buttonup[nr,pres](me)
                  → DO {pres.invert()} );
```

Beide Interaktionen beginnen mit einem `buttondown`-Event, so daß die Auswahl zwischen ihnen nach dem ersten Event noch nicht getroffen werden kann. Zwei gleichzeitig gestartete Interaktionen, die mit dem gleichen Event beginnen, müssen jedoch auch die gleichen Aktionen zur Verarbeitung dieser Events definieren, um ein deterministisches Verhalten der Benutzerschnittstelle zu gewährleisten. Die Aktionen disjunktiv verknüpfter Interaktionen können sich erst nach dem ersten unterschiedlichen Event unterscheiden. Während die Erkennung des `buttondown`-Events in den beiden Interaktionen des Beispiels keine Probleme bereitet, würde eine zweifache Ausführung der Aktion zur Invertierung des graphischen Objektes dazu führen, daß die Darstellung des graphischen Objektes sich nicht ändert.

In ODIS kann dieses Problem durch Faktorisierung der beteiligten Interaktionen gelöst werden, d.h. durch Definition einer Präfixinteraktion, die ihren gemeinsamen Präfix beschreibt. Die beiden Interaktionen werden dann jeweils als Sequenz dieser Präfixinteraktion und den sich unterscheidenden Teilen der Interaktionen definiert.

Beispiel:

```
ATTRIBUTES
   FMouseEvent me;
DYNAMICS = Select XOR Move;
   Touch = buttondown[1,pres] → DO {pres.invert()}
   Select = Touch → START: buttonup[1,pres]
                    → DO {pres.invert()};
   Move = Touch
        → START: (REPEAT mousemove(me)
                    → DO {pres.setposition(me.xpos,
                                           me.ypos)}
               UNTIL buttonup[1,pres](me)
                    → DO {pres.invert()} );
```

Interaktionen sind in ODIS nicht „reentrant", so daß zu jedem Zeitpunkt maximal eine Aktivierung einer Interaktion existiert. Das erneute Starten einer bereits gestarteten und teilweise abgearbeiteten Interaktion hat also keine Auswirkung auf diese Interaktion. Nach der Abarbeitung einer Interaktion werden alle Interaktionen informiert, die auf das Eintreten des entsprechenden komplexen Events warten (und deshalb die Interaktion gestartet haben). Interaktionen mit formalen Eingabeparametern können jedoch nicht mehrfach gestartet werden, da die aktuellen Eingabeparameter sich unterscheiden könnten.

Obwohl im obigen Beispiel die gleichzeitig gestarteten Interaktionen `Select` und `Move` beide die Interaktion `Touch` starten, existiert anschließend nur eine Aktivierung dieser Interaktion, so daß die Aktion nach dem `buttondown`-Event nur einmal ausgeführt wird. Nach der Abarbeitung der Touch-Interaktion werden dann beide Interaktionen über das Eintreten des komplexen Events informiert und können ihre Abarbeitung ihrer Beschreibung entsprechend fortsetzen.

In den Beschreibungen der beiden Interaktionen Select und Move wird das ODIS-Schlüsselwort START verwendet, um die vordefinierte Erzeugung des START-Events nach der Erkennung des ersten Events einer Interaktion zu unterdrücken, da beide Interaktionen mit der Erkennung des komplexen Events Touch beginnen. Eine exklusive Auswahl zwischen ihnen nach dem START-Event wäre nichtdeterministisch. Die Interaktion Select erzeugt ihr START-Event nach der Erkennung des buttonup-Events, während das START-Event der Interaktion Move erst durch das START-Event der durch den REPEAT-Operator definierten Teilinteraktion erzeugt wird. Eine ausführliche Beschreibung der benutzerdefinierten Erzeugung von START- und END-Events erfolgt in Abschnitt 4.5.1.

4.3.7 Reset von Interaktionen

Die bisher vorgestellten ODIS-Sprachkonstrukte unterstützen keine Beschreibung von Interaktionen, die beim Eintreten bestimmter Events nicht mehr korrekt abgearbeitet werden können. Ein Benutzer kann jedoch bereits teilweise abgearbeitete Interaktionen durch unerwartete Eingaben abbrechen. Der Abbruch einer Interaktion kann deshalb am Eintreten bestimmter Events erkannt werden, die bei einer normalen Abarbeitung der Interaktion nicht oder in einem anderen Zustand eintreten. Um die Reaktion auf nicht erwartete Events zu beschreiben, wird in diesem Abschnitt ein Sprachkonstrukt für den Reset von Interaktionen vorgestellt. Ein Reset einer Interaktion bewirkt das Abbrechen und Neustarten der Interaktion. Das reine Abbrechen einer Interaktion (ohne anschließendes Neustarten) würde bedeuten, daß das entsprechende komplexe Event nicht eingetreten ist. Das Dialogmodell der Sprache ODIS beruht jedoch auf den beiden Alternativen, daß ein (komplexes) Event bereits oder noch nicht eingetreten ist. Die Alternative, daß ein Event nicht eingetreten ist, wird konzeptionell nicht unterstützt, da das Event später noch eintreten kann. Aus diesem Grund wird in ODIS anstelle des reinen Abbrechens der Reset einer Interaktion definiert. Die Notwendigkeit eines Sprachkonstruktes für den Reset von Interaktionen soll zunächst an Beispielen, die ohne dieses Sprachkonstrukt nicht beschrieben werden könnten, verdeutlicht werden.

(1) Das Selektieren eines Buttons besteht aus einem buttondown- gefolgt von einem buttonup-Event. Der Mauszeiger muß sich beim Eintreten der beiden Events über dem Button-Objekt befinden. Wird der Mauszeiger nach dem buttondown-Event, aber vor dem buttonup-Event aus dem Button-Objekt

herausbewegt, so soll ein Reset der `Select`-Interaktion (Abbruch und Neu-start) erfolgen, da der Button nicht selektiert wurde (vergleiche Abb. 4.5).

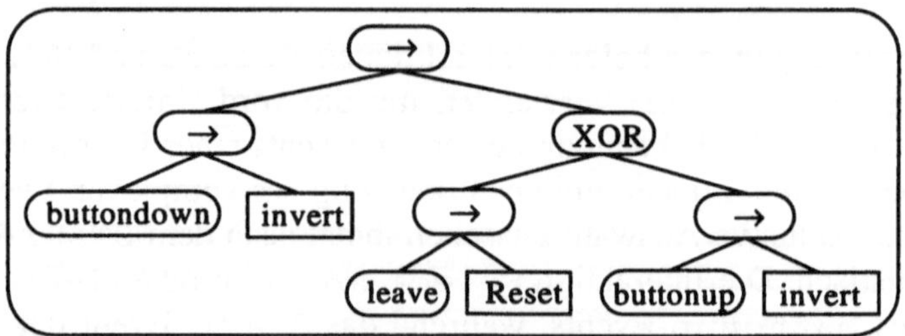

Abb. 4.5 `Select`-Interaktion mit Hilfe des Reset-Konzeptes

(2) ODIS besitzt – wie bereits erläutert – keinen NOT-Operator, der das Nichteintre-ten eines Events innerhalb einer Zeitspanne beschreibt, die durch ein Zeitinter-vall oder durch zwei begrenzende Events definiert wird. Mit dem in diesem Abschnitt vorgestellten Reset von Interaktionen können diese beiden Fälle je-doch beschrieben werden (vergleiche Abb. 4.6).

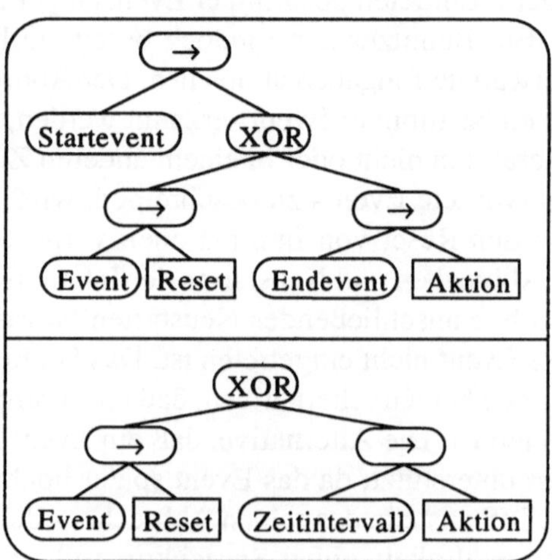

Abb. 4.6 Anwendungsbeispiele des NOT-Operators

Der Reset einer Interaktion wird in ODIS durch das Schlüsselwort `RESET` beschrie-ben, das wie eine normale Aktion als Operand des Sequenzoperators verwendet werden kann. Das Schlüsselwort `RESET` bezieht sich nur auf die umgebende

Interaktion, d.h. die Interaktion, in deren Definition es verwendet wird. Die Beispielinteraktionen besitzen damit folgende ODIS-Beschreibung.

Beispiel:
```
Select = buttondown[1,pres] → DO {pres.invert()}
         → ( leave[pres] → DO { pres.invert() } → RESET XOR
             buttonup[1,pres] → DO {pres.invert()} );
Not1 = Startevent → ( Event → RESET XOR
                             Endeevent → DO {Aktion} );
Not2 = Event → RESET XOR Zeitintervall → DO {Aktion};
```

Beim Reset einer Interaktion werden folgende Aktionen ausgeführt:
- Abbruch der Interaktion und Ausführung der Abbruchaktion des Dynamikoperators an der Wurzel des Syntaxbaums (falls definiert),
- Erzeugung eines END-Events durch diesen Dynamikoperator, falls vorher bereits ein START-Event erzeugt wurde,
- Neustarten der Interaktion.

Aufbauend auf dem hierarchischen Dialogmodell können Interaktionen in ODIS als komplexe Events in der Definition von anderen Interaktionen verwendet werden. Interaktionen, die einen Reset ermöglichen, sollten deshalb ihr START- oder END-Event erst dann erzeugen, wenn ein anschließender Reset ausgeschlossen werden kann. Dafür stehen in ODIS die im letzten Abschnitt verwendeten und in Abschnitt 4.5.1 ausführlich beschriebenen Sprachkonstrukte für die benutzerdefinierte Erzeugung von START- und END-Events zur Verfügung. Wird diese Empfehlung nicht eingehalten, so können die durch Dynamikoperatoren (XOR-, OR- und REPEAT-Operator) getroffenen Auswahlentscheidungen auf den START- oder END-Events untergeordneter Teilinteraktionen basieren, die durch einen späteren Reset dieser Interaktionen ihre Gültigkeit verlieren. Das Vorgehen zur Vermeidung dieses Problems soll an folgendem Beispiel demonstriert werden, in dem ein Graphikobjekt entweder selektiert (Interaktion Select) oder über ein Menü verändert (Interaktion change) werden kann:

Beispiel:
```
DYNAMICS = Select XOR Change;
   Select = buttondown[1,pres] → DO {pres.invert()}
      → ( leave[pres] → DO {pres.invert()} → RESET XOR
          START:buttonup[1,pres] → DO {pres.invert()} );
   Change = click[2,pres] -> Menu.activate() → ...;
```

Falls das erste START-Event von der Select-Interaktion erzeugt wird, bricht der XOR-Operator die Change-Interaktion ab. Durch die verzögerte Erzeugung des

START-Events der Select-Interaktion wird die Change-Interaktion nicht vor einem möglichen Reset der Select-Interaktion abgebrochen.

Das Reset-Konzept ist mit der Erzeugung von START- und END-Events durch die Dynamikoperatoren verträglich, da zum einen beim Reset einer Interaktion nur dann ein END-Event erzeugt wird, falls vorher auch ein START-Event erzeugt wurde, und zum anderen die über den Reset informierten Dynamikoperatoren das mehrfache Erzeugen von START- und END-Events unterdrücken.

4.3.8 Manipulation von Benutzerschnittstellen

In den vorangehenden Abschnitten wurde die Beschreibung des Dialogablaufverhaltens von Interaktionsobjekten durch die hierarchische Anordnung von Interaktionen mittels Dynamikoperatoren vorgestellt. Die Dynamikoperatoren definieren in jedem Schritt des Dialogablaufs die für ein Interaktionsobjekt zulässigen Interaktionen. Die Flexibilität sogenannter dynamischer Benutzerschnittstellen erfordert jedoch eine dynamische Anpassung ihrer Struktur (Anordnung von Interaktionsobjekten) und ihres Dialogablaufverhaltens, z.B. durch Erzeugen und Löschen von Interaktionsobjekten oder Sperren und Freigeben von Interaktionen, die allein mit diesen Sprachkonstrukten nicht beschrieben werden kann.

Um die aus dieser Flexibilität resultierenden zusätzlichen Anforderungen an eine Dialogbeschreibung zu erfüllen, besitzt ODIS vordefinierte Methoden und Operatoren, die als Operanden des Sequenzoperators verwendet werden können. Diese Methoden und Operatoren können entweder ganze Interaktionsobjekte oder einzelne Interaktionen eines Interaktionsobjektes manipulieren.

Erzeugen und Löschen von Interaktionsobjekten
Die beiden Operatoren new und delete sind für die dynamische Manipulation von Benutzerschnittstellen von größter Bedeutung, da sie die Erzeugung von neuen und das Löschen von existierenden Interaktionsobjekten beschreiben. Insbesondere können Interaktionsobjekte für die graphische Darstellung und Manipulation von dynamischen Applikationsobjekten erst zur Laufzeit erzeugt werden. Die Benutzerschnittstelle eines Grapheditors muß z.B. für jedes neue Graphikobjekt ein entsprechendes Interaktionsobjekt generieren. Beim Löschen von Graphikobjekten müssen dementsprechend Interaktionsobjekte gelöscht werden. Das Erzeugen und Löschen von Interaktionsobjekten besitzt die folgende EBNF-Syntax:

```
creation    ::=    attribute-name „=" „new" class-name constructor-parameter.
deletion    ::=    „delete" primary-expression.
```

Die Konstruktorparameter in der ODIS-Anweisung zum Erzeugen von Interaktionsobjekten entsprechen den Konstruktorparametern in der Definition von Interaktionsobjekten. Der Zeiger auf das neu erzeugte Interaktionsobjekt wird dem Attribut zugewiesen. Der Zielsprachenausdruck (primary-expression) in der ODIS-Anweisung zum Löschen von Interaktionsobjekten muß als Ergebnis einen Zeiger auf das zu löschende Interaktionsobjekt liefern. Durch den Aufruf des `delete`-Operators werden alle Interaktionen und kontinuierlichen Ausgaben des Interaktionsobjektes abgebrochen.

Aktivieren und Deaktivieren von Interaktionsobjekten

Mit den parameterlosen Methoden `activate` und `deactivate` können Interaktionsobjekte aktiviert bzw. deaktiviert werden. Die Deaktivierung eines Interaktionsobjektes bewirkt den Abbruch aller seiner aktiven Interaktionen und kontinuierlichen Ausgaben. Ein deaktiviertes Interaktionsobjekt kann keine Events verarbeiten und nicht mit anderen Interaktionsobjekten kommunizieren. Durch Aktivierung eines deaktivierten Interaktionsobjektes wird dessen Dialogablaufsteuerung erneut gestartet.

Freigeben und Sperren von Interaktionen

Mit den Methoden `enable` und `disable` können einzelne Interaktionen eines Interaktionsobjektes gesperrt und wieder freigegeben werden. Damit kann das Dialogablaufverhalten eines Interaktionsobjektes zur Laufzeit eingeschränkt und wieder erweitert werden. Das Sperren einer aktiven Interaktion hat den Abbruch dieser Interaktion zur Folge. Gesperrte Interaktionen können keine Events verarbeiten, Aktionen ausführen oder Methoden aufrufen. Erst nach dem Freigeben einer gesperrten Interaktion kann diese Interaktion wieder ausgeführt werden. Die beiden Methoden besitzen als Parameter den Namen der betroffenen Interaktion. Das Sperren und Freigeben von Interaktionen erfolgt unabhängig vom Aktivieren und Deaktivieren einer Interaktion, so daß Interaktionen, die vor dem Deaktivieren des Interaktionsobjektes gesperrt waren, auch nach dem Aktivieren noch gesperrt sind.

Einfügen und Entfernen von Subobjekten

Für die Manipulation der Komposition von Interaktionsobjekten besitzen die Interaktionsobjekte von ODIS die drei Methoden `add`, `remove` und `removeall`. Der Aufruf dieser Methoden ist nur für solche Interaktionsobjekte zulässig, deren Interaktionsklassen untergeordnete Interaktionsobjektlisten definieren. Die Methoden `add` und `remove` fügen einzelne Interaktionsobjekte in eine Interaktionsobjektliste ein bzw. entfernen sie aus ihr. Ein Entfernen aller Interaktionsobjekte aus einer Interaktionsobjektliste wird durch den Aufruf der Methode `removeall` erreicht.

Benutzerdefinierte Aktionen

Vordefinierte Operatoren und Methoden werden in Basisklassen des ODIS-Laufzeit-systems definiert und sind damit aufgrund des Vererbungskonzeptes der Zielsprache für alle benutzerdefinierten Interaktionsklassen definiert. Diese Definitionen können jedoch nicht durch Vererbung erweitert werden, da ODIS keine Definition von Methoden unterstützt. Um trotzdem die Erweiterbarkeit der Funktionalität vordefi-nierter Operatoren und Methoden zu gewährleisten, können in ODIS benutzerdefi-nierte Aktionen an die Ausführung dieser Methoden und Operationen gebunden werden. Benutzerdefinierte Aktionen können z.B. graphische Reaktionen auf das Aktivieren und Deaktivieren von Interaktionsobjekten beschreiben. Darüberhinaus wird durch die Anbindung benutzerdefinierter Aktionen an den new- und delete-Operator die Definition von Aktionen ermöglicht, die unmittelbar nach dem Erzeu-gen oder vor dem Zerstören eines Interaktionsobjektes ausgeführt werden.

Benutzerdefinierte Aktionen werden in einem optionalen Teil der Definition einer Interaktionsklasse, der mit dem Schlüsselwort ACTIONS eingeleitet wird, durch Zielsprachenausdrücke definiert (siehe Anhang B). Die an new, activate und add angebundenen Aktionen werden nach dem Operator bzw. der Methode ausge-führt, während die an delete, deactivate, remove und removeall ange-bundenen Aktionen vor ihnen ausgeführt werden.

4.4   Modellierung multimedialer Ausgaben

Dialogmodelle für die Entwicklung multimedialer Benutzerschnittstellen müssen die zeitliche Ausprägung kontinuierlicher Ausgaben sowie die damit verbundene Nebenläufigkeit berücksichtigen. Während nebenläufige Verarbeitungskonzepte vorwiegend die Implementierung eines Dialogmodells beeinflussen (z.B. Koroutinen [Brä93], Lightweight- oder Heavyweight-Prozesse [Andr91]), reprä-sentieren zeitliche Beziehungen ein zentrales Modellierungskonzept. Deshalb wird vorausgesetzt, daß die Implementierung des Dialogmodells die nebenläufige Aus-gabe mehrerer kontinuierlicher Medien unterstützt, ohne jedoch Annahmen über die Konzepte der nebenläufigen Verarbeitung zu machen.

In diesem Abschnitt werden Konzepte für die zeitliche Komposition in multimedia-len Präsentationen vorgestellt. Der Beschreibung multimedialer Ausgaben in ODIS liegt ein hierarchisches Modell mit einer top-down-Steuerung zugrunde. Für die Erläuterung der zugrundeliegenden Konzepte wird eine Hierarchiedarstellung ver-wendet, die einem abstrakten Syntaxbaum entspricht (siehe Abb. 4.7).

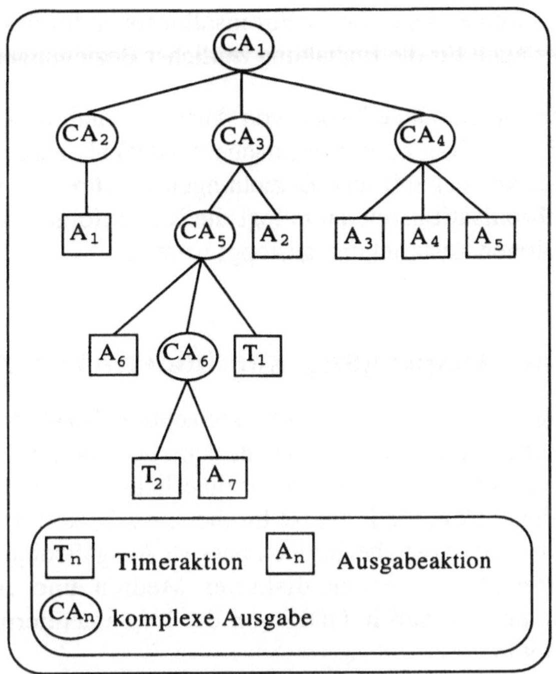

Abb. 4.7 Hierarchische Modellierung von Ausgaben

Multimediale Ausgaben werden als Hierarchien von Ausgabeaktionen und Timeraktionen modelliert. Die Blätter dieser Hierarchien bilden einfache Ausgabeaktionen,
wie z.B. Video-, Audio- oder Text-Ausgaben, und Timeraktionen, die eine vorgegebene Dauer, aber keine Ausgabe besitzen. Aufgrund einer einheitlichen Schnittstelle für diskrete und kontinuierliche Ausgabeaktionen wird in der Hierarchiedarstellung nur eine Art von einfachen Ausgabeaktionen verwendet. Innere Knoten
dieser Hierarchie bilden die sogenannten Ausgabesynchronisationsoperatoren, die
komplexe Ausgabeaktionen durch die Definition zeitlicher Beziehungen zwischen
ihren untergeordneten Ausgabe- und Timeraktionen beschreiben. Die Operanden
von Ausgabesynchronisationsoperatoren können selbst wieder komplexe Ausgabeaktionen sein, so daß eine Hierarchie von (einfachen und komplexen) Ausgabeaktionen und Timeraktionen entsteht. Die Steuerung des Präsentationsverlaufs
innerhalb einer Hierarchie erfolgt entsprechend den definierten zeitlichen Beziehungen, indem Ausgabesynchronisationsoperatoren `start`- und `stop`-Methoden der
ihnen untergeordneten Ausgabe- und Timeraktionen aufrufen und berücksichtigen.
Das Starten und Stoppen einer multimedialen Präsentation erfolgt durch Aufruf
entsprechender Methoden des Ausgabesynchronisationsoperators an der Wurzel der

entsprechenden Hierarchie. Ausgabesynchronisationsoperatoren sind damit sowohl für die Definition als auch für die Einhaltung zeitlicher Beziehungen verantwortlich.

ODIS definiert vier verschiedene Typen von Ausgabesynchronisationsoperatoren, die sowohl qualitative (z.B. gleichzeitig, nacheinander) als auch quantitative (z.B. 30 sec. lang, 10 sec. später) zeitliche Beziehungen beschreiben können. Der Typ eines Ausgabesynchronisationsoperators legt die Reihenfolge fest, in der untergeordnete Ausgabeaktionen gestartet und gestoppt werden.

4.4.1 Zeitliche Ausprägung kontinuierlicher Ausgaben

Das entwickelte Dialogmodell unterscheidet konzeptionell zwischen den Aktionen zum Steuern von kontinuierlichen Ausgaben, den sogenannten Ausgabeaktionen, und den eigentlichen Ausgabeobjekten. Kontinuierliche Ausgabeaktionen kontrollieren aktive Ausgabeobjekte, die Prozesse für die Ausgabe kontinuierlicher Medien kapseln, während diskrete Ausgabeaktionen passive Ausgabeobjekte kontrollieren. Ausgabeobjekte kapseln Ausgaben diskreter Medien und Ausgabeprozesse kontinuierlicher Medien, so daß in ODIS von der Implementierung der Ausgabeprozesse abstrahiert wird.

Eine multimediale Benutzerschnittstelle besteht damit aus mehreren nebenläufigen Prozessen, einem Prozeß für die Dialogkontrolle und mehreren Prozessen für kontinuierliche Ausgaben. Ausgabeaktionen sind integrale Komponenten der Dialogkontrolle, die einerseits diskrete Ausgaben steuern und andererseits mit Ausgabeprozessen kommunizieren.

Das Protokoll für die Kommunikation zwischen Ausgabeaktionen und Ausgabeobjekten enthält Methoden für das Starten, Stoppen, Anhalten, Fortsetzen und Skalieren von Ausgaben sowie START- und END-Events (siehe Abb. 4.8). Ausgabeobjekte melden den Anfang und das Ende kontinuierlicher Ausgaben durch START- bzw. END-Events.

Um diskrete und kontinuierliche Ausgaben über die gleiche Schnittstelle in multimediale Präsentationen zu integrieren, wird diskreten Ausgaben eine potentiell unendliche Präsentationsdauer zugeordnet. Durch den Aufruf der start-Methode wird eine diskrete Ausgabe ausgelöst und bleibt bis zum Aufruf der stop-Methode sichtbar. START- und END-Event werden wie bei kontinuierlichen Ausgaben zu Beginn der diskreten Ausgabe bzw. nach dem Aufruf der stop-Methode erzeugt.

Die Unterscheidung zwischen dem Aufruf der `start`- und `stop`-Methode und
dem Anfang bzw. Ende der kontinuierlichen Ausgabe ist aus folgenden Gründen
erforderlich:

- Der Start einer kontinuierlichen Ausgabe kann sich aufgrund einer Initialisierungsphase (z.B. das Laden des ersten Bildes einer Video-Präsentation) zeitlich verzögern. Durch die daraus resultierende zeitliche Differenz zwischen dem
  Aufruf der `start`-Methode und der Erzeugung des START-Events wird diese
  Initialisierungsphase bei der Synchronisation von Ausgabeaktionen in ODIS
  berücksichtigt. Da auch die Ausgabe diskreter Medien zeitlich verzögert beginnen
  kann (z.B. durch das Laden eines neuen Textfonts), wird erst durch die Integration von diskreten und kontinuierlichen Medien eine genaue Synchronisation der
  einzelnen Ausgaben einer komplexen Ausgabe ermöglicht.

- Kontinuierliche Ausgaben, die durch den Aufruf der `stop`-Methode abgebro-
  chen werden, besitzen eine nichtdeterministische Präsentationsdauer. Durch die
  Erzeugung des END-Events werden Ausgabeaktionen über das Ende solcher
  Ausgaben informiert.

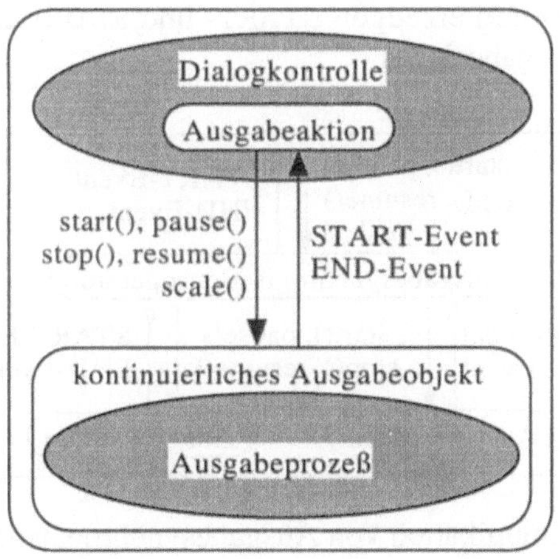

Abb. 4.8 Kommunikation zwischen Ausgabeaktion und -objekt

START- und END-Events beschreiben also die zeitliche Ausprägung von diskreten
und kontinuierlichen Ausgaben. Ausgabeaktionen delegieren diese Events an die
ihnen übergeordneten Ausgabesynchronisationsoperatoren, die sie einerseits für die
Start- und Stoppsynchronisation der ihnen untergeordneten Ausgabe- und Timeraktionen und andererseits für die Definition der zeitlichen Ausprägungen der durch
sie beschriebenen komplexen Ausgaben verwenden.

Während für einfache Ausgabeaktionen und Timeraktionen START- und END-Events am Anfang und Ende der Ausgabe bzw. des Zeitintervalls erzeugt werden, muß für Ausgabesynchronisationsoperatoren jeweils festgelegt werden, wann START- und END-Events der komplexen Ausgabe in Abhängigkeit von den START- und END-Events der untergeordneten Aktionen gesendet werden (siehe Abschnitt 4.4.3). Allgemein gilt:

- Das START-Event einer komplexen Ausgabeaktion wird unmittelbar nach dem Start der ersten oder aller untergeordneten Aktionen erzeugt.
- Das END-Event einer komplexen Ausgabeaktion wird unmittelbar nach dem Ende der letzten oder aller untergeordneten Aktionen erzeugt.

Für die Kommunikation mit untergeordneten Ausgabe- und Timeraktionen verwenden Ausgabesynchronisationsoperatoren das gleiche Protokoll wie zwischen Ausgabeaktionen und Ausgabeobjekten (siehe Abb. 4.9). Die durch Ausgabesynchronisationsoperatoren definierten komplexen Ausgaben können auch selbst wieder als Operanden von Ausgabesynchronisationsoperatoren verwendet werden und ermöglichen dadurch die hierarchische Modellierung komplexer Ausgaben. Ausgabesynchronisationsoperatoren können start-, stop-, pause-, resume- und scale-Nachrichten verarbeiten und erzeugen START- und END-Events am Anfang bzw. Ende der komplexen Ausgabeaktion.

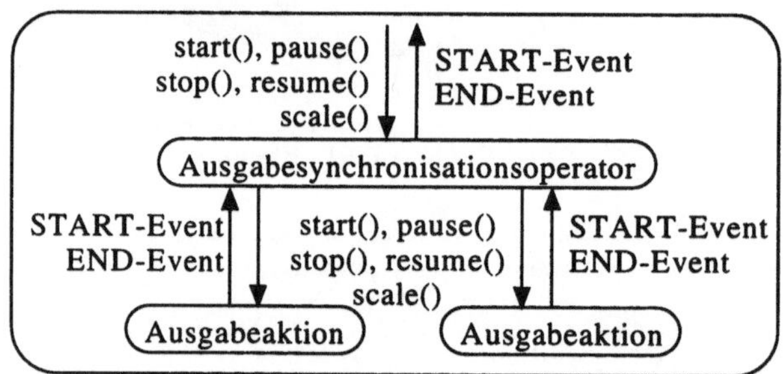

Abb. 4.9 Kommunikation von Ausgabesynchronisationsoperatoren

4.4.2 Basisaktionen

Timeraktionen und einfache (diskrete oder kontinuierliche) Ausgabeaktionen sind die nicht weiter zerlegbaren Basisaktionen einer komplexen multimedialen Ausgabe. Timeraktionen besitzen eine in Sekunden spezifizierte Dauer und das gleiche Kommunikationsprotokoll wie Ausgabeaktionen (Kontrollmethoden, START- und END-Events). Zusammen mit Ausgabesynchronisationsoperatoren werden sie zur

Beschreibung quantitativer zeitlicher Beziehungen eingesetzt, z.B. zeitliche Verzögerungen und beschränkte Präsentationsdauern kontinuierlicher Ausgabeaktionen. Basisaktionen besitzen die folgende EBNF-Syntax:

- Timeraktion (Angabe der Intervallänge in Sekunden):
  timer-action   ::=   „INTERVAL" „[" float-const „]".
- (Diskrete oder kontinuierliche) Ausgabeaktion:
  present-action ::=   „PRESENT" „(" expression-list „)".

Der Parameter einer Ausgabeaktion beschreibt ein kontinuierliches oder diskretes Ausgabeobjekt durch Zielsprachenausdrücke. Ausgabeobjekte werden als Instanzen der Ausgabeklassen des objektorientierten XFantasy-UIT („MediaManager", [Voß93]) erzeugt. Das Protokoll für die Kommunikation mit den Ausgabeaktionen wird in einer abstrakten Basisklasse der Ausgabeklassenhierarchie definiert. Durch die Definition davon abgeleiteter Ausgabeklassen, die Methoden dieses Protokolls redefinieren, können weitere Formen kontinuierlicher Ausgaben (z.B. Animation) implementiert werden. Da abgeleitete Klassen das in der Basisklasse definierte Protokoll erben, können ihre Instanzen als Argumente einer Ausgabeaktion in ODIS verwendet werden.

Neben Timer- und Ausgabeaktionen unterstützt ODIS noch eine dritte Form von Basisaktionen, die weder eine zeitliche Ausprägung besitzen noch eine Ausgabe erzeugen. Diese Aktionen werden als Konfigurationsaktionen bezeichnet und dienen ausschließlich der Manipulation der konfigurellen Komposition einer multimedialen Präsentation (siehe Abschnitt 2.5.3), d.h. der Verbindung von Verarbeitungskomponenten eines Multimedia-Systems (Quellen, Senken und Filter). Da die konfigurelle Komposition einer multimedialen Präsentation sich dynamisch ändern kann, müssen Konfigurationsaktionen in die zeitliche Komposition einbezogen werden.

Um Konfigurationsaktionen als Operanden von Ausgabesynchronisationsoperatoren verwenden zu können, besitzen sie das gleiche Protokoll wie Timer- und Ausgabeaktionen. Als diskrete Aktion ohne visuelle Ausgabe und zeitliche Ausprägung reagieren sie jedoch nur auf den Aufruf der `start`-Methode, indem sie ein START-Event erzeugen, die konfigurelle Komposition verändern und ein END-Event erzeugen. Da die Ausgabeklassen des XFantasy-UIT die Schnittstelle für die konfigurelle Komposition definieren, werden Konfigurationsaktionen in ODIS ebenfalls als Zielsprachenausdrücke beschrieben. Sie besitzen folgende EBNF-Syntax:

- Konfigurationsaktion:
  configure-action   ::=   „CONFIGURE" „(" expression-list „)".

4.4.3 Ausgabesynchronisationsoperatoren

ODIS unterstützt vier Typen von Ausgabesynchronisationsoperatoren für die
Beschreibung komplexer Ausgabeaktionen. Der Auswahl dieser Operatoren liegt die
in Abschnitt 2.5.3 geführte Diskussion der für die zeitliche Komposition geeigneten
Intervallrelationen des Intervallkalküls zugrunde. Die vier Ausgabesynchronisationsoperatoren besitzen folgende EBNF-Syntax:

(1)   Sequentielle Ausführung der untergeordneten Aktionen:
       complex-action ::=   „**SEQUENTIAL**" „(" action-list „)".
(2)   Gleichzeitiger Start der untergeordneten Aktionen:
       complex-action ::=   „**PARSTART**" „(" action-list „)".
(3)   Gleichzeitiger Start und gleichzeitiges Ende der untergeordneten Aktionen;
       nach dem Ende einer untergeordneten Aktion werden alle anderen Aktionen
       abgebrochen:
       complex-action ::=   „**PARSTARTEND**" „(" action-list „)".
(4)   Begrenzte oder unbegrenzte Iteration der untergeordneten Aktion (der optio-
       nale Eingabeparameter legt die Anzahl der Iterationen fest):
       complex-action ::=   „**ITERATE**" „[" integer-const „]" „(" named-action „)".

Da eine wiederholte Ausführung von Konfigurationsaktionen sowie ihre gleichzeitige Ausführung mit Ausgabeaktionen in multimedialen Präsentationen nicht sinnvoll ist, sind Konfigurationsaktionen nur als Operanden des SEQUENTIAL-Opera-
tors zulässig. Diese Einschränkung wird jedoch nicht durch die ODIS-Syntax ausgedrückt.

Ausgabeaktionen können in ODIS auch als eigenständige Interaktionen definiert und
benannt werden. Sie repräsentieren dann Spezialfälle von Interaktionen, deren
Definitionen jeweils genau aus einer Ausgabeaktion bestehen. Der Name einer sepa-
rat definierten Ausgabeaktion kann in den Ausgabeaktionen von Interaktionen, z.B.
als Operand eines Ausgabesynchronisationsoperators, verwendet werden.

Erzeugung von START- und END-Events

Für die Beschreibung der Erzeugung der START- und END-Events durch Ausgabesynchronisationsoperatoren wird ein auf Regeln basierender Formalismus eingeführt, der auch in den folgenden Abschnitten verwendet wird und folgende EBNF-
Syntax[5] besitzt:

---

[5] Der Formalismus ist unabhängig von der Sprache ODIS, so daß kein Zusammenhang zwischen
     seiner EBNF-Syntax und der in Anhang B vorgestellten ODIS-Syntax besteht.

rule	::=	event „→“ operation | trigger „→“ operation |
		event „→“ „IF“ condition „THEN“ operation |
		trigger „→“ „IF“ condition „THEN“ operation.
mit event	::=	identifier „.“ „START“ | identifier „.“ „END“.
condition	::=	„EVAL“ „(“ C++-Ausdruck „)“,
operation	::=	identifier „.“ „start()“ | identifier „.“ „stop()“ |
		„send“ „(“ event „)“.
trigger	::=	trigger „∨“ factor | trigger „∧“ factor | factor.
factor	::=	„STARTED“ „(“ identifier „)“ | „ENDED“ „(“ identifier „)“ |
		„ABORTED“ „(“ identifier „)“ | „¬“ factor | „(“ trigger „)“.

Regeln dieses Formalismus legen Operationen fest, die beim Eintreten eines Events oder des erfolgreichen Überprüfen einer Bedingung ausgeführt werden. Operationen können Aktionen starten oder stoppen sowie Events erzeugen. Sie werden durch START-Events, END-Events oder Trigger ausgelöst. START- und END-Events einer Aktion werden syntaktisch durch A.START und A.END referenziert. Trigger repräsentieren dagegen einfache boolesche Ausdrücke, die Bedingungen für die Ausführung von Operationen beschreiben. Operanden dieser booleschen Ausdrücke sind die Prädikate:

- STARTED(A): Aktion A hat ihr START-Event gesendet,
- ENDED(A): Aktion A hat ihr END-Event gesendet,
- ABORTED(A): Aktion A wurde abgebrochen.

Als Parameter dieser Prädikate sind einfache und komplexe Ausgabeaktionen sowie Timeraktionen zulässig. Die Prädikate treffen genau dann zu, wenn die als Parameter angegebene Aktion ihr START- bzw. END-Event erzeugt hat oder abgebrochen wurde. Unmittelbar nach dem Starten einer Aktion sind die Prädikate nicht erfüllt, d.h. die in vorherigen Aktivierungen erzeugten Events und erfolgten Abbrüche werden nach dem erneuten Starten nicht mehr berücksichtigt. Für die Verknüpfung dieser Prädikate stehen die Operatoren ∧ (AND), ∨ (OR) und ¬ (NOT) sowie Klammern zur Verfügung. Mit dem NOT-Operator lassen sich Bedingungen beschreiben, die genau dann erfüllt sind, wenn bestimmte Events seit dem letzten Start der referenzierten Aktionen noch nicht eingetreten sind. Boolesche Ausdrücke werden event-gesteuert, d.h. nur bei Änderung eines Prädikates durch Erzeugung eines START- bzw. END-Events oder durch Abbruch einer Aktion, ausgewertet. Der Abbruch einer Interaktion wird dabei als ein implizites, nicht benanntes Event betrachtet. Folgendes Beispiel für eine Regel dieses Formalismus beschreibt die Erzeugung des Event E.END, nachdem entweder die Aktionen A und B oder die Aktionen C und D ihr END-Event erzeugt haben:

$$(\text{ENDED}(A) \wedge \text{ENDED}(B)) \vee (\text{ENDED}(C) \wedge \text{ENDED}(D)) \to \text{send}(A.\text{END}).$$

Die Erzeugung der START- und END-Events durch die vier Ausgabesynchronisationsoperatoren wird unter Verwendung des vorgestellten Formalismus erläutert:

SEQUENTIAL-Operator

Erzeugung des START-Events nach Empfangen des START-Events des ersten Operanden; Erzeugung des END-Events nach Empfangen des END-Events des letzten Operanden oder nach Abbruch.

A: **SEQUENTIAL** $(A_1, A_2, \ldots, A_n)$

$A_1.\text{START} \to \text{send}(A.\text{START})$,

$A_n.\text{END} \to \text{send}(A.\text{END})$,

$\text{ABORTED}(A) \wedge \text{STARTED}(A) \to \text{send}(A.\text{END})$

PARSTART-Operator

Erzeugung des START-Events nach Empfangen des START-Events von allen Operanden; Erzeugung des END-Events nach Empfangen des END-Events von allen Operanden oder nach Abbruch.

A: **PARSTART**$(A_1, A_2, \ldots, A_n)$

$\text{STARTED}(A_1) \wedge \text{STARTED}(A_2) \wedge \ldots \wedge \text{STARTED}(A_n) \to \text{send}(A.\text{START})$,

$\text{ENDED}(A_1) \wedge \text{ENDED}(A_2) \wedge \ldots \wedge \text{ENDED}(A_n) \to \text{send}(A.\text{END})$,

$\text{ABORTED}(A) \wedge \text{STARTED}(A) \to \text{send}(A.\text{END})$

PARSTARTEND-Operator

Erzeugung des START-Events nach Empfangen des START-Events von allen Operanden; Erzeugung des END-Events nach Empfangen des END-Events von einem Operanden oder nach Abbruch.

A: **PARSTARTEND**$(A_1, A_2, \ldots, A_n)$

$\text{STARTED}(A_1) \wedge \text{STARTED}(A_2) \wedge \ldots \wedge \text{STARTED}(A_n) \to \text{send}(A.\text{START})$,

$\neg\,\text{ENDED}(A_1) \wedge \ldots \wedge \neg\,\text{ENDED}(A_{i-1}) \wedge \text{ENDED}(A_i) \wedge \neg\,\text{ENDED}(A_{i+1})$
$$\wedge \ldots \wedge \neg\,\text{ENDED}(A_n) \to \text{send}(A.\text{END}),$$

$\text{ABORTED}(A) \wedge \text{STARTED}(A) \to \text{send}(A.\text{END})$

ITERATE-Operator

- begrenzte Iteration: Erzeugung des START-Events nach dem ersten Empfangen des START-Events vom Operanden; Erzeugung des END-Events nach dem letzten Empfangen des END-Event vom Operanden oder nach Abbruch. Die endliche

Iteration kann rekursiv auf eine sequentielle Ausführung zurückgeführt werden, aus der sich dann die Erzeugung von START- und END-Events ergibt.

A: **ITERATE**[n] (A_1) mit $n \geq 1$

ITERATE[n] (A_1) ≡ **SEQUENTIAL** $(A_1,$ **ITERATE**[n-1] $(A_1))$,

ITERATE[1] (A_1) ≡ A_1,

ABORTED(A) ∧ STARTED(A) → send(A.END)

- unbegrenzte Iteration: Erzeugung des START-Events nach dem ersten Empfangen des START-Events vom Operanden; Erzeugung des END-Events nach Abbruch.

  A: **ITERATE**(A_1)

  STARTED(A_1) ∧ ¬ STARTED(A) → send(A.START),

  ABORTED(A) ∧ STARTED(A) → send(A.END)

Abb. 4.10 zeigt die zeitlichen Beziehungen zwischen den untergeordneten Aktionen und die zeitliche Ausprägung der durch binäre Ausgabesynchronisationsoperatoren beschriebenen komplexen Ausgaben.

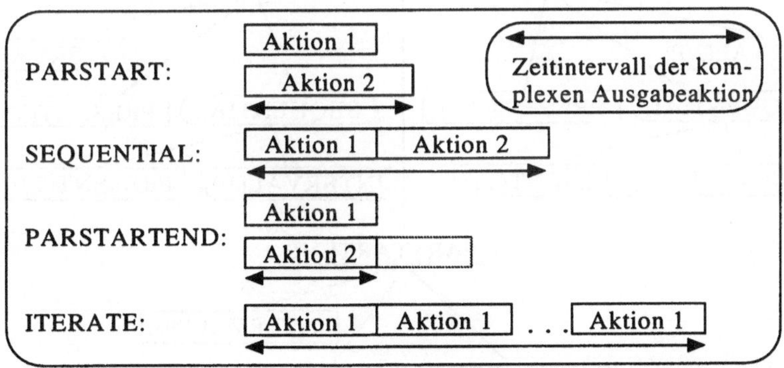

Abb. 4.10   Zeitliche Ausprägung komponierter Ausgabeaktionen

Die Verwendung von Ausgabesynchronisationsoperatoren für die Beschreibung komplexer multimedialer Ausgaben soll an folgendem Beispiel, dessen ODIS-Beschreibung als abstrakter Syntaxbaum in Abb. 4.11 dargestellt wird, verdeutlicht werden:

> Eine Sequenz von drei Video-Clips (V_1,V_2,V_3) soll gleichzeitig mit einer Audio-Ausgabe A präsentiert werden. Jeder der Video-Clips soll nach 10 Sekunden einen Untertitel (T_1,T_2,T_3) erhalten und nicht länger als 30 Sekunden präsentiert werden.

In diesem Beispiel werden Timeraktionen für die Beschreibung von zeitlichen Verzögerungen (SEQUENTIAL-Operator) sowie für die Beschreibung von begrenzten Präsentationsdauern (PARSTARTEND-Operator) verwendet.

Beispiel:

```
Example = DO PARSTART(PRESENT(pres.A), SEQUENTIAL(
        PARSTARTEND(INTERVAL[30], PRESENT(pres.V₁)
          SEQUENTIAL(INTERVAL[10], PRESENT(pres.T₁))),
        PARSTARTEND(INTERVAL[30], PRESENT(pres.V₂),
          SEQUENTIAL(INTERVAL[10], PRESENT(pres.T₂))),
        PARSTARTEND(INTERVAL[30], PRESENT(pres.V₃),
          SEQUENTIAL(INTERVAL[10], PRESENT(pres.T₃))));
```

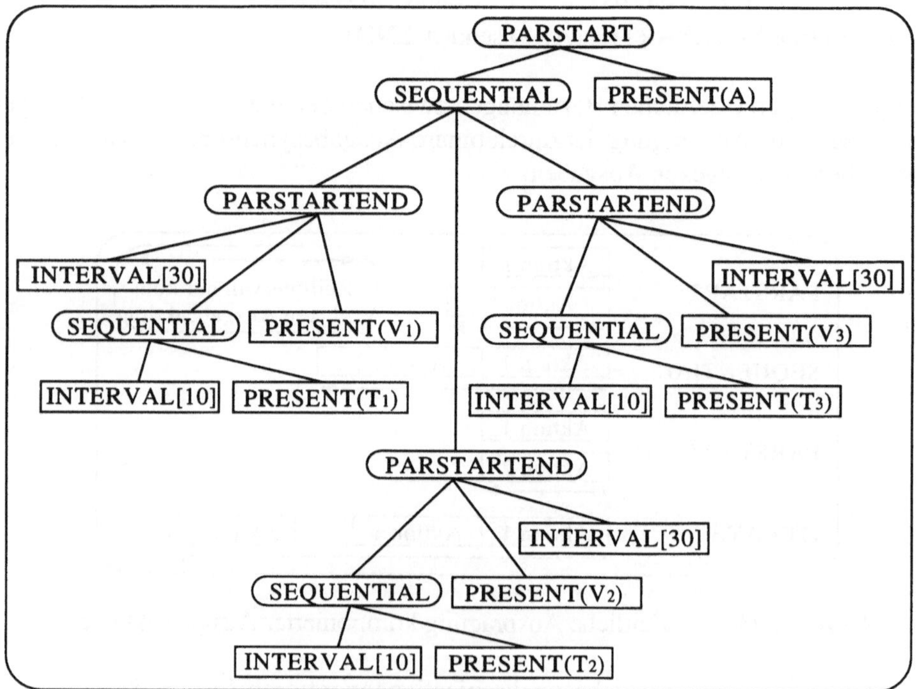

Abb. 4.11		Syntaxbaum einer komplexen multimedialen Ausgabeaktion

4.4.4　Kontinuierliche Ausgaben in der Dialogkontrolle

Das Dialogmodell der Sprache ODIS ermöglicht eine direkte Einbindung kontinuierlicher Ausgabeaktionen in die Dialogkontrolle, indem sie als Operanden des

Sequenzoperators verwendet werden. Da der Sequenzoperator für die Abarbeitung komplexer Teilinteraktionen bereits die zeitliche Ausprägung seiner Operanden berücksichtigen muß, erfordert die Einbindung kontinuierlicher Ausgabeaktionen keine konzeptionelle Erweiterung seiner Funktionalität. Nach dem Start von Operanden mit zeitlicher Ausprägung wartet der Sequenzoperator passiv auf deren Abarbeitung, so daß die Dialogkontrolle nicht blockiert wird und weitere aktive Teildialoge bearbeiten kann. Die einheitliche Behandlung von Events und Aktionen als Operanden des Sequenzoperators unterscheidet das Dialogmodell von ODIS wesentlich von anderen hierarchischen Dialogmodellen, z.B. dem AIT-Modell [Bos88] und dem Interaktionsmodell [Hüb90] (siehe Abschnitte 3.1.1 und 3.1.3). Aufgrund dieser Eigenschaft ist das ODIS-Dialogmodell für die Modellierung multimedialer Benutzerschnittstellen besonders geeignet.

Kontinuierliche Aktionen werden standardmäßig synchron ausgeführt, so daß der Sequenzoperator erst nach ihrer Abarbeitung den nachfolgenden Operanden startet oder die Abarbeitung seiner Operanden beendet. Beim Abbruch der durch den Sequenzoperator beschriebenen (Teil-)Interaktion werden aktive kontinuierliche Aktionen abgebrochen. Syntaktisch kann kontinuierlichen Ausgabeaktionen ein Aktionsname zugeordnet werden, der als Referenz in der Definition zeitlicher Beziehungen zwischen Interaktionen und kontinuierlichen Ausgaben (siehe Abschnitt 4.5) benötigt wird. Die Definition von Faktoren (Operanden des Sequenzoperators), die kontinuierliche Ausgabeaktionen repräsentieren, besitzt damit folgende EBNF-Syntax:

factor   ::=   „DO" [action-name „:"] continuous-action.

Neben der synchronen Ausführung kontinuierlicher Aktionen unterstützt ODIS außerdem auch ihre asynchrone Ausführung. In diesem Fall wird die kontinuierliche Ausgabeaktion durch den Sequenzoperator gestartet, ohne daß auf ihre Abarbeitung gewartet wird. Beim Abbruch der durch den Sequenzoperator beschriebenen (Teil-) Interaktion erfolgt deshalb kein Abbruch der asynchron ausgeführten Ausgabeaktion. Auch asynchron ausgeführten kontinuierlichen Ausgabeaktionen können Aktionsnamen zugeordnet werden. Das ODIS-Sprachkonstrukt für die asynchrone Ausführung kontinuierlicher Aktionen besitzt folgende EBNF-Syntax:

factor   ::=   „DO" „ASYNCHRONOUS" [action-name „:"]
continuous-action.

4.4.5 Operationen auf Ausgabe- und Timeraktionen

Neben dem Starten und Stoppen unterstützt ODIS drei weitere Operationen, mit denen Ausgabe- und Timeraktionen manipuliert werden können: zeitliches Skalieren (mit einer Gleitkommazahl als relativem Skalierungsfaktor), Unterbrechen und Fortsetzen von Aktionen[6]. Diese Operationen gehören deshalb sowohl zum Protokoll der Basisaktionen (Timer- und Ausgabeaktionen) als auch zum Protokoll von Ausgabesynchronisationsoperatoren.

Durch das Skalieren von Ausgabe- und Timeraktionen wird ihre Präsentationsdauer verkürzt (Skalierungsfaktor kleiner eins) oder verlängert (Skalierungsfaktor größer eins). Diese Operation wird von Ausgabesynchronisationsoperatoren an ihre Operanden delegiert und schließlich von Timeraktionen und elementaren kontinuierlichen Ausgabeaktionen verarbeitet. Auf eine diskrete Ausgabeaktion hat sie keine Auswirkung.

Das Unterbrechen von Ausgabe- und Timeraktionen wird ebenfalls von den Ausgabesynchronisationsoperatoren an ihre Operanden delegiert und nur von Timeraktionen und elementaren kontinuierlichen Ausgabeaktionen verarbeitet. Eine diskrete Ausgabeaktion wird von dieser Operation nicht beeinflußt. Die Dauer einer unterbrochenen Timeraktion verlängert sich um die bis zum Fortsetzen verstrichene Zeit.

Auch das Fortsetzen wird durch die Hierarchie von Ausgabe- und Timeraktionen delegiert und von Timeraktionen und elementaren kontinuierlichen Ausgabeaktionen verarbeitet. Diese Operation ist nur nach vorherigem Unterbrechen der Präsentation zulässig.

Syntaktisch erfordert der Aufruf dieser Operationen eine eindeutige Identifizierung von Timer- und Ausgabeaktionen. In ODIS kann deshalb jede Aktion (Ausgabe- oder Timeraktion) mit einem Aktionsnamen versehen werden, der in den Aktionen einer Interaktion wie eine Referenz auf die entsprechende Aktion verwendet werden kann. Der Aufruf der drei Operationen besitzt damit folgende EBNF-Syntax:

- Skalieren: „DO" „{" action-name „→" „scale" „(" float-expression „)" „}".
- Unterbrechen: „DO" „{" action-name „→" „pause" „( )" „}".
- Fortsetzen: „DO" „{" action-name „→" „resume" „( )" „}".

---

[6] Das Invertieren kontinuierlicher Ausgabeaktionen (Umdrehen der Präsentationsrichtung) wird momentan noch nicht unterstützt, ist aber konzeptionell in ODIS integrierbar. Dafür müßte jedoch insbesondere die Semantik der Invertierung von Ausgabesynchronisationsoperatoren definiert werden.

Die drei Operationen werden also nicht als vordefinierte ODIS-Methoden sondern als diskrete Aktionen behandelt und damit als Zielsprachenausdrücke spezifiziert. Der Vorteil dieses Ansatzes besteht darin, daß die Schnittstelle der Ausgabe- und Timeraktionen ohne Änderung der ODIS-Syntax erweitert werden kann, z.B. um eine Methode für das Invertieren der Präsentationsrichtung.

4.5 Synchronisation von Interaktionen und Ausgabeaktionen

In den ersten Abschnitten dieses Kapitels wurden Dynamikoperatoren für die Beschreibung von Interaktionen sowie Ausgabesynchronisationsoperatoren für die Modellierung komplexer Ausgabeaktionen vorgestellt. Die Modellierung des Dialogablaufs multimedialer Benutzerschnittstellen muß außerdem die Nebenläufigkeit von kontinuierlichen Ausgabeaktionen und Interaktionen unterstützen. Allgemein müssen Sprachkonstrukte zur Verfügung gestellt werden, die zeitliche Beziehungen zwischen kontinuierlichen Ausgabeaktionen und Interaktionen beschreiben. Für die Definition dieser Sprachkonstrukte muß sowohl kontinuierlichen Ausgabeaktionen als auch Interaktionen eine zeitliche Ausprägung zugeordnet werden.

In diesem Abschnitt wird zunächst das auf START- und END-Events beruhende Zeitmodell für kontinuierliche Ausgabeaktionen auf Interaktionen übertragen. Aufbauend auf diesem gemeinsamen Zeitmodell werden dann sogenannte Synchronisationsoperatoren für die Beschreibung der zeitlichen Beziehungen zwischen kontinuierlichen Ausgabeaktionen und Interaktionen eingeführt und an Beispielen erläutert.

4.5.1 Zeitliche Ausprägung von Interaktionen

Interaktionen (komplexe Events) beschreiben die Erkennung und Verarbeitung von Eventkombinationen, die mehrere Basisevents beinhalten können. Ihnen kann deshalb als zeitliche Ausprägung das Zeitintervall zwischen dem Eintreten des ersten und letzten Events zugeordnet werden (siehe Abschnitt 4.3.1). Dagegen treten Basisevents zu diskreten Zeitpunkten ein und besitzen deshalb keine zeitliche Ausprägung. In ODIS werden komplexe Interaktionen durch Schachtelung von Dynamikoperatoren beschrieben, deren Operanden als Teilinteraktionen bezeichnet werden. Für die Erzeugung von START- und END-Events von Interaktionen muß deshalb für jeden Dynamikoperator definiert wird, wann er in Abhängigkeit von den START- und END-Events untergeordneter Teilinteraktionen sein START- und END-Event erzeugt. Die Erläuterung dieser Abhängigkeiten erfolgt aufbauend auf dem in Abschnitt 4.4.3 eingeführten Formalismus, der dafür auf Interaktionen erweitert wird, so daß als Operanden der Prädikate STARTED, ENDED und ABORTED neben Aktionen auch Interaktionen zulässig sind.

OR-Operator

Erzeugung des START-Events nach Empfangen des START-Events von einer Teilinteraktion; Erzeugung des END-Events nach Empfangen des END-Events von einer Teilinteraktion oder nach Abbruch.

$I = I_1 \text{ OR } I_2 \text{ OR } \ldots \text{ OR } I_n$

$\neg \text{STARTED}(I_1) \wedge \ldots \wedge \neg \text{STARTED}(I_{i-1}) \wedge \text{STARTED}(I_i) \wedge \neg \text{STARTED}(I_{i+1})$
$$\wedge \ldots \wedge \neg \text{STARTED}(I_n) \to \text{send}(I.\text{START}),$$

$\neg \text{ENDED}(I_1) \wedge \ldots \wedge \neg \text{ENDED}(I_{j-1}) \wedge \text{ENDED}(I_j) \wedge \neg \text{ENDED}(I_{j+1})$
$$\wedge \ldots \wedge \neg \text{ENDED}(I_n) \to \text{send}(I.\text{END}),$$

$\text{ABORTED}(I) \wedge \text{STARTED}(I) \to \text{send}(I.\text{END})$

XOR-Operator

Erzeugung des START-Events nach Empfangen des START-Events von einer Teilinteraktion; Erzeugung des END-Events nach Empfangen des END-Events von der dann noch aktiven Teilinteraktion oder nach Abbruch.

$I = I_1 \text{ XOR } I_2 \text{ XOR } \ldots \text{ XOR } I_n$

$\neg \text{STARTED}(I_1) \wedge \ldots \wedge \neg \text{STARTED}(I_{i-1}) \wedge \text{STARTED}(I_i) \wedge \neg \text{STARTED}(I_{i+1})$
$$\wedge \ldots \wedge \neg \text{STARTED}(I_n) \to \text{send}(I.\text{START}),$$

$\text{ENDED}(I_i) \to \text{send}(I.\text{END}),$

$\text{ABORTED}(I) \wedge \text{STARTED}(I) \to \text{send}(I.\text{END})$

REPEAT-Operator

Erzeugung des START-Events nach dem ersten Empfangen eines START-Events von der Iterationsinteraktion oder von der Abbruchinteraktion; Erzeugung des END-Events nach dem Empfangen des END-Events von der Abbruchinteraktion oder nach Abbruch.

$I = \text{REPEAT } I_1 \text{ UNTIL } I_2$

$\neg \text{STARTED}(I) \wedge (\text{STARTED}(I_1) \vee \text{STARTED}(I_2)) \to \text{send}(I.\text{START}),$

$\text{ENDED}(I_2) \to \text{send}(I.\text{END}),$

$\text{ABORTED}(I) \wedge \text{STARTED}(I) \to \text{send}(I.\text{END})$

LOOP-Operator

Erzeugung des START-Events nach dem ersten Empfangen eines START-Events von der Iterationsinteraktion; Erzeugung des END-Events, nachdem die Auswertung der Abbruchbedingung den Wert TRUE ergeben hat oder nach Abbruch.

$I = \textbf{LOOP}\ I_1\ \textbf{UNTIL}\ B$

$\neg\ \text{STARTED}(I) \land \text{STARTED}(I_1) \rightarrow \text{send}(I.\text{START}),$

$\text{ENDED}(I_1) \rightarrow \text{IF EVAL}(B)\ \text{THEN send}(I.\text{END}),$

$\text{ABORTED}(I) \land \text{STARTED}(I) \rightarrow \text{send}(I.\text{END})$

AND-Operator

Erzeugung des START-Events nach Empfangen des START-Events von einer Teilinteraktion; Erzeugung des END-Events nach Empfangen des END-Events von allen Teilinteraktionen oder nach Abbruch.

$I = I_1\ \textbf{AND}\ I_2\ \textbf{AND}\ \dots\ \textbf{AND}\ I_n$

$\neg\ \text{STARTED}(I_1) \land \dots \land \neg\ \text{STARTED}(I_{i-1}) \land \text{STARTED}(I_i) \land \neg\ \text{STARTED}(I_{i+1})$

$$\land \dots \land \neg\ \text{STARTED}(I_n) \rightarrow \text{send}(I.\text{START}),$$

$\text{ENDED}(I_1) \land \text{ENDED}(I_2) \land \dots \land \text{ENDED}(I_n) \rightarrow \text{send}(I.\text{START}),$

$\text{ABORTED}(I) \land \text{STARTED}(I) \rightarrow \text{send}(I.\text{END})$

IF-Operator

Erzeugung des START-Events nach Empfangen des START-Events von der gestarteten Teilinteraktion; Erzeugung des END-Events nach Empfangen des END-Events von der gestarteten Teilinteraktion.

$I = \textbf{IF}\ B\ \textbf{THEN}\ I_1\ \textbf{ELSE}\ I_2$

$\text{STARTED}(I_1) \lor \text{STARTED}(I_2) \rightarrow \text{send}(I.\text{START}),$

$\text{ENDED}(I_1) \lor \text{ENDED}(I_2) \rightarrow \text{send}(I.\text{END}),$

$\text{ABORTED}(I) \land \text{STARTED}(I) \rightarrow \text{send}(I.\text{END})$

Sequenzoperator

Bei der Erzeugung von START- und END-Events für (Teil-)Interaktionen, die durch den Sequenzoperator beschrieben werden, muß berücksichtigt werden, daß der Sequenzoperator verschiedene Arten von Operanden zuläßt: Basisevents, komplexe Events, Aktionen, Aufrufe vordefinierter Methoden und Operatoren sowie Kommunikation mit anderen Interaktionsobjekten (siehe Abschnitt 4.7).

Die Erzeugung der START- und END-Events unterscheidet den Sequenzoperator von allen anderen Dynamikoperatoren, da er neben einer vordefinierten auch eine benutzerdefinierte Erzeugung dieser Events unterstützt. Die vordefinierte Erzeugung des START-Events erfolgt nach der Abarbeitung des ersten Operanden, die vordefinierte Erzeugung des END-Events nach der Abarbeitung des letzten Operanden. Für Interaktionen, deren Beschreibungen mit einem Event beginnen und enden, entspricht diese Definition der in Abschnitt 4.3.1 beschriebenen Erzeugung des

START- und END-Events nach dem Eintreten des ersten bzw. letzten Events einer Interaktion.

Durch die beiden ODIS-Schlüsselwörter START und END kann diese vordefinierte Erzeugung von START- und END-Events jedoch „überschrieben" werden. Sie ermöglichen

- die Beschreibung von Positionen innerhalb einer Sequenz, an denen das START- oder END-Event der Interaktion erzeugt werden soll, sowie
- die Markierung von Operanden, deren START- oder END-Events die Erzeugung des START- bzw. END-Events der Interaktion auslösen sollen.

Die Markierung von Operanden durch die ODIS-Schlüsselwörter START und END ist nur für solche Operanden sinnvoll, die START- und END-Events erzeugen, also Teilinteraktionen und kontinuierliche Ausgabeaktionen. Werden dagegen Operanden markiert, auf die diese Eigenschaft nicht zutrifft, so wird das START- bzw. END-Event der durch den Sequenzoperator beschriebenen Interaktion unmittelbar nach der Abarbeitung dieser Operanden (z.B. nach dem Eintreten eines Basisevents oder nach der Ausführung einer diskreten Aktion) erzeugt. Die benutzerdefinierte Erzeugung von START- oder END-Events besitzt die folgende EBNF-Syntax:

$$\text{factor} ::= \text{„\textbf{START}" } | \text{ „\textbf{END}" } | [\text{ „\textbf{START}" „:" }] \text{ factor } | [\text{ „\textbf{END}" „:" }] \text{ factor.}$$

Für die Beschreibung der Erzeugung von START- und END-Events durch den Sequenzoperator wird die Bedeutung der Prädikate STARTED und ENDED des Formalismus wie folgt erweitert:

- STARTED(F):   Faktor F hat das START-Event gesendet oder wurde abgearbeitet.
- ENDED(F):   Faktor F hat das END-Event gesendet oder wurde abgearbeitet.

$I = F_1 \rightarrow F_2 \rightarrow \dots \rightarrow F_n$

STARTED(F_1) $\rightarrow$ send(I.START),

ENDED(F_n) $\rightarrow$ send(I.END),

ABORTED(I) $\wedge$ STARTED(I) $\rightarrow$ send(I.END)

$I = F_1 \rightarrow \dots \rightarrow \textbf{START}: F_i \rightarrow \dots \rightarrow \textbf{END}: F_j \rightarrow \dots \rightarrow F_n$

STARTED(F_i) $\rightarrow$ send(I.START),

ENDED(F_j) $\rightarrow$ send(I.END),

ABORTED(I) $\wedge$ STARTED(I) $\rightarrow$ send(I.END)

$$I = F_1 \to \dots \to F_i \to \textbf{START} \to \dots \to F_j \to \textbf{END} \to \dots \to F_n$$

$\text{ENDED}(F_i) \to \text{send}(I.\text{START}),$

$\text{ENDED}(F_j) \to \text{send}(I.\text{END}),$

$\text{ABORTED}(I) \wedge \text{STARTED}(I) \to \text{send}(I.\text{END})$

Die für den Sequenzoperator benutzerdefinierte Erzeugung von START- oder END-Events wird an der bereits in Abschnitt 4.3.6 vorgestellten gemeinsamen Beschreibung der beiden Interaktionen Move und Select erläutert.

Beispiel:

```
ATTRIBUTES
    FMouseEvent me;
    int x;
    int y;
DYNAMICS = Select XOR Move XOR ...;
    Touch = buttondown[1,pres] → DO {pres.invert()};
    Select = Touch → START:buttonup[1,pres]
              → DO {pres.invert()};
    Move(FMoveEvent* mve) = Touch →
        START: ( REPEAT mousemove(me)
                    → DO {pres.setposition(me.xpos,me.ypos)}
                 UNTIL buttonup[1,pres](me)
                    → DO {pres.invert()} );
```

Diese Definition stellt sicher, daß das START-Event der Select-Interaktion erst nach dem Eintreten des buttonup-Events und das START-Event der Move-Interaktion nach dem Empfangen des START-Events von der durch den REPEAT-Operator beschriebenen Teilinteraktion gesendet werden. Für diese Teilinteraktion gilt die vordefinierte Erzeugung der START- und END-Events, so daß sie ihr START-Event nach dem ersten Eintreten des mousemove-Events sendet. Die END-Events dieser beiden Interaktionen werden – wie vordefiniert – jeweils nach der Abarbeitung des letzten Operanden, also jeweils am Ende der Interaktionen, gesendet. Durch die verzögerte Erzeugung der START-Events kann der XOR-Operator nach der Empfangen des ersten START-Events eindeutig entscheiden, welche der beiden Interaktionen ausgeführt wird.

Weitere Anwendungen der benutzerdefinierten Erzeugung von START- und END-Events ergeben sich durch Interaktionen, deren Beschreibung mit einer Aktion für die Ausgabe eines Prompts (z.B. das Ausgeben eines Menüs) beginnen und mit einer Aktion für die Verarbeitung von Benutzereingaben durch die Applikation (z.B. der Aufruf von Applikationsfunktionen) enden.

Beispiel:

```
Example = DO {pres.drawprompt()} → buttondown[1,pres]
          → ... → buttonup[1,pres] → DO {app.callback(...)};
```

Die vordefinierte Erzeugung des START- und END-Events erfolgt nach der Ausgabe
des Prompts bzw. nach der Abarbeitung der Applikationsfunktion. Durch die
Schlüsselwörter START und END kann auch für solche Interaktionen festgelegt
werden, daß START- und END-Events nach dem Eintreten des ersten bzw. letzten
Events gesendet werden. Im folgenden Beispiel werden die beiden Schlüsselwörter
START und END nicht als Markierung, sondern als eigenständige Faktoren des
Sequenzoperators verwendet (siehe Grammatikregeln für factor), um die Positionen der Sequenz zu markieren, an denen START- und END-Events gesendet wer-
den sollen.

Beispiel:

```
Example = DO {pres.drawprompt()} → buttondown[1,pres]
          → START → ... → buttonup[1,pres] → END
          → DO {app.callback(...)};
```

4.5.2 Synchronisationsoperatoren

Aufbauend auf dem einheitlichen Zeitmodell für Interaktionen und kontinuierlichen
Ausgabeaktionen werden in diesem Abschnitt Synchronisationsoperatoren für die
Beschreibung zeitlicher Beziehungen zwischen ihnen eingeführt. Synchronisationsoperatoren beschreiben Beziehungen zwischen Zeitintervallen und werden deshalb
von den Intervallrelationen des Intervallkalküls (siehe Abschnitt 2.5.3) abgeleitet.

Zeitliche Ausprägungen werden in ODIS durch START- und END-Events beschrieben, so daß für die Definition der Synchronisationsoperatoren nur die Intervallrelationen interessant sind, die durch Gleichungen zwischen den Start- und Endzeitpunkten der beiden Intervalle ausgedrückt werden können. ODIS unterstützt deshalb
die vier binären Synchronisationsoperatoren STARTS, EQUALS, ENDS und
MEETS.

Synchronisationsoperatoren reagieren auf das Empfangen von START- und END-
Events des ersten Operanden mit dem Aufruf der start- oder stop-Methode des
zweiten Operanden, um die beschriebene zeitliche Beziehung sicherzustellen. Das
gleichzeitige Starten der Operanden wird z.B. durch den Aufruf der start-Methode
nach dem Empfangen eines START-Events erreicht. Synchronisationsoperatoren

stellen unidirektionale zeitliche Beziehungen zwischen den Zeitintervallen ihrer Operanden sicher.

Die folgende Einführung der Synchronisationsoperatoren setzt ebenfalls auf dem in Abschnitt 4.4.3 eingeführten Formalismus auf. Synchronisationsanweisungen werden entsprechend den Interaktionen an abgeleitete Interaktionsklassen vererbt. Um das Überschreiben von Synchronisationsanweisungen zu ermöglichen, kann ihnen ein Name zugeordnet werden.

STARTS-Operator

Die Erzeugung des START-Events durch den ersten Operanden hat den Aufruf der start-Methode des zweiten Operanden zur Folge.

synchronization ::= [identifier „="] identifier „**STARTS**" identifier „;".

I **STARTS** A ≡ I.START → A.start(),
A **STARTS** I ≡ A.START → I.start()

EQUALS-Operator

Die Erzeugung des START-Events durch den ersten Operanden hat den Aufruf der start-Methode des zweiten Operanden zur Folge. Nachdem der erste Operand sein END-Event erzeugt hat, wird der zweite Operand durch Aufruf der stop-Methode abgebrochen.

synchronization ::= [identifier „=" identifier] „**EQUALS**" identifier „;".

I **EQUALS** A ≡ I.START → A.start(), I.END → A.stop(),
A **EQUALS** I ≡ A.START → I.start(), A.END → I.stop()

ENDS-Operator

Nachdem der erste Operand sein END-Event erzeugt hat, wird der zweite Operand durch Aufruf der stop-Methode abgebrochen.

synchronization ::= [identifier „="] identifier „**ENDS**" identifier „;".

I **ENDS** A ≡ I.END → A.stop(),
A **ENDS** I ≡ A.END → I.stop()

MEETS-Operator

Die Erzeugung des END-Events durch den ersten Operanden hat den Aufruf der start-Methode des zweiten Operanden zur Folge.

synchronization ::= [identifier „="] identifier „**MEETS**" identifier „;".

I **MEETS** A ≡ I.END → A.start(),
A **MEETS** I ≡ A.END → I.start()

Abb. 4.12 stellt die durch die Synchronisationsoperatoren beschriebenen zeitlichen
Beziehungen zwischen einer kontinuierlichen Ausgabeaktion und einer Interaktion
graphisch dar.

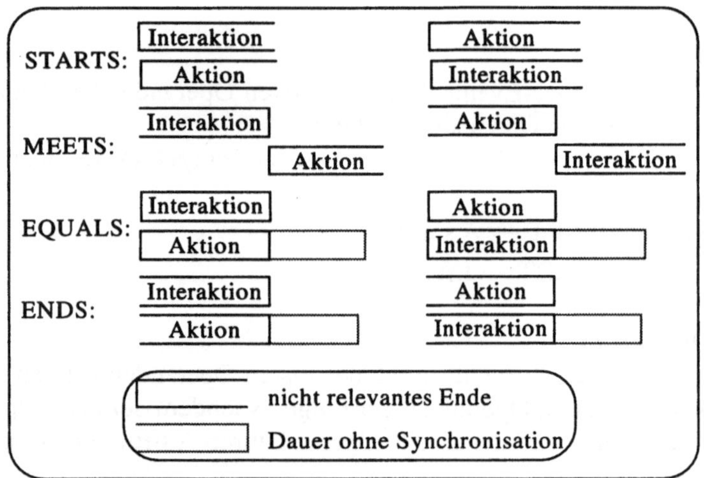

Abb. 4.12   Funktionalität der Synchronisationsoperatoren

Synchronisationsoperatoren reagieren nur auf die von ihren Operanden erzeugten
START- und END-Events und können deshalb nicht selbst gestartet oder gestoppt
werden. Im Vergleich zu Dynamik- oder Ausgabesynchronisationsoperatoren sind
sie also passiv und können nicht in Interaktionen verwendet werden. Aufgrund
dieser Passivität müssen Synchronisationsoperatoren einen Operanden besitzen, der
„von außen", d.h. durch eine andere Interaktion oder einen anderen Synchronisationsoperator, gestartet wird. Durch das START- oder END-Event des ersten Operanden wird die Synchronisation der beiden Operanden ausgelöst. Der zweite Operand beschreibt die Interaktion oder kontinuierliche Ausgabeaktion die nach dem
Empfangen des START-Events (STARTS-, EQUALS-Operator) oder des END-
Events (MEETS-, EQUALS-, ENDS-Operator) gestartet oder abgebrochen wird.

Jeder kontinuierlichen Ausgabeaktion (komplexe Ausgabeaktion, Operand eines
Ausgabesynchronisationsoperators) kann ein Aktionsname zugeordnet werden
(siehe Grammatikregel für named-action), der als Operand von Synchronisationsoperatoren zulässig ist. Außerdem können Interaktionen sowie Teilinterak-

tionen einer komplexen Interaktion benannt und in Synchronisationsanweisungen referenziert werden.

4.5.3 Synchronisation von Ausgabeaktionen mit Interaktionen

Für die Synchronisation von Interaktionen und kontinuierlichen Aktionen können in der Dialogablaufbeschreibung von Interaktionsklassen neben Interaktionen auch zeitliche Beziehungen zwischen Interaktionen und Ausgabeaktionen beschrieben werden. Die Anwendung von Synchronisationsoperatoren für die Beschreibung der Nebenläufigkeit in multimedialen Benutzerschnittstellen soll an dem in Abschnitt 4.3.3 beschriebenen Beispiel einer multimedialen Benutzerschnittstelle (Steuerung einer gleichzeitigen Video- und Audio-Präsentation durch eine Interaktion) demonstriert werden. Der Dialog wird durch die Interaktion Control und ihre Synchronisation mit einer komplexen kontinuierlichen Ausgabeaktion, der gleichzeitig gestarteten Video- und Audio-Ausgabeaktion, mittels des Synchronisationsoperators EQUALS beschrieben (siehe abstrakten Syntaxbaum in Abb. 4.13). Das START-Event der Control-Interaktion löst die Synchronisation mit der komplexen Ausgaben av aus.

Beispiel:

```
DYNAMIC-CLASS ControlPanel { ...
ATTRIBUTES
   FMouseEvent me;
DYNAMICS = Control;
   Control = DO {pres.drawpanel()}  → START
             → click[1,pres.Start] →
    ( REPEAT click[1,pres.Pause] → DO {av.pause()}
             → click[1,pres.Resume] → DO {av.resume()}
      XOR buttondown[1,pres.Vel](me) →
          ( REPEAT mousemove(me)
              → DO {pres.Vel.move(me.xpos, me.ypos),
                    pres.changeVel(me.xpos, me.ypos)}
            UNTIL buttonup[1,pres.Vel](me))
      XOR buttondown[1,pres.Vol](me) →
          ( REPEAT mousemove(me)
              → DO {pres.Vol.move(me.xpos, me.ypos),
                    pres.changeVol(me.xpos, me.ypos)}
            UNTIL buttonup[1,pres.Vol](me))
    UNTIL click[1,pres.Stop] → END
          → DO {pres.erasepanel()} );
```

```
av = DO PARSTART(PRESENT(pres.video),
                 PRESENT(pres.audio)));

SYNCHRONIZATION
  Control EQUALS av;
};
```

In diesem Beispiel wird davon ausgegangen, daß die gleichzeitige Video- und Audio-Präsentation eine unendliche Präsentationsdauer besitzt und deshalb kein END-Event erzeugt. START- und END-Event der Control-Interaktion werden nach dem Betätigen des Start- bzw. End-Buttons erzeugt, so daß der Dialog die gleichzeitige Video- und Audio-Präsentation wie oben beschrieben startet und stoppt. Das Beispiel demonstriert damit die Anwendung von Synchronisationsoperatoren, um kontinuierliche Ausgabeaktionen mit unendlicher Präsentationsdauer in multimediale Benutzerschnittstellen zu integrieren. Durch die Synchronisation mit einer Interaktion kann einer unendlichen Ausgabeaktionen also ein „von außen definiertes" Ende zugeordnet werden.

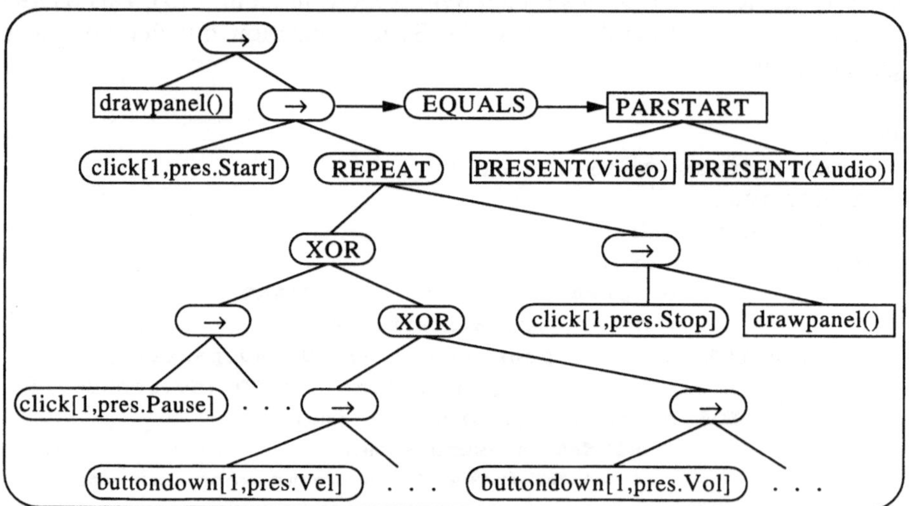

Abb. 4.13   Synchronisation einer Ausgabeaktion mit einer Interaktion

Eine weitere Anwendung der Synchronisation von kontinuierlichen Ausgabeaktionen und Interaktionen ist die zeitliche Beschränkung der Ausführbarkeit von Interaktionen. Insbesondere in Anwendungen für das Computer-unterstützte Lernen („Computer-Based Training", [Dav91], [Enc93]) ist die zeitliche Beschränkung von Interaktionen wichtig, da der Benutzer z.B. innerhalb einer vorgegebenen Zeitspanne antworten muß. In ODIS würde z.B. die Beschränkung der Ausführbarkeit einer Interaktion auf ein bestimmtes Zeitintervall durch Synchronisation mit einer entsprechend parametrisierten Timeraktion beschrieben werden.

4.5.4 Synchronisation von Interaktionen mit Ausgabeaktionen

Interaktionen und kontinuierliche Ausgabeaktionen sind „gleichwertige" Operanden der Synchronisationsoperatoren, da eine Synchronisation sowohl durch eine Interaktion als auch durch eine kontinuierliche Ausgabeaktion ausgelöst werden kann. Deshalb können Synchronisationsoperatoren auch dazu verwendet werden, Interaktionen durch den Start und das Ende einer kontinuierlichen Ausgabeaktion zu starten oder zu stoppen, so daß die Interaktion z.B. nur während einer kontinuierlichen Ausgabe ausführbar ist. Diese Art der Synchronisation ist insbesondere dann sinnvoll, wenn Interaktionen mit kontinuierlichen Ausgabeaktionen synchronisiert werden sollen, die als Operand eines Ausgabesynchronisationsoperators und damit als Komponente einer komplexen multimedialen Ausgabeaktion verwendet werden.

Nach dem Start einer komplexen Ausgabeaktion durch einen Dialogoperator (z.B. durch den Sequenzoperator) läuft diese „selbständig" durch Ausgabesynchronisationsoperatoren gesteuert ab. Da die Präsentationsdauern der untergeordneten kontinuierlichen Ausgabeaktionen nicht immer vorab bekannt sind, kann die Dialogkontrolle nicht berechnen, wann eine Interaktion, die gleichzeitig mit einer kontinuierlichen Ausgabeaktion verfügbar sein soll, gestartet bzw. gestoppt werden muß. Das Starten der kontinuierlichen Ausgabeaktion durch einen Synchronisationsoperator (d.h. durch die Synchronisation mit einer Interaktion) ist in diesem Fall nicht zulässig, da die durch den übergeordneten Ausgabesynchronisationsoperator beschriebene zeitliche Beziehung dann nicht mehr gewährleistet werden könnte. Die im folgenden Beispiel angewendete Synchronisation einer Interaktion und einer kontinuierlichen Ausgabeaktion, bei der die Ausgabeaktion die Synchronisation auslöst, erhält dagegen die zeitlichen Beziehungen zwischen den Ausgabeaktionen der komplexen multimedialen Ausgabe.

Um diese Art der Synchronisation von Interaktionen und kontinuierlichen Präsentation zu verdeutlichen, wird das Beispiel aus Abb. 4.4 modifiziert. Dafür wird die gleichzeitige Video- und Audio-Ausgabe als Komponente einer komplexen Ausgabeaktion definiert. Eine vorangestellte, von drei Texten (T_1,T_2,T_3) begleitete Audio-Ausgabeaktion erklärt dem Benutzer die Interaktionsmöglichkeiten des Kontrollfeldes. Die komplexe Ausgabeaktion wird durch die Interaktion `Interact` gestartet. Durch den `EQUALS`-Operator wird sichergestellt, daß die `Control`-Interaktion nur während der gleichzeitigen Video- und Audio-Präsentation verfügbar ist (siehe abstrakten Syntaxbaum in Abb. 4.14). Außerdem wird für die `Control`-Interaktion eine `ABORT`-Aktion definiert, die beim Abbruch der Interaktion durch den `EQUALS`-Operator das Kontrollfeld wieder löscht.

Die `Control`-Interaktion besitzt keinen Start-Button mehr, da die gleichzeitige Video- und Audio-Ausgabe nicht durch eine Benutzereingabe, sondern durch den übergeordneten Ausgabesynchronisationsoperator gestartet wird. Ihr Stop-Button bleibt jedoch erhalten, so daß der Benutzer die Ausgabe weiterhin abbrechen kann. Die Stoppsynchronisation der `Control`-Interaktion und der Video-/Audio-Ausgabe erfolgt durch den `ENDS`-Operator. Für die Beschreibung dieser Synchronisation wird die Dauer der unendlichen Video-/Audio-Präsentation durch eine Timeraktion begrenzt und mit einem Aktionsnamen versehen. Durch die Definition von Aktionsnamen kann damit jede Ausgabeaktion mit einer Interaktion synchronisiert werden.

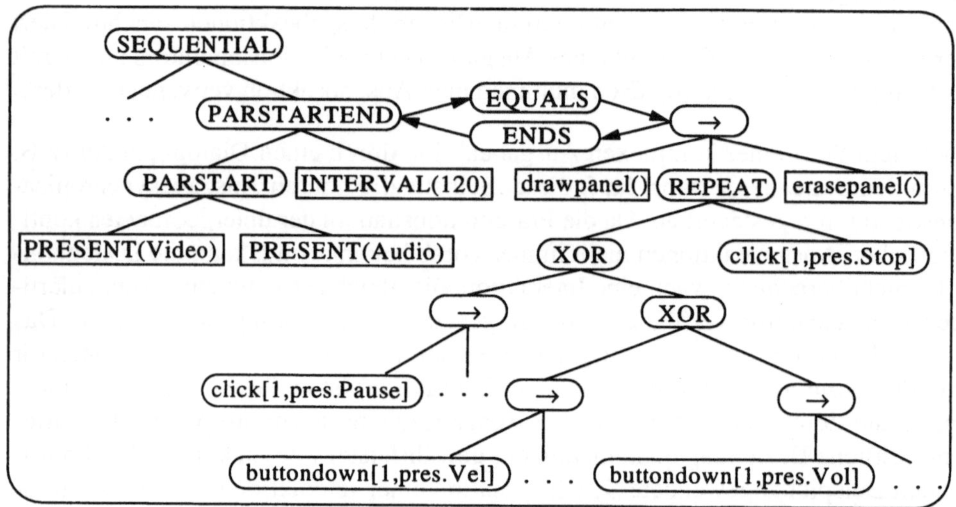

Abb. 4.14   Synchronisation einer Interaktion mit einer Ausgabeaktion

Beispiel:

```
DYNAMIC-CLASS ControlPanel { ...
ATTRIBUTES
   FMoveEvent velmve;
   FMoveEvent volmve;
   ...
```

```
DYNAMICS = Interact;
   Control = DO {pres.drawpanel()} → START →
      ( REPEAT click[1,pres.Pause] → DO {av.pause()}
                → click[1,pres.Resume] → DO {av.resume()}
         XOR buttondown[1,pres.Vel](me) →
            ( REPEAT mousemove(me)
                → DO {pres.Vel.move(me.xpos, me.ypos),
                      pres.changeVel(me.xpos, me.ypos)}
               UNTIL buttonup[1,pres.Vel](me)  )
         XOR buttondown[1,pres.Vol](me) →
            ( REPEAT mousemove(me)
                → DO {pres.Vol.move(me.xpos, me.ypos),
                      pres.changeVol(me.xpos, me.ypos)}
               UNTIL buttonup[1,pres.Vol](me)  )
      UNTIL click[1,pres.Stop] → END
            → DO {pres.erasepanel()}  )
   ABORT {pres.erasepanel()};


   Interact = ... → DO SEQUENTIAL(PARSTART(PRESENT(A),
      SEQUENTIAL(PARSTARTEND(INTERVAL[10],PRESENT(T_1)),
                 PARSTARTEND(INTERVAL[10],PRESENT(T_2)),
                 PARSTARTEND(INTERVAL[10],PRESENT(T_3))),
      av: PARSTARTEND(INTERVAL[120],
                 PARSTART(PRESENT(pres.video),
                 PRESENT(pres.audio))))
      → ... ;


SYNCHRONIZATION
   av EQUALS Control;
   Control ENDS av;
};
```

Dieses Beispiel demonstriert ein weiteres wichtiges Konzept der Synchronisation von Interaktionen und Ausgabeaktionen. Mit Synchronisationsoperatoren können potentiell unendlichen kontinuierlichen Ausgabeaktionen Interaktionen zugeordnet werden, die dem Benutzer das Abbrechen dieser Ausgabeaktion ermöglichen. Die von der Synchronisation betroffene kontinuierliche Ausgabeaktion kann dabei weiterhin als Komponente einer komplexen Ausgabeaktion, d.h. als Operand eines Ausgabesynchronisationsoperators, verwendet werden, da die Synchronisationsoperatoren die hierarchische Modellierung von Interaktionen und kontinuierlichen Ausgabeaktionen nicht beeinflussen. Alternativ dazu kann auch der Ausgabesynchronisationsoperator PARSTARTEND eingesetzt werden, um potentiell unendliche Ausgabeaktionen mit Timeraktionen zu synchronisieren und ihnen damit ein

Ende zuzuordnen (siehe nächstes Beispiel). Damit wird jedoch die Präsentationsdauer fest vorgeben und kann nicht wie bei der Synchronisation mit einer Interaktion vom Benutzer beeinflußt werden. In ODIS kann die Präsentationsdauer einer
potentiell unendlichen kontinuierlichen Ausgabeaktion damit entweder durch eine
Timeraktion oder durch die Synchronisation mit einer Interaktion begrenzt werden.

Mit den beiden Beispielen werden die prinzipiellen Anwendungsfälle für Synchronisationsoperatoren vorgestellt: die Integration von (komplexen) Ausgabeaktionen in
Dialoge und die Integration von Dialogen in komplexe Ausgabeaktionen. Im ersten
Fall steuern Interaktionen die Präsentationsdauer kontinuierlicher Ausgabeaktionen,
während im zweiten Fall Ausgabeaktionen die Zulässigkeit von Interaktionen kontrollieren. Die Beschreibung von interaktiven multimedialen Benutzerschnittstellen
wird i.a. beide Fällen beinhalten, indem sie innerhalb von Interaktionen Ausgabeaktionen startet, die dann ihrerseits durch Synchronisationsoperatoren den Start von
Interaktionen bewirken.

4.5.5   Synchronisationsbedingungen

Die eingeführten Synchronisationsoperatoren repräsentieren binäre Operatoren, d.h.
sie synchronisieren genau eine Interaktion mit einer Ausgabeaktion oder umgekehrt.
Durch die Synchronisationsoperatoren wird ein gerichtetes Zeitnetz definiert, das als
Knoten Interaktionen und Ausgabeaktionen besitzt. Die Kanten eines Zeitnetzes
werden durch Synchronisationsoperatoren markiert. Diese Markierung ist eindeutig,
d.h. jeder Kante wird genau ein Synchronisationsoperator zugeordnet, da eine
Beschreibung unsicherer zeitlicher Beziehungen zwischen Zeitintervallen in Form
disjunktiv verknüpfter Synchronisationsoperatoren in ODIS nicht zulässig ist.

In Abschnitt 2.5.3 wurden bereits disjunktive und konjunktive Verknüpfungen von
zeitlichen Beziehungen motiviert, um z.B. Minimum-/Maximum-Beziehungen zwischen Start- und Endzeitpunkten von Zeitintervallen beschreiben zu können. Da
Synchronisationsoperatoren diese Anforderungen nicht erfüllen, können sie die in
Abb. 4.15 dargestellten zeitlichen Beziehungen zwischen Interaktionen und Ausgabeaktionen nicht beschreiben. In diesem Beispiel sollen die Ausgaben A_1 und A_2
eine nichtderministische Präsentationsdauer besitzen und beide nach dem Ende der
Interaktion I_1 beginnen. Interaktion I_2 soll unmittelbar nach dem Ende der Ausgaben
A_1 *oder* A_2 und Interaktion I_3 unmittelbar nach dem Ende der Ausgaben A_1 *und* A_2
gestartet werden.

Für die Verknüpfung zeitlicher Beziehungen werden deshalb zusätzlich Synchronisationsbedingungen als Operanden von Synchronisationsoperatoren eingeführt.

Synchronisationsbedingungen beschreiben Verknüpfungen von Events mittels der Operatoren OR und AND. Entsprechend den gleichnamigen Dynamikoperatoren beschreiben diese Operatoren keine logischen Verknüpfungen, sondern Eventverknüpfungen, die das Starten oder Stoppen von Interaktionen oder Ausgabeaktionen auslösen.

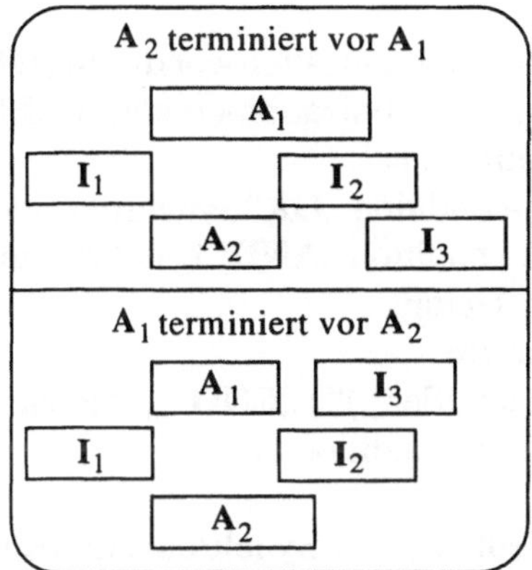

Abb. 4.15   Disjunktive und konjunktive Verknüpfung zeitlicher Beziehungen

Das Ergebnis einer Synchronisationsbedingung ist ein sogenanntes CONDITION-Event, das sowohl als START-Event als auch als END-Event interpretiert werden kann. Aufgrund dieser Interpretation und der Beschränkung auf Start- und Stopp-operationen sind Synchronisationsbedingungen in ODIS nur als Operanden der Synchronisationsoperatoren STARTS und ENDS zulässig. Das in Abb. 4.15 dargestellte Beispiel (alternative Präsentationsverläufe) kann mit Synchronisationsbedingungen wie folgt beschrieben werden.

Beispiel:
```
I₁ STARTS A₁; I₁ STARTS A₂;
END(A₁) OR END(A₂) STARTS I₂;
END(A₁) AND END(A₂) STARTS I₃;
```

Für die Referenzierung der START- und END-Events von Interaktionen und Ausgabeaktionen in Synchronisationsbedingungen werden die beiden Sprachkonstrukte
    „START" „(" identifier „)" und
    „END" „(" identifier „)"

verwendet. Synchronisationsanweisungen, die Synchronisationsbedingungen enthalten, wird ebenfalls ein optionaler Name zugeordnet, so daß sie in abgeleiteten

Interaktionsklassen überschrieben werden können. Sie werden jedoch nur dann vererbt, falls die referenzierten Namen von Interaktionen und kontinuierlichen Ausgabeaktionen auch in der abgeleiteten Interaktionsklasse gültig sind (siehe Abschnitt 4.6). Die Definition von Synchronisationsbedingungen und entsprechenden Synchronisationsanweisungen besitzt in ODIS folgende EBNF-Syntax:

> synchronization ::=
>> [identifier „="] synchronization-condition „**STARTS**" identifier „;" |
>> [identifier „="] synchronization-condition „**ENDS**" identifier „;".
> synchronization-condition ::=
>> synchronization-condition „**OR**" synchronization-factor |
>> synchronization-condition „**AND**" synchronization-factor |
>> synchronization-factor.
> synchronization-factor ::=
>> „**START**" „(" identifier „)" | „**END**" „(" identifier „)" |
>> „(" synchronization-condition „)".

Für die Erklärung der Bedeutung von Synchronisationsbedingungen anhand ausgewählter Beispiele wird wieder der in Abschnitt 4.4.3 eingeführte Formalismus mit folgender Redefinition der Prädikate STARTED und ENDED verwendet:

- STARTED(X): Interaktion oder Ausgabeaktion X hat seit dem letzten Zutreffen der Sychronisationsbedingung das START-Event gesendet.
- ENDED(F): Interaktion oder Ausgabeaktion X hat seit dem letzten Zutreffen der Sychronisationsbedingung das END-Event gesendet.

START(A_1) **OR** ... **OR** **START**(A_n) **STARTS** I
   $\equiv$ STARTED(A_1) $\vee$ ... $\vee$ STARTED(A_n) $\rightarrow$ I.start(),
END(I_1) **OR** ... **OR** **END**(I_n) **ENDS** A
   $\equiv$ ENDED(I_1) $\vee$ ... $\vee$ ENDED(I_n) $\rightarrow$ A.stop(),
START(A_1) **AND** ... **AND** **START**(A_n) **STARTS** I
   $\equiv$ STARTED(A_1) $\wedge$ ... $\wedge$ STARTED(A_n) $\rightarrow$ I.start(),
END(I_1) **AND** ... **AND** **END**(I_n) **ENDS** A
   $\equiv$ ENDED(I_1) $\wedge$ ... $\wedge$ ENDED(I_n) $\rightarrow$ A.stop(),
START(A_1) **AND** ... **AND** (**END**(I_{n-1}) **OR** **END**(I_n)) **ENDS** I
   $\equiv$ STARTED(A_1) $\wedge$ ... $\wedge$ (ENDED(I_{n-1}) $\vee$ ENDED(I_n))$\rightarrow$ I.stop(),
END(I_1) **OR** ... **OR** (**START**(A_{n-1}) **AND** **START**(A_n)) **STARTS** A
   $\equiv$ ENDED(I_1) $\vee$ ... $\vee$ (STARTED(A_{n-1}) $\wedge$ STARTED(A_n)) $\rightarrow$ A.start()

Durch Verwendung von Synchronisationsbedingungen kann also das Starten oder Stoppen von Interaktionen oder Ausgabeaktionen durch beliebige Kombinationen der START- und END-Events anderer Interaktionen und Ausgabeaktionen ausgelöst werden. Da die zeitliche Ausprägung von Interaktionen und Ausgabeaktionen einheitlich durch START- und END-Events beschrieben wird, können die Synchronisationsbedingungen und -operatoren auch für die Beschreibung von zeitlichen Beziehungen in komplexen multimedialen Ausgaben verwendet werden. Dadurch werden die im Vergleich zu anderen Ansätzen (z.B. Timed-Petri-Netze [Lit90], Pfadausdrücke [Hoe91a]) vorhandenen Modellierungsdefizite der hierarchischen Komposition ausgeglichen. Diese Modellierungsdefizite sollen an folgendem Beispiel verdeutlicht werden:

> Drei Video-Ausgaben (V_1, V_2, V_3) sollen gleichzeitig gestartet werden. Das Ende von V_1 und V_2 soll die Audio-Ausgabe A starten, während ein Text T nach dem Ende von V_2 oder V_3 angezeigt werden soll.

Dieses Beispiel kann mit der hierarchischen Komposition nicht modelliert werden, da einerseits jede Ausgabeaktion nur als Operand eines Ausgabesynchronisationsoperators verwendet werden kann und andererseits die hierarchische Komposition keine disjunktive Verknüpfung zeitlicher Beziehungen unterstützt. Durch Verwendung von Synchronisationsbedingungen und -operatoren für die Beschreibung zeitlicher Beziehungen zwischen Ausgabeaktionen kann dieses Beispiel in ODIS wie folgt beschrieben werden.

Beispiel:

```
   ... → DO PARSTART(a₁:PRESENT(pres.V₁),
                     a₂:PRESENT(pres.V₂),
                     a₃:PRESENT(pres.V₃)) → ...
a₄ = DO PRESENT(pres.A);
a₅ = DO PRESENT(pres.T);
ENDED(a₁) AND ENDED(a₁) STARTS a₄;
ENDED(a₂) OR ENDED(a₃) STARTS a₅;
```

Die in ODIS realisierte zeitliche Komposition stellt damit eine Kombination der hierarchischen Komposition und der Komposition über Referenzpunkte dar. Da komplexen Ausgabeaktionen eine zeitliche Ausprägung zugeordnet wird, können sich Synchronisationsbedingungen sowohl auf einfache als auch auf komplexe Ausgabeaktionen beziehen. Im Vergleich zur Komposition über Referenzpunkte (z.B. MMV [Herz92], MODE [Bla91a]) bietet dieser Ansatz neben der Ausdrucksstärke von Referenzpunkten Abstraktionskonzepte für die Definition komplexer Ausgabeaktionen.

4.6   Vererbung von Dialogablaufbeschreibungen

Durch die Beschreibung von Interaktionsobjekten als Instanzen von Interaktionsklassen greift ODIS bereits ein grundlegendes Konzept des objektorientierten Paradigmas auf. In diesem Abschnitt wird ein weiteres objektorientiertes Konzept, die
Vererbung, auf Interaktionsklassen übertragen, so daß ODIS im Sinne von
[Weg87] als objektorientierte Sprache bezeichnet werden kann. Im Gegensatz zu
vielen anderen objektorientierten Ansätzen für die Entwicklung von Benutzer-
schnittstellen wird die Vererbung in ODIS insbesondere auf die Beschreibung des
Dialogablaufverhaltens von Interaktionsobjekten angewendet, indem abgeleitete
Interaktionsklassen die Interaktionen und Synchronisationsanweisungen ihrer
Basisklasse erben. Damit unterstützt ODIS die Wiederverwendbarkeit und Erweiter-
barkeit dieser sehr umfangreichen Teile (d.h. Klassen) der Spezifikation einer
Benutzerschnittstelle.

Die Anwendung der Vererbung auf die Präsentationsklassen einer Benutzerschnittstelle erfolgt bereits durch das XFantasy-UIT. Da ODIS die Graphik- und User-
Interface-Klassen des XFantasy-UIT für die Erzeugung von Präsentationsobjekten
verwendet, profitiert die Sprache auch von der Wiederverwendbarkeit und Erweiterbarkeit der Präsentationsklassen, ohne dafür spezielle Sprachkonstrukte anzubieten. Aus diesem Grund konzentriert sich die in diesem Abschnitt beschriebene Vererbung von Eigenschaften der Interaktionsklassen auf das Dialogablaufverhalten.

Aufbauend auf dem Konzept der Vererbung können in ODIS Hierarchien von
Interaktionsklassen definiert werden. Abgeleitete Interaktionsklassen erben alle
Eigenschaften ihre Basisklasse, d.h.
- die Definition der Präsentations- und Applikationsobjektklasse,
- Attribut- und Subobjektdefinitionen,
- die Definition von Aktionen für die vordefinierten Operatoren und Methoden
  sowie
- die Definition der Interaktionen,
- die Definition von Synchronisationsanweisungen.

Abgeleitete Interaktionsklassen können entweder durch Definition zusätzlicher
Eigenschaften eine Erweiterung oder durch Redefinition (Überschreiben) von
geerbten Eigenschaften eine Spezialisierung ihrer Basisklasse beschreiben.

Die Erweiterung einer Interaktionsklasse kann durch Definition von zusätzlichen
Interaktionen, Synchronisationsanweisungen und Subobjekten erfolgen. Da eine
zusätzlich definierte Interaktion in den geerbten Interaktionen nicht referenziert wird,
erfordert die Erweiterung einer Interaktionsklasse außerdem die Redefinition geerb-

ter Interaktionen (z.B. der DYNAMICS-Interaktion). Die Spezialisierung einer Interaktionsklasse erfolgt z.B. durch Redefinition von Interaktionen, benannten Synchronisationsanweisungen, Subobjekten oder Präsentations- und Applikationsobjektklassen. Durch die Redefinition einer Interaktion wird in allen geerbten Interaktionen, die diese Interaktion referenzieren, die redefinierte Implementierung gestartet.

Um die semantische Korrektheit einer abgeleiteten Interaktionsklasse zu gewährleisten, gelten für die Spezialisierung und Erweiterung von Interaktionsklassen folgende Restriktionen:

- Bei der Redefinition von Interaktionen müssen die formalen Parameter der alten und neuen Interaktion übereinstimmen, so daß die Verwendung redefinierter Interaktionen in geerbten Interaktionen semantisch korrekt bleibt.

- Die Klassen des Präsentations- und Applikationsobjektes, der Attribute sowie der Subobjekte dürfen in abgeleiteten Klassen nur spezialisiert, d.h. durch eine ihrer Unterklassen ersetzt werden. Da die Schnittstellen abgeleiteter Klassen Erweiterungen oder Spezialisierungen der Schnittstellen ihrer Basisklasse sind, bleiben der Zugriff auf Attribute, der Aufruf von Methoden und der Start von Interaktionen innerhalb von geerbten Interaktionen semantisch korrekt. Die in einigen objektorientierten Programmiersprachen (z.B. C++) mögliche Redefinition von Attributen ohne Typbeschränkung ist für die Präsentations- und Applikationsklassen von ODIS nicht zulässig, da anderenfalls die Schnittstelle einer abgeleiteten Klasse nicht in jedem Fall eine Erweiterung oder Spezialisierung der Schnittstelle ihrer Basisklasse darstellt.

- Durch das Redefinieren von Interaktionen (und damit auch Ausgabeaktionen) verlieren die für Teilinteraktionen und untergeordnete Ausgabeaktionen definierten Namen ihre Gültigkeit, falls sie in der redefinierten Interaktion nicht mehr verwendet werden. Eine vererbte Synchronisationsanweisung, die ungültig gewordene Namen von Interaktionen oder Ausgabeaktionen referenziert, muß in der abgeleiteten Interaktionsklasse redefiniert werden; anderenfalls liegt ein semantischer Fehler vor.

Die zweite Bedingung stellt eine deutliche Restriktion der Wiederverwendbarkeit von Interaktionsklassen dar. Eine Alternative besteht in der Verwendung einer dynamisch typgeprüften Kommunikation zwischen Objekten (wie in der Sprache Smalltalk [Gol84]), bei der diese Restriktion entfällt. Dabei wird erst zur Laufzeit überprüft, ob ein Objekt die ihm zugesandte Nachricht versteht und bearbeiten kann. Die dynamische Typüberprüfung beinhaltet jedoch den Nachteil eines deutlich schlechteren Laufzeitverhaltens und wird deshalb in ODIS nicht verwendet.

4.7   Kommunikation zwischen Interaktionsobjekten

In den vorangehenden Abschnitten dieses Kapitels wurde vorwiegend die Kommunikation zwischen dem Dynamikobjekt und seinen beiden zugeordneten Objekten, dem Präsentations- und dem Applikationsobjekt, behandelt. Da eine Benutzerschnittstelle in ODIS als System von kommunizierenden Interaktionsobjekten modelliert wird, ist die Kommunikation zwischen Interaktionsobjekten jedoch ebenso wichtig.

Für diese Kommunikation stehen in ODIS zwei verschiedene Konzepte zur Verfügung, die Kommunikation durch Methodenaufrufe und die Kommunikation durch Events:

*   Interaktionsobjekte können vordefinierte Methoden (siehe Abschnitt 4.3.8) sowie Methoden der Präsentations- und Applikationsobjekte anderer Interaktionsobjekte aufrufen,
*   Interaktionsobjekte können Events an andere Interaktionsobjekte senden und sich über komplexe Events, die von anderen Interaktionsobjekten verarbeitet werden, informieren lassen.

4.7.1   Kommunikation durch Methodenaufrufe

Die Kommunikation durch Methodenaufrufe entspricht dem üblichen Nachrichtenaustausch in objektorientierten Programmiersprachen. Der Aufruf einer Methode startet eine entsprechende Aktion des Empfängerobjektes und blockiert das Senderobjekt bis zu deren Abarbeitung. Die Modellierung von Benutzerschnittstellen erfordert jedoch in vielen Fällen, daß eine Nachricht an mehrere Interaktionsobjekte gesendet wird. Um diese Form der Mehrfachkommunikation zu unterstützen, wurde beim Entwurf von ODIS ein Konzept der parallelen Programmierung aufgegriffen, das als Mehrfachsenden (Multicasting) ([Herr89], [Bol93]) bezeichnet wird und das gleichzeitige Aufrufen der gleichen Methode (Versenden einer Nachricht) mehrerer Interaktionsobjekte beschreibt.

ODIS unterstützt insgesamt vier Formen der Kommunikation durch Methodenaufrufe, die folgende EBNF-Syntax besitzen:

(1)   Versenden einer Nachricht an ein durch einen Pfadausdruck identifiziertes Interaktionsobjekt:
message ::= path-expression „.“ [„**pres**“ „.“ | „**app**“ „.“] method-name
„(“ [expression-list] „)“.

(2)		Versenden einer Nachricht an sich selbst:
		message ::= „**this**" „." [„**pres**" „." | „**app**" „."] method-name
				„(" [expression-list] „)".
(3)		Versenden einer Nachricht an alle Elemente einer Interaktionsobjektliste:
		message ::= „**components**" „(" objectlist-name „)" „."
				[„**pres**" „." | „**app**" „."] method-name „(" [expression-list] „)".
(4)		Versenden einer Nachricht an alle Subobjekte eines komplexen
		Interaktionsobjektes:
		message ::= „**components**" „."
				[„**pres**" „." | „**app**" „."] method-name „(" [expression-list] „)".

Ein Pfadausdruck identifiziert ein untergeordnetes Interaktionsobjekt durch die Liste
seiner übergeordneten Interaktionsobjekte, die mit dem obersten Interaktionsobjekt
beginnt. Pfadausdrücke beschreiben damit Pfade innerhalb einer Hierarchie von
Interaktionsobjekten. Gemeinsame Subobjekte, die in Pfadausdrücken verwendet
werden, müssen durch einen vorangestellten Operator dereferenziert werden. Pfadausdrücke besitzen die folgende EBNF-Syntax:
		path-expression	 ::=	 identifier { „." identifier }.

Das Schlüsselwort `components` bezeichnet entweder alle Elemente einer Interaktionsobjektliste (Fall (3)) oder alle Subobjekte eines Interaktionsobjektes (Fall (4)),
d.h. sowohl die explizit definierten als auch die in Interaktionsobjektlisten verwalte-
ten Interaktionsobjekte.

4.7.2 Kommunikation durch Events

ODIS unterstützt zwei Formen der event-basierten Kommunikation zwischen
Interaktionsobjekten: Zum einen können Interaktionsobjekte – wie auch in Eventver-
arbeitungssprachen ([Gre85a], [Fle87], [Hil86], [Rhy88], [Car89]) – Events an andere Interaktionsobjekte senden. Zum anderen können Interaktionsobjekte Interesse
an den komplexen Events anderer Interaktionsobjekte anmelden, um nach deren
Verarbeitung darüber informiert zu werden. Diese beiden Kommunikationsformen
werden hier als Eventsending und Eventreceiving bezeichnet.

4.7.2.1 Versenden von Events

Das Versenden von Events (Eventsending) beschreibt die Kommunikation zwischen
Interaktionsobjekten durch benutzerdefinierte Events. Dabei kommunizieren das
sendende und das empfangende Interaktionsobjekt asynchron, so daß ein Interak-

tionsobjekt Events versenden kann, ohne auf die Empfangsbereitschaft des adressierten Interaktionsobjektes warten zu müssen. Aus diesem Grund können auch keine Ergebnisse der Eventverarbeitung an das sendende Interaktionsobjekt übergeben werden. Ein adressiertes Interaktionsobjekt muß Interesse an dem gesendeten Event angemeldet haben (siehe Abschnitt 4.3.2), d.h. ein gesendetes Event muß explizit empfangen werden, andernfalls wird das Event nicht verarbeitet. Das Eventsending basiert auf internen Events, die nicht durch Benutzereingaben, sondern durch Interaktionen erzeugt werden. Durch das Eventsending können Interaktionsobjekte im Rahmen der Eventverarbeitung bestimmte Reaktionen anderer Interaktionsobjekte auslösen.

ODIS-Sprachkonstrukte für das Versenden von Events bestehen aus zwei Komponenten, der Adressierung anderer Interaktionsobjekte und der Beschreibung des zu versendenden Events. Sie können analog den Aktionen und Aufrufen vordefinierter Methoden als Operanden des Sequenzoperators in die Beschreibung von Interaktionen integriert werden.

Bei der Definition der Sprachkonstrukte für das Eventsending werden ebenfalls Konzepte des Mehrfachsendens (Multicasting) berücksichtigt. ODIS unterstützt insgesamt vier Formen des Eventsendings, die sich in der Adressierung der Interaktionsobjekte unterscheiden und die folgende EBNF-Syntax besitzen:

(1)   Versenden eines Events an ein einzelnes Interaktionsobjekt:
       event-propagation ::= path-expression „." „**sendevent**"
                             „(" event-name „ ," expression „)".
(2)   Versenden eines Events an alle Elemente einer Interaktionsobjektliste:
       event-propagation ::= „**components**" „(" objectlist-name „)" „."
                             „**sendevent**" „(" event-name „ ," expression „)".
(3)   Versenden eines Events an alle untergeordneten Interaktionsobjekte:
       event-propagation ::= „**components**" „." „**sendevent**"
                             „(" event-name „ ," expression „)".
(4)   Versenden eines Events an alle interessierten Interaktionsobjekte:
       event-propagation ::= „**sendevent**" „(" event-name „ ," expression „)".

Die letzte Form des Eventsending enthält keine Adressierung von Interaktionsobjekten, da das Event an alle interessierten Interaktionsobjekte propagiert wird. Für die Beschreibung des Eventobjektes wird in ODIS ein Zielsprachenausdruck verwendet, so daß Eventobjekte dynamisch beim Versenden von Events erzeugt werden können.

Das Eventsending verwendet die bereits vorgestellten Applikationsevents, die durch einen Applikationseventtyp und ein Eventobjekt beschrieben werden. Beim Versenden eines Events werden ein oder mehrere Applikationsevents erzeugt. Adressierte Interaktionsobjekte, deren Interaktionen aktuell an diesen Events interessiert sind, werden durch ein Applikationsevent informiert.

4.7.2.2 Information über komplexe Events

Die zweite Form der Kommunikation durch Events dient der Information von Interaktionsobjekten über komplexe Events, die von anderen Interaktionsobjekten verarbeitet wurden. Da diese Kommunikation im Gegensatz zum Versenden von Events vom empfangenden Interaktionsobjekt ausgeht, wird sie als Eventreceiving bezeichnet. Syntaktisch wird das Eventreceiving durch sogenannte Eventausdrücke spezifiziert, deren einfachste Form aus dem Namen eines Interaktionsobjektes, gefolgt von einem Eventnamen, besteht. Die Beschreibung des Ausgabeparameters (Eventobjekt) innerhalb eines Eventausdrucks ist optional. ODIS unterstützt insgesamt vier verschiedene Formen des Eventreceivings.

(1)   Interesse an der Verarbeitung eines Events durch ein Interaktionsobjekt:
        path-expression „<" event-name [„(" event-object-name „)"].

Der Eventausdruck o_2`<e(event-obj)` in der Dialogablaufbeschreibung eines Interaktionsobjektes o_1 beschreibt dessen Interesse an der Verarbeitung des Events e durch das Interaktionsobjekt o_2. Nachdem o_2 das Event e verarbeitet hat, wird o_1 darüber durch ein internes Event informiert. Das eingetretene Event wird durch das Eventobjekt `event-obj` beschrieben. Beim Eventreceiving sind keine Eingabeparameter für Events zulässig, da diese bereits durch die Interaktionen des eventverarbeitenden Interaktionsobjektes festgelegt werden.

Eventreceiving ist wie das Eventsending eine asynchrone Kommunikationsform, so daß im obigen Beispiel das Interaktionsobjekt o_1 auf die Verarbeitung des Events e wartet, ohne daß der Dialogablauf von Interaktionsobjekt o_2 dadurch beeinflußt wird. Außerdem ist das Eventreceiving nur auf komplexe Events (Interaktionen) eines Interaktionsobjektes anwendbar. Die Interaktionen eines Interaktionsobjektes definieren damit zusammen mit den vordefinierten Methoden die nach außen sichtbare Schnittstelle eines Interaktionsobjektes.

Analog zur Kommunikation durch Versenden von Events kann auch das Eventreceiving auf Mengen von untergeordneten Interaktionsobjekten eines komplexen Interaktionsobjektes erweitert werden. Dieses erweiterte Eventreceiving kann sich entweder auf die Elemente einer Interaktionsobjektliste oder auf alle untergeordneten Interaktionsobjekte beziehen.

(2)   Interesse an der Verarbeitung eines Events durch ein Element einer Interaktionsobjektliste:

„**components**" „(" objectlist-name „)" „<" event-name
                „(" object-name [„ ," event-object-name] „)".

Die durch diesen Eventausdruck beschriebene Kommunikation mit dem interessierten Interaktionsobjekt findet statt, sobald eines der Interaktionsobjekte dieser Liste das komplexe Event verarbeitet hat. Um der Interaktion, deren Dialogablaufbeschreibung den Eventausdruck enthält, Zugriff auf das an der Kommunikation beteiligte Interaktionsobjekt zu ermöglichen, besitzen die entsprechenden Eventausdrücke eine Referenz auf dieses Interaktionsobjekt als Ausgabeparameter. Die zweite Form des erweiterten Eventreceiving bezieht sich auf alle Subobjekte eines komplexen Interaktionsobjektes. Das an der Kommunikation beteiligte Interaktionsobjekt wird wiederum durch einen Ausgabeparameter des Eventausdrucks beschrieben.

(3)   Interesse an der Verarbeitung eines Event durch ein untergeordnetes Interaktionsobjekt:

„**components**" „<" event-name „(" object-name „)".

Analog zur Kommunikation durch Versenden von Events besitzt auch das Eventreceiving eine vierte Variante, die sich auf alle Interaktionsobjekte bezieht und damit das generelle Interesse an der Verarbeitung eines komplexen Events unabhängig von einem Interaktionsobjekt beschreibt.

(4)   Interesse an der Verarbeitung eines Events unabhängig von einem Interaktionsobjekt:

„**all**" „<" event-name „(" object-name „)".

Die letzten beiden Varianten des Eventreceiving besitzen kein Eventobjekt als Ausgabeparameter, da die Interaktionsobjekte, die das komplexe Event verarbeiten können, keine gemeinsame Basisklasse besitzen müssen, so daß die Klasse eines als Ausgabeparameter generierten Eventobjektes nicht statisch festgelegt werden könnte.

Das folgende Beispiel verwendet das Eventreceiving für die Beschreibung des in graphischen Benutzerschnittstellen oft verwendeten semantischen Feedbacks beim Verschieben von Graphikobjekten (z.B. beim Kopieren von Dateien). Betritt der

Mauszeiger beim Verschieben eines Graphikobjektes (z.B. eines Dateisymbols) ein anderes Graphikobjekt (z.B. einen Ordner), das einen semantisch zulässigen Operanden der aktuell ausgeführten Interaktion darstellt, so wird dieses Graphikobjekt invertiert dargestellt.

Die ODIS-Beschreibung dieser Interaktion besteht aus der Kombination mehrerer Interaktionen mit dem AND-Operator. Das Bewegen von Graphikobjekten wird durch die aus vorangehenden Beispielen bekannte Move-Interaktion beschrieben. Die Beschreibung des semantischen Feedbacks erfolgt durch die Feedback-Interaktion, die auf das Betreten und Verlassen von Graphikobjekten mit invertierter bzw. normaler Darstellung dieser Graphikobjekte reagiert, falls sie einen semantisch zulässigen Operanden darstellen. Durch Eventreceiving wird die Feedback-Interaktion über alle Enter- und Leave-Events informiert, die von anderen Interaktionsobjekten (Instanzen der Interaktionsklasse Movable oder von ihr abgeleiteten Interaktionsklassen) verarbeitet werden.

Da beim Verschieben von Objekten andere Objekte mehrfach betreten und wieder verlassen werden können, wird die zweite Interaktion durch einen REPEAT-Operator beschrieben. Der Ausgabeparameter obj liefert dabei das Interaktionsobjekt, dessen Präsentationsobjekt betreten bzw. verlassen wurde. Er wird verwendet, um zum einen innerhalb einer Eventbedingung durch Aufruf der Applikationsmethode validobject zu überprüfen, ob ein betretenes Graphikobjekt einen semantisch zulässigen Operanden darstellt, und zum anderen, um in der anschließenden Feedback-Aktion die graphische Darstellung dieses Graphikobjektes zu ändern.

Im Beispiel wird zunächst die Interaktionsklasse Manager definiert, deren einzige Instanz objectmanager eine Interaktionsobjektliste mit allen Instanzen der Interaktionsklasse Movable oder von ihr abgeleiteten Klassen besitzt.

Beispiel:
```
DYNAMIC-CLASS Manager {
COMPONENTS
   LIST-OF Movable* objlist;
DYNAMICS = Enter XOR Leave;
   Enter(Movable obj) = components(objlist)<Enter(obj);
   Leave(Movable obj) = components(objlist)<Leave(obj);
};

DYNAMIC-OBJECT Manager objectmanager();
```

```
DYNAMIC-CLASS Movable {
ATTRIBUTES
  FMouseEvent me;
  Movable obj;
ACTIONS
  new → {objectmanager.objlist.FAdd(this);};
  delete → {objectmanager.objlist.FRemove(this);};
DYNAMICS = FeedbackMove;
  Move = buttondown[1,pres](me) → DO {pres.invert()}
     →  ( REPEAT mousemove(me)
                → DO {pres.setposition(me.xpos,me.ypos)}
           UNTIL NOTCONSUME buttonup[1,pres](me)
                → DO {pres.invert()} );

  Feedback =
     REPEAT objectmanager<Enter(obj){app.validobject(obj)}
             → DO {obj.pres.invert()}
         XOR objectmanager<Leave(obj){app.validobject(obj)}
             → DO {obj.pres.invert()}
       UNTIL NOTCONSUME buttonup[1];
  Enter = enter[pres];
  Leave = leave[pres];

FeedbackMove = Move AND Feedback AND Enter AND Leave;
};
```

4.8   Komposition von Interaktionsobjekten

Die Komposition von Interaktionsobjekten ist eines der wichtigsten Konzepte der objektorientierten Benutzerschnittstellenmodellierung. Sie bildet die Grundlage der hierarchischen Modellierung von Benutzerschnittstellen und führt zur Unterscheidung von einfachen und komplexen Interaktionsobjekten. Letztere sind aus untergeordneten Interaktionsobjekten (Subobjekten) zusammengesetzt und bilden damit die inneren Knoten der Objekthierarchie.

In vielen objektorientierten Werkzeugen für die Benutzerschnittstellenentwicklung (z.B. [Nye90], [Lin90a], [Hel89]) wird die Komposition von Interaktionsobjekten vollständig durch die graphische Anordnung von Präsentationsobjekten bestimmt. Dieses graphische Kompositionskonzept beruht häufig auf einer fehlenden Unterscheidung zwischen Präsentations- und Interaktionsobjekten. Interaktionsobjekte werden dabei als spezielle, um Mechanismen zur Eingabeverarbeitung (z.B. Callback-Funktionen) erweiterte Präsentationsobjekte modelliert.

In ODIS erfolgt die Komposition von Interaktionsobjekten dagegen getrennt nach Präsentations- und Dynamikobjekten. Durch die Komposition von Präsentationsobjekten wird die Präsentationskomponente einer Benutzerschnittstelle modelliert, während die Komposition von Dynamikobjekten komplexe Interaktionen mit Beteiligung mehrerer Interaktionsobjekte definiert. Beide Kompositionsformen sind voneinander unabhängig, so daß die hierarchische Anordnung von Interaktionsobjekten in ODIS sowohl nach graphischen als auch nach dialogorientierten Kompositionskonzepten (siehe Abschnitt 3.1) erfolgen kann.

4.8.1 Komplexe Interaktionsobjekte

Die Implementierung komplexer Präsentationsobjekte wird in ODIS durch die Kompositionsklassen des XFantasy-UIT unterstützt. Komplexen Interaktionsobjekten können Kompositionsobjekte des XFantasy-UIT als Präsentationsobjekte zugeordnet werden, denen durch Aktionen der Interaktionen oder durch die Initialisierung von Interaktionsobjekten einfache Präsentationsobjekte untergeordnet werden. Außerdem steuern komplexe Interaktionsobjekte das Dialogablaufverhalten ihrer Subobjekte durch das Sperren und Freigeben von deren Interaktionen (siehe Abb. 4.16). Das Dialogablaufverhalten der Subobjekte wird dabei weiterhin durch deren Interaktionen festgelegt, aber durch das übergeordnete komplexe Interaktionsobjekt gesteuert.

Durch die Trennung der Komposition von Präsentations- und Dynamikobjekten können komplexe Interaktionsobjekte definiert werden, die ausschließlich das Dialogablaufverhalten ihrer Subobjekte steuern, ohne deren Präsentationsobjekte zu beeinflussen. Präsentations- und Applikationsobjekte sind optionale Komponenten eines komplexen Interaktionsobjektes. Komplexe Interaktionsobjekte ohne zugeordnetes Präsentations- und Applikationsobjekt dienen der Definition von Teildialogen ihrer Subobjekte. Abb. 4.16 zeigt ein solches degeneriertes komplexes Interaktionsobjekt, das zwei untergeordnete Interaktionsobjekte besitzt.

Neben dem Sperren und Freigeben von Interaktionen der Subobjekte kann das Dynamikobjekt eines komplexen Interaktionsobjektes jedoch auch Benutzereingaben verarbeiten und mit anderen Interaktionsobjekten kommunizieren. Das Dialogablaufverhalten eines komplexen Interaktionsobjektes wird ebenfalls durch Interaktionen beschrieben, in denen jedoch zusätzliche Aktionen für das Sperren und Freigeben der Interaktionen von Subobjekten verwendet werden können.

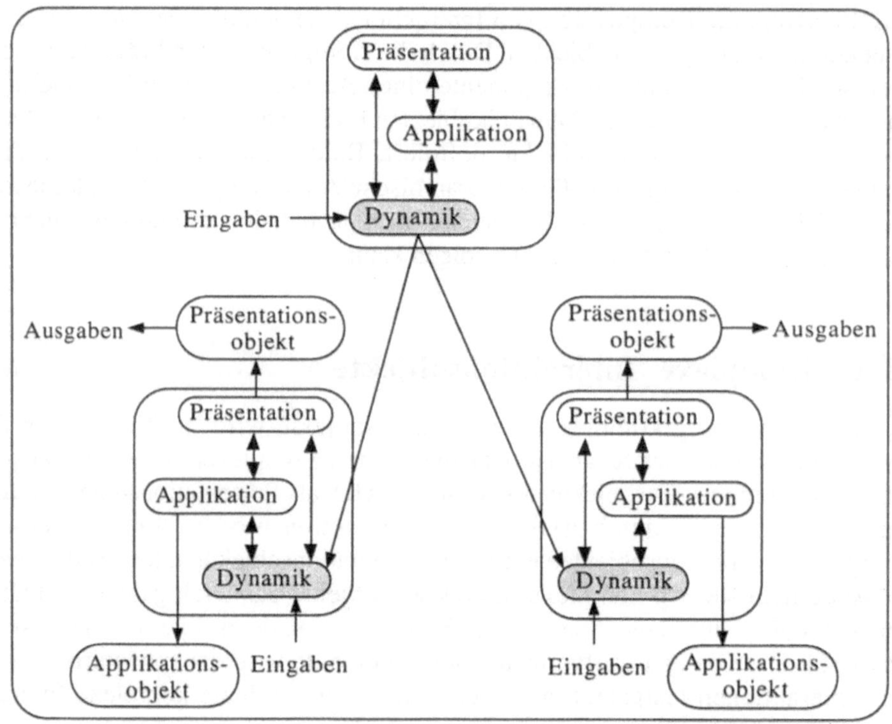

Abb. 4.16   Beispiel eines komplexen Interaktionsobjektes

4.8.2 Statische und dynamische Komposition

Der Begriff Komposition bezeichnet in ODIS sowohl die Definition komplexer Interaktionsklassen zur Entwicklungszeit als auch die Erzeugung komplexer Interaktionsobjekte zur Laufzeit. Dementsprechend werdeb in ODIS die statische und die dynamische Komposition unterschieden.

Statische Komposition

Die Definition einer komplexen Interaktionsklasse erfolgt durch die explizite Definition von untergeordneten Interaktionsobjekten und legt damit die Anzahl der Subobjekte fest. Diese Form der Komposition wird deshalb auch als statische Komposition bezeichnet und bildet damit neben der Vererbung die zweite Form der Wiederverwendbarkeit von Interaktionsklassen. Die Subobjekte eines Kompositionsobjektes können dabei entweder als exklusive Subobjekte (Zugriff über Referenzen) oder gemeinsame Subobjekte (Zugriff über Zeiger) definiert werden. Ein exklusives

Subobjekt darf genau einem komplexen Interaktionsobjekt untergeordnet werden, durch das sein Dialogablaufverhalten gesteuert werden kann. Ein gemeinsames Subobjekt kann dagegen mehreren komplexen Interaktionsobjekten untergeordnet werden. Sein Dialogablaufverhalten wird ausschließlich durch die in der Interaktionsklasse definierten Interaktionen bestimmt. Durch die Unterscheidung exklusiver und gemeinsamer Subobjekte können in ODIS sowohl Objekthierarchien als auch allgemeine Objektgraphen modelliert werden.

Beispiel:

```
DYNAMIC-CLASS ComposedClass { ...
COMPONENTS
   IClass1& obj1;    // Exklusives Subobjekt
   IClass2* obj2;    // Referenz auf gemeinsames Subobjekt
...
};
```

Dynamische Komposition

Die Manipulation von komplexen Interaktionsobjekten zur Laufzeit erfolgt mit Hilfe der Methoden add und remove (oder removeall), mit denen Subobjekte untergeordnet bzw. entnommen werden. Der Aufruf dieser Methoden ist nur für Interaktionsobjektlisten zulässig. Da die Anzahl der Interaktionsobjekte in diesen Listen variabel ist, wird diese Form der Komposition als dynamische Komposition bezeichnet. Interaktionsobjektlisten sind getypt, so daß jeweils nur Interaktionsobjekte bestimmter Klassen eingefügt werden dürfen. Eine Interaktionsobjektliste kann entweder nur die Instanzen einer Interaktionsklasse (LIST-OF <class-name>) oder die Instanzen einer Menge von hierarchisch angeordneten Interaktionsklassen (LIST-OF <class-name>*) aufnehmen. Der zweite Fall beschreibt polymorphe Interaktionsobjektlisten und basiert auf der in objektorientierten Programmiersprachen unterstützten Polymorphie von Objektzeigern. In Interaktionsobjektlisten werden keine Instanzen, sondern Zeiger auf Interaktionsobjekte gespeichert, so daß ihre Elemente gemeinsame Subobjekte darstellen. Komplexe Interaktionsobjekte ohne explizite Subobjekte stellen Container-Objekte dar, die Subobjekte verwalten und mit ihnen kommunizieren, ohne jedoch ihr Dialogablaufverhalten zu steuern.

Beispiel:

```
DYNAMIC-CLASS DynamicComposedClass { ...
COMPONENTS
   LIST-OF IClass1 simplelist; // einfache Objektiste
   LIST-OF IClass2* polylist;  // polymorphe Objektliste
...
};
```

Eine komplexe Interaktionsklasse kann die statische und die dynamische Komposition kombinieren, indem sie sowohl Subobjekte als auch untergeordnete Interaktionsobjektlisten definiert.

4.8.3 Steuerung des Dialogablaufs von Subobjekten

Das Dialogablaufverhalten komplexer Interaktionsobjekte wird – wie das der einfachen Interaktionsobjekte – durch Interaktionen definiert. Für die Steuerung des Dialogablaufverhaltens exklusiver Subobjekte wird unmittelbar nach ihrer Erzeugung die DYNAMICS-Interaktion gesperrt, so daß keine ihrer Interaktionen gestartet wird und sie damit zunächst passiv sind. Komplexe Interaktionsobjekte steuern das Dialogablaufverhalten ihrer exklusiven Subobjekte, indem sie einzelne Interaktionen freigeben und wieder sperren. Die ODIS-Sprachkonstrukte für das Freigeben der Interaktionen exklusiver Subobjekte besitzen folgende EBNF-Syntax:

(1)   Freigeben der Interaktion eines exklusiven Subobjektes:
       interaction-call ::= path-expression „>" interaction-name
                           [„[" expression-list „]"] [„(" event-object-name „)"].
(2)   Freigeben der Interaktion aller exklusiven Subobjekte:
       interaction-call ::= „**components**" „>" interaction-name
                           [„[" expression-list „]"]
                           „(" object-name [„, " event-object-name] „)".

Interaktionen eines komplexen Interaktionsobjektes, deren Beschreibung diese Sprachkonstrukte enthalten, können Eingabeparameter für die freigegebene Interaktion definieren und werden durch ein Eventobjekt über das entsprechende komplexe Event informiert. Eine freigegebene Interaktion wird unmittelbar nach ihrer Abarbeitung oder nach dem Abbruch der freigebenden Interaktion wieder gesperrt. Das zweite Sprachkonstrukt gibt die spezifizierte Interaktion aller exklusiven Subobjekte des komplexen Interaktionsobjektes frei. Die freigebende Interaktion des komplexen Interaktionsobjektes wartet anschließend auf die Information über die Abarbeitung einer der freigegebenen Interaktionen durch ein Eventobjekt. Ein weiterer Ausgabeparameter des entsprechenden Sprachkonstruktes teilt ihr das exklusive Subobjekt mit, von dem das Eventobjekt erzeugt wurde. Unmittelbar nach dem Empfang dieser Informationen werden alle freigegebenen Interaktionen wieder gesperrt. Die Anwendung dieser Sprachkonstrukte im Rahmen der Modellierung komplexer Dialoge wird im nächsten Abschnitt demonstriert.

Die beiden vorgestellten Sprachkonstrukte ähneln syntaktisch den Sprachkonstrukten für die Beschreibung des Eventreceivings (siehe Abschnitt 4.7.2.2). Diese syntaktische Ähnlichkeit beruht darauf, daß mit der Abarbeitung der Interaktion eines exklusiven Subobjektes gleichzeitig ein komplexes Event eintritt, über das die freigebende Interaktion des komplexen Interaktionsobjektes mit einem Eventobjekt informiert wird. Das Eventreceiving stellt also eine alternative Form der Kommunikation zwischen einem komplexen Interaktionsobjekt und seinen Subobjekten dar. Im Gegensatz zum Freigeben und Sperren von Interaktionen kann das Eventreceiving jedoch sowohl auf exklusive als auch auf gemeinsame Subobjekte angewendet werden.

4.8.4 Beispiele für die Komposition von Interaktionsobjekten

In diesem Abschnitt wird die Anwendung der Komposition von Interaktionsobjekten für die Modellierung von Benutzerschnittstellen anhand von zwei Beispielen demonstriert.

Selektieren und Verschieben graphischer Objekte

Die Komposition von Interaktionsobjekten sowie die Kommunikation zwischen komplexen Interaktionsobjekten und ihren Subobjekten wird in diesem Abschnitt anhand der Beschreibung einer Standardinteraktionstechnik graphischer Benutzerschnittstellen, dem Selektieren und Verschieben mehrerer Graphikobjekte, demonstriert. Für die selektierbaren graphischen Objekte, Instanzen der Interaktionsklasse `Selectable`, werden die folgenden Interaktionen definiert, die keine Aktionen für die Ausgabe graphischen Feedbacks beschreiben:

- `Select:` Selektieren eines Objektes durch Mausklick,
- `ShiftSelect:` Selektieren eines Objektes durch Mausklick bei gedrückter Shift-Taste und
- `Move:` Verschieben eines Objektes.

Die Verwaltung der selektierten Objekte und die Ausgabe von graphischem Feedback erfolgt durch eine Instanz der komplexen Interaktionsklasse `SelectedObjects`. Sie besitzt eine Liste aller selektierbaren Objekte (`allobjects`) und eine Liste der selektierten Instanzen der Interaktionsklasse `Selectable` oder einer ihrer Unterklassen (`selected`). Für diese Klasse werden die folgenden vier Interaktionen definiert:

- `Reset:` Löschen der selektierten Objekte und Einfügen eines neuen Objektes,
- `Change:` Einfügen oder Löschen eines selektierten Objektes,
- `Move:` Verschieben aller selektierten Interaktionsobjekte und
- `Erase:` Löschen aller selektierten Objekte.

Durch Eventreceiving wird die einzige Instanz der Interaktionsklasse `SelectedObjects` informiert, falls ein selektierbares Interaktionsobjekt (Element der Interaktionsobjektliste `allobjects`) eine `Select-` oder `ShiftSelect`-Interaktion ausführt. Die Liste der selektierten Interaktionsobjekte (Interaktionsobjektliste `selected`) wird dann durch Aufrufe der vordefinierten Methoden `add`, `remove` oder `removeall` aktualisiert. Außerdem wird diese `SelectedObjects`-Instanz über die Ausführung der `Move`-Interaktion durch eines der selektierten Interaktionsobjekte informiert, durch die alle selektierten Interaktionsobjekte entsprechend verschoben werden. Durch einen Mausklick über der freien Fläche werden alle selektierten Objekte deselektiert.

Beispiel:

```
EVENT-CLASS FMoveEvent {
   int x;
   int y;
};


DYNAMIC-CLASS SelectedObjects { ...
COMPONENTS
   LIST-OF Selectable* allobjects;
   LIST-OF Selectable* selected;
ATTRIBUTES
   Selectable obj;
   FMouseEvent me;
   FMoveEvent mve;
DYNAMICS = Reset XOR Change XOR Move XOR Erase;
   Reset = components(allobjects)<Select(obj)
             → components(selected).pres.invert()
             → selected.removeall() → selected.add(obj)
             → DO {obj.pres.invert()};
   Change = components(allobjects)<ShiftSelect(obj)
             → DO {obj.pres.invert()}
             → IF selected.iscomponent(obj)
                THEN selected.remove(obj)
                ELSE selected.add(obj);
   Move = components(selected)<Move(obj,mve)
             → components(selected).pres.move(mve.x,mve.y);
   Erase = buttondown[1](me){me.object == NULL}
             → buttonup[1](me){me.object == NULL}
             → components(selected).pres.invert()
             → selected.removeall();
   ... };
```

```
DYNAMIC-OBJECT Selectable selectmanager();

DYNAMIC-CLASS Selectable { ...
ATTRIBUTES
   FMouseEvent me;
   FModifierSet shiftset({ FShift },1);
   int x;
   int y;
ACTIONS
   new  → {selectmanager.allobjects.FAdd(this);};
   delete → {selectmanager.allobjects.FRemove(this);};
DYNAMICS = Select XOR ShiftSelect XOR Move;
   Touch = buttondown[1,pres](me)
                → DO {x = me.xpos, y = me.ypos};
   Select = Touch → START:buttonup[1,pres](me);
   Move(FMoveEvent mve) = Touch
     → START:( REPEAT mousemove(me)
               UNTIL buttonup[1,pres](me)
                    → DO {mve.x = x - me.x,
                          mve.y = y - me.y} );
   ShiftSelect =
     buttondown[1,pres](me){me.modifier == shiftset}
     → buttonup[1,pres](me){me.modifier == shiftset};
 ... };
```

Kontrollfeld einer multimedialen Präsentation

Als Beispiel für die Modellierung komplexer Teildialoge durch Komposition wird
abschließend eine weitere Variante der Beschreibung der in Abschnitt 4.3.3 vorgestellten multimedialen Benutzerschnittstelle vorgestellt, die aus den drei Interaktionsklassen DButton, DSlider und DControlPanel und der Eventklasse
FMoveEvent besteht.

Diese Variante beschreibt den Dialogablauf des Kontrollfeldes der multimedialen
Präsentation durch die statische Komposition von Interaktionsobjekten, deren
Dialogablaufverhalten durch eine Instanz der komplexen Interaktionsklasse
ControlPanel gesteuert wird. Die Control-Interaktion steuert das Dialogab-
laufverhalten untergeordneter Interaktionsobjekte durch Aufruf der Interaktionen
Select und Move. Ein Vergleich dieser Variante mit den in Abschnitt 4.3.3 und
Abschnitt 4.5.3 vorgestellten Varianten verdeutlicht die Vorteile der Komposition
für die Wiederverwendbarkeit von Interaktionsklassen. Da Interaktionsklassen wie
DButton und DSlider i.a. vordefiniert sind, führt die Komposition von Interaktionsobjekten zu einer deutlichen Reduzierung des Umfangs von Dialogablaufbeschreibungen.

Beispiel:

```
DYNAMIC-CLASS DButton { ...
  FButton& pres;
DYNAMCICS = Select;
  Select = buttondown[1,pres] → DO {pres.invert()}
              → buttonup[1,pres] → DO {pres.invert()};
};


EVENT-CLASS FMoveEvent {
  int chg;
};


DYNAMIC-CLASS DSlider { ...
 FSlider& pres;
ATTRIBUTES
  int size;
  float ypos;
  FMouseEvent me;

DYNAMICS = Move;
  Move(FMoveEvent mve) =
    buttondown[1,pres](me) → DO {ypos = me.ypos}
    → ( REPEAT mousemove(me)
                → DO {pres.setposition(me.ypos)}
          UNTIL buttonup[1,pres](me)
              → DO {mve.chg = (me.ypos - ypos) / size});
};


DYNAMIC-CLASS ControlPanel { ...
ATTRIBUTES
  FMoveEvent velmve;
  FMoveEvent volmve;
  ...
COMPONENTS
  DButton& Start;
  DButton& Stop;
  DButton& Pause;
  DButton& Resume;
  DSlider& Vel;
  DSlider& Vol;
```

```
DYNAMICS = Control;
   Control = DO { pres.drawpanel() } → Start>Select → START
      → ( REPEAT Pause>Select → DO {av.pause()}
                    → Resume>Select → DO {av.resume()}
            XOR Vel>Move(velmve)
                    → DO {pres.video.changevel(velmve.chg)}
            XOR Vol>Move(volmve)
                    → DO {pres.audio.changevol(volmve.chg)}
         UNTIL Stop>Select → END
                    → DO {pres.erasepanel()} );

   av = DO PARSTART(PRESENT(pres.video),
                    PRESENT(pres.audio)));


SYNCHRONIZATION
   Control EQUALS av;
};
```

4.9 Bewertung des Dialogmodells

Der in diesem Kapitel vorgestellte objektorientierte Ansatz für die Entwicklung multimedialer Benutzerschnittstellen verwendet hierarchische Modellierungskonzepte
sowohl für Interaktionen als auch für multimediale Präsentationen. Die dafür
definierten Sprachkonstrukte sind weitgehend orthogonal zueinander, so daß Interaktionen und multimediale Ausgaben unabhängig voneinander definiert und über
Synchronisationsoperatoren oder die Intergration von Ausgaben in Interaktionen
miteinander verknüpft werden können. Diese Orthogonalität basiert auf der inhärenten Abstraktion einer hierarchischen, objektorientierten Modellierung durch einheitliche Behandlung elementarer und komplexer Objekte.

Abstraktion in der Dialogablaufbeschreibung ist jedoch kein grundlegend neues
Konzept, da sie bereits im Interaktionsmodell [Hüb90], im AIT-Modell [Bos88]
und im EDG-Modell [Kle88] realisiert wurde. Während in diesen Ansätzen jedoch
keine Unterscheidung zwischen dem Dialog- und Benutzerschnittstellenmodell erfolgt (Benutzerschnittstellen werden als komplexe Interaktionen modelliert), integriert ODIS das hierarchische Dialogmodell in ein objektorientiertes Benutzerschnittstellenmodell. Benutzerschnittstellen werden in ODIS als Systeme kommunizierender Interaktionsobjekte modelliert, deren Dialogablaufverhalten durch hierarchisch angeordnete Interaktionen beschrieben wird.

Das Benutzerschnittstellenmodell von ODIS besitzt Ähnlichkeiten zum DIWA-Modell (siehe Abschnitt 3.1.1). Wesentliche Unterschiede zwischen diesen beiden Benutzerschnittstellenmodellen bestehen in der hierarchischen Anordnung von Interaktionsobjekten sowie der Kommunikation zwischen ihnen. Während UI-Objekte im DIWA-Modell streng hierarchisch angeordnet werden, unterstützt das ODIS-Dialogmodell sowohl Objekthierarchien als auch Objektgraphen. Durch die Steuerung des Dialogablaufverhaltens exklusiver Subobjekte definieren komplexe Interaktionsobjekte in ODIS komplexe Interaktionen mit Beteiligung mehrerer Interaktionsobjekte. Die damit verbundene hierarchische Anordnung der Interaktionen ist konform mit dem hierarchischen Dialogmodell für die Beschreibung des Dialogablaufverhaltens einzelner Interaktionsobjekte und ermöglicht eine explizite Modellierung komplexer Interaktionen. Im DIWA-Modell kommunizieren hierarchisch angeordnete Interaktionsobjekte dagegen über Events, die das Dialogablaufverhalten untergeordneter Interaktionsobjekte beeinflussen. Komplexe, objektübergreifende Interaktionen besitzen damit jedoch keine explizite Repräsentation.

Durch die objektorientierte Modellierung von Benutzerschnittstellen unterstützt ODIS den Entwurf von Benutzerschnittstellen auf einer Abstraktionsebene, die noch unabhängig von der konkreten Definition und Implementierung des Dialogablaufs bzw. der Dialogablaufsteuerung ist. ODIS eignet sich deshalb insbesondere für eine Verknüpfung mit Software-Werkzeugen für den anwendungs- und aufgabenorientierten Entwurf von Benutzerschnittstellen unter Berücksichtigung software-ergonomischer Kriterien.

Die vier betrachteten hierarchischen Dialogmodelle besitzen gemeinsame Modellierungskonzepte, aber auch deutliche Unterschiede in ihrer Ausdrucksstärke.

- Das Interaktionsmodell definiert die vier komplexen Interaktionsklassen OR, AND, SEQUENCE und REPEAT, die mit anderer Syntax sowohl im AIT-Modell als auch im ODIS-Dialogmodell unterstützt werden. Dagegen bietet das EDG-Modell nur AND- und OR-Verknüpfungen sowie Graphzyklen zur Modellierung von Iterationen. Im AIT-Modell, ODIS-Dialogmodell und EDG-Modell können darüber hinaus Events und Bedingungen über Vor- oder Nachbedingungen miteinander verknüpft werden. Diese Möglichkeit verleiht diesen Modellen nach [Bos88] eine deutlich höhere Ausdrucksstärke.

- Das ODIS-Dialogmodell unterstützt darüber hinaus noch zwei ausdrucksstarke Konzepte, die in den anderen Modellen nicht zur Verfügung stehen: Aufbauend auf der bottom-up-Propagierung von START-Events definiert der XOR-Operator eine exklusive Auswahl zwischen Interaktionen. Durch den RESET-Befehl für das Rücksetzen von Interaktionen können weitere Modellierungskonzepte, z.B.

ein NOT-Operator, bereitgestellt werden. In Verbindung mit der flexiblen Kombination von Events, Aktionen und Bedingungen bieten die Dynamikoperatoren von ODIS dem Dialogentwickler insgesamt ausdrucksstärkere Modellierungskonzepte als die anderen hierarchischen Dialogmodelle.

- Bezogen auf multimediale Benutzerschnittstellen ist der wesentliche Vorteil des ODIS-Dialogmodells jedoch die Gleichstellung von Events und Aktionen in der Modellierung von Interaktionen, durch die eine direkte Integration kontinuierlicher Ausgabeaktionen in den Dialogablauf ermöglicht wird. Der Verwendung eines der anderen hierarchischen Dialogmodelle für multimediale Benutzerschnittstellen steht die fehlende Berücksichtigung der zeitlichen Ausprägung kontinuierlicher Ausgaben entgegen. Das Interaktionsmodell und das AIT-Modell wurden für die Modellierung graphischer Benutzerschnittstellen entwickelt und unterstützen demzufolge nur diskrete Ausgabeaktionen, die entweder vor (Prompt-Ausgaben) oder nach (Eventverarbeitung z.B. durch Feedback-Ausgaben) der Erkennung von Events ausgeführt werden. Eine Erweiterung dieser Modelle um kontinuierliche Ausgabeaktionen ist deshalb nicht ohne umfangreiche konzeptionelle Änderungen möglich. Im EDG-Modell können dagegen die Blätter eines Event-Dekompositions-Graphen sowohl Eingabe- als auch Ausgabeevents darstellen, so daß eine dem ODIS-Dialogmodell ähnliche Gleichstellung von Events und Aktionen erfolgt. Die Bezeichnung dieser Aktionen als Ausgabeevents verdeutlicht jedoch bereits die Beschränkung auf diskrete Aktionen, so daß kontinuierliche Ausgabeaktionen multimedialer Benutzerschnittstellen nicht eingebunden werden können.

- Das ODIS-Dialogmodell besitzt dagegen speziell auf multimediale Benutzerschnittstellen ausgerichtete Modellierungskonzepte. Kontinuierliche Ausgaben werden als nebenläufige Prozesse betrachtet und parallel zu Benutzerinteraktionen verarbeitet. Ausgabesynchronisationsoperatoren dienen der Modellierung multimedialer Präsentationen durch eine hierarchische Komposition und die damit verbundenen Abstraktionskonzepte. Die orthogonal zur hierarchischen Komposition stehenden Synchronisationsoperatoren und -bedingungen erweitern einerseits die hierarchische Modellierung multimedialer Präsentationen um die ausdrucksstarken Konzepte einer Komposition über Referenzpunkte und ermöglichen andererseits eine explizite Modellierung der zeitlichen Beziehungen zwischen Interaktionen und kontinuierlichen Ausgabeaktionen.

- Auch die hierarchische Komposition multimedialer Präsentationen ist kein grundlegend neues Konzept, da es z.B. bereits in den objektorientierten Software-Bibliotheken Ttoolkit [Gui92], Composite Multimedia ([Gib91a], [Gib91b], [Gib91c]), MME [Din93] und in ET++ [Ack93] verwendet wird. In diesen drei Ansätzen muß eine dynamische Manipulation des Verlaufs multimedialer Präsentationen durch Benutzerinteraktionen über die Schnittstellen der Kompositionsklassen programmiert werden. Durch die integrierte Modellierung von Interaktionen und multimedialen Präsentationen sowie die explizite Modellierung zeitlicher Beziehungen zwischen Interaktionen und kontinuierlichen Ausgaben ermöglicht das ODIS-Dialogmodell dagegen die für interaktive multimediale Anwendungen wichtige Integration kontinuierlicher Ausgaben mit nichtdeterministischer oder potentiell unendlicher Präsentationsdauer in die hierarchische Komposition multimedialer Präsentationen. Im Gegensatz zu den anderen Ansätzen erfolgt diese Integration im ODIS-Dialogmodell auf Modellebene und erfordert keine Programmierung über die Schnittstellen der Kompositions- und Medienklassen.

Kapitel 5

Semantikdefinition von ODIS

In diesem Kapitel wird die Semantik von ODIS durch Übersetzung von Dialogablaufbeschreibungen in ein System von kommunizierenden, partiell hierarchisch angeordneten Prozessen, also der Ansatz einer Übersetzersemantik, definiert. Entsprechend dem inhaltlichen Schwerpunkt diese Buches ist dieser Ansatz auf die ODIS-Sprachkonstrukte beschränkt, die unmittelbar auf dem zugrundeliegenden Dialogmodell aufsetzen. Die Semantik der objektorientierten Konzepte von ODIS, wie z.B. Vererbung, Komposition und die Kommunikation über Nachrichten wird deshalb nicht behandelt. In [Pap91] wird die Semantik von parallelen, objektorientierten Sprachen und Konzepten ebenfalls durch Übersetzung in eine Prozeßalgebra (mathematische Beschreibung kommunizierender Prozesse) definiert. Entsprechend dem dabei gewählten Vorgehen kann der in diesem Kapitel vorgestellte Ansatz um die Semantik der objektorientierten ODIS-Sprachkonstrukte erweitert werden. Die Beschränkung auf die ODIS-Sprachkonstrukte für die Dialogablaufbeschreibung stellt also keine wesentliche konzeptionelle Einschränkung des Ansatzes dar.

Die in diesem Kapitel vorgestellte Semantikdefinition von ODIS dient ausschließlich der abstrakten Beschreibung der Abarbeitung von Dialogablaufspezifikationen. Sie entspricht jedoch nicht der Implementierung des ODIS zugrundeliegenden Dialogmodells. Diese Trennung wurde zugunsten einer höheren Aussagekraft der Semantikdefinition von ODIS vollzogen.

In ODIS werden Benutzerschnittstellen als reaktive event-gesteuerte Systeme betrachtet, deren Dialogablaufverhalten sich dynamisch ändern kann. Die Kommunikation mit dem Benutzer und innerhalb der Benutzerschnittstelle erfolgt weitgehend event-basiert und asynchron. Multimediale Benutzerschnittstellen bestehen aus nebenläufigen, zu synchronisierenden Dialog- und Ausgabeprozessen. Durch die Unterstützung kontinuierlicher Medientypen werden sie außerdem inhärent zeitvariant. Die Zielsprache der Übersetzersemantik sollte deshalb die Spezifikation, die dynamische Erzeugung und Zerstörung (dynamisches Prozeßkonzept) sowie die Synchronisation von Prozessen, eine event-basierte, asynchrone Kommunikation und Realzeitspezifikationen unterstützen.

Ausgehend von diesen Anforderungen wurde als Zielsprache eine Erweiterung der Prozeßalgebra CSP („Communication Sequential Processes") [Hoa85] ausgewählt. CSP stellt einen mathematischen Ansatz zur Beschreibung von Parallelität und

Kommunikation zwischen sequentiellen Prozessen dar und dient dem Entwurf, der Spezifikation und Implementierung von reaktiven Systemen, die mit ihrer Umgebung kommunizieren. Das zentrale Konzept dieser Sprache ist der Prozeß. Ein durch CSP spezifiziertes System besteht aus einer Menge paralleler Prozesse, die durch Verarbeitung gemeinsamer Events und durch die Kommunikation über benannte Ein- und Ausgabekanäle synchronisiert werden. Durch die Benennung von Prozessen und die Verwendung von Prozeßnamen in der Definition anderer Prozesse wird eine Strukturierung der Spezifikation reaktiver Systeme ermöglicht. CSP wurde bereits in Squeak [Car85a], EventCSP ([Ale87a], [Ale87b]) und in Agents [Abo90] erfolgreich für die Dialogablaufbeschreibung eingesetzt.

Die in [Hoa85] definierte Basisversion von CSP besitzt jedoch kein dynamisches Prozeßkonzept, keine asynchronen Kommunikationskonzepte und keine Realzeitspezifikationen. In [Boe91] wird für eine CSP-ähnliche Prozeßalgebra ein dynamisches Prozeßkonzept definiert. Realzeitspezifikationen werden in der als Timed CSP [Oxf92] bezeichneten Erweiterung eingeführt und in [Dav92] um asynchrone Kommunikationskonzepte (Broadcasting) erweitert. Für diese drei CSP-Erweiterungen wurde jeweils eine formale Semantik entwickelt. Keine der bekannten CSP-Erweiterungen mit formaler Semantik erfüllt jedoch alle aufgeführten Anforderungen an die Zielsprache für die Definition einer Übersetzersemantik, so daß in diesem Abschnitt eine eigene CSP-Erweiterung definiert wird. Für diese Prozeßalgebra wird nur eine informelle Semantik angegeben, die jedoch für das Verständnis der Abarbeitung von Dialogablaufbeschreibungen in ODIS hinreichend ist. Die im folgenden vorgestellte Übersetzersemantik stellt damit aus zwei Gründen nur einen Ansatz dar: Einerseits existiert für die Zielsprache keine formale Semantik und andererseits wird nur eine Teilmenge der ODIS-Sprachkonstrukte berücksichtigt. Diese Teilmenge beinhaltet jedoch die wichtigsten Sprachkonstrukte zur Dialogablaufbeschreibung, so daß die Einschränkung vertretbar ist.

Interaktionsklassen und Interaktionsobjekte
Das in [Boe91] vorgestellte dynamische Prozeßkonzept der CSP-ähnlichen Sprache P unterstützt die Erzeugung von globalen Prozessen. Die Sprache P basiert auf folgenden Konzepten:
- das Verhalten eines reaktiven Systems wird durch eine Menge aktiver Objekte bestimmt, die jeweils einer Klasse zugeordnet sind,
- ein aktives Objekt besitzt Instanzvariablen und einen lokalen Prozeß, der parallel zu den lokalen Prozessen der anderen aktiven Objekte ausgeführt wird und exklusiv auf die Instanzvariablen zugreifen kann,
- Objekte der gleichen Klasse besitzen die gleichen Instanzvariablen und lokalen Prozesse,

- die lokalen Prozesse der Objekte kommunizieren durch synchronen Nachrichten-austausch und übertragen Objektreferenzen und Werte vordefinierter Typen,
- bei der Erzeugung eines neuen Objektes (Instanziierung einer Klasse) werden die lokalen Instanzvariablen und eine Instanz des lokalen Prozesses der Objektklasse erzeugt; als Ergebnis wird eine Prozeßreferenz zurückgeliefert.

Dieser Ansatz wird auf die Definition der Semantik von Interaktionsklassen und -objekten übertragen:

- die Definition einer Interaktionsklasse entspricht der Definition einer gleichnamigen Prozeßklasse, die als Instanzvariablen die Attribute der Interaktionsklasse besitzt,
- die Definition des lokalen Prozesses einer Prozeßklasse geht direkt aus der Dialogablaufbeschreibung der entsprechenden Interaktionsklasse hervor,
- bei der Instanziierung einer Interaktionsklasse wird eine Instanz der entsprechenden Prozeßklasse (Interaktionsprozeß) erzeugt, die exklusiven Zugriff auf ihre Instanzvariablen besitzt,
- beim Erzeugen von Interaktionsprozessen werden Prozeßreferenzen erzeugt, die in Instanzvariablen gespeichert und über Kanäle versendet oder empfangen werden können.

5.1 Erweiterung der Prozeßalgebra CSP

Die in diesem Kapitel verwendete CSP-Erweiterung basiert auf der in [Hoa85] definierten Basisversion und den in [Boe91], [Oxf92] und [Dav92] eingeführten Erweiterungen. Die folgende Beschreibung der verwendeten Operatoren setzt Grundkenntnisse der Prozeßalgebra CSP voraus. Sie ist rekursiv, da die Definition neuer Operatoren auf untergeordneten Prozeßspezifikationen aufsetzt. Den Anker dieser Rekursion bildet der Prozeß SKIP. Basiskomponenten einer Prozeßspezifikation sind Synchronisationsevents, Ein-/Ausgabeoperationen sowie eventverarbeitende C++-Ausdrücke.

Syntax	Informelle Semantik
`SKIP`	Prozeß, der keine Aktionen ausführt, sondern sofort terminiert.
`N = P;`	Prozeßdefinition: Definition eines Prozesses mit Namen N und Prozeßspezifikation P.

$a \to P$ $x \to y \to z \to P$	Präfix-Operator: Prozeß, der zunächst das Event a verarbeitet und nach dessen Eintreten Prozeß P startet. Durch wiederholte Anwendung des Präfix-Operators werden Sequenzen von Events beschrieben.
$a \, \text{---}(t)\!\to P$	temporaler Präfix-Operator: Prozeß, der zunächst das Event a verarbeitet und danach Prozeß P mit einer Verzögerung von t Zeiteinheiten startet.
$a \to P \mid b \to Q$	Choice-Operator: Prozeß, der zunächst eines der Events a oder b verarbeitet und anschließend Prozeß P (Verarbeitung von Event a) oder Prozeß Q (Verarbeitung von Event b) startet.
$P;\ Q$	Sequence-Operator: Sequentielle Ausführung der Prozesse P und Q.
$P \wedge Q$	Interrupt-Operator: Prozeß, der zunächst Prozeß P startet. Tritt ein initiales Event von Prozeß Q (Interrupt-Event) ein, so wird P abgebrochen und Q gestartet; anderenfalls terminiert der Prozeß $P \wedge Q$ mit dem Ende von P. Lokal definierte Prozeßnamen sind in beiden Prozeßspezifikationen gültig.
if b **then** P **else** Q	Bedingte Prozeßspezifikation: Prozeß, der abhängig von der Auswertung des logischen Ausdrucks b entweder Prozeß P oder Prozeß Q startet.
$c!v$	Output-Operator für synchrone Kommunikation: Ausgabe des Wertes v auf Kanal c.
$c?x$	Input-Operator für synchrone Kommunikation: Einlesen des Wertes der Variablen x von Kanal c.
$c!$	Kurzform des Output-Operators ohne den auszugebenden Wert.
$c?$	Kurzform des Input-Operators ohne die einzulesende Variable.
$\underline{c}!v$	Broadcasting-Operator für asynchrone Kommunikation: Ausgabe des Wertes v auf Kanal c. Der Wert v wird an alle parallelen Prozesse gesendet, die auf Kanal c empfangsbereit sind.
$\underline{c}!$	Kurzform des Broadcasting-Operators ohne den auszugebenden Wert.

`l:P`	Label-Operator: Prozeß, der den Namen `l` und die gleiche Struktur wie Prozeß `P` besitzt. Alle in der Spezifikation von `P` auftretenden Events und Kanäle erhalten als Präfix das Label `l` gefolgt von einem Punkt.
`::n`	Globaler Label-Operator: Der globale Label-Operator unterdrückt, daß der Name `n` das Label des eigenen Prozesses und die Label übergeordneter Prozesse als Präfix erhält. Er dient der Kommunikation mit globalen Prozessen, ohne eine Synchronisation mit weiteren parallelen Prozessen zu erzwingen.
`P ‖ Q`	Parallel-Operator: Prozeß, der aus der parallelen Ausführung der Prozesse `P` und `Q` besteht. `P` und `Q` werden durch gleichnamige Events und Kommunikation über benannte Kanäle synchronisiert.
$\underset{i \geq 0}{\big|\big|\big|}\, i:P$	Unendliches Prozeß-Array: Potentiell unendliche Anzahl paralleler Prozesse mit gleicher Prozeßspezifikation `P`, aber unterschiedlichem Label.
$\underset{i \geq 0}{\prod} P(i)$	Kommunikation mit einem „freien" Prozeß eines Prozeß-Arrays (Prozeß, mit dem noch kein anderer Prozeß kommuniziert). Dieses Sprachkonstrukt entspricht dem Aufruf einer „reentranten Prozedur".
`X = F(X)`	Definition eines rekursiven Prozesses mit dem Namen `X` und der Prozeßspezifikation `F(X)`.
$\mu X.F(X)$	Definition eines rekursiven Prozesses mit dem nur lokal gültigen Namen `X` und der Prozeßspezifikation `F(X)`.
`eval[expression]`	Pseudo-Event, das die Auswertung eines C++-Ausdrucks beschreibt, die keine Nebeneffekte auf die Dialogstruktur beinhalten darf.
`x := new class`	Erzeugung eines globalen Prozesses mit einem eindeutigen, systeminternen Label durch Instanziierung der Prozeßklasse `P`. Die Prozeßreferenz wird der Variablen `x` zugewiesen. Für Prozeßreferenzen sind die Operationen Zuweisung, Test auf Gleichheit, Dereferenzierung und Löschen zulässig.
`delete x`	Löschen eines globalen Prozesses, auf den die Prozeßreferenz `x` verweist.

5.2 Semantik der ODIS-Sprachkonstrukte

Ein System kommunizierender Prozesse, das aus der Übersetzung einer ODIS-Dialogablaufbeschreibung resultiert, wird durch event-gesteuertes Scheduling gesteuert. Jeder Prozeß (Interaktionsprozeß oder Teilprozeß) wird als Koroutine modelliert. Ein Prozeß wird durch das Empfangen eines Events aktiviert und bestimmt selbst, wann er wieder deaktiviert wird. Prozesse können sich deaktivieren, indem sie die Kontrolle temporär an andere Prozesse (Schachtelung von Prozeßaktivierungen) oder endgültig an einen zentralen Scheduler-Prozeß abgeben. Im ersten Fall wird der Prozeß wieder aktiviert, sobald der temporär aktivierte Prozeß die Kontrolle zurückgibt. Im zweiten Fall wird der Prozeß erst wieder durch das Empfangen eines über den Scheduler-Prozeß propagierten Events aktiviert. Prozesse geben die Kontrolle zurück, wenn sie auf das Eintreten eines Events (Basisevent, komplexes Event, START- oder END-Event) warten und erhalten die Kontrolle, wenn eines dieser Events eingetreten ist.

Scheduler-Prozeß

Der Scheduler-Prozeß ist die zentrale Instanz eines Systems kommunizierender Prozesse. Einerseits sequentialsiert er die Propagierung von Events durch ein Sperrverfahren (Kommunikationskanäle lock und unlock) und andererseits steuert er die Aktivierung und Deaktivierung der als Prozesse modellierten Koroutinen (Kommunikationskanäle activate und deactivate). Über einen Stack von Prozeßidentifikatoren kontrolliert er zugleich die geschachtelte Aktivierung von Prozessen.

$$\text{scheduler: } \mu A.(\text{lock?} \to (\text{ unlock?} \to A$$
$$| \text{ deactivate?}p \to \text{ACTIVE}_{<p>}; \text{ unlock?} \to A \text{)}$$
$$\text{ACTIVE}_{<>} = \text{SKIP}$$
$$\text{ACTIVE}_{<p>\cdot s} = (\text{ unlock?} \to \underline{\text{activate}}!p \to \text{ACTIVE}_s$$
$$| \text{ deactivate?}q \to \text{ACTIVE}_{<q>\cdot<p>\cdot s} \text{)}$$
$$\text{mit } P = \text{Menge der Prozeßidentifikatoren, } <x> \in P, s \in P^*,$$
$$<> \in P^* \setminus P^+ \text{ und } \cdot \text{ als Konkatenation.}$$

Das Aktivieren und Deaktivieren von Prozessen wird durch Kommunikation mit dem Scheduler-Prozeß über die Kanäle activate und deactivate modelliert. Die Prozesse LOCK und UNLOCK fordern die Kontrolle vom Scheduler-Prozeß an bzw. geben sie an ihn zurück. Das Starten und Stoppen von Prozessen wird ebenfalls vom Scheduler-Prozeß gesteuert und durch die Prozesse START und STOP modelliert. Der in den folgenden Prozeßdefinitionen verwendete Bezeichner self repräsentiert eine Referenz auf den aktuell aktiven Prozeß.

$$\text{LOCK} \qquad\qquad = ::\text{scheduler.lock!} \to \text{SKIP}$$

$$
\begin{aligned}
\text{UNLOCK} \quad &= \text{::scheduler.unlock!} \to \text{SKIP} \\
\text{DEACTIVATE(p)} \quad &= \text{::scheduler.deactivate!p} \to \text{SKIP} \\
\text{ACTIVATE(p)} \quad &= \mu A.(\text{::scheduler.activate?x} \\
&\qquad \to \textbf{if } x = p \textbf{ then } \text{SKIP} \textbf{ else } A) \\
\text{START(p)} \quad &= \text{DEACTIVATE(self)} \to \text{p.start!} \to \text{ACTIVATE(self)} \\
\text{STOP(p)} \quad &= \text{DEACTIVATE(self)} \to \text{p.stop!} \to \text{ACTIVATE(self)}
\end{aligned}
$$

Synchronisationsevents

Synchronisationsevents (START- und END-Events) werden von den Prozessen für die Modellierung von Synchronisationsoperatoren und -bedingungen (siehe Abschnitt 5.2.6), den Synchronisationsprozessen, empfangen und verarbeitet. Für ihre Propagierung wird das Prozeß-Array synch definiert.

$$
\text{synch:} \; \underset{i \geq 0}{\overset{|||}{}} \; (\text{i.interest?<process,event>}
$$
$$
\to \mu Y.(\text{event?<q,x>} \to \textbf{if } q = \text{process} \textbf{ and } x = \text{event}
$$
$$
\textbf{then } (\text{LOCK; i.info!} \to \text{SKIP}) \textbf{ else } Y))
$$

Das Eintreten von Synchronisationsevents wird vom Prozeß SYNCH_EVENT durch Broadcasting an das Prozeß-Array synch propagiert.

$$
\text{SYNCH\_EVENT(p,e)} = \text{::synch.\underline{event}!<p,e>} \to \text{SKIP}
$$

Das Anmelden von Interesse an Synchronisationsevents und das anschließende Warten auf das Eintreten dieser Events erfolgt durch Kommunikation mit einem freien Prozeß des Prozeß-Arrays synch. Der Prozeß EVENT wartet auf das Eintreten eines Events, das von einem als Parameter spezifizierten Prozeß erzeugt wird.

$$
\begin{aligned}
\text{EVENT(p,e)} \quad &= \text{p.info?e} \to \text{SKIP} \\
\text{START\_SYNCH(p)} \quad &= \underset{i \geq 0}{\overset{\prod}{}} \; \text{::synch.i.interest!<p,START>} \\
&\qquad \to \text{UNLOCK; EVENT(::synch.i,e)} \\
\text{END\_SYNCH(p)} \quad &= \underset{i \geq 0}{\overset{\prod}{}} \; \text{::synch.i.interest!<p,END>} \\
&\qquad \to \text{UNLOCK; EVENT(::synch.i,e)}
\end{aligned}
$$

START- und END-Events

Für die bottom-up-Propagierung von START- und END-Events innerhalb von Prozeßhierarchien (Semantik komplexer Interaktionen und Ausgaben) werden der Kommunikationskanal control und die vier Prozesse START_EVENT, END_EVENT, CHECK_START und CHECK_END definiert. Die Prozesse CHECK_START und CHECK_END gewährleisten, daß ein END-Event nur nach einem vorherigen START-Event erzeugt wird. Außerdem unterdrücken sie die Mehrfacherzeugung von START- und END-Events (z.B. beim Reset von Interaktionen). Die Verwendung einer dieser Prozesse setzt voraus, daß der aktivierende Prozeß einen Variablenprozeß (siehe unten) mit Bezeichner st definiert, der die Information verwaltet, ob bereits ein START- und END-Event erzeugt wurde.

$$
\begin{aligned}
\text{START\_EVENT} \quad &= \text{DEACTIVATE(self)} \rightarrow \text{SET(st,1);} \\
&\quad \text{control!START} \rightarrow \text{ACTIVATE(self)} \\
\text{END\_EVENT} \quad &= \text{DEACTIVATE(self)} \rightarrow \text{SET(st,2);} \\
&\quad \text{control!END} \rightarrow \text{ACTIVATE(self)} \\
\text{CHECK\_START} \quad &= \text{GET(st,x)} \rightarrow \textbf{if } x = 0 \textbf{ then } \text{START\_EVENT} \textbf{ else } \text{SKIP} \\
\text{CHECK\_END} \quad &= \text{GET(st,x)} \rightarrow \textbf{if } x = 1 \textbf{ then } \text{END\_EVENT} \textbf{ else } \text{SKIP}
\end{aligned}
$$

Für Prozesse, die neben den START- und END-Events an ihre übergeordneten Prozesse auch Synchronisationsevents senden, werden diese vier Prozesse entsprechend erweitert.

$$
\begin{aligned}
\text{START\_EVENT(p)} \quad &= \text{DEACTIVATE(self)} \rightarrow \text{SET(st,1); control!START} \\
&\quad \rightarrow \text{SYNCH\_EVENT(START,p); ACTIVATE(self)} \\
\text{END\_EVENT(p)} \quad &= \text{DEACTIVATE(self)} \rightarrow \text{SET(st,2); control!END} \\
&\quad \rightarrow \text{SYNCH\_EVENT(END,p); ACTIVATE(self)} \\
\text{CHECK\_START(x)} \quad &= \text{GET(st,x)} \\
&\quad \rightarrow \textbf{if } x = 0 \textbf{ then } \text{START\_EVENT(x)} \textbf{ else } \text{SKIP} \\
\text{CHECK\_END(x)} \quad &= \text{GET(st,x)} \\
&\quad \rightarrow \textbf{if } x = 1 \textbf{ then } \text{END\_EVENT(x)} \textbf{ else } \text{SKIP}
\end{aligned}
$$

Der iterative Prozeß CONSUME_CONTROL konsumiert nicht mehr benötigte Synchronisationsevents untergeordneter Prozesse.

$$
\text{CONSUME\_CONTROL(p)} = \mu\text{S.(p.control?} \rightarrow \text{UNLOCK; S)}
$$

Hilfsprozesse

Für eine kompakte Beschreibung der Übersetzung von Dialogablaufbeschreibungen werden zusätzlich noch einige Hilfsprozesse definiert. Der Prozeß SYNCH synchronisiert die Terminierung mehrerer paralleler Prozesse durch das gemeinsame Event synch.

$$
\text{SYNCH} = \text{synch} \rightarrow \text{SKIP}
$$

Die fünf Prozesse VAR , SET, GET, INC und DEC modellieren Variablen mit Initialwert 0 und die Operationen für das Lesen, Schreiben, Inkrementieren und Dekrementieren ihrer Werte.

$$
\begin{aligned}
\text{VAR} \quad &= (\text{in?x} \to \mu Y.(\text{out!x} \to Y \mid \text{in?x} \to Y) \mid \text{out!0} \to \text{VAR}) \\
\text{SET(v,x)} \quad &= \text{v.in!x} \to \text{SKIP} \\
\text{GET(v,x)} \quad &= \text{v.out?x} \to \text{SKIP} \\
\text{INC(v)} \quad &= \text{GET(v,y)};\ \text{SET(v,y+1)} \\
\text{DEC(v)} \quad &= \text{GET(v,y)};\ \text{SET(v,y-1)}
\end{aligned}
$$

5.2.1 Dynamikoperatoren

Die Semantik der Dynamikoperatoren und ihrer Operanden wird durch Übersetzung in eine Hierarchie kommunizierender Prozessen definiert:

- ein untergeordneter Prozeß für jeden Operanden (Operandenprozeß),
- ein Kontrollprozeß, der die Semantik des Dynamikoperators definiert.

Die Prozesse der Operanden definieren die Semantik der untergeordneten Teilinteraktionen und werden in den folgenden Definitionen als gegeben vorausgesetzt. Der vorgestellte Ansatz kann damit als kompositionelle Übersetzersemantik bezeichnet werden, da die Semantik komplexer Sprachkonstrukte auf die Semantik der Operatoren und der Operanden zurückgeführt wird.

Der Kontrollprozeß startet und stoppt seine Operandenprozesse, empfängt deren START- und END-Events und versendet die START- und END-Events der durch den Dynamikoperator definierten (Teil-) Interaktion auf dem control-Kanal. Das END-Event wird sowohl beim normalen Ende dieser Interaktion als auch nach ihrem Abbruch durch Kommunikation auf dem stop-Kanal erzeugt. Jeder Kontrollprozeß verfügt über die in Abb. 5.1 aufgeführten Kommunikationskanäle.

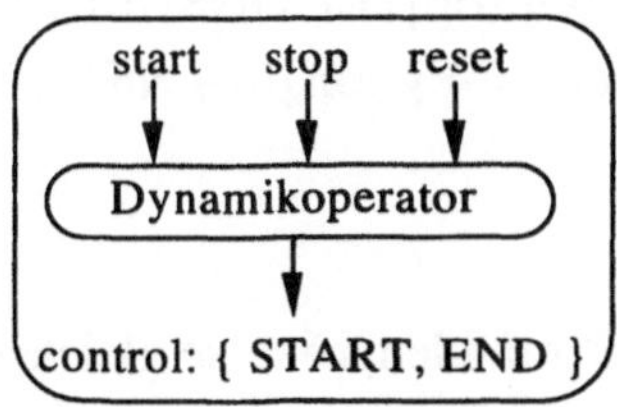

Abb. 5.1 Kommunikationskanäle eines Dynamikoperators

Im folgenden wird die Semantik der Dynamikoperatoren OR, AND und XOR jeweils nur für den dyadischen Fall definiert. Die Semantik der n-adischen Operatoren (für n > 2) ergibt sich in natürlicher Weise aus der Assoziativität der Dynamikoperatoren.

OR-Operator

Der OR-Prozeß startet beide Operandenprozesse gleichzeitig. Sobald einer der Operandenprozesse ein START-Event gesendet hat, wird das START-Event des Kontrollprozesses erzeugt. Nach dem Empfang eines END-Events von einem der Operandenprozesse wird der andere Operandenprozeß abgebrochen und das END-Event des Kontrollprozesses erzeugt. Über die Kommunikationskanäle $goon_1$ und $goon_2$ wird die wiederholte Ausführung der Operandenprozesse im Fall eines Resets gesteuert.

$[\![$ interaction$_1$ **OR** interaction$_2$ $]\!] \equiv$ st : VAR $\|$ end: VAR

    $\| \mu$A.(op$_1$: $[\![$interaction$_1]\!]$;

        μB.(goon$_1$? $\rightarrow$ A | op$_1$.stop? $\rightarrow$ UNLOCK; B | SYNCH))

    $\| \mu$C.(op$_2$: $[\![$interaction$_2]\!]$;

        μD.(goon$_2$? $\rightarrow$ C | op$_2$.stop? $\rightarrow$ UNLOCK; D | SYNCH))

    $\|$ start? $\rightarrow \mu$S.(START(op$_1$); START(op$_2$); SET(end,0); UNLOCK;

      (op$_1$.control? $\rightarrow$ CHECK_START; UNLOCK; op$_1$.control? $\rightarrow$ GET(end,x);

        if x = 0 **then** (SET(end,1); STOP(op$_2$); CHECK_END) **else** SKIP;

        UNLOCK; SYNCH)

      $\|$ (op$_2$.control? $\rightarrow$ CHECK_START; UNLOCK; op$_2$.control? $\rightarrow$ GET(end,y);

        if y = 0 **then** (SET(end,1); STOP(op$_1$); CHECK_END) **else** SKIP;

        UNLOCK; SYNCH)

)

) ^ (stop? $\rightarrow$ (STOP(op$_1$); STOP(op$_2$);

      (CONSUME_CONTROL(op$_1$) $\|$ CONSUME_CONTROL(op$_2$) $\|$

        (CHECK_END; UNLOCK; SYNCH)))

      | reset? $\rightarrow$ (STOP(op$_1$); STOP(op$_2$);

        (CONSUME_CONTROL(op$_1$) $\|$ CONSUME_CONTROL(op$_2$) $\|$

        (CHECK_END; goon$_1$! $\rightarrow$ goon$_2$! $\rightarrow$ SKIP))); S)

)

XOR-Operator

Der XOR-Prozeß startet beide Operandenprozesse gleichzeitig. Sobald einer der Operandenprozesse ein START-Event gesendet hat, wird das START-Event des Kontrollprozesses erzeugt und der andere Operandenprozeß abgebrochen. Nach dem Empfangen eines END-Events von dem noch aktiven Operandenprozeß wird das END-Event des Kontrollprozesses erzeugt.

$[\![$interaction$_1$ **XOR** interaction$_2]\!] \equiv$ st : VAR

  $\|\ \mu A.($op$_1$: $[\![$interaction$_1]\!]$;

        $\mu B.($ goon$_1$? $\rightarrow$ A $|$ op$_1$.stop? $\rightarrow$ UNLOCK; B $|$ SYNCH $))$

  $\|\ \mu C.($op$_2$: $[\![$interaction$_2]\!]$;

        $\mu D.($ goon$_2$? $\rightarrow$ C $|$ op$_2$.stop? $\rightarrow$ UNLOCK; D $|$ SYNCH $))$

  $\|$ start? $\rightarrow \mu S.($ START(op$_1$); START(op$_2$); UNLOCK;

     (op$_1$.control? $\rightarrow$ (STOP(op$_2$); CHECK_START; UNLOCK;

     op$_1$.control? $\rightarrow$ CHECK_END; UNLOCK; SYNCH)

     $|$ op$_2$.control? $\rightarrow$ (STOP(op$_1$); CHECK_START; UNLOCK;

     op$_2$.control? $\rightarrow$ CHECK_END; UNLOCK; SYNCH)

)

  $) \wedge ($ stop? $\rightarrow$ (STOP(op$_1$); STOP(op$_2$);

     (CONSUME_CONTROL(op$_1$) $\|$ CONSUME_CONTROL(op$_2$) $\|$

     (CHECK_END; UNLOCK; SYNCH)))

    $|$ reset? $\rightarrow$ (STOP(op$_1$); STOP(op$_2$);

     (CONSUME_CONTROL(op$_1$) $\|$ CONSUME_CONTROL(op$_2$) $\|$

      (CHECK_END; goon$_1$! $\rightarrow$ goon$_2$! $\rightarrow$ SKIP))); S)

)

AND-Operator

Der AND-Prozeß startet beide Operandenprozesse gleichzeitig. Sobald einer der Operandenprozesse ein START-Event gesendet hat, wird das START-Event des Kontrollprozesses erzeugt. Das END-Event wird erzeugt, nachdem von beiden Operandenprozessen ein END-Event empfangen wurde.

$[\![$interaction$_1$ **AND** interaction$_2]\!] \equiv$ st: VAR $\|$ end: VAR

  $\|\ \mu A.($op$_1$: $[\![$interaction$_1]\!]$;

        $\mu B.($ goon$_1$? $\rightarrow$ A $|$ op$_1$.stop? $\rightarrow$ UNLOCK; B $|$ SYNCH $))$

  $\|\ \mu C.($op$_2$: $[\![$interaction$_2]\!]$;

        $\mu D.($ goon$_2$? $\rightarrow$ C $|$ op$_2$.stop? $\rightarrow$ UNLOCK; D $|$ SYNCH $))$

  $\|$ start? $\rightarrow \mu S.($ START(op$_1$); START(op$_2$); SET(end,0); UNLOCK;

    (op$_1$.control? $\rightarrow$ CHECK_START; UNLOCK; op$_1$.control? $\rightarrow$ GET(end,x)

     $\rightarrow$ **if** x = 1 **then** END_EVENT **else** SET(end,1); UNLOCK; SYNCH)

    $\|$ (op$_2$.control? $\rightarrow$ CHECK_START; UNLOCK; op$_2$.control? $\rightarrow$ GET(end,x)

     $\rightarrow$ **if** x = 1 **then** END_EVENT **else** SET(end,1); UNLOCK; SYNCH)

$) \wedge ($ stop? $\rightarrow$ (STOP(op_1); STOP(op_2);

    (CONSUME_CONTROL(op_1) | CONSUME_CONTROL(op_2) ||

    (CHECK_END; UNLOCK; SYNCH)))

  | reset? $\rightarrow$ (STOP(op_1); STOP(op_2);

   (CONSUME_CONTROL(op_1) || CONSUME_CONTROL(op_2) ||

   (CHECK_END; $goon_1$! $\rightarrow$ $goon_2$! $\rightarrow$ SKIP)); S)

$)$

REPEAT-Operator

Der REPEAT-Prozeß startet beide Operandenprozesse gleichzeitig. Zu Beginn jeder
Iteration werden beide Operandenprozesse (Iterations- und Abbruchprozeß) gestartet. Abhängig davon, welcher Operandenprozeß zuerst sein START-Event sendet,
wird die Iteration fortgesetzt (begonnen) oder abgebrochen. Sobald einer der Operandenprozesse sein START-Event gesendet hat, wird das START-Event des Kontrollprozesses erzeugt. Das END-Event des Kontrollprozesses wird nach dem Empfangen des END-Events vom Abbruchprozeß erzeugt.

$[\![$**REPEAT** $interaction_1$ **UNTIL** $interaction_2]\!]$ $\equiv$ st: VAR

  || μA.(op_1: $[\![interaction_1]\!]$;

       μB.($goon_1$? $\rightarrow$ A | op_1.stop? $\rightarrow$ UNLOCK; B | SYNCH))

  || μC.(op_2: $[\![interaction_2]\!]$;

       μD.($goon_2$? $\rightarrow$ C | op_2.stop? $\rightarrow$ UNLOCK; D | SYNCH))

  || start? $\rightarrow$ μS.(START(op_1); START(op_2); UNLOCK;

    (op_1.control? $\rightarrow$ (STOP(op_2); CHECK_START; UNLOCK;

     op_1.control? $\rightarrow$ $goon_1$! $\rightarrow$ $goon_2$! $\rightarrow$ S)

   | op_2.control? $\rightarrow$ (STOP(op_1); CHECK_START; UNLOCK;

    op_2.control? $\rightarrow$ END_EVENT; UNLOCK; SYNCH)

   $)$

$) \wedge ($ stop? $\rightarrow$ (STOP(op_1); STOP(op_2);

    (CONSUME_CONTROL(op_1) || CONSUME_CONTROL(op_2) ||

    (CHECK_END; UNLOCK; SYNCH)))

  | reset? $\rightarrow$ (STOP(op_1); STOP(op_2); $\rightarrow$

   (CONSUME_CONTROL(op_1) || CONSUME_CONTROL(op_2) ||

    (CHECK_END; $goon_1$! $\rightarrow$ $goon_2$! $\rightarrow$ SKIP)); S)

$)$

IF-Operator

Der IF-Prozeß startet einen der beiden Operandenprozesse in Abhängigkeit vom aktuellen Wert des booleschen Ausdruckes. Die vom gestarteten Operandenprozeß erzeugten START- und END-Events lösen die Erzeugung des START- bzw. END-Events des Kontrollprozesses aus.

$\llbracket$ **IF** b **THEN** interaction$_1$ **ELSE** interaction$_2$ $\rrbracket$ $\equiv$ st: VAR $\parallel$

    μA.(op: **if** b **then** $\llbracket$ interaction$_1$ $\rrbracket$ **else** $\llbracket$ interaction$_2$ $\rrbracket$;

       μB.(goon? $\rightarrow$ A $\mid$ op.stop? $\rightarrow$ UNLOCK; B $\mid$ SYNCH))

   $\parallel$ start? $\rightarrow$ μS.(START(op); op.control? $\rightarrow$ START_EVENT; UNLOCK;

                 op.control? $\rightarrow$ END_EVENT; UNLOCK; SYNCH

) $\wedge$ (stop? $\rightarrow$ (STOP(op); (CONSUME_CONTROL(op) $\parallel$

                       (CHECK_END; UNLOCK; SYNCH)))

     $\mid$ reset? $\rightarrow$ (STOP(op); (CONSUME_CONTROL(op) $\parallel$

                       (CHECK_END; goon! $\rightarrow$ SKIP)); S)

)

SEQUENCE-Operator

Der SEQUENCE-Prozeß startet seine Operandenprozesse (Faktorprozesse) sequentiell. Seine vordefinierte Erzeugung der START- und END-Events kann jedoch durch eine benutzerdefinierte Erzeugung überschrieben werden. Faktoren, die die Erzeugung des START- oder END-Events des Sequenzoperators auslösen, werden als Start- bzw. Endfaktoren bezeichnet. Die vordefinierte Erzeugung von START- und END-Events erfolgt nach folgender Definition:

$$f_1 \rightarrow \dots \rightarrow f_n = \begin{cases} \mathbf{START}{:}f_1 \rightarrow \dots \rightarrow \mathbf{END}{:}f_n \\ \qquad \text{falls } \mathbf{START}, \mathbf{END} \notin \{f_1,\dots,f_n\} \\ f_1 \rightarrow \dots \rightarrow \mathbf{END}{:}f_n \\ \qquad \text{falls } \mathbf{START} \in \{f_1,\dots,f_n\}, \mathbf{END} \notin \{f_1,\dots,f_n\} \\ \mathbf{START}{:}f_1 \rightarrow \dots \rightarrow f_n \\ \qquad \text{falls } \mathbf{START} \notin \{f_1,\dots,f_n\}, \mathbf{END} \in \{f_1,\dots,f_n\} \\ f_1 \rightarrow \dots \rightarrow f_n \\ \qquad \text{sonst} \end{cases}$$

Eine Sequenz von Faktoren wird durch folgenden Prozeß modelliert:

$[\![f_1 \rightarrow \ldots \rightarrow f_n]\!] \equiv$ st: VAR

  $\|\, \mu A.($op: $(\ [\![f_1]\!];$ BREAK; $[\![f_2]\!];\ \ldots;$ BREAK; $[\![f_n]\!];$ FINISH $)$;

        $\mu B.($ goon? $\rightarrow A \mid$ op.stop? $\rightarrow$ UNLOCK; $B \mid$ SYNCH $))$

  $\|\,$ start? $\rightarrow \mu S.($ START(op); UNLOCK;

      $(\ \mu C.($ op.break? $\rightarrow$ (START(op); UNLOCK; C)

          $\mid$ op.finish? $\rightarrow$ (UNLOCK; SYNCH))

       $\|\, \mu D.($ op.cont?x $\rightarrow$

            if x = START **then** CHECK_START **else** CHECK_END;

            UNLOCK; D)

      $)$

  $)\ \hat{\ }\ ($ stop?x $\rightarrow$ (STOP(op); eval [abort-expression] $\rightarrow$

      (CONSUME_CONTROL(op) $\|$ (CHECK_END; UNLOCK; SYNCH)))

    $\mid$ reset? $\rightarrow$ (STOP(op); eval [abort-expression] $\rightarrow$

      (CONSUME_CONTROL(op) $\|$ (CHECK_END; goon! $\rightarrow$ SKIP)); S)

    $)$

BREAK = (LOCK; break! $\rightarrow$ SKIP) $\mid$ (stop? $\rightarrow$ UNLOCK)

FINISH = (LOCK; finish! $\rightarrow$ SKIP) $\mid$ (stop? $\rightarrow$ UNLOCK)

Die benutzerdefinierte Erzeugung von START- und END-Events wird durch eine selektive Propagierung der von Faktoren erzeugten START- bzw. END-Events modelliert. Dafür werden der Kommunikationskanal cont und die beiden Prozesse WATCH_START und WATCH_END definiert.

    WATCH_START = $\mu W.($ control?x

                  $\rightarrow$ **if** x = START **then** cont!START $\rightarrow$ W **else** W)

    WATCH_END = $\mu W.($ control?x

                  $\rightarrow$ **if** x = END **then** cont!END $\rightarrow$ W **else** W)

Die beiden Faktoren START und END können damit durch eine Kommunikation auf dem Kommunikationskanal cont modelliert werden.

$[\![$ **START** $]\!]$ $\equiv ($ start? $\rightarrow$ DEACTIVATE(self);

           cont!START $\rightarrow$ ACTIVATE(self); UNLOCK

       $)\ \hat{\ }\ ($stop? $\rightarrow$ UNLOCK$)$

$[\![$ **END** $]\!]$ $\equiv ($ start? $\rightarrow$ DEACTIVATE(self);

           cont!END $\rightarrow$ ACTIVATE(self); UNLOCK

       $)\ \hat{\ }\ ($stop? $\rightarrow$ UNLOCK$)$

Start- und Endfaktoren, die START- oder END-Events erzeugen, werden durch eine parallele Komposition, bestehend aus dem Faktorprozeß und den Prozessen WATCH_START und/oder WATCH_END, modelliert.

Faktoren, die START- und END-Events erzeugen, aber keine Start- oder Endfaktoren des Sequenzoperators sind, werden durch eine parallele Komposition mit dem iterativen Prozeß CONSUME_CONTROL zur Aufnahme der Synchronisationsevents modelliert.

$$[\![\textbf{START}: f]\!] \quad \equiv (\ [\![f]\!] \parallel \text{WATCH\_START}\ )$$

$$[\![\textbf{END}: f]\!] \quad \equiv (\ [\![f]\!] \parallel \text{WATCH\_END}\ )$$

Falls die markierten Start- oder Endfaktoren eines Sequenzoperators keine START- und END-Events erzeugen (z.B. diskrete Aktionen, Interesse an Basisevents), werden diese Events unmittelbar nach der Abarbeitung dieser Faktoren erzeugt.

$$[\![\textbf{START}: f]\!] \quad \equiv (\ [\![f \rightarrow \textbf{START}]\!]$$

$$[\![\textbf{END}: f]\!] \quad \equiv (\ [\![f \rightarrow \textbf{END}]\!]$$

$$[\![\textbf{START}: \textbf{END}: f]\!] \equiv (\ [\![f \rightarrow \textbf{START} \rightarrow \textbf{END}]\!]$$

Benannte Teilinteraktionen

Benannte Teilinteraktionen (Teilinteraktionen, denen ein Bezeichner zugeordnet wurde) können in Synchronisationsanweisungen referenziert werden. Die von ihnen erzeugten START- und END-Events müssen deshalb zusammen mit dem Interaktionsnamen an interessierte Synchronisationsprozesse propagiert werden.

$[\![\text{name:(interaction)}]\!] \equiv$ st: VAR $\parallel$ sy: VAR

  $\parallel \mu$A.(op: $[\![$interaction$]\!]$;

      μB.(goon? $\rightarrow$ A I op.stop? $\rightarrow$ UNLOCK; B I SYNCH))

  $\parallel$ start? $\rightarrow \mu$S.(START(op); UNLOCK; op.control? $\rightarrow$ CHECK_START;

           SYNCH_EVENT(name,START); SET(sy,1); UNLOCK;

           op.control? $\rightarrow$ CHECK_END; SYNCH_EVENT(name,END);

           SET(sy,0); UNLOCK; SYNCH

) ^ (stop? $\rightarrow$ (STOP(op);

    (CONSUME_CONTROL(op) $\parallel$

     (CHECK_END; CHECK_SYNCH(name); UNLOCK; SYNCH)))

    I reset? $\rightarrow$ (STOP(op);

     (CONSUME_CONTROL(op) $\parallel$

      (CHECK_END; CHECK_SYNCH(name); goon! $\rightarrow$ SKIP)); S)

)

CHECK_SYNCH(p) = GET(sy,x)
    → **if** x = 1 **then** (SYNCH_EVENT(p,END) ‖ SET(sy,0)) **else** SKIP

5.2.2 Basisevents

Für die Definition der Semantik von Basisevents wird jedem Eventtyp ein sogenannter Eventqueue-Prozeß zugeordnet, der das Interesse an Basisevents dieses Typs verwaltet und andere Prozesse über das Eintreten dieser Events informiert. Eventqueue-Prozesse besitzen jeweils ein untergeordnetes Prozeß-Array und werden über das Eintreten von Basisevents informiert. Beim Propagieren von Basisevents wird einerseits die Priorität des Interesses an Basisevents und andererseits das Konsumieren und Nichtkonsumieren von Basisevents (siehe Abschnitt 4.3.2) berücksichtigt.

Die Definitionen der Eventqueue-Prozesse unterscheiden sich nur in ihren Namen und den Parametern der Basisevents, so daß in diesem Abschnitt nur ein Prozeß (`::mouse.buttondown`) und das Interesse an den entsprechenden Basisevents (`buttondown`-Events) explizit definiert werden. Die Definitionen der anderen Eventqueue-Prozesse ergeben sich durch einfache Ersetzungen.

Für die folgenden Prozeßdefinition werden zunächst die Hilfsprozesse für die Modellierung eines Semaphors (`SEMAPHOR`) und einer Multimenge (`MULTISET`) eingeführt.

SEMAPHOR = μX.(lock? → unlock? → X | free? → X)

MULTISET = μX.(prio?x → number!0 → X | delete?x → X
                | insert?x → (rest: MULTISET ‖ LOOP(x)))

LOOP(x) = μX.(ct: VAR ‖ (SET(ct,1);
     (prio?y → **if** y = x **then** (GET(ct,n); number!n → X)
                   else rest.prio?y → rest.number?n → number!n → X
     | insert?y → **if** y = x **then** (INC(ct); X) **else** rest.insert!y → X
     | delete?y → **if** y = x **then** (DEC(ct); X) **else** rest.delete!y → X)))

mouse: (
 buttondown:(maxprio: VAR ‖ priorities: MULTISET ‖ disable: SEMAPHOR
 ‖ μS.(event?eo → disable!lock → UNLOCK;
        μY.(GET(maxprio,pr); priorities.prio!pr → priorities.number?nr →

$$\textbf{if } nr > 0$$
$$\textbf{then } (\underline{propagate}!<eo,x> \rightarrow SKIP;$$
$$(ct: VAR \parallel cs: VAR \parallel$$
$$\mu X.((notconsume? \rightarrow INC(ct)$$
$$\mid consume? \rightarrow (INC(ct); INC(cs)));$$
$$GET(ct,x); \textbf{if } nr = x \textbf{ then } SKIP \textbf{ else } X);$$
$$SET(maxprio,pr-1)); GET(cs,x);$$
$$\textbf{if } x > 0 \textbf{ then } disable!unlock \rightarrow S \textbf{ else } Y))$$
$$\textbf{else if } pr < 0 \textbf{ then } (SET(maxprio,0); disable!unlock \rightarrow S)$$
$$\textbf{else } (DEC(maxprio); Y)))$$

$$\parallel (\underset{i \geq 0}{\overset{\mid\mid\mid}{}} (i.interest?<key,drawable,prio> \rightarrow$$

$$(i.disinterest? \rightarrow SKIP$$
$$\mid disable!free \rightarrow$$
$$(priorites.insert!prio \rightarrow GET(maxprio,mpr);$$
$$SET(maxprio,max(prio,mpr));$$
$$\mu Y.(propagate?<eo,pr> \rightarrow$$
$$\textbf{if } match (eo,key,drawable) \textbf{ and } prio = pr$$
$$\textbf{then } LOCK; i.info!eo \rightarrow$$
$$(i.consume? \rightarrow consume! \rightarrow priorites.delete!prio \rightarrow SKIP$$
$$\mid i.notconsume? \rightarrow notconsume! \rightarrow priorites.delete!prio$$
$$\rightarrow SKIP)$$
$$\textbf{else } Y$$
$$\mid i.disinterest? \rightarrow priorities.delete!prio \rightarrow SKIP)$$
$$))))$$
$$\parallel buttonup:(...) \parallel click:(...) \parallel doubleclick:(...) \parallel mousemove:(...) \parallel enter:(...)$$
$$\parallel leave:(...))$$

Die Information der Eventqueue-Prozesse über das Eintreten von Basisevents wird ebenfalls vom Scheduler-Prozeß gesteuert und durch den Prozeß BASIC_EVENT modelliert. Dieser Prozeß wird von einer in diesem Kapitel nicht definierten Device-Schnittstelle gestartet.

$$BASIC\_EVENT(p,e) = LOCK; p.event!e \rightarrow SKIP;$$

Faktoren, die Interesse an Basisevents beschreiben, werden durch eine Kommunikation mit dem entsprechenden Eventqueue-Prozeß modelliert. Ihre Modellierung wird in diesem Abschnitt ebenfalls nur für buttondown-Events explizit definiert.

$[\![\mathbf{CONSUME}(prio)\ buttondown[but,drw](eo)]\!] \equiv$

$$start? \to \prod_{i \geq 0} \ ::mouse.buttondown.i.interest!<but,drw,prio> \to UNLOCK;$$

$$(\ EVENT(mouse.buttondown.i,eo);$$

$$::mouse.buttondown.i.consume! \to UNLOCK;$$

$$|\ stop? \to (::mouse.buttondown.i.disinterest! \to UNLOCK)\ )$$

$[\![\mathbf{NOTCONSUME}(prio)\ buttondown[but,drw](eo)]\!] \equiv$

$$start? \to \prod_{i \geq 0} \ ::mouse.buttondown.i.interest!<but,drw,prio> \to UNLOCK;$$

$$(\ EVENT(::mouse.buttondown.i,eo);$$

$$::mouse.buttondown.i.notconsume! \to UNLOCK;$$

$$|\ stop? \to (::mouse.buttondown.i.disinterest! \to UNLOCK)\ )$$

$[\![buttondown[button,drawable](eo)]\!] \equiv$

$$[\![\mathbf{CONSUME}(0)\ buttondown[button,drawable](eo)]\!]$$

Eventbedingungen

Prozesse, die Interesse an Basisevents mit einer nachgestellten Eventbedingung modellieren, gehen aus einer Ergänzung der oben aufgeführten Prozesse um eine Überprüfung dieser Bedingung hervor. Falls das Ergebnis der Überprüfung negativ ist, wird erneut Interesse an dem Basisevent angemeldet.

$[\![\mathbf{NOTCONSUME}(prio)\ buttondown[but,drw](?eo)\{condition\}]\!] \equiv$

$$start? \to \mu A.(\prod_{i \geq 0} \ ::mouse.buttondown.i.interest!<but,drw,prio> \to UNLOCK;$$

$$(\ EVENT(mouse.buttondown.i,eo);$$

$$::mouse.buttondown.i.notconsume! \to$$

$$\mathbf{if}\ eval[condition]\ \mathbf{then}\ UNLOCK\ \mathbf{else}\ A\ )$$

$$|\ stop? \to (::mouse.buttondown.i.disinterest! \to UNLOCK)\ )$$

5.2.3   Interaktionen

Definition einer Interaktion

Interaktionen definieren in ODIS komplexe Eventtypen. Die Semantik einer benannten Interaktion wird durch einen Prozeß definiert, der aus drei Teilprozessen besteht: ein Kontrollprozeß für die Interaktion mit den in Abb. 5.2 aufgeführten Kommunikationskanälen, ein Teilprozeß für die Propagierung des komplexen Events und ein

Prozeß-Array für die Verwaltung des Interesses an dem komplexen Event. Der Kontrollprozeß der Interaktion wird gestartet, wenn der erste Prozeß Interesse an anmeldet, und gestoppt, wenn der letzte Prozeß sein Interesse abmeldet. Die Prozesse für die Verwaltung des Interesses und das Propagieren komplexer Events stimmen weitgehend mit den entsprechenden Prozessen für Basisevents überein.

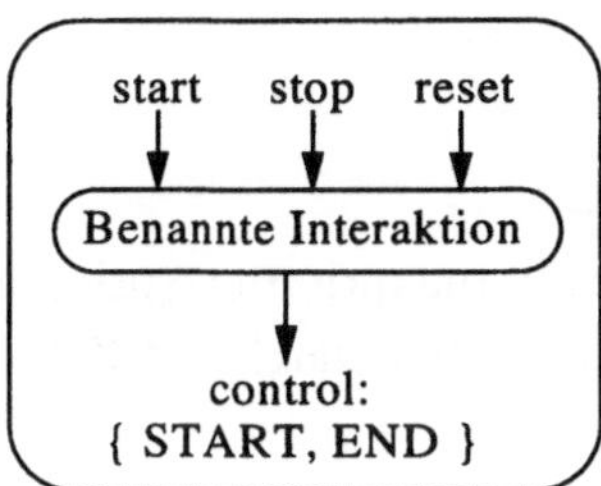

Abb. 5.2 Kommunikationskanäle einer benannten Interaktion

$[\![$inter[type$_1$ fp$_1$, ... , type$_n$ fp$_n$] (type$*$ eo) = interaction_spec$]\!]$ $\equiv$
st: VAR ∥ sy: VAR ∥
inter: (μA.(op: $[\![$interaction_spec$]\!]$; μB.(op.stop? $\to$ UNLOCK; B ∣ SYNCH); A))
   ∥ μS.((start? $\to$ START(op); UNLOCK;

       op.control? $\to$ SYNCH_EVENT(inter,START); SET(sy,1);

       op.control? $\to$ SYNCH_EVENT(inter,END); SET(sy,o);
       PROPAGATE(eo); UNLOCK; SYNCH; S)

    ∥ (reset? $\to$ (op.reset! $\to$ SKIP))
) ^ (stop? $\to$ STOP(op); (CONSUME_CONTROL(op) ∥
              (CHECK_END(inter); UNLOCK; SYNCH)); S)
∥ (maxprio: VAR ∥ priorities: MULTISET ∥ disable: SEMAPHOR ∥
   interest: VAR ∥

  μS.(event?eo $\to$ disable!lock $\to$ UNLOCK;

     μY.(GET(maxprio,pr); priorities.prio!pr $\to$ priorities.number?nr $\to$
      if nr $>$ 0
      then (<u>propagate</u>!<eo,x> $\to$ SKIP;
         (ct: VAR ∥ cs: VAR ∥

          μX.((notconsume? $\to$ INC(ct)

           ∣ consume? $\to$ (INC(ct); INC(cs)));
           GET(ct,x); **if** nr = x **then** SKIP **else** X);
        SET(maxprio,pr-1); GET(cs,x);

        if x $>$ 0 **then** disable!unlock $\to$ start! $\to$ S **else** Y))

$$\textbf{else if } pr < 0 \textbf{ then } (SET(maxprio,0); disable!unlock$$
$$\rightarrow start! \rightarrow S)$$
$$\textbf{else } (DEC(maxprio); Y)$$

$)\,)\,)$

$\| \,(\, \underset{i\geq0}{|||} \,(\, i.interest?\text{<}prio\text{>} \rightarrow$

$(\, i.disinterest? \rightarrow SKIP$

$|\, disable!free \rightarrow$

$(\, priorites.insert!prio \rightarrow$

$GET(maxprio,mpr); SET(maxprio,max(prio,mpr));$

$GET(interest,n); \textbf{if } n = 0 \textbf{ then } start! \rightarrow SKIP \textbf{ else } SKIP; INC(interest);$

$\mu Y.(\, propagate?\text{<}eo,pr\text{>} \rightarrow$

$\quad\quad \textbf{if } match (eo,key,drawable) \textbf{ and } prio = pr$

$\quad\quad \textbf{then } LOCK; i.\underline{info}!eo \rightarrow$

$\quad\quad\quad\quad (\, i.consume? \rightarrow consume! \rightarrow priorites.delete!prio$
$\quad\quad\quad\quad\quad\quad\quad\quad\quad\quad\quad\quad\quad \rightarrow DEC(interest)$

$\quad\quad\quad\quad |\, i.notconsume? \rightarrow notconsume! \rightarrow priorites.delete!prio$
$\quad\quad\quad\quad\quad\quad\quad\quad\quad\quad\quad\quad\quad\quad\quad \rightarrow DEC(interest)\,)$

$\quad\quad \textbf{else } Y$

$\quad\quad |\, i.disinterest? \rightarrow priorites.delete!prio \rightarrow DEC(interest);$

$\quad\quad\quad GET(interest,n); \textbf{if } n = 0 \textbf{ then } \underline{stop}! \rightarrow SKIP \textbf{ else } SKIP\,)$

$)\,)\,)$

$PROPAGATE(e) = DEACTIVATE(self); event!e \rightarrow ACTIVATE(self)$

$CHECK\_END(p) = GET(sy,x) \rightarrow \textbf{if } x = 1$
$\quad\quad\quad\quad\quad\quad\quad \textbf{then } (SYNCH\_EVENT(p,END); SET(sy,0)) \textbf{ else } SKIP$

Interaktionsaktivierung

Die Aktivierung benannter Interaktionen wird als Anmelden von Interesse an dem entsprechenden komplexen Event modelliert. Nachgestellte Bedingungen werden analog den Basisevents durch eine Bedingungsüberprüfung modelliert.

$\llbracket \textbf{CONSUME}(prio) \; inter[ap_1, \dots , ap_n] \; (eo) \rrbracket \equiv$

$\quad start? \rightarrow \underset{i\geq0}{\prod} \; ::inter.i.interest!prio \rightarrow eval \; [fp_1 = ap_n, fp_2 = ap_2, \dots, fp_n = ap_n]$

$\quad\quad\quad\quad\quad\quad \rightarrow UNLOCK;$

$\quad\quad\quad\quad\quad\quad (\, EVENT(::inter.i.,eo); ::inter.i.consume! \rightarrow UNLOCK$

$\quad\quad\quad\quad\quad\quad |\, stop? \rightarrow ::inter.i.disinterest! \rightarrow UNLOCK\,)$

$[\![$**NOTCONSUME**$(prio)$ inter$[ap_1, \ldots, ap_n]$ $(eo)]\!] \equiv$

$\quad$ start? $\rightarrow \prod\limits_{i \geq 0}$ ::inter.i.interest!prio $\rightarrow$ eval $[fp_1 = ap_n, fp_2 = ap_2, \ldots, fp_n = ap_n]$

$\qquad\qquad \rightarrow$ UNLOCK;

$\qquad\qquad$ (EVENT(::inter.i.,eo); ::inter.i.consume! $\rightarrow$ UNLOCK

$\qquad\qquad$ | stop? $\rightarrow$ ::inter.i.disinterest! $\rightarrow$ UNLOCK)

$[\![$inter$[ap_1, \ldots, ap_n]$ $(eo)]\!] \equiv [\![$**CONSUME**$(prio)$ inter$[ap_1, \ldots, ap_n]$ $(eo)]\!]$

5.2.4 Diskrete und kontinuierliche Aktionen

Aktionen werden als Prozesse modelliert, die durch Kommunikation auf den Kanälen start und stop (siehe Abb. 5.3) gestartet bzw. gestoppt werden können. Prozesse, die kontinuierliche Prozesse modellieren, besitzen außerdem den Kommunikationskanal control für die Propagierung von START- und END-Events an übergeordnete Prozesse. Diskrete Aktionen (C++-Ausdrücke) geben die Kontrolle erst nach ihrer Ausführung ab, während kontinuierliche Aktionen die Kontrolle bereits nach dem Starten der Aktion wieder abgeben.

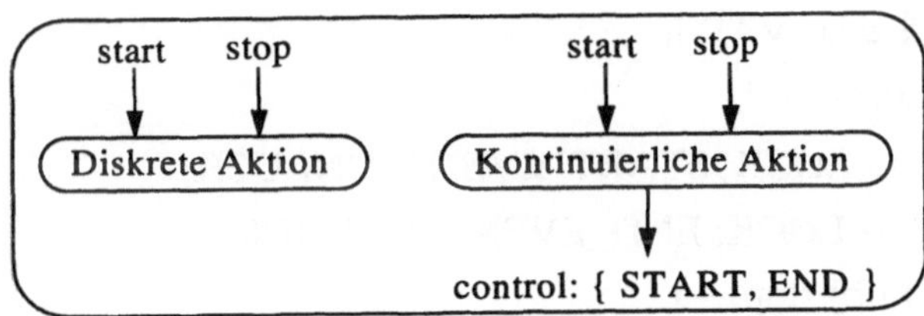

Abb. 5.3 Kommunikationskanäle diskreter und kontinuierlicher Aktionen

Diskrete Aktionen

Eine diskrete Aktion besitzt die Form einer C++-Ausdruckliste und kann nur in Interaktionen verwendet werden. Prozesse, die diskrete Aktionen modellieren, erzeugen keine START- und END-Events.

$[\![$ **DO** { expression-list }$]\!] \equiv$

$\quad$ (start? $\rightarrow$ eval [expression-list] $\rightarrow$ UNLOCK)

RESET-Aktionen stellen Spezialfälle diskreter Aktionen dar, die mit dem Prozeß der übergeordneten benannten Interaktionen (hier Prozeßname inter) auf dem Kanal reset kommunizieren.

⟦**RESET**⟧ ≡

    (start? → LOCK; inter.reset! → SKIP)

Kontinuierliche Aktionen

Prozesse, die kontinuierliche Aktionen modellieren, versenden START und END-Events auf dem Kanal `control`. Das END-Event wird nur nach einem vorherigen START-Event erzeugt.

Ein INTERVAL-Prozeß liefert das END-Event genau n Zeiteinheiten nach dem START-Event, falls er nicht vorher durch Kommunikation auf dem Kanal `stop` abgebrochen wird.

⟦**INTERVAL**[length]⟧ ≡ st: VAR ||

    (start? → START_EVENT;

      μS.(::scheduler.unlock! —(length)→ LOCK; END_EVENT; UNLOCK)

) ^ (stop?x → CHECK_END; UNLOCK)

Ein PRESENT-Prozeß startet und stoppt eine diskrete oder kontinuierliche Ausgabe. Die von dem als Parameter spezifizierten Ausgabeobjekt generierten START- und END-Events führen zur Erzeugung der START- und END-Events des PRESENT-Prozesses.

⟦**PRESENT**(obj)⟧ ≡ st: VAR ||

    (start? → obj.start! →

     (obj.control? → LOCK; START_EVENT; UNLOCK;

      obj.control? → LOCK; END_EVENT; UNLOCK)

) ^ (stop?x → obj.stop! →

       (CONSUME_CONTROL(obj) || (CHECK_END; UNLOCK)))

Eine CONFIGURE-Aktion besitzt die Form einer C++-Ausdruckliste und stellt damit eine diskrete Aktion dar. Um sie als Operand von Ausgabesynchronisationsoperatoren verwenden zu können, erzeugt der CONFIGURE-Prozeß START- und END-Events.

⟦**CONFIGURE** (expression-list)⟧ ≡ st: VAR ||

    (start? → START_EVENT; ⟦eval (expression-list)⟧

       → END_EVENT; UNLOCK) ^ (stop?x → UNLOCK)

Der Aufruf einer benannten Ausgabeaktion kann analog einer Interaktionsaktivierung modelliert werden, da Definitionen benannter Ausgabeaktionen in ODIS Spezialfälle der Definition von Interaktionen darstellen. Da Ausgabeaktionen jedoch kein Eventobjekt erzeugen wird als Parameter für den EVENT-Prozeß die vordefinierte Dummy-Variable NULL verwendet.

$[\![$action-name$]\!] \equiv$ st: VAR $\|$

    (start? $\to \prod_{i \geq 0}$ ::action-name.i.interest!0 $\to$ START_EVENT; UNLOCK;

      (EVENT(::action-name.i.,NULL); ::inter.i.consume! $\to$ END_EVENT;
      UNLOCK

      | stop? $\to$ ::action-name.i.disinterest! $\to$ END_EVENT; UNLOCK))

Kontinuierliche Aktionen als Faktoren des SEQUENCE-Operators

Die Modellierung kontinuierlicher Aktionen, die als Faktoren des SEQUENCE-Operators verwendet werden, ist von der synchronen oder asynchronen Ausführung der Aktionen abhängig. Die dafür zu definierenden Prozesse erzeugen keine START- und END-Events.

$[\![$DO continuous-action$]\!] \equiv$

    (a: $[\![$continuous-action$]\!]$; (a.stop? $\to$ UNLOCK; SYNCH | SYNCH))

    $\|$ (start? $\to$ START(a); UNLOCK;

      a.control? $\to$ UNLOCK; a.control? $\to$ UNLOCK; SYNCH

) $^\wedge$ (stop? $\to$ STOP(a);

      (CONSUME_CONTROL(a) $\|$ (UNLOCK; SYNCH)))

$[\![$DO ASYNCHRONOUS continuous-action$]\!] \equiv$

    (ac.start! $\to$ UNLOCK)

mit dem lokalen Prozeß

    ac $= \mu$A.(a: $[\![$continuous-action$]\!]$;

        (a.stop? $\to$ UNLOCK; SYNCH | SYNCH); A))

    $\| \mu$S.(start? $\to$ (START(a); UNLOCK; a.control? $\to$ UNLOCK;

      a.control? $\to$ UNLOCK; SYNCH; S)

) $^\wedge$ (stop? $\to$ STOP(a);

        (CONSUME_CONTROL(a) $\|$ (UNLOCK; SYNCH)); S)

Benannte kontinuierliche Aktionen

Benannte Ausgabeaktionen können in Synchronisationsanweisungen referenziert werden. Die von ihnen erzeugten START- und END-Events müssen deshalb zusammen mit dem Aktionsnamen in Form von Synchronisationsevents an interessierte Synchronisationsprozesse propagiert werden.

⟦name : continuous-action⟧ ≡ st: VAR ‖

  (a: ⟦continuous-action⟧; (a.stop? → UNLOCK; SYNCH I SYNCH))

  ‖ (start? → START(a); UNLOCK;

     a.control? → START_EVENT(name); UNLOCK;

     a.control? → END_EVENT(name); UNLOCK; SYNCH

) ^ (stop? → STOP(a);

      (CONSUME_CONTROL(a) ‖

        (CHECK_END(name); UNLOCK; SYNCH)))

5.2.5   Ausgabesynchronisationsoperatoren

Die Ausgabesynchronisationsoperatoren SEQUENTIAL, PARSTART, PARSTART-
END und ITERATE und ihre Operanden werden analog den Dynamikoperatoren
(Abschnitt 5.2.1) jeweils durch ein System von kommunizierenden Prozessen
modelliert:

- ein untergeordneter Prozeß für jede Ausgabeaktion (Operandenprozeß),
- ein Kontrollprozeß, der die Semantik des Ausgabesynchronisationsoperators definiert.

Der Kontrollprozeß startet und stoppt seine Operandenprozesse, empfängt deren
START- und END-Events und erzeugt die START- und END-Events der komplexen
Ausgabeaktion. Das END-Event wird sowohl beim normalen Ende der komplexen
Ausgabeaktion als auch nach ihrem Abbruch durch Kommunikation auf dem stop-
Kanal erzeugt.

Die Semantik der Ausgabesynchronisationsoperatoren SEQUENTIAL, PARSTART
und PARSTARTEND wird in diesem Abschnitt nur für den dyadischen Fall definiert.
Die Semantik der n-adischen Ausgabesynchronisationsoperatoren (für n > 2) ergibt
sich wiederum ganz natürlich aus ihrer Assoziativität.

SEQUENTIAL-Operator

Der SEQUENTIAL-Prozeß startet seine Operanden sequentiell. Das START-Event
des Kontrollprozesses wird nach dem Empfangen des START-Events des ersten
Operandenprozesses erzeugt; das END-Event nach dem Empfangen des END-Events
des letzten Operandenprozesses.

⟦SEQUENTIAL(action$_1$, action$_2$)⟧ ≡ st: VAR

  ‖ (a$_1$: ⟦action$_1$⟧; (a$_1$.stop? → UNLOCK; SYNCH I SYNCH))

  ‖ (a$_2$: ⟦action$_2$⟧; (a$_2$.stop? → UNLOCK; SYNCH I SYNCH))

∥ (start? → START(a_1); UNLOCK;

   a_1.control? → START_EVENT; UNLOCK;

   a_1.control?x → START(a_2); UNLOCK;

   a_2.control? → UNLOCK;

   a_2.control? → END_EVENT; UNLOCK; SYNCH

) ∧ (stop?x → STOP(a_1); STOP(a_2);

      (CONSUME_CONTROL(a_1) ∥ CONSUME_CONTROL(a_2) ∥

      (CHECK_END; UNLOCK; SYNCH)))

PARSTART-Operator

Der PARSTART-Prozeß startet seine Operandenprozesse gleichzeitig. Das START-Event des Kontrollprozesses wird nach dem Empfangen der START-Events aller Operandenprozesse erzeugt; das END-Event nach dem Empfangen des END-Events von allen Operandenprozessen.

⟦**PARSTART** ($action_1$, $action_2$)⟧ ≡ st: VAR ∥ end: VAR

   ∥ (a_1: ⟦$action_1$⟧; (a_1.stop? → UNLOCK; SYNCH I SYNCH))

   ∥ (a_2: ⟦$action_2$⟧; (a_2.stop? → UNLOCK; SYNCH I SYNCH))

   ∥ (start?x → START(a_1); START(a_2); UNLOCK;

      (a_1.control? → GET(st,x) →

      if x = 1 **then** START_EVENT **else** SET(st,1); UNLOCK;

      a_1.control? → GET(end,x) →

      if x = 1 **then** END_EVENT **else** SET(end,1); UNLOCK; SYNCH)

      ∥ (a_2.control? → GET(st,x) →

      if x = 1 **then** START_EVENT **else** SET(st,1); UNLOCK;

      a_2.control? → GET(end,x) →

      if x = 1 **then** END_EVENT **else** SET(end,1); UNLOCK; SYNCH)

) ∧ (stop?x → STOP(a_1); STOP(a_2);

      (CONSUME_CONTROL(a_1) ∥ CONSUME_CONTROL(a_2) ∥

      (CHECK_END; UNLOCK; SYNCH)))

PARSTARTEND-Operator

Der PARSTARTEND-Prozeß startet und stoppt seine Operanden gleichzeitig. Das START-Event des Kontrollprozesses wird nach dem Empfangen der START-Events aller Operandenprozesse erzeugt. Beim Empfang eines END-Events von einem der Operandenprozesse werden die anderen Operandenprozesse abgebrochen. Außerdem wird das END-Event des Kontrollprozesses erzeugt.

⟦**PARSTARTEND** (action$_1$, action$_2$)⟧ ≡ st: VAR ‖ end: VAR

  ‖ (a$_1$: ⟦action$_1$⟧; (a$_1$.stop? → UNLOCK; SYNCH | SYNCH))

  ‖ (a$_2$: ⟦action$_2$⟧; (a$_2$.stop? → UNLOCK; SYNCH | SYNCH))

  ‖ (start?x → START(a$_1$); START(a$_2$); UNLOCK;

     (a$_1$.control? → GET(st,x) →

     if x = 1 **then** START_EVENT **else** SET(st,1); UNLOCK;

     a$_1$.control? → GET(end,x);

     if x = 0 **then** (SET(end,1); STOP(a$_2$); END_EVENT) **else** SKIP;
     UNLOCK; SYNCH)

    ‖ (a$_2$.control? → GET(st,y) →

     if y = 1 **then** START_EVENT **else** SET(st,1); UNLOCK;

     a$_2$.control? → GET(end,y);

     if y = 0 **then** (SET(end,1); STOP(a$_1$); END_EVENT) **else** SKIP;
     UNLOCK; SYNCH)

) ∧ (stop?x → STOP(a$_1$); STOP(a$_2$);

     (CONSUME_CONTROL(a$_1$) ‖ CONSUME_CONTROL(a$_2$) ‖
     (CHECK_END; UNLOCK; SYNCH)))

ITERATE-Operator

Der ITERATE-Prozeß führt seinen Operandenprozeß wiederholt aus, bis er die vorgegebene Anzahl von Iterationen erreicht hat (begrenzte Iteration) oder durch eine stop-Nachricht abgebrochen wird (unbegrenzte Iteration). Das START-Event des Kontrollprozesses wird nach dem ersten START-Events des Operandenprozesses gesendet. Mit der Beendigung der Iteration wird das END-Event des Kontrollprozesses gesendet, falls vorher ein START-Event erzeugt wurde.

⟦**ITERATE**[n] (action)⟧ ≡ st: VAR

  ‖ μA.(a: ⟦action⟧; (goon? → A | a.stop? → UNLOCK; SYNCH | SYNCH))

  ‖ (start?x → START(a); UNLOCK;

     μX.(a.control? → CHECK_START; UNLOCK; a.control? → INC(ct) →

       if x = n+1 **then** (CHECK_END; UNLOCK; SYNCH)

            else (goon! → UNLOCK; X))

) ∧ (stop?x → STOP(a);

     (CONSUME_CONTROL(a) ‖ (CHECK_END; UNLOCK; SYNCH)))

⟦**ITERATE** (action)⟧ ≡ ⟦**ITERATE**[0] (action)⟧

5.2.6   Synchronisationsoperatoren und -bedingungen

Die für Synchronisationsoperatoren und -bedingungen definierten Synchronisationsprozesse kommunizieren mit dem Prozeß-Array synch, um Interesse an Synchronisationsevents anzumelden und Sychronisationsevents zu empfangen. Als Reaktion auf Synchronisationsevents werden Interaktionen und Aktionen gestartet oder gestoppt. Da Definitionen benannter Ausgabeaktionen in ODIS Spezialfälle der Definition von Interaktionen darstellen, werden diese beiden Fälle einheitlich behandelt.

Synchronisationsoperatoren

Die den Synchronisationsoperatoren zugeordneten Synchronisationsprozesse stellen Kontrollprozesse für die Verarbeitung von Synchronisationsevents dar.

$[\![$ name$_1$ **STARTS** name$_2$ $]\!] \equiv$

$\quad \mu Y.(\ \mathrm{START\_SYNCH}(name_1);\ \mathrm{START}(na);\ \mathrm{UNLOCK};\ Y\ )$

$[\![$ name$_1$ **MEETS** name$_2$ $]\!] \equiv$

$\quad \mu Y.(\ \mathrm{END\_SYNCH}(name_1);\ \mathrm{START}(na);\ \mathrm{UNLOCK};\ Y\ )$

$[\![$ name$_1$ **EQUALS** name$_2$ $]\!] \equiv$

$\quad \mu X.(\ \mathrm{START\_SYNCH}(name_1);\ \mathrm{START}(na);\ \mathrm{UNLOCK};\ X\ )\ \|$

$\quad \mu Y.(\ \mathrm{END\_SYNCH}(name_1);\ \mathrm{STOP}(na);\ \mathrm{UNLOCK};\ Y)$

$[\![$ name$_1$ **ENDS** name$_2$ $]\!] \equiv$

$\quad \mu Y.(\ \mathrm{END\_SYNCH}(name_1);\ \mathrm{STOP}(na);\ \mathrm{UNLOCK};\ Y\ )$

na: CONTROL(name$_2$)

Da prinzipiell keine Interesse an dem Eventobjekt besteht, das die referenzierten Interaktion (Ausgabeaktion) erzeugt, wird als Parameter des EVENT-Prozesses die Dummy-Variable NULL spezifiziert.

$\quad \mathrm{CONTROL}(p) =$

$\quad\quad \mu A.(\ \mathrm{stop?} \to (\mathrm{UNLOCK};\ A)$

$\quad\quad\quad |\ \mathrm{start?} \to \prod_{i \geq 0}\ (\ ::p.i.\mathrm{interest}!0 \to \mathrm{UNLOCK};$

$\quad\quad\quad\quad\quad \mu B.(\ \mathrm{EVENT}(::p.i.,\mathrm{NULL});\ ::p.i.\mathrm{consume}! \to (\mathrm{UNLOCK};\ A)$

$\quad\quad\quad\quad\quad\quad |\ \mathrm{start?} \to (\mathrm{UNLOCK};\ B)$

$\quad\quad\quad\quad\quad\quad |\ \mathrm{stop?} \to ::p.i.\mathrm{disinterest}! \to (\mathrm{UNLOCK};\ A)\ )\ )\ )$

Synchronisationsbedingungen

Synchronisationsbedingungen beschreiben event-gesteuerte, logische Verknüpfungen der START- und END-Events von Interaktionen und Ausgabeaktionen. Eine Synchronisationsbedingung wird durch einen Prozeß modelliert, der auf das Eintreten von Synchronisationsevents wartet und die entsprechende Verknüpfung definiert. Die Erfüllung einer Synchronisationsbedingung wird durch ein sogenanntes COND-Event angezeigt, das der Prozeß COND_EVENT erzeugt.

$$COND\_EVENT = DEACTIVATE(self) \rightarrow control!COND \rightarrow ACTIVATE(self);$$

⟦START(name)⟧ ≡
    μA.(START_SYNCH(name); COND_EVENT; UNLOCK; A)

⟦END(name)⟧ ≡
    μA.(END_SYNCH(name); COND_EVENT; UNLOCK; A)

⟦synchronisation-condition$_1$ **OR** synchronisation-condition$_2$⟧ ≡
    op$_1$: ⟦synchronisation-condition$_1$⟧ ‖
    op$_2$: ⟦synchronisation-condition$_2$⟧ ‖
    μA.(op$_1$.control? $\rightarrow$ COND_EVENT; UNLOCK; A
      | op$_2$.control? $\rightarrow$ COND_EVENT; UNLOCK; A)

⟦synchronisation-condition$_1$ **AND** synchronisation-condition$_2$⟧ ≡
    op$_1$: ⟦synchronisation-condition$_1$⟧ ‖
    op$_2$: ⟦synchronisation-condition$_2$⟧ ‖
    μS.(((op$_1$.control? $\rightarrow$ UNLOCK; SYNCH)
      ‖ (op$_2$.control? $\rightarrow$ UNLOCK; SYNCH));
    COND_EVENT; UNLOCK; S)

⟦synchronisation-condition **STARTS** name⟧ ≡
    op: ⟦synchronisation-condition⟧ ‖
    μA.(op.control? $\rightarrow$ START(na); UNLOCK; A)

⟦synchronisation-condition **ENDS** name⟧ ≡
    op: ⟦synchronisation-condition⟧ ‖
    μA.(op.control? $\rightarrow$ STOP(na); UNLOCK; A)

na: CONTROL(name).

5.3 Erweiterungen der Semantikdefinition

Der in diesem Abschnitt vorgestellte Ansatz einer Übersetzersemantik behandelt nicht alle ODIS-Sprachkonstrukte für die Dialogablaufbeschreibung, da die Semantik der Attributdefinitionen, der Kommunikation durch Nachrichten und Events sowie der Steuerung von Interaktionen exklusiver Subobjekte nicht definiert wird. Der Ansatz läßt sich jedoch wie nachfolgend skizziert um die Semantik dieser Sprachkonstrukte erweitern (siehe Abb. 5.4).

- Attributdefinitionen können in Variablenprozesse übersetzt werden, die dem in Abschnitt 5.2 eingeführten Hilfsprozeß VAR entsprechen. Für jeden von ODIS unterstützen Basisdatentyp muß ein eigener Prozeß und ein geeigneter Initialwert der Variablen dieses Typs definiert werden.

- Das Versenden von Nachrichten wird durch Kommunikation über entsprechend benannte Kanäle modelliert und ebenfalls vom Scheduler gesteuert. Für die Verarbeitung von Nachrichten werden für jeden Interaktionsprozeß entsprechende Prozesse und Kommunikationskanäle definiert. Diese Prozesse beschreiben die Semantik der vordefinierten Nachrichten und führen die den Nachrichten zugeordneten benutzerdefinierten Aktionen (siehe Abschnitt 4.3.8) aus.

- Die Kommunikation durch Events (siehe Abschnitt 4.7.2) läßt sich weitgehend auf das Erzeugen und Empfangen von Applikationsevents zurückführen. Da Applikationsevents zu den Basisevents gehören, können Prozesse für die Kommunikation durch Events aufbauend auf den Prozessen für die Propagierung von Basisevents definiert werden.

- Das Starten und Stoppen der Interaktionen exklusiver Subobjekte wird durch Kommunikation auf dem start- und stop-Kanal der für diese Interaktionen definierten Prozesse sowie das Empfangen des entsprechenden komplexen Events modelliert und läßt sich dadurch direkt in den vorgestellten Ansatz integrieren.

- Nach diesen Erweiterungen kann die Semantik von Interaktionsobjekten in Form von Interaktionsprozessen definiert werden. Interaktionsprozesse stellen komplexe Prozesse dar (siehe Abb. 5.4) und bestehen aus Prozessen für Attribute, Interaktionen und Ausgabeaktionen, Synchronisations- und Nachrichtenprozessen, einem lokalen Prozeß-Array für die Propagierung von Synchronisationsevents, einem Prozeß für die Initialisierung der Instanzvariablen unmittelbar nach der Erzeugung des Interaktionsprozesses und einem Dialogkontrollprozeß (Erweiterung des XOR-Prozesses). Den Interaktionsprozessen komplexer Interak-

tionsobjekte werden zusätzlich noch die Interaktionsprozesse ihrer exklusiven
Subobjekte untergeordnet.

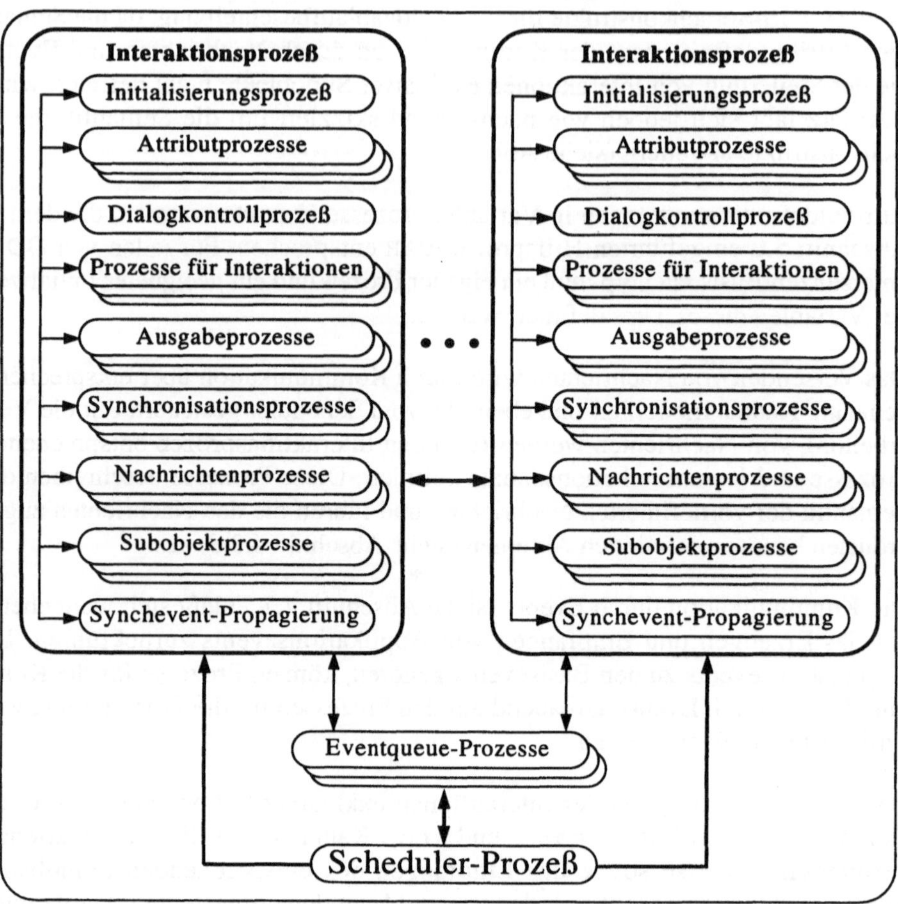

Abb. 5.4 Struktur und Kooperation von Interaktionsprozessen

Zusammenfassend betrachtet läßt sich der vorgestellte Ansatz zu einer Übersetzersemantik aller ODIS-Sprachkonstrukte für die Dialogablaufbeschreibung erweitern.
Nach dem in [Pap91] vorgestellten Vorgehen kann dieser Ansatz schließlich, um die
objektorientierten ODIS-Sprachkonstrukte angereichert, zu einer vollständigen
ODIS-Semantik ausgebaut werden.

Kapitel 6

Implementierung und Anwendungen

Die Dialogablaufbeschreibungssprache ODIS und das ihr zugrundeliegende Dialogmodell werden im Rahmen des XFantasy-Projektes ([App91], [App93b]) entwickelt
und implementiert. Ziele dieses Projektes sind der Entwurf und die Implementierung
eines objektorientierten UIMS (XFantasy-UIMS) für die Entwicklung multimedialer
Benutzerschnittstellen. In zwei Teilprojekten des XFantasy-Projektes werden

- das objektorientierte XFantasy-UIT ([Göt92a], [Göt92b], [Cla93], [Voß93]) und
- die objektorientierte Dialogablaufbeschreibungssprache ODIS (Sprachdefinition,
  Compiler, Laufzeitsystem)

entwickelt (siehe Abb. 6.1).

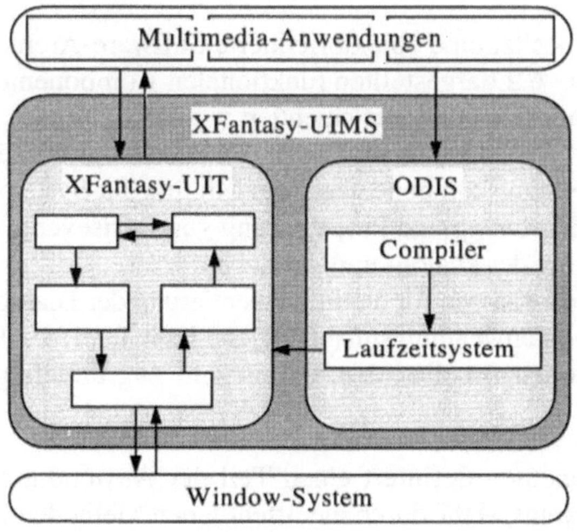

Abb. 6.1 Software-Werkzeuge des XFantasy-UIMS

Das XFantasy-UIT wird in der objektorientierten Programmiersprache C++ [Str91]
implementiert und stellt einem Software-Entwickler eine Klassenhierarchie für die
Implementierung multimedialer Benutzerschnittstellen zur Verfügung. ODIS basiert
auf dem XFantasy-UIT, da einerseits das ODIS-Laufzeitsystem eine Erweiterung
der im XFantasy-UIT implementierten Klassen für die Dialogkontrolle darstellt und

andererseits für die Beschreibung der Präsentationskomponente einer Benutzerschnittstelle eingebetteter C++-Code verwendet wird, der auf den Schnittstellen des
XFantasy-UIT aufsetzt. Aufgrund der zunehmenden Verbreitung von User-Interface-Editoren (siehe Abschnitt 2.4.2) würde eine alternative Erweiterung der Sprache ODIS um Sprachkonstrukte zur Beschreibung der Präsentationskomponente
nicht dem Stand der Technik entsprechen.

Der erste Abschnitt dieses Kapitels beschreibt die Implementierung des XFantasy-
UIT und damit gleichzeitig die Umsetzung des ODIS zugrundeliegenden Dialogmo-
dells in einen objektorientierten Entwurf, das sogenannte KOMMANDO-Modell
(„**K**ontrolle **m**ulti**m**edialer **A**usgaben und **n**ebenläufiger **D**ialoge", [Cla93],
[Göt93]). Aufbauend auf diesen Erläuterungen wird dann im zweiten Abschnitt die
Übersetzung der ODIS-Sprachkonstrukte für die Dialogablaufbeschreibung in C++-
Code skizziert. Abschließend werden drei mit dem XFantasy-UIT implementierte
(graphische und multimediale) Benutzerschnittstellen beschrieben.

6.1   Das XFantasy-UIT

6.1.1   Software-Architektur

Das XFantasy-UIT besitzt eine objektorientierte Software-Architektur und besteht
aus den fünf in Abb. 6.2 dargestellten funktionalen Komponenten, die jeweils als
Klassenhierarchie entworfen und implementiert wurden:
- eine Hierarchie von Medienklassen für diskrete und kontinuierliche Medientypen
  sowie die Verarbeitungskomponenten eines Multimedia-Systems,
- Klassen für die Erkennung und Propagierung von Basisevents (Device-Klassen)
  sowie die Steuerung der Dialog- und Ausgabeprozesse,
- eine Hierarchie von Klassen für die Implementierung der Dialogkontrolle,
- eine Hierarchie von anwendungsunabhängigen User-Interface-Klassen,
- Ein-/Ausgabeklassen für die Abstraktion vom zugrundeliegenden Window-
  System.

Jede dieser Komponenten definiert einen Teil der Anwendungsprogrammierer-
schnittstelle des XFantasy-UIT durch die öffentlichen Methoden ihrer Klassen. Die
Ein-/Ausgabeklassen kapseln den Zugriff auf das zugrundeliegende X Window-
System ([Nye90], [Sche86], [Get90]) und gewährleisten damit die Portabilität des
XFantasy-UIT. Medienklassen definieren abstrakte Schnittstellen für die Verarbei-
tung diskreter und kontinuierlicher Medien sowie für die räumliche und konfigurelle
Komposition in multimedialen Präsentationen (siehe Abschnitt 2.5.3). Der Entwurf

dieser Schnittstellen („MediaManager", [Voß93]) ist unabhängig von konkreten Medientypen. Die Medienklassen des XFantasy-UIT beinhalten eine Hierarchie von Graphikklassen (diskrete Medienklassen), denen ein hierarchisches Graphikmodell zugrundeliegt.

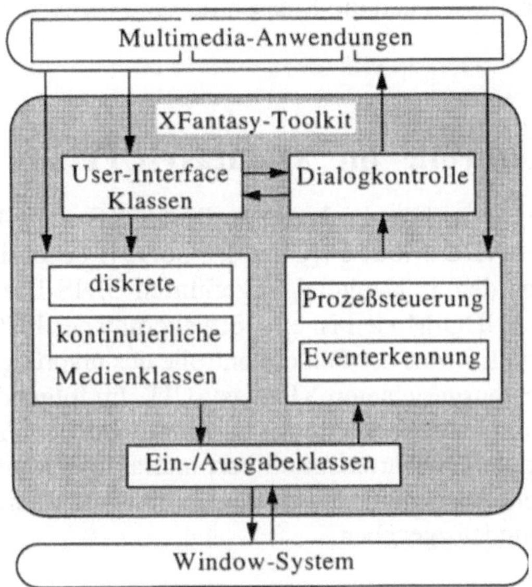

Abb. 6.2 Software-Architektur des XFantasy-UIT

Die Komponente für die Dialogkontrolle definiert Klassen für die integrierte Modellierung von Interaktionen und multimedialen Präsentationen sowie der zeitlichen Beziehungen zwischen ihnen. Instanzen der Device-Klassen erkennen und propagieren die in Interaktionen verarbeiteten Basisevents. Die Prozesse einer multimedialen Benutzerschnittstelle, der Dialogprozeß und die kontinuierlichen Ausgabeprozesse, werden im XFantasy-UIT als Lightweight-Prozesse ([Gor90], [Andr91]) implementiert und von einem Scheduler gesteuert.

User-Interface-Klassen definieren das Aussehen und das Dialogablaufverhalten anwendungsunabhängiger UI-Komponenten (z.B. Button, Scrollbar, Menü und Dialogboxen). Ihrer Implementierung liegt deshalb sowohl das Graphikmodell als auch das Dialogmodell des XFantasy-UIT zugrunde.

Die Erweiterbarkeit des XFantasy-UIT wird durch die objektorientierte Software-Architektur gewährleistet. Neue Klassen können durch Spezialisierung, Erweiterung oder Komposition bereits implementierter Klassen definiert werden. Aus der

Kombination der für die einzelnen Klassen definierten Schnittstellen ergibt sich die objektorientierte Anwendungsprogrammiererschnittstelle des XFantasy-UIT.

Die beiden folgenden Abschnitte beschreiben die Implementierung des XFantasy-UIT unter Beschränkung auf die für die ODIS-Übersetzung relevanten Konzepte. Auf die Ein-/Ausgabeklassen und die Klassen für die Prozeßsteuerung wird deshalb nicht eingegangen.

6.1.2 Dialogkontrolle im XFantasy-UIT

Der objektorientierte Entwurf der Dialogkontrolle des XFantasy-UIT wird durch das sogenannte KOMMANDO-Modell ([Cla93], [Göt93]) beschrieben, das konzeptionell weitgehend mit dem in Kapitel 4 eingeführten ODIS-Dialogmodell übereinstimmt. Das KOMMANDO-Modell ist eine Erweiterung des ECO-Modells [Tie91], dem objektorientierten Entwurf der Dialogkontrolle des ursprünglich auf graphische Benutzerschnittstellen ausgerichteten XFantasy-UIT. Im folgenden wird die hierarchische Implementierung von Interaktionen und multimedialen Präsentationen sowie die Implementierung der Synchronisation von Interaktionen und kontinuierlichen Ausgaben beschrieben. Abschließend wird ein Überblick über die Klassenhierarchie des KOMMANDO-Modells gegeben.

Ereignissensitive Objekte

Das KOMMANDO-Modell unterstützt insbesondere die Erkennung und Verarbeitung von komplexen Events, die Kombinationen von einfachen und selbst wieder komplexen Events sowie Aktionen und Bedingungen darstellen. Eine gemeinsame Schnittstelle für vordefinierte Basisevents und benutzerdefinierte komplexe Events ermöglicht die Implementierung von Eventhierarchien. Basisevents des KOMMANDO-Modells sind die in Abschnitt 4.3.2 eingeführten Maus-, Tastatur-, Applikations-, Timer- und Variablenevents. Die Erkennung und Propagierung dieser Events erfolgt durch eine objektorientierte Device-Schnittstelle, die aus sogenannten Device-Objekten besteht. Komplexe Events werden durch sogenannte Operatorobjekte überwacht und nach ihrem Eintreten an interessierte Objekte propagiert. Die Propagierung von Events erfolgt durch das Versenden von Eventobjekten, die Eigenschaften der erkannten Events beschreiben. Basisevents und komplexe Events werden jedoch nur an die Objekte propagiert, die explizit Interesse an ihnen angemeldet haben. Die Grundkonzepte der Eventverarbeitung des KOMMANDO-Modells sind damit die in Abb. 6.3 vereinfacht dargestellte Eventerkennung und -propagierung sowie das Anmelden von Interesse an Events.

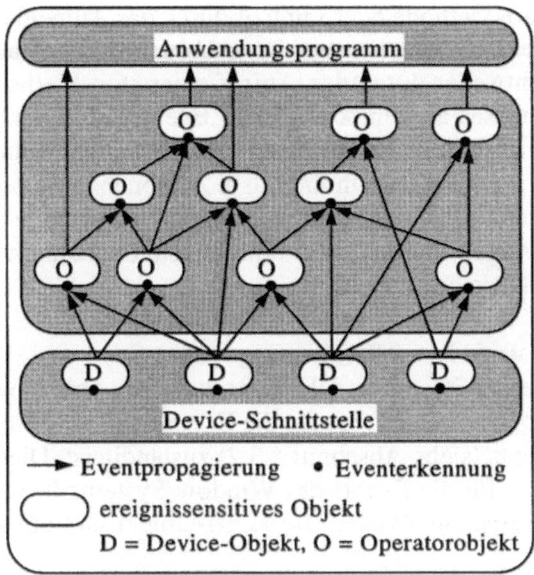

Abb. 6.3 Eventerkennung und -propagierung im KOMMANDO-Modell

Diese Funktionalität wird bereits in einer abstrakten Basisklasse des XFantasy-UIT (`FEventGuard`) implementiert. Instanzen der von `FEventGuard` abgeleiteten Klassen werden als ereignissensitive Objekte bezeichnet und bilden die Grundlage der dezentralen Eventerkennung und -verarbeitung im KOMMANDO-Modell. Die beiden wichtigsten Spezialisierungen ereignissensitiver Objekte sind die Device- und die Operatorobjekte.

Erkennung komplexer Events durch Operatorobjekte
Abb. 6.3 verdeutlicht, daß Operatorobjekte untergeordnete Events aggregieren und als komplexes Event an andere Objekte propagieren. Für die Eventverarbeitung können ihnen außerdem Aktionen und Bedingungen zugeordnet werden. Das KOMMANDO-Modell definiert die vier Operatorklassen `FAnd`, `FOr`, `FSequence` und `FRepeat`. Für das ODIS-Laufzeitsystem werden zusätzlich die Operatorklassen `OIf`, `OXor`, `ORepeat` und `OOr`[1] benötigt. Operatorklassen unterscheiden sich einerseits durch die Reihenfolge, in der ihre Instanzen Interesse an untergeordneten Events anmelden, Aktionen starten und Bedingungen überprüfen (z.B. sequentiell oder gleichzeitig), und andererseits durch die Bedingungen für das Eintreten des entsprechenden komplexen Events. Operatorobjekte können entweder explizit durch

---

[1] Die Operatorklasse `OOr` definiert eine für das ODIS-Laufzeitsystem erforderliche Modifikation der XFantasy-Operatorklasse `FOr`.

den Aufruf einer start-Methode oder implizit durch das Anmelden von Interesse an dem komplexen Event gestartet werden. Der Abbruch von Operatorobjekten erfolgt dementsprechend entweder durch den Aufruf einer stop-Methode oder durch das Abmelden des Interesses an dem komplexen Event und bewirkt die Ausführung einer für jedes Operatorobjekt definierbaren ABORT-Aktion. Beim Start von Operatorobjekten werden entsprechend ihrer Klasse Aktionen gestartet und Interesse an untergeordneten Events angemeldet. Operatorobjekte bestimmen also die in einem Dialogzustand zulässigen Interaktionen und realisieren dadurch die Dialogablaufsteuerung einer Benutzerschnittstelle.

Eventerkennung und Prozeßsteuerung

Die Dialogkontrolle des XFantasy-UIT setzt auf einer objektorientierten Device-Schnittstelle (siehe Abb. 6.4) auf, die für die Erkennung und Propagierung der vordefinierten Basisevents (siehe Abschnitt 4.3.2) zuständig ist. Diese Device-Schnittstelle umfaßt Objekte für die Events des Window-Systems (Mouse-Device und Keyboard-Device), ein Timer-Device-Objekt und ein Application-Device-Objekt.

Das Timer-Device-Objekt kann Zeitevents wie das Erreichen eines Zeitpunktes oder das Verstreichen einer Zeitspanne erkennen und propagieren. Das Application-Device-Objekt realisiert eine eventbasierte Schnittstelle zur Applikation und dient der Realisierung einer wechselseitigen Kontrolle zwischen der Applikation und der Benutzerschnittstelle. Außerdem können über dieses Device-Objekt intern erzeugte Events an interessierte Objekte propagiert werden.

Events werden vor ihrer Propagierung durch die Device-Objekte in Eventqueues zeitlich sortiert zwischengespeichert. Ein sogenannter Dispatcher, der die Eventerkennung steuert, informiert die Device-Objekte über das Eintreten der für sie relevanten Basisevents. Dafür werden in einer im Dispatcher ablaufenden Kontrollschleife periodisch die drei Eventqueues abgefragt und das älteste Event an das entsprechende Device-Objekt weitergeleitet. Durch das Weiterleiten von Events an die Device-Objekte gibt der Dispatcher die Kontrolle über die Benutzerschnittstelle temporär an eventverarbeitende Objekte ab. Eine weitere Aufgabe des Dispatchers ist die Propagierung von Variablenevents, die durch Änderungen der Attributwerte von Variablenobjekten erzeugt werden.

Die für die Eventerkennung zuständige Komponente des XFantasy-UIT enthält außerdem einen Scheduler [Voß93] für die Steuerung des Dialogprozesses und der Ausgabeprozesse einer multimedialen Benutzerschnittstelle. Der Scheduler sorgt für die zyklische Rechenzeitvergabe an die einzelnen Prozesse und die erforderliche Synchronisation bei der Kommunikation zwischen diesen Prozessen. Eine mit dem

XFantasy-UIT entwickelte multimediale Benutzerschnittstelle besteht aus genau einem Dialogprozeß und mehreren Ausgabeprozessen, die als Lightweight-Prozesse implementiert werden. Die enge Kooperation zwischen dem Dispatcher und dem Scheduler ist für die eventbasierte Kommunikation zwischen diesen Prozessen erforderlich. Das Erzeugen von START- und END-Events durch die Ausgabeprozesse ist z.B. nur dann zulässig, wenn der Dialogprozeß sich in der Kontrollschleife des Dispatchers befindet.

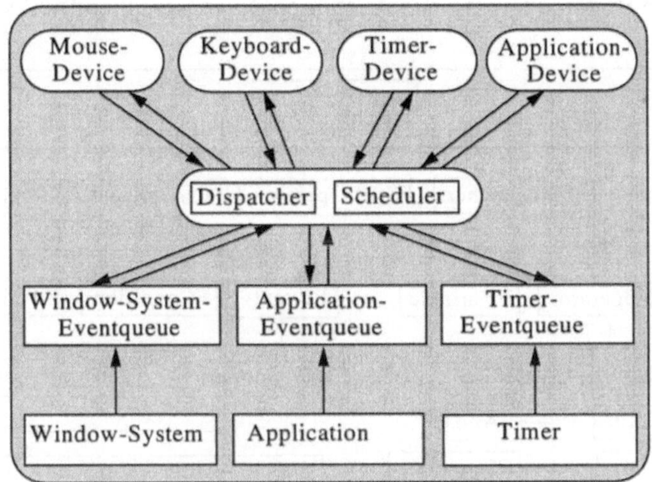

Abb. 6.4 Objektorientierte Device-Schnittstelle

Klassenhierarchie des KOMMANDO-Modells

Das KOMMANDO-Modell wurde als Erweiterung der Klassenhierarchie des XFantasy-UIT implementiert. Abb. 6.5 stellt die Vererbungsbeziehungen zwischen den wichtigsten Klassen dar. Die für die Propagierung von Events benötigten Eventklassen sind in dieser Abbildung aus Gründen der Übersichtlichkeit jedoch nicht enthalten.

Eine zentrale Klasse des KOMMANDO-Modells ist die Klasse FEventGuard, die Basismechanismen der Dialogkontrolle (Eventerkennung, Verwaltung von Interesse an einem Event, Eventpropagierung) definiert. Von ihr abgeleitet werden die Klassen für die Implementierung der Device-Objekte (FDevice) und Operatorobjekte (FOperator). Die Klasse FDevice ist Oberklasse der Klassen für die vier Device-Objekte, von denen jeweils nur eine Instanz erzeugt wird. Instanzen der von FVariable abgeleiteten Klassen kapseln den Zugriff auf eine Variable und propagieren Wertänderungen an interessierte Objekte.

Von `FOperator` werden Klassen für die Modellierung der Dialogablaufsteuerung abgeleitet, die entweder zum KOMMANDO-Modell (`FOr`, `FAnd`, `FRepeat`, `FSequence`) oder zum ODIS-Laufzeitsystem (`OIf`, `OXor`, `OOr`, `ORepeat`) gehören. Die gemeinsame Schnittstelle der Operanden von Operatorobjekten (Events, Aktionen und Bedingungen) wird in der Klasse `FComponent` definiert. Die von ihr direkt abgeleiteten Klassen `FCondition`, `FEvent` und `FAction` definieren dann die spezifischen Eigenschaften der Operanden von Operatorobjekten. Das Starten einer `FCondition`- oder `FAction`-Instanz bewirkt die Überprüfung der entsprechenden Bedingung bzw. das Ausführen der entsprechenden Aktion.

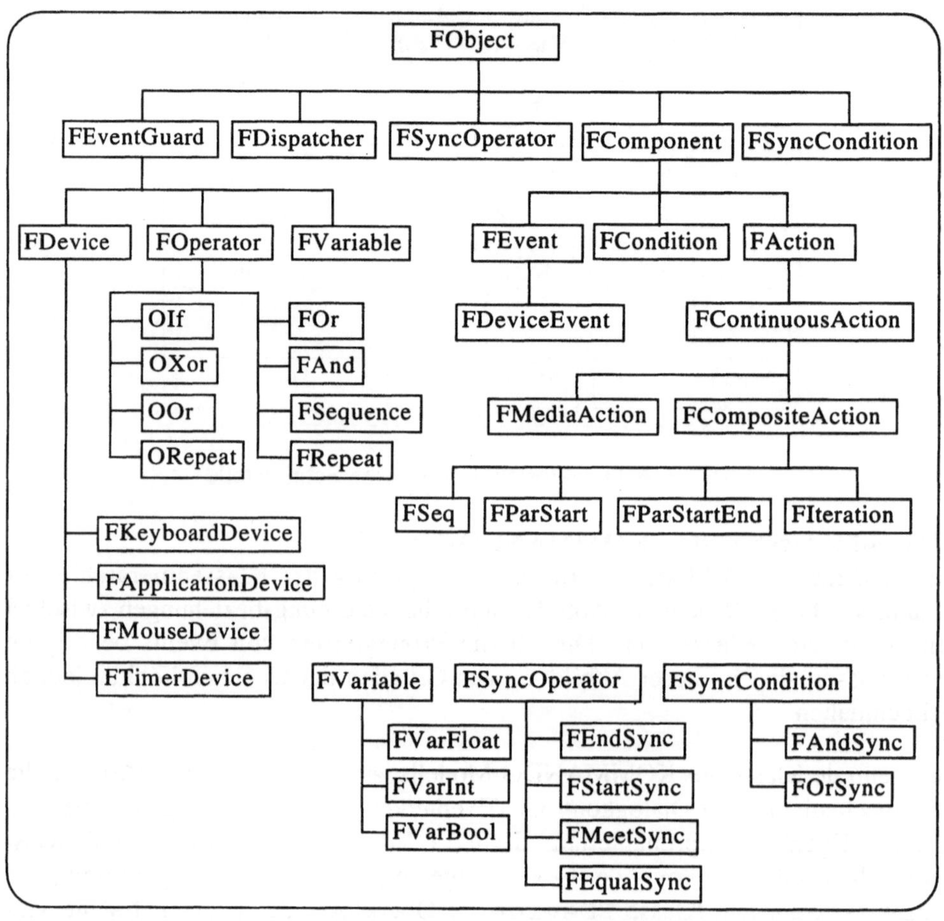

Abb. 6.5 Klassenhierarchie des KOMMANDO-Modells

Die Kommunikation mit Operator- und Device-Objekten erfolgt über die in der Klasse `FEvent` definierte Schnittstelle. Instanzen der Klasse `FEvent` kommunizieren mit Operatorobjekten und dienen damit der Einbindung komplexer Events. Für die Einbindung von Basisevents existiert die von der Klasse `FEvent` abgeleitete Klasse `FDeviceEvent`, deren Instanzen mit Device-Objekten kommunizieren und die Parameter des Interesses an Basisevents als Attributwerte verwalten. Das Starten einer Instanz von `FEvent` oder einer von ihr abgeleiteten Klasse bewirkt also das Anmelden von Interesse bei dem entsprechenden ereignissensitiven Objekt.

Von `FAction` wird die Klasse `FContinuousAction` abgeleitet, deren Instanzen kontinuierliche Ausgabeaktionen (Aktionen für die Steuerung kontinuierlicher Ausgaben) implementieren. Kontinuierliche Ausgabeaktionen werden durch das Starten aktiviert und geben die Kontrolle danach wieder an ihr übergeordnetes Operatorobjekt zurück. Die Abarbeitung dieser Operanden wird dem Operatorobjekt durch den Aufruf einer speziellen Methode mitgeteilt. Operatorobjekte realisieren also ein passives Warten auf die Abarbeitung von Operanden, denen eine zeitliche Ausprägung zugeordnet werden kann. Da die Klasse `FComponent` bereits für Instanzen der Klasse `FEvent` die zeitliche Ausprägung der Erkennung und Verarbeitung komplexer Events berücksichtigt, erfordert die Integration kontinuierlicher Ausgabeaktionen keine konzeptionelle Erweiterung der Klasse `FOperator`.

Von `FContinuousAction` werden die beiden Klassen `FMediaAction` und `FCompositeAction` abgeleitet. Instanzen der Klasse `FMediaAction` implementieren diskrete und kontinuierliche Ausgabeaktionen sowie Timeraktionen. Komplexe Ausgabeaktionen (Ausgabesynchronisationsoperatoren) werden durch Instanzen der von `FCompositeAction` abgeleiteten Klassen `FSeq`, `FParStartEnd`, `FParStart` und `FIteration` implementiert. Als Operanden der Instanzen dieser Klassen sind nur Objekte der von `FContinuousAction` abgeleiteten Klassen zulässig. Konfigurationsaktionen (siehe Abschnitt 4.4.2) werden als Instanzen anwendungsspezifischer Klassen implementiert, die direkt von `FContinuousAction` abgeleitet werden. Sie stellen damit diskrete Aktionen mit der in `FContinuousAction` definierten Schnittstelle dar.

Synchronisationsoperatoren werden als Instanzen der von `FSyncOperator` abgeleiteten Klassen (`FEndSync`, `FStartSync`, `FMeetSync` und `FEqualSync`) implementiert. Für die Implementierung von Synchronisationsbedingungen werden außerdem die beiden von `FSyncCondition` abgeleiteten Klassen `FAndSync` und `FOrSync` definiert.

6.1.3   Medienklassen und User-Interface-Klassen

Die Implementierung multimedialer Benutzerschnittstellen erfordert neben den vorgestellten Klassen zur Dialogkontrolle zusätzlich Klassen für die Verarbeitung diskreter und kontinuierlicher Medien. Diese Klassen wurden in einer als „MediaManager" [Voß93] bezeichneten Erweiterung des zunächst auf graphische Benutzerschnittstellen ausgerichteten XFantasy-UIT entworfen und implementiert. Ausschnitte der daraus resultierenden Klassenhierarchie sind in Abbildung 6.6 dargestellt. Sie enthält

* Klassen für die Verarbeitung diskreter und kontinuierlicher Medien und für die Verarbeitungskomponenten multimedialer Benutzerschnittstellen,
* Klassen für die Steuerung diskreter und kontinuierlicher Ausgaben.

Der MediaManager besitzt weitere in Abb. 6.6 nicht dargestellte Klassen für die Modellierung von Datenströmen sowie die diskrete und kontinuierliche Synchronisation. Aufbauend auf einem objektorientierten Constraint-System stellt er die im KOMMANDO-Modell definierbaren zeitlichen Beziehungen zwischen den diskreten und kontinuierlichen Ausgaben einer multimedialen Präsentation zur Laufzeit durch Mechanismen zur diskreten Synchronisation sicher. Durch die Berücksichtigung medienspezifischer Initialisierungszeiten der Ausgaben werden zeitliche Verzögerungen zwischen gleichzeitig oder sequentiell gestarteten Ausgaben weitgehend unterdrückt. Die im MediaManager realisierten Mechanismen für die kontinuierliche Synchronisation sind unabhängig von konkreten Medientypen und gewährleisten sowohl die zeitlich korrekte Verarbeitung einzelner Datenströme als auch die zeitliche Angleichung der Verarbeitung mehrerer Datenströme. Die Klassen für die Modellierung von Datenströmen und die Synchronisation bilden das Laufzeitsystem des MediaManagers und werden in diesem Abschnitt nicht weiter betrachtet. Eine ausführliche Beschreibung des Entwurfs und der Implementierung des MediaManagers kann [Voß93] entnommen werden.

Die Hierarchie der Medienklassen enthält die abstrakte Basisklasse `FUIObject`. Von ihr abgeleitet werden die abstrakten Medienklassen `FSource` (Quellen) und `FSink` (Senken). Da Filter die Funktionalität von Quellen und Senken vereinigen, wird die Medienklasse `FFilter` durch Mehrfachvererbung sowohl von `FSink` als auch von `FSource` abgeleitet. Die von `FSource` abgeleitete Klasse `FTimer` wird für die Implementierung von Zeitintervallen in multimedialen Präsentationen benötigt. Die Schnittstellen der beiden Basisklassen der Medienklassenhierarchie (`FSink` und `FSource`) definieren Mechanismen für die konfigurelle Komposition in multimedialen Benutzerschnittstellen (siehe Abschnitt 2.5.3).

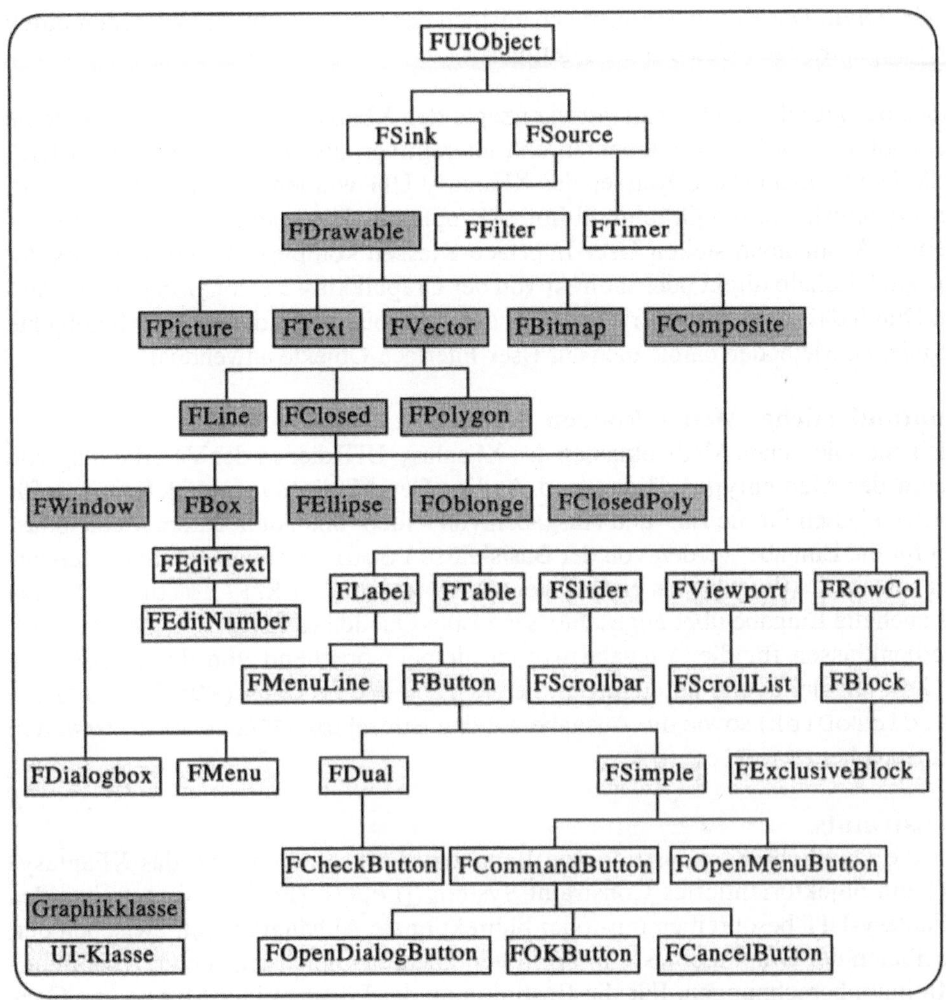

Abb. 6.6 Medienklassenhierarchie des XFantasy-UIT

Diskrete Medienklassen

Medienklassen für die Verarbeitung diskreter Medien werden von der Medienklasse
`FSink` abgeleitet, da ihre Instanzen als Senken der von ihnen gespeicherten Informationen betrachtet werden. Die von der Basisklasse `FDrawable` abgeleiteten
Graphikklassen bilden eine objektorientierte Graphikbibliothek. Blätter dieser Gra-
phikobjekthierarchie realisieren einfache Graphikobjekte wie z.B. Punkt, Linie,
Polygon, Rechteck, Kreis, Oval und Text, während innere Knoten die Struktur
komplexer Graphikobjekte festlegen und dadurch komplexe graphische Ausgaben

modellieren. Die Kompositionsmechanismen der Graphikbibliothek werden durch die Graphikklasse `FComposite` definiert.

Eines der grundlegenden Entwurfskonzepte des XFantasy-UIT ist die konsistente Behandlung von UI-Komponenten und interaktiver anwendungsspezifischer Graphik. Die User-Interface-Klassen des XFantasy-UIT wurden deshalb aufbauend auf der objektorientierten Graphikbibliothek implementiert (siehe Abb. 6.6). Bis auf wenige Ausnahmen stellen User-Interface-Klassen komplexe Graphikklassen dar und sind deshalb direkt oder indirekt von der Graphikklasse `FComposite` abgeleitet. Durch das objektorientierte Konzept der Vererbung sind die für Graphikobjekte definierten Methoden damit auch auf User-Interface-Objekte anwendbar.

Kontinuierliche Medienklassen

Die kontinuierlichen Medienklassen des XFantasy-UIT dienen der Verarbeitung von Daten der Medientypen Video und Audio. Der MediaManager definiert dafür Medienklassen für die Ein- und Ausgaben von Video- und Audiodaten. Medienklassen für die Eingabe werden von der Basisklasse `FSource` abgeleitet und unterstützen sowohl die Eingabe aus einer Datei (`FVideoFromDisk`, `FAudioFromDisk`) als auch die Eingabe über angeschlossene Live-Quellen (`FVideoIn`, `FAudioIn`). Medienklassen für die Ausgabe werden dementsprechend von der Basisklasse `FSink` abgeleitet und unterstützen die Ausgabe in eine Datei (`FVideoToDisk`, `FAudioToDisk`) sowie die Ausgabe auf den Bildschirm (`FVideoOut`) bzw. den Lautsprecher (`FAudioOut`).

Constraints

Für die räumliche Komposition von Benutzerschnittstellen besitzt das XFantasy-UIT ein objektorientiertes Constraint-System ([Lel87], [Fre92]). Constraints des XFantasy-UIT beschreiben uni- oder bidirektionale Abhängigkeiten zwischen den Attributen der Graphikobjekte in Form von linearen Gleichungen oder Maximum-/Minimumberechnungen. Für die Bestimmung der Lösung einer Menge von Constraints wird ein Local-Propagation-Algorithmus eingesetzt. Constraints werden als Instanzen von Constraint-Klassen implementiert und setzen auf der Schnittstelle der Basisklasse `FDrawable` auf. Das Constraint-System der Graphikbibliothek kann deshalb sowohl bei der Implementierung von User-Interface-Objekten als auch interaktiver anwendungsspezifischer Graphik eingesetzt werden.

Konsistente Eventbehandlung für Graphik- und UI-Objekte

Die auf dem KOMMANDO-Modell basierenden Klassen für die Implementierung der Dialogkontrolle sind auf alle Graphikobjekte, d.h. auf alle Instanzen der von der Basisklasse `FDrawable` abgeleiteten Graphikklassen anwendbar. Da alle User-Interface-Klassen von `FDrawable` abgeleitet sind, gewährleistet das XFantasy-

UIT eine konsistente Implementierung des Dialogablaufverhaltens von User-Interface-Objekten und interaktiven anwendungsspezifischen Graphikobjekten. Während das Dialogablaufverhalten für bereits implementierte User-Interface-Objekte vordefiniert ist, muß es für anwendungsspezifische Graphikobjekte vom Anwendungsprogrammierer implementiert werden.

6.2 Übersetzung von ODIS

Die ODIS-Beschreibung einer Benutzerschnittstelle wird vom ODIS-Parser lexikalisch, syntaktisch und semantisch analysiert und übersetzt (siehe Abb. 6.7).

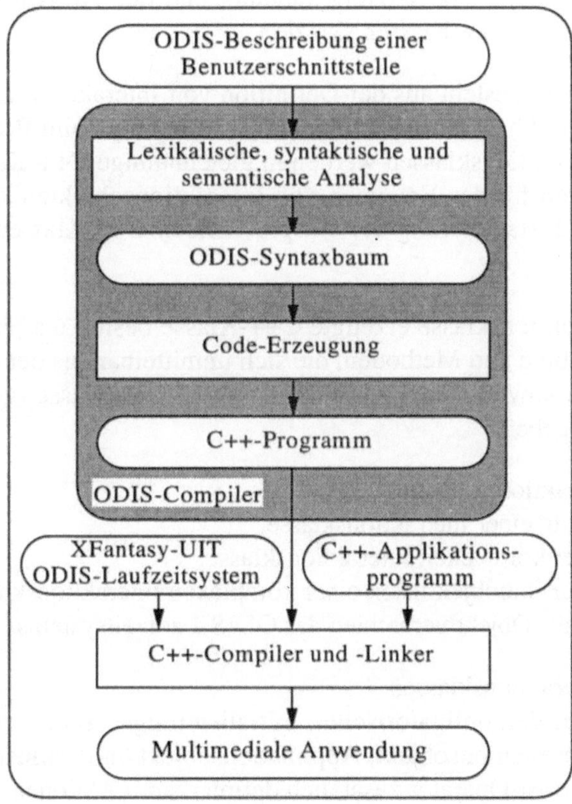

Abb. 6.7 Übersetzung von ODIS-Programmen

Als Zwischenrepräsentation generiert der ODIS-Parser einen Syntaxbaum, aus dem die Code-Erzeugung ein auf dem XFantasy-UIT aufbauendes C++-Programm erzeugt. Nach der Übersetzung dieses Programms und des Applikationsprogramms, werden die erzeugten Objektcode-Module mit der XFantasy-Klassenbibliothek und dem ODIS-Laufzeitsystem zusammengebunden.

Der ODIS-Compiler überträgt die eingebetteten C++-Ausdrucklisten unverändert in das zu erzeugende C++-Programm. Die Sprachkonstrukte zur Dialogablaufbeschreibung werden dagegen in C++-Code übersetzt, der auf dem ODIS-Laufzeitsystem und damit auf den erläuterten Konzepten des KOMMANDO-Modells aufsetzt.

Eine vollständige Beschreibung der Übersetzung der ODIS-Sprachkonstrukte wäre zu umfangreich und zu technisch, so daß dieser Abschnitt nur das grundsätzliche Vorgehen bei der ODIS-Übersetzung andeutet und den Aufbau der für Interaktionsklassen erzeugten C++-Klassen skizziert.

Ein ODIS-Programm besteht aus der Definition von Interaktionsklassen und ihren initialen Instanzen, d.h. Interaktionsobjekten, die bereits beim Programmstart erzeugt werden. Interaktionsklassen werden in gleichnamige C++-Klassen übersetzt. ODIS-Anweisungen für das Erzeugen von Interaktionsobjekten können direkt in Anweisungen zur Instanziierung der entsprechenden C++-Klassen übersetzt werden.

Die für eine Interaktionsklasse erzeugte C++-Klasse besitzt u.a. die im folgenden aufgeführten Attribute und Methoden, die sich unmittelbar aus der Definition einer Interaktionsklasse sowie den Eigenschaften einer C++-Klasse (z.B. Konstruktor und Destruktor) ergeben:

Attribute von Interaktionsklassen:
* explizite Attribute einer Interaktionsklasse,
* Subobjekte einer komplexen Interaktionsklasse,
* Listenobjekte für Subobjektlisten einer komplexen Interaktionsklasse,
* diverse Zeiger auf Objekthierarchien des ODIS-Laufzeitsystems.

Methoden von Interaktionsklassen:
* Konstruktor mit den obligatorischen Initialisierungsparametern einer Interaktionsklasse (Präsentationsobjekt, Applikationsobjekt und exklusive Subobjekte), der die für den new-Operator zusätzlich definierbaren Aktionen (siehe Abschnitt 4.3.8) ausführt,
* Methoden für die optionale Initialisierung der Attribute einer Interaktionsklasse, die nicht durch den Konstruktor initialisiert werden,
* Destruktor, der die für den delete-Operator zusätzlich definierbaren Aktionen (siehe Abschnitt 4.3.8) ausführt,

- Methoden für die vordefinierten ODIS-Nachrichten (`activate`, `deacti-vate`, `enable`, `disable`, `add`, `remove` und `removeall`), die neben den Anweisungen für die Nachrichtenverarbeitung auch die für die Nachrichten definierbaren Aktionen (siehe Abschnitt 4.3.8) ausführen,
- Methoden für die definierten Interaktionen, deren Anweisungen jeweils eine entsprechende Hierarchie des ODIS-Laufzeitsystems (für die Eventerkennung- und verarbeitung sowie für komplexe Ausgabeaktionen) erzeugen,
- Methoden für die definierten Synchronisationsanweisungen, die entsprechende Objekte oder Objekthierarchien (für Synchronisationsbedingungen) des ODIS-Laufzeitsystems erzeugen.

Lokale Klassen von Interaktionsklassen:
- Lokale von `FAction` abgeleitete Klassen für die Ausführung von diskreten Aktionen, die Ausführung der `RESET`-Anweisung, das Erzeugen und Löschen von Interaktionsobjekten, das Versenden von Nachrichten und das Versenden von Events.
- Lokale von `FContinuousAction` abgeleitete Klassen für die Ausführung von synchronen und asynchronen kontinuierlichen Aktionen.

6.3 Anwendungen

Die Evaluierung des ODIS zugrundeliegenden Dialogmodells und des XFantasy-UIT erfolgte bisher durch die Implementierung von drei konkreten Anwendungen:
- die graphische Benutzerschnittstelle eines Netzwerk-Managers (Abschnitt 6.3.1),
- die graphische Benutzerschnittstelle eines rechnergestützten Krebsregisters (Abschnitt 6.3.2) und
- die multimediale Benutzerschnittstelle einer Präsentationsanwendung (Abschnitt 6.3.3).

Da zum Zeitpunkt der Entwicklung dieser Anwendungen die Implementierung des ODIS-Compilers noch nicht abgeschlossen war, wurden sie mit dem XFantasy-UIT implementiert. Die positiven Erfahrungen sind jedoch auf ODIS übertragbar, da das Dialogmodell von ODIS als Komponente des XFantasy-UIT implementiert wurde und die ODIS-Beschreibung der Präsentationskomponente einer Benutzerschnittstelle (durch C++-Code) direkt auf den Schnittstellen der Ausgabeklassen des XFantasy-UIT aufsetzt. Die mit dem XFantasy-UIT implementierten Benutzerschnittstellen lassen sich deshalb in ODIS spezifizieren.

Durch die abstrakten ODIS-Sprachkonstrukte für die Dialogablaufbeschreibung werden die entsprechenden ODIS-Beschreibungen jedoch wesentlich kompakter.

Außerdem erzwingt das ODIS zugrundeliegende Benutzerschnittstellenmodell eine Strukturierung von Benutzerschnittstellen, die in C++-Programmen, die auf dem XFantasy-UIT aufsetzen, nur durch einen disziplinierten Programmierstil erreicht werden kann.

Die Implementierung dieser Benutzerschnittstellen mit dem XFantasy-UIT hat die praktische Anwendbarkeit der in diesem Buch entwickelten Konzepte belegt. Bei der Implementierung graphischer Benutzerschnittstellen hat sich die einheitliche Behandlung anwendungsunabhängiger User-Interface-Objekte und interaktiver anwendungsspezifischer Graphik als vorteilhaft erwiesen.

Das hierarchische Dialogmodell des XFantasy-UIT ermöglichte eine einfache und übersichtliche Implementierung von Interaktionen mit der anwendungsspezifischen Graphik dieser Benutzerschnittstellen.

Aufgrund der durchgängig objektorientierten Software-Architektur des XFantasy-UIT konnten anwendungsspezifische Anforderungen durch die Implementierung abgeleiteter Klassen berücksichtigt werden. Positiv hervorzuheben ist außerdem die schnelle Einarbeitungszeit der Anwendungsprogrammierer in die Entwicklung mit dem XFantasy-UIT.

6.3.1 Benutzerschnittstelle eines Netzwerk-Managers

Ein Netzwerk-Management-System [Gar91] dient der Verwaltung eines Rechnernetzes und besteht aus eine Menge von sogenannten Agentenprozessen sowie einem zentralen Netzwerk-Manager. Die Agentenprozesse laufen auf den Rechnern des Netzwerkes und kommunizieren mit dem Netzwerk-Manager, um einerseits Informationen über den Zustand der Rechner zu liefern und andererseits Befehle des Netzwerk-Mangers zu empfangen. Für den Benutzer eines Netzwerk-Management-Systems, den sogenannten Netzwerkadministrator, bildet der Netzwerk-Manager die Schnittstelle zur Überwachung und Steuerung des Rechnernetzes.

Die Benutzerschnittstelle eines Netzwerk-Managers muß deshalb den aktuellen Zustand eines Rechnernetzes und seiner Teilnetze sowie die Ergebnisse von Anfragen, Auswertungen oder Messungen geeignet präsentieren. Zustandsänderungen im Rechnernetz müssen unverzüglich und gut erkennbar angezeigt werden. Andererseits muß der Netzwerkadministrator über die Benutzerschnittstelle die Konfigurationen von Rechnernetzen manipulieren und Fehler beheben können.

Die implementierte Benutzerschnittstelle enthält deshalb neben üblichen User-Interface-Komponenten interaktiv manipulierbare Darstellungen der Topologie von Rechnernetzen (siehe Abb. 6.9). Entsprechend den unterschiedliche Aufgaben eines Netzwerkadministrators sollte sie unterschiedliche Sichten auf das zu verwaltende Rechnernetz bieten. Sie enthält damit interaktive, anwendungsspezifische Graphik und wurde deshalb für die Evaluierung des XFantasy-UIT ausgewählt.

Diese kurze Aufgabenbeschreibung der Benutzerschnittstelle verdeutlicht bereits die Notwendigkeit einer bidirektionalen Kommunikation zwischen dem Netzwerk-Manager und den Agentenprozessen, die sich auf die Kommunikation zwischen der funktionalen Komponente des Netzwerk-Managers, hier als Applikation bezeichnet, und seiner Benutzerschnittstelle überträgt. Zustandsänderungen im Rechnernetz werden von der Applikation an die Benutzerschnittstellen weitergeleitet, während Eingaben des Netzwerkadministrators von der Benutzerschnittstelle an die Applikation weitergereicht werden.

Diese bidirektionale Kommunikation zwischen Applikation und Benutzerschnittstelle erfordert die in Abschnitt 2.2.3 vorgestellte wechselseitige Kontrollarchitektur. Aus diesem Grund wurden die Benutzerschnittstelle und der Netzwerk-Manager als eigenständige Prozesse implementiert, die durch den Aufruf von Applikationsfunktionen (durch die Benutzerschnittstelle) und das Versenden von Applikationsevents (durch den Netzwerk-Manager) miteinander kommunizieren (siehe Abb. 6.8). Für diese bidirektionale Kommunikation wurde ein anwendungsspezifisches Protokoll entwickelt und durch eine Programmierschnittstelle gekapselt.

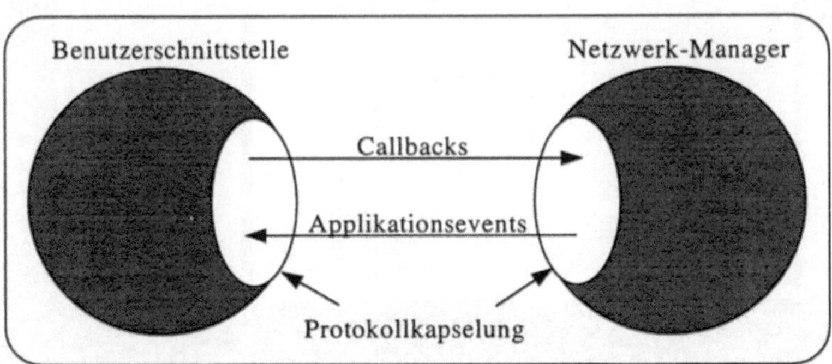

Abb. 6.8 Implementierung einer wechselseitigen Kontrollarchitektur

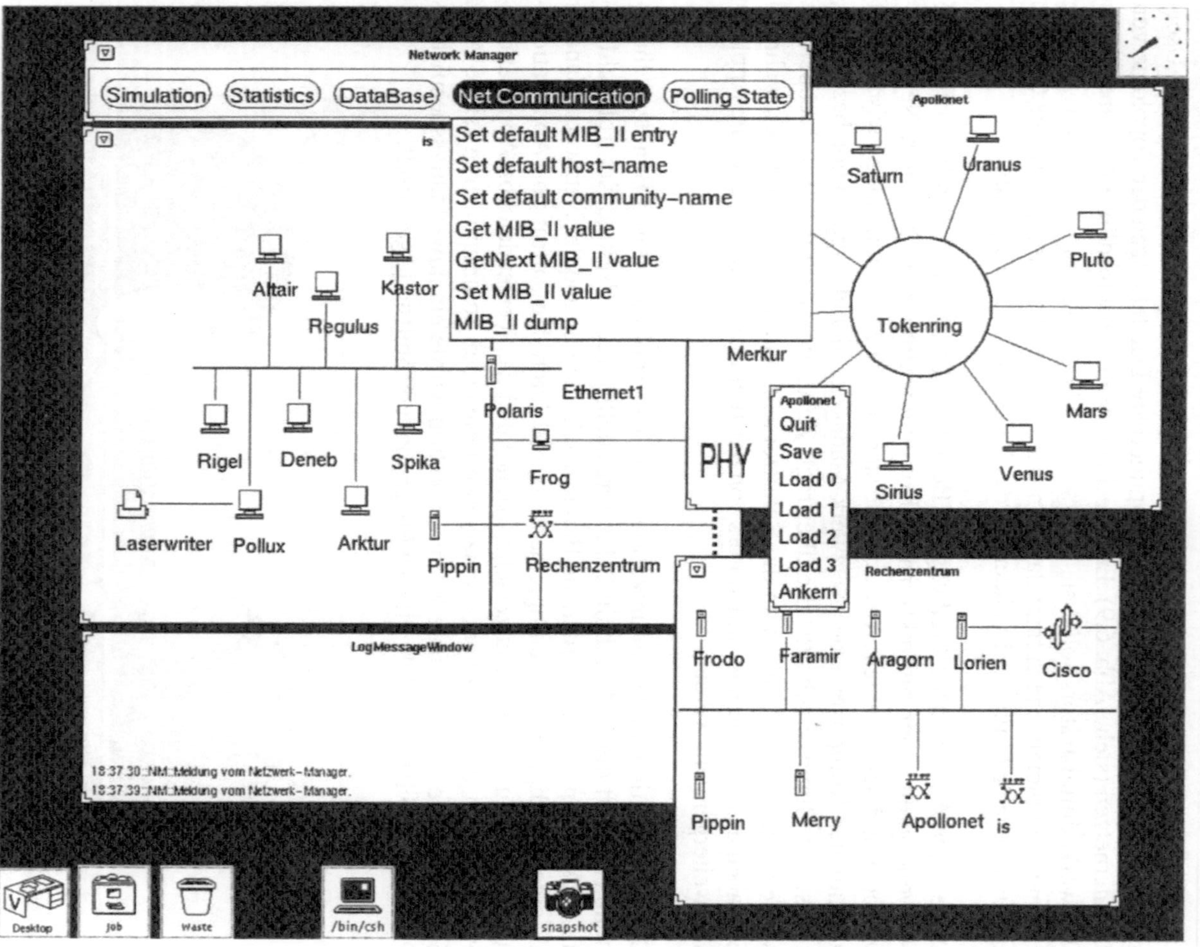

Abb. 6.9 Benutzungsoberfläche des Netzwerk-Managers

6.3.2 Benutzerschnittstelle eines Krebsregisters

Die bisher umfangreichste mit dem XFantasy-UIT entwickelte Benutzerschnittstelle wurde im Projekt CARLOS („Cancer Registry Lower-Saxony") ([App93a], [App93c]) entworfen und implementiert. Ziel dieses Projektes ist der Aufbau eines Niedersächsischen Krebsregisters durch eine möglichst vollständige, rechnergestützte Erfassung von Krebserkrankungen und -todesfällen in Niedersachsen, um ihre Ursachen zu erforschen und sie damit besser als bisher bekämpfen zu können. Für die Überprüfung vermuteter Zusammenhänge zwischen Umwelteinflüssen und Krebserkrankungen werden zu den medizinischen Daten eines Patienten auch Wohn- und Arbeitsort gespeichert. Die Einhaltung der gesetzlichen Datenschutzbestimmungen wird dabei durch eine Chiffrierung personenbezogener Daten gewährleistet.

Für die Registrierung und epidemiologische Auswertung von Krebserkrankungen wird das interaktive, datenbankgestützte Informationssystem CARLOS-IS erstellt. Die in Abb. 6.10 dargestellte Benutzungsoberfläche dieses Systems präsentiert dem Benutzer topologische Daten der Weser-Ems-Region (Fenster „Regionen-Auswahl" und „Regionen-Info"), statistische Daten über Krebserkrankungen (Fenster „Krebs-Statistik") sowie die Ergebnisse statistischer Tests (z.B. Fenster „Expositionstest").

Die statistischen Auswertungen lassen sich auf einzelne Kreise oder einer benutzerdefinierte Menge von Kreisen beschränken und besitzen dadurch einen Raumbezug. Das Fenster „Regionen-Auswahl" enthält deshalb eine sklierbare graphische Darstellung der Kreise und Gemeinden der Weser-Ems-Region. Der Benutzer kann einzelne Kreise und Gemeinden oder auch z.B. alle Gebiete innerhalb einer interaktiv definierbaren kreisförmigen Fläche auswählen.

Neben umfangreichen numerischen Daten, die teilweise graphisch aufbereitet werden (z.B. Ergebnisse statistischer Tests), wird in dieser Benutzungsoberfläche ebenfalls interaktive anwendungsspezifische Graphik eingesetzt, insbesondere die Darstellung und interaktive Manipulation vektorisierter Landkarten, die den meisten kommerziellen UIT immer noch erhebliche Probleme bereitet und häufig den Zugriff auf die komplizierte Graphikschnittstelle des zugrundeliegenden Window-Systems erfordert. Die Integration von UI-Komponenten und interaktiver anwendungsspezifischer Graphik im XFantasy-UIT hat sich bei der Implementierung dieser Benutzerschnittstelle als vorteilhaft erwiesen.

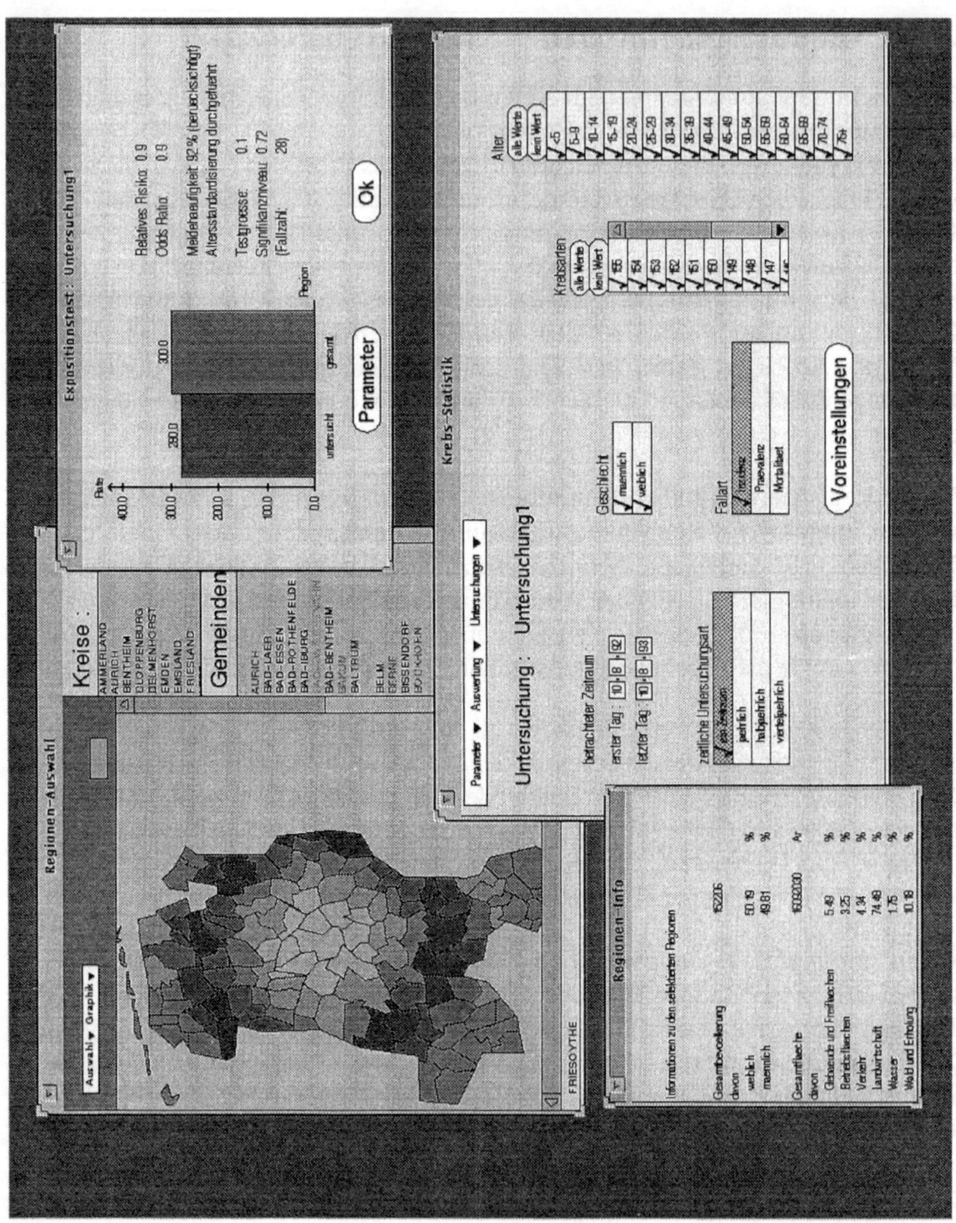

Abb. 6.10   Benutzungsoberfläche von CARLOS-IS

6.3.3 Multimediale Präsentationsanwendungen

Während die ersten beiden Benutzerschnittstellen vorwiegend die Implementierung interaktiver, anwendungsspezifischer Graphik durch das XFantasy-UIT evaluiert haben, wurde die dritte Anwendung auf die Evaluierung der Implementierung multimedialer Benutzerschnittstellen ausgerichtet [Cla93]. Der Benutzer dieser Anwendung steuert eine parallele Video-/Audio-Präsentation, in die Graphikobjekte mit einem inhaltlichen Bezug zu den Video-/Audio-Informationen eingeblendet werden. Durch Selektieren und Verschieben dieser Graphikobjekte erstellt der Benutzer eine Kollektion der ihm präsentierten Graphikobjekte. Durch die Spezifikation von Präsentationszeiten der Graphikobjekte und zeitlichen Verzögerungen wird der Präsentationsverlauf definiert.

Neben der gleichzeitigen Präsentation von Video-, Audio- und Graphikinformationen wurde für die Implementierung dieser Präsentationsanwendung intensiv die vom XFantasy-UIT unterstützte Nebenläufigkeit von Interaktionen und kontinuierlichen Ausgaben ausgenutzt. Parallel zur Video-/ Audio-Präsentation kann der Benutzer die Lautstärke (`FScrollbar(Volume)`) und die Präsentationsgeschwindigkeit (`FScrollbar(Velocity)`) durch einen Slider (Software-Schieberegler) kontinuierlich manipulieren (siehe Abb. 6.11). Außerdem werden gleichzeitig zur Präsentation der Graphikobjekte `Move`-Interaktionen (`FMove-Guard`) aktiviert, die dem Benutzer das Selektieren und Verschieben der Graphikobjekte ermöglichen. Die Synchronisation dieser drei Interaktionen mit den entsprechenden Ausgabeaktionen erfolgt durch die in Abschnitt 4.5 eingeführten Synchronisationsoperatoren. Neben diesen drei Interaktionen werden Buttons für das Starten, Stoppen, Anhalten und Fortsetzen der Präsentation angeboten.

Beim Entwurf dieser Präsentationsanwendung wurde neben der Präsentation der anwendungsspezifischen Informationen insbesondere auf eine visuelle Präsentationen der verwendeten Konzepte des XFantasy-UIT geachtet. Die Benutzungsoberfläche enthält deshalb eine graphische Darstellung der die multimediale Präsentation implementierenden Objekthierarchie (siehe Abb. 6.11). Außerdem werden durch die graphische Darstellung der Synchronisationsoperatoren zeitliche Beziehungen zwischen Interaktionen und kontinuierlichen Ausgaben visualisiert.

Durch die Vorinitialisierung diskreter und kontinuierlicher Ausgaben garantiert der MediaManager des XFantasy-UIT [Voß93] die möglichst exakte Einhaltung der durch die zeitliche Komposition vorgegebenen zeitlichen Beziehungen. Ohne diese Vorinitialisierung könnten unterschiedliche Initialisierungszeiten zu einer zeitlich verzögerten Präsentation gleichzeitig oder sequentiell gestarteter Ausgaben führen.

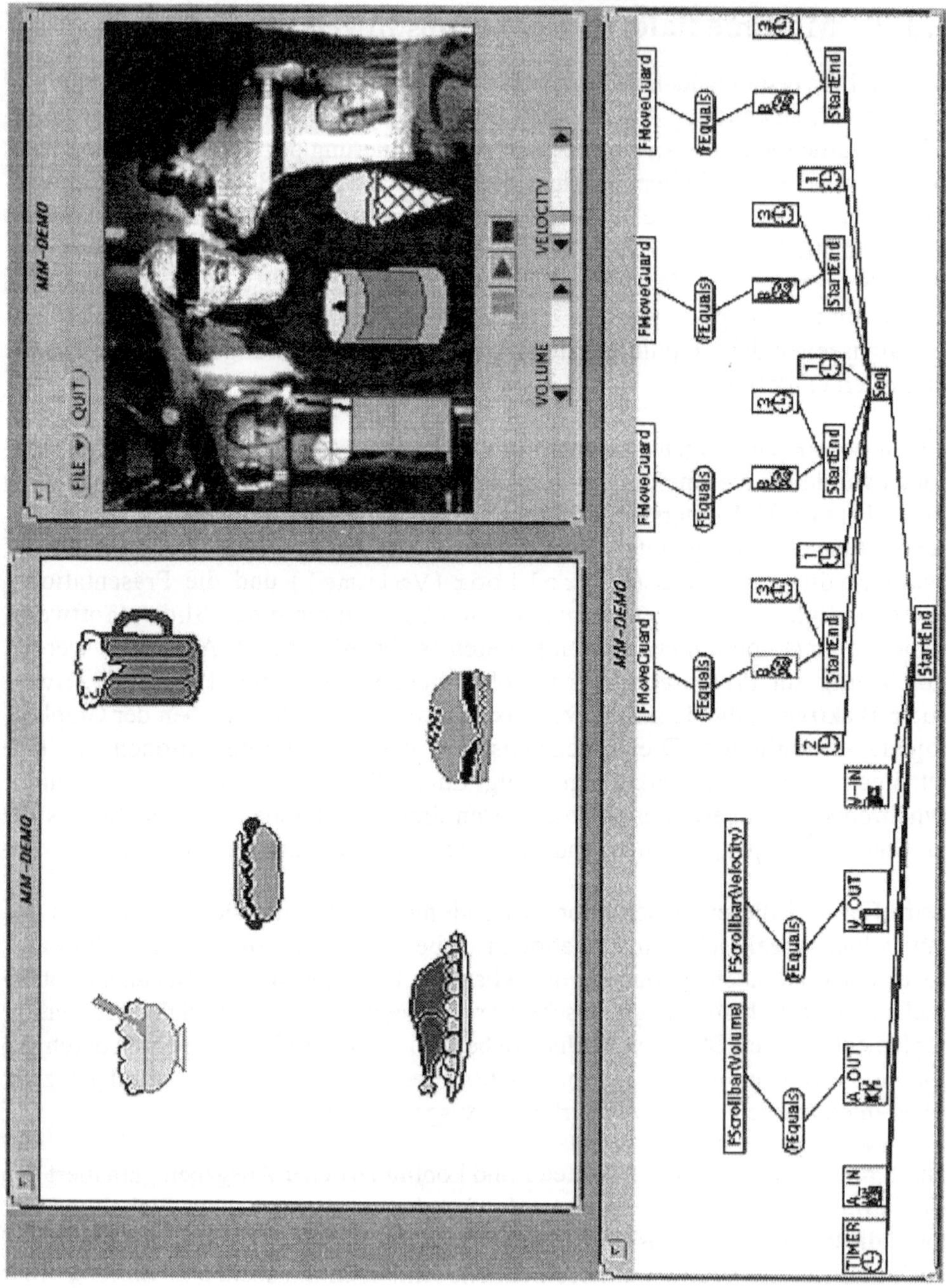

Abb. 6.11   Benutzungsoberfläche einer multimedialen Anwendung

Kapitel 7

Zusammenfassung und Ausblick

In den vorangehenden Kapiteln wurde ein Dialogmodell für multimediale Benutzerschnittstellen vorgestellt und in ein objektorientiertes Benutzerschnittstellenmodell integriert. Ergebnis dieser Integration ist die objektorientierte Dialogablaufbeschreibungssprache ODIS, die gemeinsam mit dem objektorientierten XFantasy-UIT ein objektorientiertes UIMS bildet.

ODIS liegt ein hierarchisches Dialogmodell für die Beschreibung des Dialogablaufverhaltens der Interaktionsobjekte einer Benutzerschnittstelle zugrunde. Durch eine bottom-up-Erkennung und -Verarbeitung benutzerdefinierter Eventkombinationen unterstützt dieses Dialogmodell eine hierarchische Anordnung von einfachen und komplexen Interaktionen. Interaktionen werden durch Dynamikoperatoren definiert, die Events, Aktionen und Bedingungen verknüpfen und Sequentialität, einfache Auswahl, exklusive Auswahl, Interleaving, Iteration oder bedingte Verzweigung im Dialogablauf beschreiben. Die Integration eventverarbeitender Aktionen ermöglicht eine enge Verknüpfung der Ein- und Ausgabeverarbeitung, die insbesondere für die Implementierung von direktem Feedback vorteilhaft ist. Die Grundlage der Eventerkennung bildet eine objektorientierte Device-Schnittstelle, die für die Erkennung und Propagierung der elementaren Basisevents zuständig sind. Aufbauend auf den von der Applikation erzeugten Applikationsevents kann eine wechselseitige Kontrolle zwischen der Benutzerschnittstelle und der Applikation einer interaktiven Anwendung implementiert werden.

Die spezifischen Anforderungen an ein Dialogmodell für multimediale Benutzerschnittstellen ergeben sich aus der zeitlichen Ausprägung kontinuierlicher Ausgaben. Die gleichzeitige Ausgabe mehrerer kontinuierlicher Medien und die dazu parallele Verarbeitung von Interaktionen erfordern Modellierungskonzepte für die Beschreibung der inhärenten Nebenläufigkeit multimedialer Benutzerschnittstellen. Die Dialogablaufbeschreibungssprache ODIS erfüllt diese Anforderungen durch

- die Integration diskreter und kontinuierlicher Ausgaben, indem diskrete Ausgaben als potentiell unendliche kontinuierliche Ausgaben betrachtet werden,
- Ausgabesynchronisationsoperatoren und Synchronisationsbedingungen für die Beschreibung zeitlicher Beziehungen in komplexen multimedialen Präsentationen,
- Synchronisationsoperatoren und -bedingungen für die Beschreibung zeitlicher Beziehungen zwischen Interaktionen und kontinuierlichen Ausgaben.

Durch eine einheitliche Schnittstelle von Events und Aktionen als Operanden von Dynamikoperatoren können kontinuierliche Ausgabeaktionen direkt in die Dialogkontrolle integriert werden, da Dynamikoperatoren bereits für die Erkennung komplexer Events die zeitliche Ausprägung der Abarbeitung ihrer Operanden berücksichtigen.

Für die Beschreibung zeitlicher Beziehungen in multimedialen Präsentationen verwendet ODIS eine Kombination der hierarchischen Komposition und der Komposition über Referenzpunkte. Dieser Ansatz verbindet damit die Abstraktionskonzepte der hierarchischen Komposition mit der Ausdrucksstärke der Komposition über Referenzpunkte. Zeitliche Beziehungen einer multimedialen Präsentation werden durch eine hierarchische Anordnung von Ausgabe- und Timeraktionen definiert. Blätter dieser Hierarchien bilden elementare (diskrete und kontinuierliche) Ausgabe- und Timeraktionen, während innere Knoten komplexe Ausgabeaktionen repräsentieren und durch Ausgabesynchronisationsoperatoren modelliert werden. Ausgabesynchronisationsoperatoren beschreiben qualitative und quantitative Beziehungen zwischen den Zeitintervallen der ihnen zugeordneten Operanden (Ausgabe- und Timeraktionen).

Das Präsentationsintervall kontinuierlicher Ausgaben wird in ODIS durch START- und END-Events begrenzt. Synchronisationsbedingungen stellen logische Verknüpfungen dieser Events dar und beschreiben z.B. Minimum-/Maximumbeziehungen für die Start- oder Endzeitpunkte elementarer und komplexer Ausgaben. Für die Definition zeitlicher Beziehungen zwischen Interaktionen und kontinuierlichen Ausgaben ordnet ODIS auch Interaktionen eine durch START- und END-Events begrenzte zeitliche Ausprägung zu. Aufbauend auf der einheitlichen Beschreibung zeitlicher Ausprägungen werden Synchronisationsoperatoren eingeführt, die zeitliche Beziehungen zwischen Interaktionen und kontinuierlichen Ausgaben beschreiben. In Verbindung mit der auf Ausgabesynchronisationsoperatoren basierenden zeitlichen Komposition unterstützen Synchronisationsoperatoren die Verwendung von Ausgaben mit nichtdeterministischer oder potentiell unendlicher Präsentationsdauer in multimedialen Präsentationen. Nichtdeterministische Präsentationsdauern resultieren insbesondere aus der dynamischen Manipulation multimedialer Präsentationen durch Benutzerinteraktionen, während potentiell unendliche Präsentationsdauern bei Verwendung von Live-Quellen wie Kamera oder Mikrofon auftreten.

Für die auf dem zugrundeliegenden hierarchischen Dialogmodell basierenden ODIS-Sprachkonstrukte wurde eine Übersetzersemantik definiert, die die Semantik der hierarchischen Modellierung von Interaktionen und multimedialen Präsentationen durch geschachtelte, nebenläufige Prozesse beschreibt.

Die Dialogablaufbeschreibungssprache ODIS integriert dieses Dialogmodell in ein objektorientiertes Benutzerschnittstellenmodell, das auf dem MVC-Modell basiert und eine Benutzerschnittstelle als System kommunizierender Interaktionsobjekte beschreibt. In ODIS repräsentieren Interaktionsobjekte keine Implementierungsobjekte sondern konzeptionelle Objekte, die jeweils als Kooperation eines Präsentationsobjektes für die Darstellung und eines Dynamikobjektes für die Dialogablaufsteuerung modelliert werden. Das Dialogablaufverhalten von Interaktionsobjekten wird durch die zulässigen Interaktionen und die zeitlichen Beziehungen zwischen Interaktionen und kontinuierlichen Ausgaben definiert. Eine auf der Vererbung aufbauende hierarchische Anordnung von Interaktionsklassen ermöglicht eine inkrementelle Entwicklung des Dialogablaufverhaltens von Interaktionsobjekten. Komplexe Teildialoge werden als hierarchische Anordnung von Interaktionsobjekten modelliert, in der übergeordnete Interaktionsobjekte das Dialogablaufverhalten der ihnen untergeordneten Interaktionsobjekte steuern. ODIS unterstützt sowohl die statische Komposition in Form komplexer Interaktionsklassen als auch die dynamische Komposition durch Zuweisung untergeordneter Interaktionsobjekte zur Laufzeit.

Die Kommunikation zwischen Interaktionsobjekten erfolgt überwiegend eventbasiert und asynchron. ODIS-Sprachkonstrukte für die eventbasierte Kommunikation sind speziell auf die hierarchische Anordnung von Interaktionsobjekten ausgerichtet. Vordefinierte Nachrichten für die Manipulation der hierarchischen Anordnung und des Dialogablaufverhaltens von Interaktionsobjekten ermöglichen die Beschreibung dynamischer Benutzerschnittstellen.

Mit der Entwicklung des KOMMANDO-Modells wird das ODIS zugrundeliegende Dialogmodell in einen objektorientierten Entwurf umgesetzt. Die Implementierung des KOMMANDO-Modells bildet eine Komponente des objektorientierten XFantasy-UIT und enthält bereits wesentliche Teile des ODIS-Laufzeitsystems. Die Evaluierung des ODIS-Dialogmodells erfolgt durch die Implementierung graphischer und multimedialer Benutzerschnittstellen mit dem XFantasy-UIT.

Das in diesem Buch vorgestellte Dialogmodell und seine Implementierung weisen sowohl in ihrer Modellierungsmächtigkeit als auch in ihrer Benutzerfreundlichkeit noch Erweiterungsmöglichkeiten auf. Abschließend werden deshalb Zielsetzungen für mögliche weiterführende Arbeiten motiviert:

- **Realzeitanforderungen**
  Die Implementierung des ODIS zugrundeliegenden Dialogmodells ist nicht realzeitfähig, da Events in Eventqueues verwaltet und sequentiell verarbeitet werden. Tritt während der Verarbeitung eines Events ein zeitkritisches Event ein (Zeitevent, internes START- oder END-Event), auf das sofort reagiert werden

sollte, so verzögert sich die Verarbeitung dieses Events bis zum Abschluß der aktuellen Eventverarbeitung. Ein Dialogmodell, das realzeitfähig ist, erfordert dagegen eine unterbrechbare Eventverarbeitung und die Definition kritischer, nicht unterbrechbarer Bereiche.

- **Interne Synchronisationszeitpunkte**
  Die ODIS-Sprachkonstrukte für die zeitliche Komposition in multimedialen Präsentationen beziehen sich ausschließlich auf die Start- und Endzeitpunkte der Präsentations- und Zeitintervalle. Interne Synchronisationszeitpunkte können durch entsprechend parametrisierte, gleichzeitig gestartete Timeraktionen simuliert werden. Für die Synchronisation von einzelnen Video-Frames oder Audio-Samples kontinuierlichen Ausgaben, sollten Synchronisationspunkte jedoch auch über den Indizes der logischen Dateneinheiten eines kontinuierlichen Datenstroms (z.B. Index eines Video-Frames oder Audio-Samples) definierbar sein. ODIS müßte dafür um neue Ausgabesynchronisationsoperatoren erweitert werden, die eine direkte Beschreibung interner Synchronisationszeitpunkte ermöglichen und diesen eventverarbeitende Aktionen zuordnen (siehe [Mar92]).

- **UI-Editor**
  Aufgrund der zunehmenden Verbreitung interaktiver UI-Editoren für die Entwicklung graphischer Benutzungsoberflächen kann die in ODIS erforderliche explizite Programmierung von Präsentationsobjekten durch eingebetteten C++-Code nur eine Übergangslösung darstellen. Eine sinnvolle Erweiterung des XFantasy-UIMS wäre deshalb ein auf dem XFantasy-UIT aufsetzender UI-Editor für die interaktive Entwicklung von multimedialen Benutzungsoberflächen. Dieser UI-Editor würde ODIS-Programmgerüste erzeugen, die anschließend um die Dialogablaufbeschreibung ergänzt werden müssten. Neben der räumlichen Komposition sollte er außerdem die multimedialer Präsentationen unterstützten, da sie starken Einfluß auf die Gestaltung multimedialer Benutzungsoberflächen hat.

- **Verteilte Multimedialität**
  Die Implementierung des ODIS zugrundeliegenden Dialogmodells berücksichtigt noch keine Anforderungen verteilter Multimedia-Systeme, deren Medienobjekte (Quellen, Senken und Filter) sich häufig auf verschiedenen Rechnern befinden. Verteilte Multimedia-Systeme erfordern einerseits Mechanismen für die Definition von Kommunikationsverbindungen zwischen den Medienobjekten, die in [Gib91a] und [Ste93] als eigenständige Kanal- bzw. Konnektorobjekte implementiert werden. Andererseits müssen die im MediaManager des XFantasy-UIT [Voß93] implementierten kontinuierlichen und diskreten Synchronisationsmechanismen die besonderen Anforderungen und Eigenschaften der Kommunikation

kontinuierlicher Medien über entsprechend leistungsfähige Netzwerke berücksichtigen. Der objektorientierte Entwurf des MediaManagers und die damit verbundene Abstraktion in der Entwicklung multimedialer Benutzerschnittstellen gewährleisten seine transparente Erweiterung um zusätzlich erforderliche Konzepte für die Entwicklung verteilter Multimedia-Systeme.

- **Applikationsschnittstelle für Datenbankanwendungen**
  Die in ODIS definierte Applikationsanbindung durch Kommunikation zwischen Dynamik- und Applikationsobjekten bietet wenige, aber leistungsfähige Mechanismen für die Kommunikation zwischen der Benutzerschnittstelle und der Applikation. Diese sind aufgrund der objektorientierten Software-Architektur um anwendungsspezifische Konzepte erweiterbar. Das Aufkommen von Programmiersprachen der vierten Generation (z.B. SQL*Forms, INFORMIX-4GL) zeigt jedoch, daß insbesondere für die Anbindung von Benutzerschnittstellen an Datenbankanwendungen problemspezifische Konzepte der Applikationsschnittstelle erforderlich sind. Eine solche Datenbankanbindung könnte z.B. über die in ODIS unterstützten Applikationsevents erfolgen und damit die nebenläufige Abarbeitung der Dialogkontrolle und der Transaktionen der Datenbankanwendung unterstützen.

- **Multimodale Interaktionstechniken**
  Die in diesem Buch behandelte Problemstellung wird durch die Verwendung zeitvarianter Medien in der Präsentationskomponente multimedialer Benutzerschnittstellen motiviert. Eine weitere Richtung innerhalb des Forschungsgebietes der multimedialen Benutzerschnittstellen bilden die sogenannten multimodalen Interaktionstechniken [Bla92], wie z.B. 3D-Gesten und Spracheingaben. Analog zur Erweiterung der Präsentationskomponente um kontinuierliche Medientypen erweitern multimodale Interaktionstechniken die Dialogkontrolle um kontinuierliche Eingabemedien. Multimodale Interaktionstechniken sind durch eine inhärente Komplexität gekennzeichnet, da Eingaben wie 3D-Gesten und Sprache sich aus mehreren elementaren Eingaben zusammensetzen und deshalb eine zeitliche Ausprägung besitzen. Das ODIS-Dialogmodell wird diesen Anforderungen durch die Erkennung und Verarbeitung komplexer Events sowie durch die Berücksichtigung der zeitlichen Ausprägungen von Interaktionen gerecht. Aufbauend auf neu zu definierenden Device-Objekten (z.B. für Mikrofon und Datenhandschuh) und 3D-Ausgabeklassen könnten multimodale Interaktionstechniken in ODIS als komplexe Interaktionen definiert werden.

Anforderungen für Datenbankanwendungen

Multimodale Interaktionstechniken

Anhang A

Glossar Multimediale Benutzerschnittstellen

Anwendungsprogrammierer

Programmierer, der mit einem Software-Werkzeug ↑Benutzerschnittstellen ↑interaktiver Anwendungen entwickelt. Er verwendet dafür die Anwendungsprogrammiererschnittstelle (API) eines ↑Window-Systems oder ↑User-Interface-Toolkits.

Application-Device

↑Device-Objekt des ↑KOMMANDO-Modells für die Erkennung und Propagierung von ↑Applikationsevents und internen ↑Events der ↑Benutzerschnittstelle.

Applikationsevent

Anwendungsspezifisches ↑Event des ↑KOMMANDO-Modells, das von der ↑Applikation erzeugt wurde. Applikationsevents werden für die Implementierung einer ↑wechselseitigen Kontrolle zwischen der ↑Benutzerschnittstelle und der ↑Applikation verwendet.

Application-Framework

Software-Werkzeug für die Entwicklung von ↑Benutzerschnittstellen. Ein ↑Application-Framework definiert ein generisches Programmgerüst mit den anwendungsunabhängigen Komponenten einer ↑Benutzerschnittstelle, das um anwendungsspezifische Komponenten erweitert wird. Application-Frameworks besitzen überwiegend eine objektorientierte Software-Architektur.

Applikation

Dialogunabhängige Komponente einer ↑interaktiven Anwendung, deren Software-Architektur eine Aufteilung in die ↑Benutzerschnittstelle und eine Komponente für die anwendungsspezifische Funktionalität aufweist.

Applikationsobjekt

Objekt der ↑Applikation, das für die Darstellung seiner Informationen in der ↑Benutzungsoberfläche mit einem ↑Interaktionsobjekt kommunizieren kann.

Applikationsschnittstelle

Schnittstelle nach dem ↑Seeheim-Modells zwischen der ↑Benutzerschnittstelle und der ↑Applikation einer ↑interaktiven Anwendung. Die ↑Applikationsschnittstelle definiert die Zugriffsmöglichkeiten der ↑Benutzerschnittstelle auf die Objekte oder Datenstrukturen der ↑Applikation.

Ausgabesynchronisationsoperatoren

↑ODIS-Operatoren, die die ↑zeitliche Komposition der ihnen untergeordneten ↑Ausgabeaktionen definieren und überwachen. Ausgabesynchronisationsoperatoren dienen der relativen zeitlichen Anordnung von einfachen und komplexen Ausgabeaktionen und bilden die Grundlage der ↑hierarchischen Komposition.

Ausgabeaktion

Aktion des ↑KOMMANDO-Modells, die ↑diskrete oder ↑kontinuierliche Ausgaben durch Kommunikation mit einem ↑Ausgabeobjekt steuert. Das KOMMANDO-Modell unterscheidet einfache (↑Basisaktionen) und komplexe Ausgabeaktionen (↑Ausgabesynchronisationsoperatoren).

Ausgabeobjekte

Objekte einer ↑Benutzungsoberfläche, die ↑diskrete und ↑kontinuierliche Ausgaben modellieren.

Basisaktion

Einfache ↑Ausgabeaktion und ↑Timeraktion einer komplexen ↑Ausgabeaktion des ↑KOMMANDO-Modells. Basisaktionen bilden die Blätter der Objekthierarchien ↑komplexer multimedialer Ausgaben.

Basisevent

↑ODIS-Event, das von der ↑Device-Schnittstelle erkannt und an interessierte Objekte der ↑Dialogablaufsteuerung propagiert wird. Basisevents werden in ↑Mausevents, ↑Tastaturevents, ↑Zeitevents, ↑Applikationsevents und ↑Variablenevents klassifiziert.

Benutzer

Person, die eine ↑interaktive Anwendung zur rechnergestützten Lösung von Aufgaben benutzt und dafür mit ihr über die ↑Benutzerschnittstelle kommuniziert.

Benutzerschnittstelle

Komponente einer ↑interaktiven Anwendung, die die Schnittstelle zwischen dem ↑Benutzer und der ↑Applikation definiert und für die Ein- und Ausgabe von Informationen zuständig ist. Die Benutzerschnittstelle beinhaltet die Software-Komponenten für die ↑Dialogkontrolle, die ↑Präsentationskomponente und die

↑Applikationsschnittstelle sowie die Ein-/Ausgabegeräte, wie z.B. Bildschirm, Tastatur und Maus. Die Gesamtheit der vom Benutzer wahrnehmbaren Komponenten einer Benutzerschnittstelle wird als ↑Benutzungsoberfläche bezeichnet.

Benutzerschnittstellenmodell

Architekturmodell einer ↑Benutzerschnittstelle, das die Komponenten sowie deren Kombinations- und Kommunikationsmöglichkeiten definiert. Benutzerschnittstellenmodelle lassen sich in die Kategorien ↑Schichtenmodelle, ↑Gerätemodelle und ↑objektorientierte Benutzerschnittstellenmodelle einteilen.

Benutzungsoberfläche

Gesamtheit der vom ↑Benutzer wahrnehmbaren (z.b. sichtbar, hörbar) Komponenten einer ↑Benutzerschnittstelle. Die Benuzungsoberfläche umfaßt die einem Benutzer zur Verfügung stehenden Ein-/Ausgabegeräte und die software-basierten ↑Dialogtechniken (z.B. Buttons, Ein-/Ausgabefelder, Menüs, Dialogboxen, Scrollbars), jedoch nicht die internen Software-Komponenten einer Benutzerschnittstelle.

Callback-Funktion

Funktionen der ↑Applikationsschnittstelle einer ↑interaktiven Anwendung mit ↑externer Kontrolle oder ↑wechselseitiger Kontrolle. Callback-Funktionen sind Funktionen der ↑Applikation, die als Reaktion auf interne oder externe ↑Events von der ↑Dialogablaufsteuerung aufgerufen werden.

Device-Modell

Hierarchisches ↑Benutzerschnittstellenmodell, das auf dem Modell der ↑logischen Eingabegeräte aufsetzt. Das Device-Modell unterstützt die Erkennung und Verarbeitung einfacher und komplexer Benutzereingaben durch eine hierarchische Anordnung von logischen Eingabegeräten und bildet die Basis der ↑hierarchischen Dialogspezifikation.

Device-Objekt

Objekt der ↑Device-Schnittstelle, das für die Erkennung und Propagierung einer bestimmten Kategorie von ↑Basisevents zuständig ist. Das XFantasy-UIT besitzt die Device-Objekte ↑Mouse-Device, ↑Keyboard-Device, ↑Timer-Device und ↑Application-Device.

Device-Schnittstelle

Objektorientierte Schnittstelle des ↑XFantasy-UIT für die Erkennung und Propagierung von ↑Basisevents. Die Device-Schnittstelle besteht aus vier ↑Device-Objekten.

Dialogablauf

Folge von Dialogschritten, die aus der Erkennung und Verarbeitung von ↑Events
besteht. Der zulässige Dialogablauf einer ↑Benutzerschnittstelle wird durch die
↑Dialogablaufbeschreibung definiert und durch die ↑Dialogablaufsteuerung kontrolliert.

Dialogablaufbeschreibung

Beschreibung des zulässigen ↑Dialogablaufs mit einer ↑Dialogspezifikations-
methode. Die Dialogablaufbeschreibung ist Basis der ↑Dialogablaufsteuerung
und definiert die zulässige Kombinationen von elementaren und komplexen
↑Interaktionen (z.B. Sequenzen, Auswahl, Nebenläufigkeit), die ↑Eventverar-
beitung, die Fehlerbehandlung, die Änderungen des Dialogzustandes, die
dynamischen Änderungen des ↑Dialogablaufverhaltens, die Kommunikation der
↑Dialogkontrolle mit den ↑Präsentationsobjekten, die Kommunkation der
Dialogkontrolle mit den ↑Applikationsobjekten sowie die Kommunikation
zwischen den Applikations- und Präsentationsobjekten.

Dialogablaufsteuerung

Komponente einer ↑Benutzerschnittstelle, die den ↑Dialogablauf und damit die
Kommunikation zwischen einem ↑Benutzer und einer ↑interaktiven Anwendung
steuert. Die Dialogablaufsteuerung wird durch die ↑Dialogablaufbeschreibung
einer Benutzerschnittstelle konfiguriert.

Dialogablaufverhalten

Zulässiger ↑Dialogablauf von ↑Interaktionsobjekten, einer Komposition von
Interaktionsobjekten oder einer ↑Benutzerschnittstelle.

Dialogkontrolle

Komponente einer ↑Benutzerschnittstelle, die für die Definition und Steuerung
des ↑Dialogablaufs verantwortlich ist. Die Dialogkontrolle umfaßt die ↑Dialog-
ablaufbeschreibung und die ↑Dialogablaufsteuerung.

Dialogmodell

Modell für ↑Dialogabläufe, das die Basis einer Dialogspezifikationsmethode
bildet.

Dialogspezifikation

Synonym für ↑Dialogablaufbeschreibung.

Dialogspezifikationsmethode

Methode für die Beschreibung von ↑Dialogabläufen, der ein ↑Dialogmodell zugrundeliegt. Für die ↑Dialogspezifikation werden ↑Eventhandler, ↑Interaktions-

hierarchien, ↑kontextfreie Grammatiken, ↑Petri-Netze, ↑Statecharts, ↑Zustands-
bäume oder ↑Zustandstransitionsgraphen eingesetzt.

Dialogtechnik

Ein- und Ausgabetechnik einfacher ↑Interaktionen. Dialogtechniken definieren
die Darstellung von ↑Prompts, die Eingabemöglichkeiten des ↑Benutzers und
das ↑Feedback. Beispiele für Dialogtechniken sind die Datenabfrage, die Auswahl über Menüs, die Eingabe einfacher Kommandos über Buttons, die Eingabe
parametrisierter Kommandos über Dialogboxen und die ↑direkte Manipulation
von ↑Graphikobjekten.

Digitales Multimedia-System

↑Multimedia-System, das die unterstützten ↑Medientypen ausschließlich digital
verwaltet und verarbeitet.

Direkte Manipulation

↑Dialogtechnik einer ↑graphischen Benutzungsoberfläche, bei der Eingaben des
↑Benutzers durch mausgesteuerte Interaktion mit Graphikobjekten erfolgen.

Diskrete Ausgabe

Ausgabe der Daten eines ↑diskreten Medientyps (z.B. Text, Graphik), die keine
zeitliche Ausprägung besitzt.

Diskreter Medientyp

↑Medientyp, dessen Informationsstruktur keine zeitliche Dimension besitzt. Die
Ausgabe von Daten diskreter ↑Medientypen ist deshalb zeitinvariant.

Diskrete Synchronisation

Umsetzung zeitlicher Beziehungen zwischen den einzelnen Ausgaben einer
↑komplexen multimedialen Ausgabe, die durch die ↑zeitliche Komposition definiert werden. Die diskrete Synchronisation stellt die Gleichzeitigkeit der definierten ↑Synchronisationszeitpunkte der beteiligten Ausgaben sicher.

Dynamikoperator

↑ODIS-Operator für die Beschreibung des ↑Dialogablaufverhaltens von ↑Inter-
aktionsobjekten. ODIS besitzt Dynamikoperatoren für die Beschreibung von
Sequentialität, einfache Auswahl, exklusive Auswahl, Interleaving, Iteration und
bedingte Verzweigung.

Dynamikobjekt

Objekt, das die ↑Dialogablaufsteuerung eine ↑Interaktionsobjektes modelliert.

Dynamische Benutzerschnittstelle

↑Benutzerschnittstelle, deren ↑Dialogablaufverhalten zur Laufzeit durch ↑dynamische Manipulation verändert werden kann.

Dynamische Manipulation

Manipulation der Struktur und des ↑Dialogablaufverhaltens einer Benutzerschnittstelle zur Laufzeit, z.B. durch das Erzeugen, Löschen, Aktivieren und Deaktivieren von ↑Interaktionsobjekten sowie das Freigeben und Sperren von ↑Interaktionen.

Dynamische Komposition

Komposition von Objekten durch dynamische Zuweisung untergeordneter Objekte zur Laufzeit. Bei der dynamischen Komposition werden komplexe Objekte als Instanzen von Kompositionsklassen erzeugt und besitzen eine variable Anzahl untergeordneter Objekte.

ECO-Modell

Objektorientiertes, hierarchisches ↑Dialogmodell für graphische Benutzerschnittstellen, das als Komponente des zunächst auf ↑graphische Benutzerschnittstellen ausgerichteten ↑XFantasy-UIT implementiert wurde. Ergebnis einer Erweiterung des ECO-Modells auf multimediale Benutzerschnittstellen ist das ↑KOMMANDO-Modell.

Einfaches Event

Synonym für ↑Basisevent.

Ereignis

Synonym für ↑Event.

Event

Ereignis, das durch eine Benutzereingabe, die ↑Benutzerschnittstelle oder die ↑Applikation erzeugt und durch die Benutzerschnittstelle verarbeitet wird. Das ↑KOMMANDO-Modell unterscheidet ↑Basisevents und ↑komplexe Events. Basisevents werden durch ↑Device-Objekte und komplexe Events durch ↑Operatorobjekte erkannt und propagiert.

Eventhandler

↑Dialogspezifikationsmethode, die das ↑Dialogablaufverhalten durch gleichzeitig aktive Module für die ↑Eventverarbeitung beschreibt. Eventhandler werden durch ein oder mehrere ↑Events und eventverarbeitende Aktionen definiert und durch einen zentralen Eventmanager verwaltet. Der Eventmanager verteilt Events an die Eventhandler, die diese Events verarbeiten können. Eine Variante der ↑Dialogspezifikation durch Eventhandler stellen Produktionssysteme dar.

Eventobjekt

Objekt, das die Eigenschaften eines eingetretenen ↑Basisevents oder ↑komplexen Events durch seine Attributwerte beschreibt.

Eventverarbeitung

Verarbeitung von ↑Events durch Kommunikation mit der Präsentationskomponente (↑Feedback, Ausgabe von ↑Prompts), interne Kommunikation, Kommunikation mit der ↑Applikation und ↑dynamische Manipulation der ↑Benutzerschnittstelle.

Externe Kontrolle

↑Kontrollarchitektur ↑interaktiver Anwendungen, in der die ↑Benutzerschnittstelle die Kontrolle besitzt und Funktionen oder Methoden der ↑Applikation (↑Callback-Funktionen) aufruft. Der externen Kontrolle liegt das Prinzip der ↑invertierten Programmierung zugrunde.

Feedback

Wahrnehmbare Reaktion einer ↑Benutzerschnittstelle auf ↑Interaktionen des ↑Benutzers. Direktes Feedback erfolgt unmittelbar nach einer einfachen Interaktion oder während einer komplexen Interaktion. Feedback, dessen Ausprägung von Informationen der ↑Applikation abhängig ist, wird als semantisches Feedback bezeichnet.

Filter

↑Medienobjekt, das Daten ↑diskreter oder ↑kontinuierlicher Medientypen aufnimmt oder erzeugt. Filter dienen dem Konvertieren, Aufteilen und Mischen von Medien und vereinigen die Funktionalität von ↑Quellen und ↑Senken.

Gerätemodelle

Kategorie von hierarchischen ↑Benutzerschnittstellenmodellen, die auf dem Modell der ↑logischen Eingabegeräte aufbauen und die Eingabeerkennung und -verarbeitung in den Mittelpunkt der Benutzerschnittstellenmodellierung stellen. Konzeptionelle Grundlage der Gerätemodelle ist das ↑Device-Modell.

Graphikbibliothek

Graphikklassenhierarchie des ↑XFantasy-UIT, der ein hierarchisches Graphikmodell zugrundeliegt. Mit der Graphikbibliothek werden sowohl ↑User-Interface-Objekte als auch anwendungsspezifische Graphikobjekte implementiert.

Graphikklasse

↑Klasse einer ↑Graphikbibliothek, die die Darstellung und Manipulationsmöglichkeiten von Graphikobjekten eines bestimmten Typs (z.B. Rechteck,

Linie, Punkt oder Kreis) festlegt. Komplexe Graphikklassen werden als Komposition von Graphikklassen definiert.

Graphikobjekt

Instanz einer ↑Graphikklasse. Graphikobjekte bilden die Komponenten graphischer Ausgaben. Komplexe Graphikobjekte fassen einfache und selbst wieder komplexe Graphikobjekte zusammen.

Graphische Benutzerschnittstelle

↑Benutzerschnittstelle mit einer ↑graphischen Benutzungsoberfläche.

Graphische Benutzungsoberfläche

↑Benutzungsoberfläche, die für die Kommunikation mit dem ↑Benutzer graphische Darstellungen und auf der direkten Manipulation basierende ↑Dialogtechniken einsetzt.

Hierarchische Dialogspezifikation

↑Dialogspezifikationsmethode, in der das ↑Dialogablaufverhalten durch hierarchisch angeordnete, eventverarbeitende Komponenten definiert und gesteuert wird. Blätter dieser Hierarchien verarbeiten ↑einfache Events, während innere Knoten die Erkennung und Verarbeitung ↑komplexer Events steuern. Die hierarchische ↑Dialogspezifikation unterstützt die Definition von ↑Interaktionshierarchien und basiert auf dem ↑Device-Modell.

Hierarchische Komposition

Ansatz für die ↑zeitliche Komposition durch hierarchische Anordnung von ↑diskreten und ↑kontinuierlichen Ausgaben. Blätter dieser Hierarchien beschreiben ↑diskrete und ↑kontinuierliche Ausgaben, während innere Objekte zeitliche Beziehungen zwischen den ↑Präsentationsintervallen untergeordneter Ausgaben definieren.

Hybrides Multimedia-System

↑Multimedia-System, das mindestens einen ↑Medientyp digital und mindestens einen analog verarbeitet.

IFIP-Modell

Modell für die Beschreibung und Bewertung der verschiedenen Gestaltungsaspekte und des arbeitsorganisatorischen Umfelds von ↑Benutzerschnittstellen. Das IFIP-Modell modelliert Benutzerschnittstellen durch mehrere Prozesse und folgende zwischen ihnen definierten Schnittstellen: Ein-/Ausgabeschnittstelle, Dialogschnittstelle, Werkzeugschnittstelle und Organisationsschnittstelle.

Interaktion

Zusammenfassung der Erkennung und Verarbeitung von einfachen oder komplexen ↑Events. Einfache Interaktionen verarbeiten ↑Basisevents, während komplexe Interaktionen ↑komplexe Events verarbeiten.

Interaktionshierarchie

Hierarchische Anordnung einfacher und komplexer ↑Interaktionen für die ↑Dialogablaufbeschreibung. Interaktionshierarchien bilden die Basis der ↑hierarchischen Dialogspezifikation.

Interaktionsmodell

Hierarchisches ↑Dialogmodell, in dem ↑Dialogabläufe durch eine hierarchische Anordnung von einfachen und komplexen ↑Interaktionen beschrieben werden. Das Interaktionsmodell bildet die Basis des ↑ECO- und des ↑KOMMANDO-Modells.

Interaktionsobjekt

Objekt der Benutzerschnittstellenmodellierung in ↑ODIS, das als Kooperation eines ↑Präsentations- und eines ↑Dynamikobjektes modelliert wird. Komplexe Interaktionsobjekte besitzen ein oder mehrere untergeordnete Interaktionsobjekte und dienen der Definition einer Hierarchie von Interaktionsobjekten.

Interaktive Anwendung

Anwendungsprogramm, das mit einem ↑Benutzer über die ↑Benutzerschnittstelle kommuniziert. Die Software-Architektur moderner interaktiver Anwendungen weist eine Aufteilung in die Benutzerschnittstelle und die ↑Applikation auf.

Interne Kontrolle

Klassische ↑Kontrollarchitektur ↑interaktiver Anwendungen, in der die ↑Applikation die Kontrolle besitzt und Funktionen oder Methoden der ↑Benutzerschnittstelle aufruft.

Interobjekt-Modellierung

Variante der objektorientierten ↑Benutzerschnittstellenmodellierung, in der ↑Interaktionsobjekte als Kooperation von Objekten, z.B. Präsentations- und Dynamikobjekten, modelliert werden.

Intraobjekt-Modellierung

Variante der objektorientierten ↑Benutzerschnittstellenmodellierung, in der ↑Interaktionsobjekte die sie betreffenden Teile der ↑Präsentationskomponente, ↑Dialogkontrolle und ↑Applikationsschnittstelle integrieren.

Invertierte Programmierung

↑Programmierkonzept, bei dem die Steuerung einer ↑interaktiven Anwendung durch die ↑Benutzerschnittstelle erfolgt. Funktionen oder Methoden der ↑Applikation (↑Callback-Funktionen) werden als Reaktion auf ↑Events aufgerufen. Die invertierte Programmierung impliziert damit eine ↑externe Kontrolle.

Intervallkalkül

Kalkül für das zeitliche Schließen über zeitbehafteten Ausgaben, in dem Zeitintervalle als Zeitobjekte durch Disjunktionen elementarer Relationen, sogenannter ↑Intervallrelationen, miteinander in Beziehung gesetzt werden können.

Intervallrelation

Elementare Relation zwischen zwei Zeitintervallen im ↑Intervallkalkül. Insgesamt existieren dreizehn Intervallrelationen, die alle theoretisch möglichen Relationen zwischen zwei Zeitintervallen beschreiben.

Keyboard-Device

↑Device-Objekt des ↑KOMMANDO-Modells für die Erkennung und Propagierung von ↑Tastaturevents.

KOMMANDO-Modell

Objektorientiertes, hierarchisches ↑Dialogmodell für multimediale Benutzerschnittstellen, das als Komponente des ↑XFantasy-UIT implementiert wurde. Das KOMMANDO-Modell ist eine Erweiterung des ↑ECO-Modells und unterstützt die Implementierung einfacher und komplexer ↑Interaktionen, ↑komplexer multimedialer Ausgaben sowie zeitlicher Beziehungen zwischen ↑Interaktionen und ↑kontinuierlichen Ausgaben.

Kompositionsmechanismen

Obergriff der Konzepte für die Definition ↑komplexer multimedialer Ausgaben durch ↑räumliche, ↑konfigurelle und ↑zeitliche Komposition.

Komplexes Event

Kombination von ↑Basisevents und selbst wieder komplexen Events, die durch eine komplexe ↑Interaktion erkannt und verarbeitet werden.

Komplexe multimediale Ausgabe

Zusammengesetzte Ausgabe, die ↑diskrete und ↑kontinuierliche Ausgaben enthalten kann und durch die ↑räumliche, ↑konfigurelle und ↑zeitliche Komposition von ↑Medienobjekten definiert wird.

Konfigurelle Komposition

Definition der Verbindungen zwischen den Ein- und Ausgabeschnittstellen der ↑Medienobjekte einer ↑multimedialen Präsentation.

Kontextfreie Grammatik

Formale Beschreibung einer kontextfreien Sprache. Kontextfreie Grammatiken werden aufbauend auf einem sprachbasierten ↑Dialogmodell für die Beschreibung des ↑Dialogablaufverhaltens eingesetzt und repräsentieren damit eine ↑Dialogspezifikationsmethode.

Kontinuierliche Ausgabe

Ausgabe der Daten eines ↑kontinuierlichen Medientyps (z.B. Audio, Video), die eine zeitliche Ausprägung besitzt.

Kontinuierlicher Medientyp

Medientyp, dessen Informationsstruktur eine inhärente zeitliche Dimension besitzt. Die Ausgabe von Daten kontinuierlicher Medientypen ist deshalb zeitvariant.

Kontinuierliche Synchronisation

Periodische Kontrolle der Verarbeitung von Daten ↑kontinuierlicher Medientypen für die Sicherstellung korrekter Präsentationsgeschwindigkeiten und der weitgehend synchronen Darstellung mehrerer ↑kontinuierlichen Ausgaben.

Kontrollarchitektur

Lokalisierung der Kontrolle über eine ↑interaktive Anwendung, deren Software-Architektur eine Aufteilung in die ↑Benutzerschnittstelle und die ↑Applikation aufweist. Interaktive Anwendungen können eine ↑interne, ↑externe oder ↑wechselseitige Kontrolle besitzen.

Logisches Eingabegerät

Hardware-unabhängige Schnittstelle des Eingabegerätes einer ↑interaktiven Anwendung. Logische Eingabegeräte unterstützen die Portabilität von ↑Benutzerschnittstellen durch Abstraktion von den Eigenschaften der zugrundeliegenden Hardware und bilden die Basis des ↑Device-Modells.

Look-and-Feel

Graphische Darstellung und Dialogablaufverhalten der ↑User-Interface-Komponenten einer ↑Benutzungsoberfläche. Das Look-and-Feel bestimmt die graphische Darstellung und die ↑Dialogtechniken einer ↑graphischen Benutzungsoberfläche.

Mausevent

Mausbezogenes ↑Event des ↑KOMMANDO-Modells: Drücken von Mausknöpfen oder Bewegen der Maus.

Medienabstraktion

Definition abstrakter Schnittstellen für die Verarbeitung und Darstellung der Daten verschiedener ↑Medientypen sowie für die Komposition von ↑Medienobjekten. Die Unabhängigkeit dieser Schnittstellen von konkreten Medientypen gewährleistet die Erweiterbarkeit um neue Medientypen.

Medienunabhängigkeit

Eigenschaft eines ↑Multimedia-Systems, das die unabhängige Verarbeitung und Darstellung der unterstützten ↑Medientypen gewährleistet. Ein Multimedia-System mit Medienunabhängigkeit besitzt ↑Kompositionsmechanismen für die Definition ↑komplexer multimedialer Ausgaben.

Medienobjekt

Verarbeitungskomponente eines ↑Multimedia-Systems. Medienobjekte werden entsprechend ihrer Funktionalität in ↑Quellen, ↑Senken und ↑Filter klassifiziert und dienen der Definition von ↑komplexen Präsentationen durch ↑räumliche, ↑konfigurelle und ↑zeitliche Komposition.

Medientyp

Beschreibung der charakteristischen Eigenschaften eines Mediums durch seine Darstellungsart (visuell, auditiv) und Informationsstruktur (zeitvariant, zeitinvariant). In ↑Multimedia-Systemen werden ↑diskrete und ↑kontinuierliche Medientypen unterschieden.

Model-View-Controller-Modell (MVC-Modell)

↑Dialogmodell der objektorientierten Programmiersprache Smalltalk, das Benutzerschnittstellen durch eine Menge von Kooperationen zwischen einem Model-Objekt, einem View-Objekt und einem Controller-Objekt modelliert und implementiert.

Mouse-Device

↑Device-Objekt des ↑KOMMANDO-Modells für die Erkennung und Propagierung von ↑Mausevents.

Multimedia-System

Hard- und Software-Umgebung für die integrierte Erzeugung, Manipulation, Darstellung, Speicherung und Kommunikation von Informationen, die in mindestens einem ↑kontinuierlichen und einem ↑diskreten Medientyp kodiert sind.

Multimediale Benutzerschnittstelle

↑Benutzerschnittstelle, deren Benutzungsoberfläche die Präsentation von Daten ↑diskreter und ↑kontinuierlicher Medientypen beinhaltet.

Multimediale Präsentation

Synonym für ↑komplexe multimediale Präsentation.

ODIS („Objektorientierte DIalogSpezifikation")

Objektorientierte Sprache für die ↑Dialogablaufbeschreibung in ↑multimedialen Benutzerschnittstellen.

Objektorientiertes Benutzerschnittstellenmodell

↑Benutzerschnittstellenmodell, das ↑Benutzerschnittstellen als System von kommunizierenden ↑User-Interface-Objekten oder ↑Interaktionsobjekten modelliert. Die graphische Struktur (das Layout) von ↑Benutzerschnittstellen wird dabei durch Komposition von ↑User-Interface-Objekten beschrieben.

Operatorobjekt

Objekt des ↑KOMMANDO-Modells, das ↑komplexe Event erkennt, verarbeitet und propagiert. Operatorobjekte werden als Instanzen von Operatorklassen erzeugt, die die Form der Kombination untergeordneter Events definieren.

Petri-Netz

Formales Modell für die Beschreibung event-gesteuerter, nebenläufiger Systeme, das insbesondere die Beschreibung von datenflußgesteuerter Nebenläufigkeit unterstützt. Petri-Netze werden für die Beschreibung des ↑Dialogablaufverhaltens von ↑Benutzerschnittstellen eingesetzt und repräsentieren damit eine ↑Dialogspezifikationsmethode.

Präsentationsintervall

Zeitintervall, das die Dauer einer ↑kontinuierlicher Ausgabe festlegt.

Präsentationsobjekt

Objekt, das für die graphische Darstellung eines ↑Interaktionsobjektes zuständig ist.

Präsentationskomponente

Darstellungskomponente einer nach dem ↑Seeheim-Modell modellierten ↑Benutzerschnittstelle. Die Präsentationskomponente ist für die Ein- und Ausgabeverarbeitung zuständig und repräsentiert die Software-Komponente einer ↑Benutzungsoberfläche.

Prompt

Eingabeaufforderung einer ↑Interaktion, die dem ↑Benutzer die Bereitschaft der ↑Benutzerschnittstelle zur Verarbeitung von Benutzereingaben anzeigt.

Quelle (Source)

↑Medienobjekt, das Daten ↑diskreter oder ↑kontinuierlicher Medientypen erzeugt und an andere Medienobjekte weiterreicht.

Räumliche Komposition

Definition geometrischer Beziehungen zwischen den (durch ↑Medienobjekte implementierten) visuellen Ausgaben einer ↑multimedialen Präsentation durch das Geometrie-Management.

Referenzpunkt

Basismechanismus eines Ansatzes für die ↑zeitliche Komposition. Ein Referenzpunkt wird durch das Gleichsetzen mehrerer ↑Synchronisationszeitpunkte der beteiligten Ausgaben definiert.

Statecharts

Formales Modell für event-gesteuerte, nebenläufige Systeme, das auf dem Konzept der Higraphen aufbaut und insbesondere die Beschreibung komplex strukturierter Zustände unterstützt. Statecharts werden für die Beschreibung des ↑Dialogablaufverhaltens von ↑Benutzerschnittstellen eingesetzt und repräsentieren damit eine ↑Dialogspezifikationsmethode.

Schichtenmodell

↑Benutzerschnittstellenmodell, dem eine sprachbasierte Modellierung von ↑Benutzerschnittstellen zugrundeliegt. Schichtenmodelle unterteilen Benutzerschnittstellen entsprechend in eine lexikalische, eine syntaktische und eine semantische Ebene. Einige Schichtenmodelle definieren zusätzlich eine aufgabenorientierte, konzeptuelle Ebene. Das bekannteste Schichtenmodell ist das ↑Seeheim-Modell.

Seeheim-Modell

↑Schichtenmodell, das eine ↑Benutzerschnittstelle durch die drei funktionalen Komponenten ↑Präsentationskomponente, ↑Dialogkontrolle und ↑Applikationsschnittstelle modelliert.

Senke (Sink)

↑Medienobjekt, das ↑diskrete oder ↑kontinuierliche Medien aufnimmt und verarbeitet.

Statische Komposition

Komposition von Objekten durch Instanziierung komplexer Klassen, so daß die Anzahl und die Typen der einem komplexen Objekt untergeordneten Objekte bereits durch die Klassendefinition festgelegt wird.

Synchronisationsbedingung

Logische Verknüpfung von START- und END-Events des ↑KOMMANDO-Modells, die eine Bedingung für das Starten und Stoppen einer ↑Ausgabeaktion oder ↑Interaktion beschreibt und für die diskreten ↑Synchronisation eingesetzt wird.

Synchronisationsoperator

Operator des ↑KOMMANDO-Modells, der zeitliche Beziehungen zwischen ↑Interaktionen und ↑kontinuierlichen Ausgaben definiert und überwacht. Synchronisationsoperatoren können darüber hinaus mit ↑Synchronisationsbedingungen verknüpft werden.

Synchronisationszeitpunkt

Zeitpunkt des ↑Präsentationsintervalls einer ↑diskreten oder ↑kontinuierlichen Ausgabe, der für die zeitliche Komposition durch Referenzpunkte definiert wird. Synchronisationszeitpunkte können Start- und Endzeitpunkte sowie innere Zeitpunkte eines Präsentationsintervalls darstellen.

Synchronisation

Sicherstellung zeitlicher Beziehungen zwischen den Ausgaben einer ↑multimedialen Präsentation sowie zwischen ↑Interaktionen und ↑kontinuierlichen Ausgaben. In ↑multimedialen Benutzerschnittstellen wird die ↑diskrete und ↑kontinuierliche Synchronisation unterschieden.

Tastaturevent

Tastenbezogenes ↑Event des ↑KOMMANDO-Modells: Drücken oder Loslassen einer Taste.

Temporale Komposition

Synonym für ↑zeitliche Komposition.

Timeline

Synonym für ↑Zeitkoordinatensystem.

Timer-Device

↑Device-Objekt des ↑KOMMANDO-Modells für die Erkennung und Propagierung von ↑Zeitevents.

User-Interface-Development-System (UIDS)

Menge von Werkzeugen eines ↑User-Interface-Management-Systems, die den Entwurf, die Implementierung, das Prototyping und das Testen von ↑Benutzerschnittstellen unterstützen. Die Beschreibung von ↑Benutzerschnittstellen erfolgt dabei textuell, graphisch oder interaktiv. Die von modernen UIDS bereitgestellten User-Interface-Editoren ermöglichen eine interaktive Entwicklung ↑graphischer Benutzungsoberflächen.

User-Interface-Editor

Werkzeug eines ↑UIDS für eine interaktive Entwicklung von ↑graphischen Benutzungsoberflächen.

User-Interface-Komponente (UI-Komponente)

Interaktive Komponente einer ↑Benutzungsoberfläche, der eine graphische Darstellung und ein Dialogablaufverhalten zugeordnet ist (z.B. Scrollbar, Button, Menü, Label oder Eingabefeld). UI-Komponenten unterstützen sowohl die Eingabe als auch die Ausgabe von Daten und Befehlen. ↑User-Interface-Toolkits besitzen eine Menge vordefinierter User-Interface-Komponenten.

User-Interface-Management-System (UIMS)

Software-Umgebung für den Entwurf, die Spezifikation, die Implementierung, das Prototyping und das Testen von ↑Benutzerschnittstellen. Ein UIMS besteht aus einem ↑User-Interface-System und einer Menge von Entwurfs-, Spezifikations- und Evaluierungswerkzeugen, die das ↑User-Interface-Development-System bilden.

User-Interface-Objekt (UI-Objekt)

↑User-Interface-Komponente eines objektorientierten ↑User-Interface-Toolkits, die als Instanz einer ↑User-Interface-Klasse erzeugt wird.

User-Interface-Klasse (UI-Klasse)

Klasse von ↑User-Interface-Komponenten eines objektorientierten ↑User-Interface-Toolkits. Eine User-Interface-Klassenhierarchie ist eine auf der Vererbung basierende hierarchische Anordnung von User-Interface-Klassen.

User-Interface-System (UIS)

Kern eines ↑User-Interface-Management-Systems, der aus einem ↑User-Interface-System und einem Laufzeitsystem besteht. Die mit einem UIMS entwickelten ↑Benutzerschnittstellen basieren auf dem UIS. Das UIS erhält als Eingabe die mit Werkzeugen des ↑User-Interface-Development-Systems entwickelte Beschreibung einer ↑Benutzerschnittstelle.

User-Interface-Toolkit (UIT)

Software-Werkzeug für die Implementierung von ↑Benutzerschnittstellen, das auf einem Window-System aufbaut und eine Menge vordefinierter User-Interface-Komponenten besitzt. Die ↑Anwendungsprogrammiererschnittstelle eines UIT besitzt ein deutlich höheres Abstraktionsniveau als die des zugrundeliegenden Window-Systems.

Variablenevent

↑Basisevent des ↑KOMMANDO-Modells, das aufgrund von Wertänderungen der durch Variablenobjekte gekapselten Attribute erzeugt und über die ↑Device-Schnittstelle propagiert wird.

Wechselseitige Kontrolle

↑Kontrollarchitektur ↑interaktiver Anwendungen, in der die Kontrolle zwischen der ↑Benutzerschnittstelle und der ↑Applikation wechseln kann.

Window

Datenstruktur eines ↑Window-Systems, die einen bestimmten Bereich des Graphikbildschirms verwaltet. Windows dienen der Ausgabe textueller und graphischer Informationen sowie der Verarbeitung mausbasierter Benutzereingaben.

Window-System

Software-System zur Realisierung ↑graphischer Benutzerschnittstellen, dem eine Aufteilung des Bildschirms in ↑Windows zugrundeliegt. Ein Window-System verwaltet den Zugriff auf die Ein-/Ausgabegeräte eines Rechners mit Graphikbildschirm und besteht aus einem Basis-Window-System und einem Window-Manager. Das Basis-Window-System ist ein E/A-Multiplexer, der ↑Windows als Datenstrukturen verwaltet und auf dem Bildschirm darstellt, Eingaben des ↑Benutzers den Windows zuordnet, Ausgaben in die Windows lenkt. Der Window-Manager bildet die Benutzerschnittstelle für die Manipulation von ↑Windows.

XFantasy-UIT

Objektorientiertes ↑User-Interface-Toolkit für die Implementierung ↑multimedialer Benutzerschnittstellen, das auf dem ↑KOMMANDO-Modell basiert.

XFantasy-UIMS

Objektorientiertes ↑User-Interface-Management-System für die Entwicklung ↑multimedialer Benutzerschnittstellen, das aus dem ↑XFantasy-UIT, der Dialogablaufbeschreibungssprache ↑ODIS und ihrem Laufzeitsystem besteht.

Zeitbeschränkung

Zeitliche Beziehung zwischen den ↑Zeitobjekten eines ↑Zeitmodells.

Zeitevent

Zeitbezogenes ↑Event des ↑KOMMANDO-Modells: Erreichen eines absoluten Zeitpunktes oder Verstreichen einer Zeitspanne.

Zeitliche Komposition

Definition zeitlicher Beziehungen zwischen den ↑Präsentationsintervallen der durch Medienobjekte modellierten ↑diskreten und ↑kontinuierlichen Ausgaben einer ↑multimedialen Präsentation.

Zeitkoordinatensystem

Koordinatensystem mit Zeitachse, das einen Ansatz für die ↑zeitliche Komposition repräsentiert. Zeitliche Beziehungen werden durch Anordnung der Präsentationsintervalle der beteiligten Ausgaben im Zeitkoordinatensystem definiert.

Zeitmodell

Grundlage der Beschreibung zeitlicher Informationen durch ↑Zeitobjekte und Zeitbeschränkungen (Relationen zwischen Zeitobjekten). Ein Zeitmodell definiert die ↑Zeitstruktur und ↑Zeitrepräsentation.

Zeitobjekt

Informationsobjekt eines ↑Zeitmodell: Zeitpunkt oder Zeitintervall.

Zeitrepräsentation

Beschreibung der ↑Zeitobjekte und ↑Zeitbeschränkungen eines Zeitmodells, die durch die zugrundeliegenden ↑Zeitstruktur entscheidend beeinflußt werden.

Zeitstruktur

Topologie eines ↑Zeitmodells, die dessen wesentlichen Eigenschaften definiert. Die Zeitstruktur legt fest, ob Zeit als analog oder diskret, linear, parallel oder verzweigt sowie beschränkt oder unbeschränkt modelliert wird.

Zustandsbaum

↑Dialogspezifikationsmethode, die ↑Eventhandler und ↑Zustandstransitionsgraphen kombiniert. Zustandsbäume beschreiben das ↑Dialogablaufverhalten einer ↑Benutzerschnittstelle durch hierarchisch angeordnete Zustände, denen Eventhandler zugeordnet werden. Durch die Vererbung von Eventhandlern unterstützen sie eine inkrementelle Dialogablaufbeschreibung.

Zustandstransitionsgraph

Formales Modell event-gesteuerter Systeme, das auf dem Konzept endlicher, erkennender Automaten basiert. Zustandstransitionsgraphen werden für die Beschreibung des ↑Dialogablaufverhaltens von ↑Benutzerschnittstellen eingesetzt und repräsentieren damit eine ↑Dialogspezifikationsmethode.

Anhang B

ODIS-Grammatik

In diesem Anhang wird die Syntax der Dialogablaufbeschreibungssprache ODIS als kontextfreie Grammatik in EBNF [Wir85] (Erweiterte Backus-Naur-Form) beschrieben. Terminalsymbole werden zur Unterscheidung von den Nichtterminal- und Metasymbolen durch Anführungsstriche markiert. Die Schlüsselwörter von ODIS sind außerdem noch fett gedruckt. Kursiv markierte Nichtterminalsymbole stammen aus der C++-Syntax [Str91] und werden in dieser Arbeit nicht weiter abgeleitet. Die Metasymbole der EBNF besitzen folgende Bedeutung:

::=   Ableitung,
[ ]   Optionalität,
{ }   beliebige Iteration (inkl. Optionalität),
| Alternative,
( )   Klammerung einer Alternative,
.   Ende einer Produktion.

ODIS-Programme

```
odis ::= specification-list.
specification-list ::= specification-unit { specification-unit }.
specification-unit ::= class-specification | object-specification |
                       event-specification | eventclass-specification.
```

Klassendefinitionen

```
class-specification ::= „DYNAMIC-CLASS" class-name [ „:" class-name ]
                        „{" [ pres-class ] [ app-class ] [ comp-classes ] [ attributes ]
                        [ actions-specification ] dynamics-specification
                        [ synchronization_specification ] „}" „;".
pres-class ::= class-name „&" „pres" „;".
app-class ::= class-name „&" „app" „;".
comp-classes ::= „COMPONENTS" object-declaration-list.
object-declaration-list ::= object-declaration „;" { object-declaration „;" }.
```

object-declaration ::= class-name address-operator subobject-name |
                       „LIST-OF" class-name objectlist-name |
                       „LIST-OF" class-name „*" objectlist-name.
address-operator ::= „*" | „&".
attributes ::= „ATTRIBUTES" attribute-definition-list.
attribute-definition-list ::= attribute-definition „;" { attribute-definition „;" }.
attribute-definition ::= *type-specifier declarator*.
actions-specification ::= „ACTIONS"   [new-action] [delete-action]
                          [activate-action] [deactivate-action]
                          [add-action] [remove-action] [removeall-action].

new-action ::= „new" „→" simple-action „;".

delete-action ::= „delete" „→" simple-action „;".

activate-action ::= „activate" „→" simple-action „;".

deactivate-action ::= „deactivate" „→" simple-action „;".

add-action ::= „add" „→" simple-action „;".

remove-action ::= „remove" „→" simple-action „;".

removeall-action ::= „removeall" „→" simple-action „;".

Eventklassendefinitionen

---

eventclass-specification ::= „EVENT-CLASS" class-name [„:" class-name]
                      „{" attribute-definition-list „}" „;".

Objektdefinitionen

---

object-specification ::= „DYNAMIC-OBJECT" class-name object-name
                         constructor-parameter „;".
constructor-parameter ::= „(" [pres-specification] [app-specification]
                          [comp-specification] [attribute-initialization] „)".
pres-specification ::= „pres" „(" expression-list „)" [„,"].
app-specification ::= „app" „(" expression-list „)" [„,"].
expression-list ::= *expression* { „;" *expression* }.
comp-specification ::= „components" „(" object-specifier-list „)" [„,"].
attribute-initialization ::= attribute-init { „," attribute-init }.
attribute-init ::= attribute-name „(" expression-list „)".
object-specifier-list ::= object-specifier { „," object-specifier }.

object-specifier ::= object-name „(" path-expression „)" |
                     object-name „(" object-constructor „)".
object-constructor ::= „**new**" class-name constructor-parameter.

Eventdefinitionen

---

event-specification ::= „**BASIC-EVENT**" event-name [input-type-spec]
                     [output-type-spec] „;".
input-type-spec ::= „[" input-type { „ ," input-type } „]".
input-type ::= *type-specifier* [*abstract-declarator*].
output-type-spec ::= „(" *type-specifier* „)".

Interaktionsdefinitionen

---

dynamics-specification ::= „**DYNAMICS**" „=" interaction-disjunction „;"
                     dynamics-list.
interaction-disjunction ::= interaction-name [actual-input-spec]
                     { „**XOR**" interaction-name [actual-input-spec] }.
dynamics-list ::= interaction-declaration { interaction-declaration }.
interaction-declaration ::= interaction-head „=" interaction-spec „;".
interaction-head ::= interaction-name [formal-input-spec] [formal-output-spec].
formal-input-spec ::= „[" attribute-definition-list „]".
formal-output-spec ::= „(" *type-specifier* identifier „)".

Dialogablaufbeschreibung

---

factor ::= „START" | „END" | „START" „:" factor | „END" „:" factor | **RESET** |
                     „**DO**" [„**ASYNCHRONOUS**"] [action-label] action | event-factor |
                     [interaction-label] „(" interaction-spec „)" | deletion | creation | message.
action ::= simple-action | continuous-action.
simple-action ::= „{" expression-list „}".
interaction-label ::= interaction-name „:".
interaction-spec ::= composed | conditional | interleaving | iteration.
composed ::= sequence [abort-action] | selection.
sequence ::= factor { „→" factor }.
abort-action ::= „**ABORT**" simple-action.

selection ::= sequence „OR" sequence I selection „OR" sequence I
              sequence „XOR" sequence I selection „XOR" sequence.
conditional ::= „IF" *conditional-expression* „THEN" composed
                                      [„ELSE" composed].
interleaving ::= composed „AND" composed I interleaving „AND" composed.
iteration ::= „REPEAT" composed „UNTIL" composed I
              „LOOP" composed „UNTIL" „{" *conditional-expression* „}".
creation ::= attribute-name „=" object-constructor.
deletion ::= „delete" *primary-expression.*

Komplexe Ausgabeaktionen

---

continuous-action ::= action-name I timer-action I present-action I configure-action I
                  complex-action.
timer-action ::= „INTERVAL" „[" float-const „]".
present-action ::= „PRESENT" „(" expression-list „)".
configure-action ::= „CONFIGURE" „(" expression-list „)".
complex-action ::= „SEQUENTIAL" „(" action-list „)" I
              „PARSTART" „(" action-list „)" I
              „PARSTARTEND" „(" action-list „)" I
              „ITERATE" [„[" *integer-const* „]"] „(" named-action „)".
action-list ::= named-action { „ ," named-action }.
named-action ::= [action-label] continuous-action.
action-label ::= action-name „:" .

Sychronisationsoperatoren und -bedingungen

---

synchronization-specification ::= „SYNCHRONIZATION" synchronization-list.
synchronization-list ::= synchronization { synchronization }.
synchronization ::=
        [synchronization-name „="] identifier „STARTS" identifier „;" I
        [synchronization-name „="] identifier „EQUALS" identifier „;" I
        [synchronization-name „="] identifier „MEETS" identifier „;" I
        [synchronization-name „="] identifier „ENDS" identifier „;" I
        [synchronization-name „="]
                synchronization-condition „STARTS" identifier „;" I
        [synchronization-name „="]
                synchronization-condition „ENDS" identifier „;".

synchronization-condition ::= synchronization-factor |
    synchronization-condition „**AND**" synchronization-factor |
    synchronization-condition „**OR**" synchronization-factor.
synchronization-factor ::= „**START**" „(" identifier „)" | „**END**" „(" identifier „)" |
    „(" synchronization-condition „)".

Kommunikation durch Basisevents, Interaktionen, Nachrichten

---

event-factor ::= [event-consumption] basic-event | complex-event | interaction-call |
    event-expression | event-propagation.
event-consumtion ::= „**CONSUME**" [„(" *integer-const* „)"] |
    „**NOTCONSUME**" [„(" *integer-const* „)"].
basic-event ::= change-event | basic-event-name [actual-input-spec]
    [„(" event-object-name „)"] [„{" *conditional-expression* „}"].
change-event ::= „**change**" „[" attribute-name „]".
complex-event ::= interaction-name [actual-input-spec]
    [„(" event-object-name „)"] [„{" *conditional-expression* „}"].
actual-input-spec ::= „[" expression-list „]".
interaction-call ::= path-expression „>" interaction-name [„[" expression-list „]"]
    [„(" event-object-name „)"].|
    „**components**" „>" interaction-name [„[" expression-list „]"]
    „(" object-name [„ ," event-object-name] „)".
event-expression ::= event-specifier [„{" *conditional-expression* „}"].
event-specifier ::= path-expression „<" event-name [„(" event-object-name „)"] |
    „**components**" „(" objectlist-name „)" „<" event-name
    „(" object-name [„ ," event-object-name]„)"] |
    „**components**" „<" event-name „(" object-name „)"
    „**all**" „<" event-name „(" object-name „)".
path-expression ::= identifier | path-expression „." identifier.
object-name-list ::= object-name { „ ," object-name }.
event-propagation ::= event-generator |
    path-expression „." event-generator |
    „**components**" „(" objectlist-name „)" „." event-generator |
    „**components**" „." event-generator.
event-generator ::= „**sendevent**" „(" event-name „ ," *expression* „)".
message ::= path-expression „." message-specifier |
    „**this**" „." message-specifier |
    „**components**" „(" objectlist-name „)" „." message-specifier |
    „**components**" „." message-specifier.

message-specifier ::= [„**pres**" „." I „**app**" „."] method-name parameter-spec.
parameter-spec ::= „(" [expression-list] „)".

Identifier und vordefinierte Namen

---

class-name ::= identifier.
object-name ::= identifier.
subobject-name ::= identifier.
objectlist-name ::= identifier.
interaction-name ::= identifier.
attribute-name ::= identifier.
action-name ::= identifier.
synchronization-name ::= identifier.
event-name ::= identifier.
event-object-name ::= identifier.
basic-event-name ::= identifier.
method-name ::= „**activate**" I „**deactivate**" I „**enable**" I „**disable**" I „**add**" I
                „**remove**" I „**removeall**".
basic-type-name ::= „**FLOAT**" I „**DOUBLE**" I „**SHORT**" I „**INT**" I „**LONG**" I
                „**CHAR**" I „**VOID**" I „**SIGNED**" I „**UNSIGNED**".

Abbildungsverzeichnis

Abb. 2.1 Seeheim-Modell einer Benutzerschnittstelle 24
Abb. 2.2 IFIP-Modell für Benutzerschnittstellen 27
Abb. 2.3 Komponenten eines logischen Eingabegerätes 29
Abb. 2.4 Komposition von logischen Eingabegeräten 30
Abb. 2.5 Dialogzellen-Modell einer Benutzerschnittstelle 32
Abb. 2.6 Kommunikationsverbindungen von Interaktionsobjekten 33
Abb. 2.7 Intraobjekt-Modellierung 36
Abb. 2.8 Interobjekt-Modellierung 37
Abb. 2.9 Interne Kontrollarchitektur 39
Abb. 2.10 Externe Kontrollarchitektur 40
Abb. 2.11 Wechselseitige Kontrolle 43
Abb. 2.12 Zustandstransitionsgraph zum Zeichnen einer Linie 47
Abb. 2.13 Einfacher Higraph 49
Abb. 2.14 Einfacher Statechart 51
Abb. 2.15 Graphische Darstellung von Petri-Netzen 54
Abb. 2.16 Zustandsbaum eines Graphikprogramms 63
Abb. 2.17 Kommunikation in Hierarchien von Interaktionskomponenten 66
Abb. 2.18 Interaktionshierarchie für das Zeichnen einer Linie 67
Abb. 2.19 Bewertung von Dialogspezifikationsmethoden 70
Abb. 2.20 Software-Schichten interaktiver Anwendungen 72
Abb. 2.21 Abgrenzung von UIMS und UIT 78
Abb. 2.22 Benutzerschnittstellenentwicklung mit einem UIMS 80
Abb. 2.23 Komponenten und Schnittstellen eines UIMS 81
Abb. 2.24 Alternativen für die Beschreibung zeitlicher Beziehungen 85
Abb. 2.25 Zeitliche Beziehungen des Intervallkalküls 87
Abb. 2.26 Beschreibung unscharfer Intervallrelationen mit Hilfsintervall 88
Abb. 2.27 Disjunktive und konjunktive Verknüpfung von Intervallrelationen ... 90
Abb. 2.28 Absolute temporale Komposition auf einer Timeline 91
Abb. 2.29 Hierarchische Komposition 93
Abb. 2.30 Zeitliche Komposition durch Referenzpunkte 94
Abb. 2.31 Bewertung von Kompositionsformen 95
Abb. 3.1 Objekthierarchie des PAC-Modells 104
Abb. 3.2 Komponenten eines UI-Objektes des DIWA-Modells 105
Abb. 3.3 Komplexes User-Interface Objekt im DIWA-Modell 106
Abb. 3.4 Hierarchie von Interaktionsobjekten 109

Abb. 3.5   Komponenten eines Interaktionsobjektes 110
Abb. 3.6   MVC-Modell von Smalltalk-80 114
Abb. 3.7   Objekte des GWUIMS-Modell 117
Abb. 3.8   Klassifizierung von Benutzerschnittstellenmodellen 118
Abb. 3.9   Klassenhierarchie des Ttoolkits 128
Abb. 3.10   Zeitverwaltung in QuickTime 132
Abb. 3.11   Timed-Petri-Netz für die Beschreibung von Intervallrelationen 139
Abb. 3.12   Bewertungskriterien der vorgestellten Ansätze 140
Abb. 4.1   Aufbau der ODIS-Interaktionsobjekte 146
Abb. 4.2   Hierarchische Modellierung von Interaktionen 151
Abb. 4.3   Beschreibung von Interaktionen durch Dynamikoperatoren 153
Abb. 4.4   Kontrollfeld für eine gleichzeitige Video- und Audio-Präsentation . 164
Abb. 4.5   Select-Interaktion mit Hilfe des Reset-Konzeptes 172
Abb. 4.6   Anwendungsbeispiele des NOT-Operators 172
Abb. 4.7   Hierarchische Modellierung von Ausgaben 177
Abb. 4.8   Kommunikation zwischen Ausgabeaktion und -objekt 179
Abb. 4.9   Kommunikation von Ausgabesynchronisationsoperatoren 180
Abb. 4.10   Zeitliche Ausprägung komponierter Ausgabeaktionen 185
Abb. 4.11   Syntaxbaum einer komplexen multimedialen Ausgabeaktion 186
Abb. 4.12   Funktionalität der Synchronisationsoperatoren 196
Abb. 4.13   Synchronisation einer Ausgabeaktion mit einer Interaktion 198
Abb. 4.14   Synchronisation einer Interaktion mit einer Ausgabeaktion 200
Abb. 4.15   Disjunktive und konjunktive Verknüpfung zeitlicher Beziehungen . 203
Abb. 4.16   Beispiel eines komplexen Interaktionsobjektes 216
Abb. 5.1   Kommunikationskanäle eines Dynamikoperators 235
Abb. 5.2   Kommunikationskanäle einer benannten Interaktion 245
Abb. 5.3   Kommunikationskanäle diskreter und kontinuierlicher Aktionen 247
Abb. 5.4   Struktur und Kooperation von Interaktionsprozessen 256
Abb. 6.1   Software-Werkzeuge des XFantasy-UIMS 257
Abb. 6.2   Software-Architektur des XFantasy-UIT 259
Abb. 6.3   Eventerkennung und -propagierung im KOMMANDO-Modell 261
Abb. 6.4   Objektorientierte Device-Schnittstelle 263
Abb. 6.5   Klassenhierarchie des KOMMANDO-Modells 264
Abb. 6.6   Medienklassenhierarchie des XFantasy-UIT 267
Abb. 6.7   Übersetzung von ODIS-Programmen 269
Abb. 6.8   Implementierung einer wechselseitigen Kontrollarchitektur 273
Abb. 6.9   Benutzungsoberfläche des Netzwerk-Managers 274
Abb. 6.10   Benutzungsoberfläche von CARLOS-IS 276
Abb. 6.11   Benutzungsoberfläche einer multimedialen Anwendung 278

Literatur

[Abo90]   Abowd, G.D.: Agents: Communicating Interactive Processes. –
Proceedings INTERACT'90 Human-Computer Interaction, North-
Holland, pp. 143-148, 1990.

[Ack93]   Ackermann, P.: Object-Oriented Modelling of Time Synchronization in a
Multimedia Application Framework. – Proceedings Audio Engineering
Scociety (AES) 95th Convention, New York, 1993.

[Aho88]   Aho, A.V., Sehi, R., Ullmann, J.D.: Compilers – Principles,
Techniques and Tools. – Addison-Wesley, Reading (Mass.), 1988.

[Ale87a]   Alexander, H.: Executable Specifications as an Aid to Dialogue Design.
– Proceedings INTERACT'87 Human-Computer Interaction, North-
Holland, pp. 739-744, 1987.

[Ale87b]   Alexander, H.: Formally-Based Tools and Techniques for Human-
Computer Dialogues. – Ellis Horwood Limited, Chichester, 1987.

[All83]   Allen, J.F.: Maintaining Knowledge about Temporal Intervals. –
Communications of the ACM, Vol. 35, No. 11, pp. 832-843, 1983.

[All91]   Allen, J.F.: Time and Time Again: The Many Ways to Represent Time.
– International Journal of Intelligent Systems, Vol. 6, pp. 341-355,
1991.

[Ande91]   Anderson, D.P., Homsy, G.: A Continuous Media I/O Server and Its
Synchronization Mechanism. – IEEE Computer, Vol. 24, No. 10, pp.
51-57, 1991.

[Andr91]   Andrews, G.R.: Concurrent Programming – Principles and Practice. –
The Benjamin/Cummings Publishing Company, Inc., Redwood City
(CA), 1991.

[Ans82]   Anson, E.: The Device Model of Interaction. – Computer Graphics 16
(3), pp. 107-114, 1982.

[App88]   Apple Computer, Incorporation: HyperCard Script Language Guide –
The HyperTalk Language. – Addison-Wesley, Reading (Mass.), 1986.

[App91]   Appelrath, H.-J., Götze, R.: XFantasy – ein objektorientiertes UIMS
für multimediale Informationssysteme. – Projektantrag, OFFIS,
Oldenburg, 1991.

[App92]   Apple Computer, Incorporation: QuickTime 1.5 Developer Kit. –
Developer Technical Publications, 1992.

[App93a]   Appelrath, H.-J., Behrends, H., Jasper, H., Ortleb, H.: Aktive
Datenbanken zur Krebsforschung. – Proceedings BTW'93
Datenbanksysteme in Büro, Technik und Wissenschaft, Springer-
Verlag, pp. 74-93, 1993.

[App93b]   Appelrath, H.-J., Götze, R.: XFantasy – ein objektorientiertes UIMS für multimediale Informationssysteme. – Fortsetzungsantrag, OFFIS, Oldenburg, 1993.

[App93c]   Appelrath, H.-J., Thoben. W.: Das Niedersächsiche Krebsregister. – Einblicke Nr. 18, Universität Oldenburg, pp. 14-18, 1993.

[Bal88]   Balzert, H., Hoppe, H.U., Oppermann, R., Peschke, H., Rohr, G., Steitz, N.A.: Einführung in die Software-Ergonomie. – de Gruyter-Verlag, Berlin, 1988.

[Bal93]   Balzert, H.: Der JANUS-Dialogexperte: Vom Fachkonzept zur Dialogstruktur. – Proceedings der GI-Fachtagung Softwaretechnik'93, Dortmund, pp. 62-72, 1993.

[Bar86]   Barth, P.S.: An Object-Oriented Approach to Graphical Interfaces. – ACM Transactions on Graphics 5 (2), pp. 142-172, 1986.

[Bas90]   Bastide, R., Palanque, P.: Petri Net Objects for the Design, Validation and Prototyping of User-Driven Interfaces. – Proceedings INTERACT'90 Human-Computer Interaction, North-Holland, pp. 625-631, 1990.

[Bas91]   Bass, L., Coutaz, J.: Developing Software for the User Interface. – Addison-Wesley, Reading (Mass.), 1991.

[Bla90]   Blake, J.C. (Ed.): Compound Document Architecture CDA. – Digital Technical Journal, Vol.2, No.1, Digital Equipment Corporation (Mass.), 1990.

[Bla91a]   Blakowski, G., Hübel, J., Langrehr, U.: Tools for Specifying and Executing Synchronized Multimedia Presentations. – Proceedings of the Second Workshop on Network and Operating System Support for Digital Audio and Video, Heidelberg, pp. 271-282, 1991.

[Bla91b]   Blakowski, G.: Konzeption für eine Sprache zur Beschreibung von Transport- und Darstellungseigenschaften multimedialer Objekte. – Encarnacao. J.L.(Ed.): Telekommunikation und multimediale Anwendungen der Informatik, IFB Nr. 293, Springer-Verlag, Berlin, pp. 465-474, 1991.

[Bla92]   Blattner, M.M., Dannenberg, R.B. (Ed.): Multimedia Interface Design. – ACM Press, New York, 1992.

[Boe91]   de Boer, F.: Reasoning about Dynamically Evolving Process Structures. – Dissertation, CWI Amsterdam, 1991.

[Bol93]   Boles, D.: Parallel Object-Oriented Programming with QPC++. – Structured Programming, Vol. 14, pp. 158-172, 1993.

[Bor82]   Borufka, H.G., Kuhlmann, H.W.: Dialogue Cells: A Method for Defining Interactions. – IEEE Computer Graphics & Applications, Vol. 2, No. 5, 1982.

[Bor87]   Borning, A., Duisberg, R. et al: Constraint Hierarchies. – Proceedings OOPSLA'87, ACM Press, pp. 48-60, 1987.

[Bor91]   Bormann, U., Bormann, C.: Offene Bearbeitung multimedialer Dokumente. – Informatik-Spektrum, Band 14, Heft 5, pp. 270-280, 1991.

[Bos83]   van den Bos, J., Plasmeijer, M.J., Hartel, P.H.: Input-Output Tools: A Language for Interactive and Real-Time Systems – IEEE Transactions on Software Engineering 9 (3), pp. 247-259, 1983.

[Bos88]   van den Bos, J.: Abstract Interaction Tools: A Language for User Interface Management Systems. – ACM Transactions on Programming Languages and Systems 10 (2), pp. 215-247, 1988.

[Brä93]   Bräunl, T.: Parallele Programmierung – Eine Einführung. – Vieweg-Verlag, Braunschweig, 1993.

[Bre93]   Breuer, M.: Interaktive Multimedia-Erstellung. – MACup 11 (1993), pp. 126-132, 1993.

[Bud91]   Budd, T.: An Introduction to Object-Oriented Programming. – Addison-Wesley, Reading (Mass.), 1991.

[Bux83]   Buxton, W. et al: Towards a Comprehensive User Interface Management System. – Computer Graphics 17 (3), pp. 35-42, 1983.

[Car85a]   Cardelli, L., Pike, R.: Squeak: A Language for Communicating with Mice. – Computer Graphics 19 (3), pp. 199-204, 1985.

[Car85b]   Cardelli, L., Wegner, P.: On Understanding Types, Data Abstraction, and Polymorphism. – Computing Surveys, Vol. 17, No. 4, pp. 471-522, 1985.

[Car88]   Cardelli, L.: Building User Interfaces by Direct Manipulation. – Proceedings ACM Symposium on User Interface Software, Banff (Alberta), pp. 152-166, 1988.

[Car89]   Carlsen, N.V., Christensen, N.J., Tucker, H.A.: An Event Language for Building User Interface Frameworks. – Proceedings UIST'89, Williamsburg (Virg.), ACM Press, pp. 133-140, 1989.

[Che76]   Chen, P.P.-S.: The Entity-Relationship Model – Towards a Unified View of Data. – ACM Transactions on Database Systems, Vol. 1, No. 1, pp. 9-36, 1976.

[Cla93]   Claaßen, R.: Synchronisation in der Dialogkontrolle von multimedialen Benutzerschnittstellen. – Diplomarbeit, Universität Oldenburg, Fachbereich Informatik, 1993.

[Col92]   Coleman, D, Hayes, F., Bear, S.: Introducing ObjectCharts or How to Use Statecharts in Object-Oriented Design. – IEEE Transactions on Software Engineering, Vol. 18, No. 1, pp. 9-18, 1992.

[Cou87a]   Coutaz, J.: PAC, an Object-Oriented Model for Dialog Design. – Proceedings INTERARCT'87 Human-Computer Interaction, North-Holland, pp. 431-436, 1987.

[Cou87b] Coutaz, J.: The Construction of User Interfaces and the Object Paradigm. – Bezivin, J. et al (Ed.): Proceedings ECOOP'87, Paris, Springer-Verlag, pp. 121-130, 1987.

[Cox86] Cox, B.J.: Object-Oriented Programming – An Evolutionary Approach. – Addison-Wesley, Reading (Mass.), 1986.

[Dam89] Dami, L., Fiume, E., Nierstrasz, O., Tsichritzis, D.: Temporal Scripting using TEMPO. – D.C. Tsichritzis (Ed.): Active Object Environments, Centre Universitaire d'Informatique, Université de Genève, 1989.

[Dan87] Dance, J.R. et al: The Run-Time Structure of UIMS-Supported Applications. – Computer Graphics 21 (2), pp. 97-101, 1987.

[Dav91] Davies, N.A., Nicol, J.R.: Technological perspective on multimedia computing. – Computer Communications, Vol. 14, No. 5, pp. 260-272, 1991.

[Dav92] Davies, J., Jackson, D., Schneider, S.: Broadcast Communication for Real-Time Processes. – in: Vytopil, J. (Ed.): Formal Techniques in Real-Time and Fault-Tolerant System, Springer-Verlag, LNCS 571, pp. 149-169, 1992.

[DEC90] DEC: Digital Document Interchange Format DDIF. – DEC STD 083-0, Digital Equipment Corporation (Mass.), 1990.

[Din92] Dingeldein, D.: THESEUS++ – Ein objektorientiertes, constraint-basiertes Benutzungsoberflächen-Werkzeug – Kansy, K., Wißkirchen, P. (Hrsg.): Innovative Programmiermethoden für Graphische Systeme, Springer-Verlag, pp. 111 - 122, 1992.

[Din93] Dingeldein, D.: MME – Die multimediale Erweiterung von THESEUS++. – Computer Graphics topics 3/93, ZGDV Darmstadt, pp. 14-16, 1993.

[Dix93] Dix, A., Finlay, J., Abowd, G., Beales, R.: Human-Computer Interaction. – Prentice-Hall, Englewood Cliffs, N.J., 1993.

[Dra91] Drapeau, G.D., Greenfield, H.: MAEstro – A Distributed Multimedia Authoring Environment. – Proceedings of the 1991 Summer USENIX Conference, 1991.

[Duc89] Duce, D.A., ten Hagen, P.J.W., van Liere, R.: Components, Frameworks and GKS Input. – Hopgood, F.R.A., Strassner, W. (Ed.): Proceedings Eurographics'89, North-Holland, pp. 87-106, 1989.

[Duc90] Duce, D.A., van Liere, R., ten Hagen, P.J.W.: An Approach to Hierarchical Input Devices. – Computer Graphics Forum 9 (1990), pp. 15-26, 1990.

[Duc91] Duce, D., Gomes, M.R., Hopgood, F.R.A., Lee, J.R. (Eds.): User Interface Management and Design. – Springer-Verlag, Berlin, 1991.

[Dzi83] Dzida, W.: Das IFP-Modell für Benutzerschnittstellen. – Office Management (Sonderheft), pp. 6-8, 1983.

[Dzi88]   Dzida, W.: Modellierung und Bewertung von Benutzerschnittstellen. – Software Kurier 1(1988), Springer-Verlag, 1988.

[Eff91]   Effes, A.: Video für alle: Und es bewegt sich doch. – MACup Juli 1991, pp. 9-21.

[Ehr92]   Ehrich, H.-D., Saake, G.: Concepts of Object-Orientation. – Studer, R. (Hrsg.): Proceedings Informationssysteme und künstliche Intelligenz: Modellierung, FAW Ulm, pp. 1-19, 1992.

[Eir93]   Eirund. H.: Objektorientierte Programmierung. – Teubner-Verlag, Stuttgart, 1993.

[Enc93]   Encarnacao, J.L., Hübner, W., Väänänen, K.: Autorenwerkzeuge für multimediale Informationssysteme. – Informationstechnik und Technische Informatik, Vol. 1, No. 2, pp. 31-38, 1993.

[End84]   Enderle, G.: The Interface of the UIMS to the Application (Working Group Report). – Computer Graphics Forum 3(1984), pp. 175-179, 1984.

[Fäh91]   Fähnrich, K.-P., Kärchner, M.: The ISA Dialog Manager: Requirements for User Interface Management Systems. – Proceedings HCI International'91: Human Aspects in Computing, Elsevier Science Publishers, Amsterdam, pp. 259-264, 1991.

[Fäh92]   Fähnrich, K.-P., Janssen, C., Groh, G.: Entwicklungswerkzeuge für graphische Benutzerschnittstellen. – Computer-Magazin, No. 2, 1992, pp. 6-13, 1992.

[Fle87]   Flecchia, M.A., Bergeron, R.D.: Specifying Complex Dialogs in ALGAE. – Proceedings SIGCHI'87 Human Factors in Computing Systems, North-Holland, pp. 229-234, 1987.

[Fle93]   Fleischhack, H., Lichtblau, U., Sonnenschein, M., Wieting, R.: Abstraktion und Zeitbegriff in höheren Netzen. – in: Scheschonk, G., Reisig, W. (Hrsg.): Petri-Netze im Einsatz für Entwurf und Entwicklung von Informationssystemen, Informatik aktuell, Springer-Verlag, pp. 59-71, 1993.

[Fol82]   Foley, J.D., van Dam, A.: Fundamentals of Interactive Computer Graphics. – Addison-Wesley, Reading (Mass.), 1982.

[Fol84]   Foley, J.D., Wallace, V.L., Peggy, C.: The Human Factors of Computer Graphics Interaction Techniques. – IEEE Computer Graphics & Applications 11(1984), pp. 13-48, 1984.

[Fol87]   Foley, J.D.: Transformations on a Formal Specification of User Computer Interfaces. – Computer Graphics 21 (2), pp. 109-112, 1987.

[Fol88]   Foley, J.D.: Models and Tools for the Designers of User-Computer Interfaces. – Earnshaw, R.E. (Ed.): Theoretical Foundations of Computer Graphics and CAD, Springer-Verlag, Berlin, pp. 1121-1151, 1988.

[Fre92]   Freeman-Benson, B.N., Borning, A.: Integrating Constraints with an Object-Oriented Language. – Proceedings ECOOP'92, Springer-Verlag, pp. 268-286, 1992.

[Gal87]   Galton, A.P. (Ed.): Temporal Logic and Computer Science: An Overview (Proceedings of Temporal Logics and Their Applications, Leeds, 1986). – Academic Press, London, 1987.

[Gam92]   Gamma, E.: Objektorientierte Software-Entwicklung am Beispiel von C++ – Design-Muster, Klassenbibliothek, Werkzeuge. – Springer-Verlag, Berlin, 1992.

[Gan93]   Gangopadhyay, D., Mitra, S.: ObjChart: Tangible Specification of Reactive Object Behavior. – Nierstrasz, O.M. (Ed.): Proceedings of ECOOP'93, Springer-Verlag, Berlin, pp. 432-457, 1993.

[Gar91]   Garbe, K.: Management von Rechnernetzen. – Teubner-Verlag, Stuttgart, 1991.

[Gat91]   Gatziu, S., Geppert, A., Dittrich, K.R.: Integrating Active Concepts into an Object-Oriented Database System. – Proceedings of the Third International Workshop on Database Programming Languages, Nafplion, Greece, 1991.

[Get90]   Gettys, J., Karlton, P.L., McGregor, S.: The X Window System, Version 11. – Software-Practice and Experience, Vol. 20, No. S2, pp. 35-67, 1990.

[Gib91a]   Gibbs, S.: Composite Multimedia and Active Objects. – Proceedings OOPSLA'91, pp. 97-112, 1991.

[Gib91b]   Gibbs, S., Dami, L., Tsichritzis, D.: An Object-Oriented Framework for Multimedia Composition and Sychronization. – Kjelldahl, L. (Ed.): Multimedia – Systems, Interaction and Application, Springer-Verlag, pp. 101-111, 1991.

[Gib91c]   Gibbs, S., Breiteneder, C., Dami, L., de Mey, V., Tsichritzis, D.: A Programming Environment for Multimedia Applications. – Proceedings of the Second Workshop on Network and Operating System Support for Digital Audio and Video, Heidelberg, pp. 265-270, 1991.

[Gla93]   Glasen, F.: Rekonstruktion des Phänomens Zeit in informationsverarbeitenden Systemen. – Bericht Nr. 20/93, Universität Konstanz, AG Wissensbasierte Informationssysteme, Konstanz, Februar 1993.

[Glo90]   Gloor, P.A., Streitz, N.A.: Hypertext and Hypermedia. – IFB Nr. 249, Springer-Verlag, Berlin, 1990.

[Gol84]   Goldberg, A.: Smalltalk-80: The Interactive Programming Environment. – Addison-Wesley, Reading (Mass.), 1984.

[Gor90]   Gorlen, K., Sanford, M., Plexico, P.: Data Abstraction and Object-Oriented Programming in C++. – John Wiley & Sons, Chichester, 1990.

[Gor91]   Gorny, P. Viereck, A.: EXPOSE – Ein Software-Ergonomie-Expertensystem. – Ackermann, D., Ulrich, E. (Eds.): Software-Ergonomie'91, Teubner-Verlag, Stuttgart, pp. 153-161, 1991.

[Gor92]   Gorny, P., Daldrup, U., Schwab, H.: Zwischenbilanz Menschengerechte Gestaltung von Software. – Bericht Nummer 2/92, Universität Oldenburg, Fachbereich Informatik, 1992.

[Gor93]   Gorny, P., Forbig, P. et al: Konzepte für EXPOSE – Expertensystem zur phasenorientierten Software-Ergonomie-Beratung bei der Benutzerschnittstellen-Entwicklung. – Zwischenbericht, Universität Oldenburg, Fachbereich Informatik, Universität Rostock, 1993.

[Göt91a] Götze, R. : Objektorientierte Dialogspezifikation. – Proceedings GI-Jahrestagung 1991, Springer-Verlag, IFB Nr. 293, pp. 519-528, 1991.

[Göt91b] Götze, R. : Object-oriented User Interface Specification. – Proceedings of Eurographics Workshop on Formal Methods in Computer Graphics, Marina di Carrara, 1991.

[Göt92a] Götze, R. et al: Zwischenbericht der Projektgruppe XFantasy. – Interner Bericht IS11, Universität Oldenburg, Fachbereich Informatik, 1992.

[Göt92b] Götze, R. et al: Endbericht der Projektgruppe XFantasy. – Interner Bericht IS13, Universität Oldenburg, Fachbereich Informatik, 1992.

[Göt92c] Götze, R.: Object-Oriented Specification of Complex Dialogues. – Proceedings of Eurographics Workshop on Object-Oriented Graphics, Champery, pp. 301 - 319, 1992.

[Göt93]   Götze, R., Eirund, H., Claaßen, R.: Object-Oriented Dialog Control for Multimedia User Interface. – Proceedings VCHCI'93 Vienna Conference on Human-Computer Interaction'93, Wien, Springer-Verlag, pp. 63-75, 1993.

[Gre85a] Green, M.: The University of Alberta User Interface Management System. – Computer Graphics 19 (3), pp. 205-213, 1985.

[Gre85b] Green, M.: Report on Dialogue Specification Tools. – Pfaff, G.E. (Ed.): User Interface Management Systems. – Springer-Verlag, Berlin, pp. 9-20, 1985.

[Gre86]   Green, M.: A Survey of Three Dialogue Models. – ACM Transactions on Graphics 5 (3), pp. 247-275, 1986.

[Gri91]   Grimes, J., Potel, M.: What is Multimedia ? – IEEE Computer Graphics & Applications, Vol. 11, No. 1, pp. 49-52, 1991.

[Gui92]   Guimarães, N.: Programming Time in Multimedia User Interfaces. – Proceedings UIST'92, ACM Press, pp. 125-134, 1992.

[Har87]   Harel, D.: Statecharts: A Visual Formalism for Complex Systems. – Science of Computer Programming, Vol. 8, pp. 231-274, 1987.

[Har88a] Harel, D.: On Visual Formalisms. – Communication of the ACM, Vol. 31, No. 5, pp. 514-530, 1988.

[Har88b]   Harel, D. et al: STATEMATE: A Working Environment for the Development of Complex Reactive Systems. – Proceedings of the 10th International Conference on Software Engineering, Singapore, pp. 396-406, 1988.

[Har89]   Hartson, H.R., Hix, D.: Human-Computer Interface Development: Concepts and Systems for Its Management. – ACM Computing Surveys 21 (1), pp. 5-92, 1989.

[Har91]   Hardy, E.J., Klein, D.V.: The Serpent UIMS. – Proceedings HCI International'91: Human Aspects in Computing, Elsevier Science Publishers, Amsterdam, pp. 265-269, 1991.

[Hay85]   Hayes, P.J., Szekely, P.A., Lerner, R.A.: Design Alternatives for User Interface Management Systems Based on Experience with COUSIN. – Proceeding SIGCHI'85 Human Factors in Computing Systems, North-Holland, pp. 169-175, 1985.

[Hel89]   Heller, D.: XView Programming Manual – The Definitive Guide to the X Window System (Vol. VII). – O'Reilly & Associates, Sebastopol (CA), 1989.

[Hen86]   Henderson, D.A. Jr.: The Trillium User Interface Design Environment. – Proceedings SIGCHI'86 Human Factors in Computing Systems, North-Holland, pp. 221-227, 1986.

[Hen88]   Henry, T.R., Hudson, S.E.: Using Active Data in a UIMS. – Proceedings of the ACM Symposium on User Interface Software, Banff (Alberta), ACM Press, pp. 167-178., 1988.

[Her89a]   Hermann, M., Hill, R.: Abstraction and Declarativeness in User Interface Development. The Methodological Basis of the Composite Object Architecture. – Proceedings Information Processing'89, North-Holland, pp. 253-258, 1989.

[Her89b]   Hermann, M., Hill, R.: Some conclusions about UIMS design based on the Tube experience. – Krapsner, H. (Ed.): Proceedings GI-Fachgespräch Dialoggestaltung in verteilten Fenstersystemen, pp. 71-80, 1989.

[Herc89]   Herczeg, M.: USIT: A Toolkit for User Interface Toolkits. – Smith, M.J., Salvendy, G. (Eds.): Proceedings of the Third International Conference on Human-Computer Interaction (Band B), Boston (Mass.), Elsevier Science Publishers, pp. 605-612, 1989.

[Herc91]   Herczeg, J., Hohl, H., Schwab, T.: XIT – A Multi-Layered Tool for User Interface Design. – Bullinger, H.-J. (Ed.): Proceedings HCI International'91, Elsevier Science Publishers, pp. 678-683, 1991.

[Herc92]   Herczeg, J., Hohl, H., Ressel, M.: Progress in Building User Interface Toolkits: The World According to XIT. – Proceedings UIST'92, ACM Press, pp. 181-190, 1992.

[Herr89]   Herrtwich, R.G., Hommel, G.: Kooperation und Konkurrenz. – Springer-Verlag, Berlin, 1989.

[Herr91]   Herrtwich, R., Steinmetz, R.: Towards Integrated Multimedia Systems: Why and How ? – Technical Report, IBM European Network Center, 1991.

[Herz92]   Herzner, W., Kummer, M.: MMV – Synchronizing Multimedia Documents. – Proceedings of the 2nd Eurographics Workshop on Multimedia, Darmstadt, Eurographics Technical Report, pp. 107-126, 1992.

[Hil86]   Hill, R.D.: Supporting Concurrency, Communication and Synchronization in Human-Computer Interaction – The Sassafras UIMS. – ACM Transactions on Graphics 5 (3), pp. 179-210, 1986.

[Hil87]   Hill, R.D.: Event-Response Systems – A Technique for Specifying Multi-Threaded Dialogues. – Proceedings SIGCHI'87 Human Factors in Computing Systems, North-Holland, pp. 241-248, 1987.

[Hil91]   Hill, R.D., Hermann, M.: The Composite Object User Interface Architecture. – Duce, D., Gomes, M.R. et al (Eds.): User Interface Management and Design. – Springer-Verlag, Berlin, pp. 257-271, 1991.

[Hix90]   Hix, D.: Generations of User Interface Management Systems. – IEEE Software 9 (1990), pp. 228-234, 1990.

[Hix93]   Hix, D., Hartson, H.R.: Developing User Interfaces. – Jon Wiley & Sons, Chichester, 1993.

[Hoa85]   Hoare, C.A.R.: Communicating Sequential Processes. – Prentice-Hall, Englewood Cliffs, N.J., 1985.

[Hod89]   Hodges, M.E. et al: A Construction Set for Multimedia Applications. – IEEE Software 1 (1989), pp. 37-43, 1989.

[Hoe91a]   Hoepner, P.: Synchronisation der Präsentation von Multimedia-Objekten – Modell und Beispiele. – Appelrath, H.-J. (Hrsg.): Proceedings BTW'91, Springer-Verlag, pp. 455-464, 1991.

[Hoe91b]   Hoepner, P.: Sychronizing the Presentation of Multimedia Objects – ODA Extensions. – Kjelldahl, L. (Ed.): Multimedia – Systems, Interaction and Application, Springer-Verlag, pp. 87-100, 1991.

[Hof93]   Hoffmann, A.: Untersuchungen zur visuellen Spezifikation der Dialogabläufe von Programmsystemen. – Diplomarbeit, Universität Oldenburg, Fachbereich Informatik, 1993.

[Hol85]   Holliday, M.A., Vernon, M.K.: A Generalized Timed Petri Net Model for Performance Analysis. – Proceedings of International Conference on Timed Petri Nets, Turin, pp. 181-190, 1985.

[Hop86]   Hopgood, F.R.A.: Methodology of Window-Management. – Workshop Proceedings, Springer-Verlag, Berlin, 1986.

[Hop88]   Hoppe, H.U.: Werkzeuge für die Prototypentwicklung von Benutzerschnittstellen. – in: Balzert, H.: Einführung in die Software-Ergonomic, dc Gruyter, 1988.

[Hüb89a]   Hübner, W.: Towards an Object-Oriented Interaction Model for Graphics User Interfaces. – Computer Graphics Forum, Vol. 8, No. 3, North-Holland, pp. 207-217, 1989.

[Hüb89b]   Hübner, U., Gomes, M.R.: Two object-oriented models to design graphical user interfaces. – Hansmann, W. et al: Proceedings of EUROGRAPHICS'89, North-Holland, pp. 63-74, 1989.

[Hüb90]   Hübner, W.: Ein objektorientiertes Interaktionsmodell zur Spezifikation graphischer Dialoge. – Dissertation, Zentrum für Graphische Datenverarbeitung, Darmstadt, 1990.

[Hud87]   Hudson, S.E.: UIMS Support for Direct Manipulation Interfaces. – Computer Graphics 21 (2), pp. 120-124, 1987.

[ISO85]   ISO: Information Processing Systems – Computer Graphics – Interfacing Techniques Graphical Kernel System (GKS). – ISO Document IS 7942, New York, 1985.

[ISO86]   ISO/IEC: Information Processing – Text and Office Systems – Standard Generalized Markup Language (SGML). – International Standard 8879, 1986.

[ISO88a]   ISO/IEC: Information Processing – Text and Office Systems – Office Document Architecture (ODA) and Interchange Format (ODIF). – International Standard 8613, 1988.

[ISO88b]   ISO/IEC: Information Processing Systems – Computer Graphics – Interfacing Techniques for Dialogues with Graphical Devices (CGI). – Functional Description, ISO Document DP 9636, 1988.

[ISO89]   ISO/IEC: Information Processing Systems – Computer Graphics – Programmer's Hierarchical Interaction Graphics System (PHIGS). – Functional Description, ISO Document DIS 9593, 1989.

[ISO91]   ISO/IEC: Information Technology – Hypermedia/Time-based Structuring Language (HyTime). – International Standard Draft, 1991.

[ISO92]   ISO/IEC: Information Technology – Coded Representation of Multimedia and Hypermedia Information Objects (MHEG). – Working Draft, 1992.

[Jac85]   Jacob, R.J.: A State Transition Diagram Language for Visual Programming. – IEEE Computer 18 (8), pp. 51-59, 1985.

[Jac86]   Jacob, R.J.: A Specification Language for Direct Manipulation User Interfaces. – ACM Transactions on Graphics 5 (4), pp. 283-317, 1986.

[Jan93]   Janssen, C.: Dialognetze zur Beschreibung von Dialogabläufen in graphisch-interaktiven Systemen. – Rödiger, K.-H. (Hrsg.): Proceedings Software-Ergonomie'93, Teubner-Verlag, Stuttgart, pp. 67-76, 1993.

[Kal92]   Kalra, D., Baar, A.H.: Modeling with Time and Events in Computer Animation. – Proceedings of the Eurographics'92, Computer Graphics Forum, Vol. 11, No. 3, pp. 45-58, 1992.

[Kas82]   Kasik, D.J.: A User Interface Management System. – Computer Graphics 16 (3), pp. 99-106, 1982.

[Ker90]   Kernighan, B.W., Ritchie, D.M.: Programmieren in C, Zweite Ausgabe, ANSI C. – Hanser Verlag, Prentice-Hall, München, 1990.

[Kho90]   Khoshafian, S., Abnous, R.: Object Orientation – Concepts, Languages, Databases and User Interfaces. – John Wiley & Sons, New York, 1990.

[Kle88]   Kleyn, M.F., Chakravarty, I.: EDGE – A Graph Based Tool for Specifying Interaction. – Proceedings of the ACM Symposium on User Interface Software, Banff (Alberta), ACM Press, pp. 1-14, 1988.

[Kra88]   Krasner, G.E., Pope, T.S.: A Cookbook for Using the Model-View-Controller User Interface Paradigm in Smalltalk-80. – Journal of Object-Oriented Programming, Vol. 1, No. 3, pp. 26-49, 1988.

[Kum92]   Kummer, M., Kuhn, W.: ASE – Audio and Synchronization Extension of Compound Documents. – Kjelldahl, L. (Ed.): Multimedia – Systems, Interaction and Application, Springer-Verlag, pp. 112-125, 1991.

[Laf91]   Laffra, C., van den Bos, J.: A Layered Object-Oriented Model for Interaction. – Blake, E.H., Wisskirchen, P. (Hrsg.): Advances in Object-Oriented Graphics I, Springer-Verlag, Berlin, pp. 47-65, 1991.

[Lau93]   Lauesen, S., Harning, M.B., Boving, H.F.: Dialogue Independence Based on an Structured UIMS Interface. – Proceedings VCHCI'93 Vienna Conference on Human-Computer Interaction'93, Wien, Springer-Verlag, pp. 279-290, 1993.

[Lee90]   Lee, E.: User Interface Development Tools. – IEEE Software 5 (1990), pp. 31-36, 1990.

[Lel87]   Leler, W.: Constraint Programming Languages: Their Specification and Generation. – Addison-Wesley, Reading (Mass.), 1987.

[Lev88]   Levy, J.-J., van der Linden, P.: Window Management. – Eurographics Tutorial-Unterlagen, Nizza, 1988.

[Lie85]   Lieberman, H.: There's More to Menu Systems Than Meets the Screen. – Computer Graphics 19 (3), pp. 181-189, 1985.

[Lin90a] Linton, M.A., Vlissides, J.M., Calder, P.R.: Composing User Interfaces with InterViews. – Stanford University, InterViews Distribution Tape, 1990.

[Lin90b] Linton, M.A., Calder, P.R., Vlissides, J.M.: InterViews: A C++ Graphical Interface Toolkit. – Stanford University, InterViews Distribution Tape, 1990.

[Lit90]   Little, T.D., Ghafoor, A.: Synchronization and Storage Models for Multimedia Objects. – IEEE Journal on Selected Areas in Communications, Vol. 8, No. 3, pp. 413-427, 1990.

[Lit91]   Little, T.D., Ghafoor, A.: Spatio-Temporal Composition of Distributed
             Multimedia Objects for Value-Added Networks. – IEEE Computer, Vol.
             24, No. 10, pp. 42-50, 1991.

[Lux91a]   Lux, G.: Objektorientierte Graphik-Ausgabe für Benutzerschnittstellen-
             Werkzeuge. – Appelrath, H.-J. (Ed.): Proceedings der 21. GI-
             Jahrestagung, Springer-Verlag, pp. 488-497, 1991.

[Lux91b]   Lux, G.: Graphische Ausgabe für Werkzeuge zur Entwicklung
             interaktiver Benutzerschnittstellen. – Dissertation, Technische
             Hochschule Darmstadt, Fachbereich Informatik, 1991.

[Maa93]   Maaß, S.: Software-Ergonomie – Benutzer- und aufgabenorientierte
             Systemgestaltung. – Informatik-Spektrum, Band 16, Heft 4, pp. 191-
             205, 1993.

[Mal89]   Maloney, J.H., Borning, A.: Constraint Technology for User-Interface
             Construction in ThingLab II. – Proceedings OOPSLA'89, ACM Press,
             pp. 381-387, 1989.

[Man90]   Mandelkern, D.: A Guide To High-Level User Interface Development
             Tools. – Sun Expert Magazine 1 (1990), pp. 70-76., 1990.

[Mar92]   Marchiso, P., Panicciari, P., Rodi, P.: A Hypermedia Object Model and
             its Presentation Environment. – Proceedings Third Eurographics Work-
             shop on Object-Oriented Graphics, Champery, pp. 335-353, 1992.

[Mas87]   Mason, R.E., Carey, T.T.: Prototyping Interactive Information
             Systems. – Communications of the ACM 26 (5), pp. 347-354, 1987.

[McC88]   McCormack, J., Asente, P.: An Overview of the XToolkit. –
             Proceedings of the ACM Symposium on User Interface Software, Banff
             (Alberta), ACM Press, pp. 46-55, 1988.

[Mey88]   Meyer, B.: Object-oriented Software Construction. – Prentice Hall,
             Cambridge, 1988.

[Mor81]   Moran, T.P.: The Command Language Grammar: a representation for
             the user interface of interactive computer systems. – International
             Journal on Man-Machine Studies, Vol. 15, pp. 3-50, 1981.

[Mou89]   Mourant, R.R.: Designing Human Interface with HyperCard. –
             Proceedings of HCI International'89 (Band B): Human Aspects in
             Computing, Boston (Mass.), Elsevier Science Publishers, pp. 613-619,
             1989.

[Mou91]   Mountford, S.J.: Multimedia: Trends and Issues. – Proceedings of HCI
             International'91: Human Aspects in Computing, Elsevier Science
             Publishers, pp. 40-54, 1991.

[Müh91]   Mühlhäuser, M.: Hypermedia-Konzepte zur Verarbeitung multimedialer
             Informationen. – Informatik-Spektrum, Band 14, Heft 5, pp. 281-290,
             1993.

[Mye86]   Myers, B.A.: Visual Programming, Programming by Example and
             Program Visualization: A Taxonomy. – Proceedings SIGCHI'86

Human Factors in Computing Systems, North-Holland, pp. 59-66, 1986.

[Mye87] Myers, B.A.: Creating Interaction Techniques by Demonstration. – IEEE Computer Graphics & Applications, Vol. 7, No. 5, pp. 51-60, 1987.

[Mye88] Myers, B.A.: Window Interfaces: A Taxonomy of Window Manager User Interfaces. – IEEE Computer Graphics & Applications, Vol. 8, No. 5, pp. 65-84, 1988.

[Mye89a] Myers, B.A.: User Interface Tools: Introduction and Survey. – IEEE Software 1(1989), pp. 15-23, 1989.

[Mye89b] Myers, B.A.: Encapsulating Interactive Behaviors. – Proceedings SIGCHI'89 Human Factors in Computing Systems, North-Holland, pp. 319-324, 1989.

[Mye90] Myers, B.A.: A New Model for Handling Input. – ACM Transactions on Information Systems, Vol. 8, No. 3, pp. 289-320, 1990.

[Mye91] Myers, B.A.: Separating Application Code from Toolkits: Eliminating the Spaghetti of Call-Backs. – Proceedings UIST'91, Hilton Head (South Carolina), ACM Press, pp. 211-220, 1991.

[Nak91] Nakatsuyama, H, Murata, M., Kusumoto, K.: A New Framework for Separating User Interfaces form Application Programs. – SIGCHI Bulletin, Vol. 23, No. 1, pp. 88-91, 1991.

[Nau63] Naur, P. (Ed.): Revised Report on the Algorithmic Language ALGOL 60. – Communication of the ACM, Vol. 6, No. 1, pp. 1-17, 1963.

[New91] Newcomb, S.R., Kipp, N.A., Newcomb, V.T.: The "HyTime" Hypermdia / Time-based Document Structuring Language. – SGML SIGhyper Newsletter, Vol. 1, No. 1, pp. 10-44, 1991.

[Nie89] Nierstrasz, O.: A Survey of Object-Oriented Concepts. – aus Kim, W., Lochovsky, F.H. (Ed.): Object-Oriented Concepts, Databases and Applications, ACM Press, pp. 283-308, 1989.

[Nor92] Normand, V., Coutaz, J.: Unifying the Design and Implementation of User Interfaces through the Object Paradigm. – Proceedings ECOOP'92, Springer-Verlag, pp. 153-169, 1992.

[Nye90] Nye, A., O'Reilly, T.: X Toolkit Intrinsics Programming Manual – The Definitive Guide to the X Window System (Vol. IV). – O'Reilly & Associates, Sebastopol, CA, 1990.

[Ols83a] Olsen, D.R., Dempsey, E.P.: SYNGRAPH: A Graphical User Interface Generator. – Computer Graphics 17 (3), pp. 43-50, 1983.

[Ols83b] Olsen, D.R.: Automatic Generation of Interactive Systems. – Computer Graphics 17 (1), pp. 53-57, 1983.

[Ols86] Olsen, D.R.Jr.: MIKE: The Menu Interaction Kontrol Environment. – ACM Transactions on Graphics 5 (4), pp. 319-344, 1986.

[Ols87]   Olsen, D.R. et al: ACM Workshop on Software Tools for User Interface Management. – Computer Graphics 21 (2), pp. 71-147, 1987.

[OSF90]   Open Software Foundation: OSF/Motif Programmer's Guide. – Prentice-Hall, Englewood Cliffs (NJ), 1990.

[Oss92]   Ossowski, S.: Systeme für zeitliches Schließen. – Diplomarbeit, Interner Bericht IS12, Universität Oldenburg, Fachbereich Informatik, 1992.

[Ous94]   Ousterhout, J.: Tcl and the Tk Toolkit. – Addison-Wesley, Reading (Mass.), 1994.

[Oxf92]   Oxford University Timed CSP Group: Timed CSP: Theory and Practice. – in: de Bakker, J.W. et al: Real-Time: Theory in Practice, Springer-Verlag, pp. 640-675, 1992.

[Pal93]   Palanque, P.A. et al: Design of User-Driven Interfaces Using Petri Nets and Objects. – Proceedings CAiSE'93 International Conference on Advanced Information Systems Engineering, Paris, Springer-Verlag, pp. 569-585.

[Pap91]   Papathomas, M.: A Unifying Framework for Process Calculus Semantics of Concurrent Object-Based Languages and Features. – D.C. Tsichritzis (Ed.): Object Composition, Centre Universitaire d'Informatique, Genève, pp. 205-224, 1991.

[Pay84]   Payne, S.J.: Task-Action Grammars. – Proceedings INTERACT'84 Human-Computer Interaction, North-Holland, pp. 527-532, 1984.

[Pfa85]   Pfaff, G.E. (Ed.): User Interface Management Systems. – Springer-Verlag, Berlin, 1985.

[Rei85]   Reisig, W.: Petri Nets – An Introduction. – EATCS Monographs on Theoretical Computer Science, Vol. 4, Springer-Verlag, Berlin, 1985.

[Rhy87]   Rhyne, J. et al: Tools and Methodology for User Interface Development. – Computer Graphics 21 (2), pp. 78-87, 1987.

[Rhy88]   Rhyne, J.R.: Extensions to C for Interface Programming. – Proceedings of the ACM Symposium on User Interface Software, Banff (Alberta), ACM Press, pp. 30-45, 1988.

[Ros82]   Rosenthal, D.S., Michener, J.C., Pfaff, G., Kessener, R., Sabin, M.: The Detailed Semantics of Graphics Input Devices. – ACM Computer Graphics, 16 (3), pp. 33-38, 1982.

[Rou90]   Roudaud, B. et al: SCENARIOO: A New Generation UIMS. – Proceedings INTERACT'90 Human-Computer Interaction, North-Holland, pp. 607-612, 1990.

[Rum88]   Rumbaugh, J.: State Trees as Structured Finite State Machines for User Interfaces. – Proceedings of the ACM Symposium on User Interface Software, Banff (Alberta), ACM Press, pp. 15-29, 1988.

[Rum90]   Rumpf, C.: Toolkits and User Interface Design Systeme auf X-Windows. – Softwaretechnik Trends 10 (2), Mitteilungen der GI-Fachgruppe Software-Engineering, pp. 48-76, 1990.

[Rum91]   Rumbaugh, J. et al: Object-Oriented Modeling Technique and Design. – Prentice-Hall, Englewood Cliffs (NJ), 1991.

[Sas92]   Sastry, L.: User Interface Management Systems for Engineering Applications. – Compuer Graphics Forum, Vol. 11, No. 2, pp. 113-129, 1992.

[Sche86]   Scheifler, R.W., Gettys, J.: The X Window System. – ACM Transactions on Graphics 5 (2), pp. 79-109, 1986.

[Shn92]   Shneiderman, B.: Designing the User Interface: Strategies for Effektive Human-Computer Interaction (Second Edition). – Addison-Wesley, Reading (Mass.), 1992.

[Sib86]   Sibert, J., Hurley, W., Bleser, T.: An Object-Oriented User Interface Management System. – Computer Graphics 20 (4), pp. 259-268, 1986.

[Six91]   Six, H.-W., Voss. J.: User Interface Development: Problems and Experiences. – FernUniversität Hagen, Informatikberichte Nr. 111, 7/1991, 1991.

[Ste86]   Stefik, M., Bobrow, D.G.: Object-Oriented Programming: Themes and Variation. – AI-Magazine, Vol. 6, No. 4, pp. 40-42, 1986.

[Ste89]   Steinmetz, R.: Sychronization Properties in Multimedia Systems. – Technical Report, IBM European Network Center, 1989.

[Ste90]   Steinmetz, R., Rückert, J., Racke, W.: Multimedia-Systeme. – Informatik-Spektrum, Band 13, Heft 5, pp. 280-281, 1990.

[Ste91]   Steinmetz, R. Herrtwich, R.G.: Integrierte verteilte Multimedia-Systeme. Informatik-Spektrum, Band 14, Heft 5, pp. 249-260, 1991.

[Ste93]   Steinmetz, R.: Multimedia-Technologie: Einführung und Grundlagen. – Springer-Verlag, Berlin, 1993.

[Str88]   Stroustrup, B.: What is Object-Oriented Programming ? – IEEE Software 5 (1988), pp. 10-20, 1988.

[Str91]   Stroustrup, B.: The C++ Programming Language – Second Edition. – Addison-Wesley, Reading (Mass.), 1991.

[Sze88]   Szekely, P.A., Myers, B.A.: A User Interface Toolkit on Graphical Objects and Constraints. – Proceedings OOPSLA'88, pp. 25-30, 1988.

[Tau90]   Tauber, M.J.: ETAG: Extended Task Action Grammar - A Language for the Description of the User's Task Language. – Proceedings INTERACT'90 Human-Computer Interaction, North-Holland, pp. 163-168, 1990.

[Tie91]   Tiemann, D.: Die Modellierung von Interaktionen und Objektbeziehungen in einem objektorientierten System. – Diplomarbeit, Universität Oldenburg, Fachbereich Informatik, 1991.

[UIM92]   The UIMS Tool Developers Workshop: A Metamodel for the Runtime Architecture of an Interactive System. – SIGCHI Bulletin, Vol. 24, No. 1, pp. 32-37, 1992.

[Vaz93]   Vazirgiannis, M., Mourlas, C.: An Object-Model for Interactive Multimedia Presentations. – The Computer Journal, Vol. 36, No. 1, pp. 78-87, 1993.

[Vie87]   Viereck, A.: Klassifikationen, Konzepte und Modelle für den Mensch-Rechner-Dialog. – Dissertation, Bericht Nr. 1/87, Universität Oldenburg, Fachbereich Informatik, 1987.

[Vos90]   Voss, J.: Entwurf und Implementierung von graphischen Benutzeroberflächen: Ein integrierter, objektorientierter Ansatz. – Dissertation, FernUniversität-Gesamthochschule-Hagen, Fachbereich Mathematik und Informatik, 1990.

[Vos91]   Voss, J.: Die Integration von Dialogablauf-Beschreibungen in eine objektorientierte User-Interface-Architektur. – Ackermann, D., Ulrich, E. (Eds): Software-Ergonomie'91, Teubner-Verlag, Stuttgart, pp. 206-215, 1991.

[Voß93]   Voßberg, L.: MediaManager – Eine Erweiterung von XFantasy um Multimedia-Klassen und Synchronisationsmechanismen. – Diplomarbeit, Universität Oldenburg, Fachbereich Informatik, 1993.

[Weg87]   Wegner, P.: Dimensions of Object-Oriented Language Design. – Proceedings OOPSLA'87, ACM Press, pp. 168-182, 1987.

[Weg90]   Wegner, P.: Concepts and Paradigms of Object-Oriented Programming. – OOPS Messanger, ACM SIGPLan, Vol. 1, No. 1, pp. 8-87, 1990.

[Wei89]   Weinand, A., Gamma, E., Marty, R.: Design and Implementation of ET++, a Seamless Object-Oriented Application Framework. – Structured Programming Vol. 10, No. 2, pp. 63-87, 1989.

[Wei92]   Weinand, A.: Objektorientierte Architektur für grafische Benutzungs-oberflächen – Realisierung der portablen Fenstersystemschnittstelle von ET++. – Springer-Verlag, Berlin, 1992.

[Wel89]   Wellner, P.D.: Statemaster: A UIMS based on Statecharts for Prototyping and Target Implementation. – Proceedings SIGCHI'89 Human Factors in Computing Systems, pp. 177-182, 1989.

[Wes91]   West, N.: Multimedia Design Tools. – Macworld, pp. 194-201, November 1991.

[Win90]   Windsor, P.: An Object-Oriented Framework for Prototyping User Interfaces. – Proceedings INTERACT'90 Human-Computer Interaction, North-Holland, pp. 309-314, 1990.

[Wir85]   Wirth, N.: Programmieren in MODULA-2. – Dritte korrigierte Überarbeitung, Springer-Verlag, Berlin, 1985.

[Yag91]   Yager, T.: Building Multimedia Applications with MacroMind's MediaMaker. – Byte 9 (1991), pp. 302-304, 1991.

[Zho92]   Zhou, T. Z.-Y., Kubitz, W.J.: An Object-Oriented View of the User-Interface. – Kilgour, A., Kjehldahl, L. (Ed.): Proceedings Eurographics'92, Blackwell Publishers, pp. 81-92, 1992.

Index

Abbruch einer Interaktion 171; 173
Abbruchaktion 163
Abbruchbedingung 155; 190
Abbruchbehandlung 163
Abbruchinteraktion 48; 155; 190
Abbruchprozeß 238
abgeleitete Interaktionsklassen 206
Ablaufgraphen 126
ABORT-Aktion 163; 200; 262
ABORTED 183; 190
absolute zeitliche Komposition 91
absolute Zeitobjekte 85
Abstraction-Komponente 103
abstrakte Medienklassen 266
abstrakte Teildialoge 45
abstrakte Zustände 62
Abstraktion 17; 44; 65; 69; 94; 104;
        151; 223
activate-Methode 175
add-Methode 175; 217; 220
Adressierung von
        Interaktionsobjekten 210
Agents 228
AI-Tools 107
AIT-Modell 31; 36; 66; 107; 187;
        223
Aktionen 46; 52; 55; 150; 151; 161;
        279
Aktionsname 187; 196
aktive Ausgabeobjekte 178
aktive Daten 68
aktive Objekte 127; 228
aktive Zustände 50
aktiver Graph 111
Aktivieren von Interaktionsobjekten
        175
Aktivierung von Prozessen 232
aktuelle Ausgabeparameter 159
aktuelle Eingabeparameter 158
ALGAE 58
analoge Zeitmodellierung 84

AND-Operator 50; 155; 191; 203;
        237
AND-Prozeß 237
Anfangszustände 50; 53
Anwendungen des XFantasy-UIT
        271
Anwendungs-Interface 105
Anwendungsprogrammierer 285
Anwendungsprogrammierer-
        schnittstelle 73; 258
anwendungsspezifische Graphik 268;
        272; 275
API 36; 73
appevent-Event 161
Application-Device 262; 285
Application-Framework 130; 285
Applikation 13; 23; 38; 285
Applikationsanbindung 283
Applikationsevents 150; 158; 160;
        165; 211; 255; 260; 283; 285
Applikationseventtyp 161; 211
Applikationsfunktionen 40; 53
Applikationsklasse 147
Applikationsobjekt 145; 148; 285
Applikationsschnittstelle 23; 26; 36;
        77; 107; 283; 286
Architekturmodelle 13; 22
Assoziativität der
        Dynamikoperatoren 156
asynchrone Ausführung 187; 249
asynchrone Kommunikation 18; 209;
        227
asynchrone Nachrichten 106
Attributabhängigkeiten 165
Attributdefinitionen 255
Attribute 270
Audio 268
Audio-Samples 282
Aufbau von Interaktionsobjekten
        102; 146
Aufgabenmodelle 13; 22

Ausdrucksstärke 45; 59
Ausgabe-Token 25
Ausgabeaktionen 177; 178; 181; 280;
    286
Ausgabekanäle 228
Ausgabeobjekte 178; 286
Ausgabeprozesse 138; 227; 259; 262
Ausgabesynchronisationsoperatoren
    177; 182; 185; 225; 250; 265;
    279; 280; 286
Auswahl 154
Authoring-Umgebung 122; 123
Authoring-Werkzeug 121; 122
Authorware Professional 126; 141
automatische Dialogspezifikation 79
Autorenwerkzeug 121

Backus-Naur-Form 55
Basis-AI-Tools 108
Basis-Interaktionen 109
Basis-Medienobjekte 130
Basis-Window-System 73
Basisaktionen 180; 286
Basisdialogzellen 32
Basisevents 150; 151; 158; 260; 279;
    286; 307
Basisklasse 147
Basisobjekte 124
bedingte Prozeßspezifikation 230
bedingte Verzweigung 155
Bedingungen 47; 150; 151; 168; 279
before-Relation 88
begrenzte Iteration 252
benannte Ausgabeaktion 249
benannte Interaktion 244
benannte Teilinteraktionen 156; 241
Benutzer 286
benutzerdefinierte Aktionen 176
benutzerdefinierte Eventbedingungen
    168
benutzerdefinierte Eventerzeugung
    171; 191; 192; 240
benutzerdefinierte
    Eventkombinationen 16
benutzerdefinierte Events 209
benutzerdefinierten Aktionen 255
benutzergesteuerter Dialog 40

Benutzermodelle 13; 21
Benutzerschnittstelle 13; 23; 38; 145;
    286
Benutzerschnittstelle eines
    Krebsregisters 275
Benutzerschnittstelle eines
    Netzwerk-Managers 272
Benutzerschnittstelle eines Window-
    Systems 73
Benutzerschnittstellenfunktionen 40
Benutzerschnittstellenmodelle 13;
    22; 287
Benutzerschnittstellenmodellierung
    101
Benutzungsoberfläche 14; 24; 287
Benutzungsoberflächensprache 76;
    78
Beschränkungen zwischen
    Zeitobjekten 84
Betreten eines Graphikobjektes 160
Betriebsmodus 29
Bewegen der Maus 160
bidirektionale Abhängigkeiten 165;
    268
bidirektionale Kommunikation 42;
    273
binäre Intervallrelationen 87
BNF 55
bottom-up-Eventerkennung 16; 150;
    279
bottom-up-Eventpropagierung 152;
    153; 233
bottom-up-Eventverarbeitung 16;
    150; 279
bottom-up-Suche 62
Broadcasting 228
Broadcasting-Operator 230
buttondown-Event 160
buttonup-Event 160

C++ 18; 147; 257
C++-Ausdrücke 147; 231
C++-Programm 269
C++-Syntax 303
CADUIMS 31; 112
Callback-Funktionen 40; 75; 76; 165;
    287

CARLOS 275
CDA/DDIF 133; 136; 141
change-Event 161
change-Protokoll 160
changed-Nachricht 114
Choice-Operator 230
CLG 23; 57
click-Event 160
Client 112
COA-Modell 36; 107
Code-Erzeugung 269
Composite-Multimedia 16; 127; 141;
    225
Computer-Based Training 198
CONDITION-Event 203
CONFIGURE-Aktion 248
Connektor-Objekte 97
Constraint-Klassen 268
Constraint-Solver 69
Constraint-System 107; 115; 266
Constraints 68; 86; 107; 115; 123;
    268
Container-Objekte 217
Control-Komponente 103
Controller-Objekt 113
Coral 69
Course Builder 126; 141
CSP 60; 227
CSP-Dialogspezifikation 60
CSP-Erweiterung 228
CSP-Operatoren 60
Cue 137

Datenabhängigkeiten 68
Datenbankanbindung 283
Datenfluß 97
Datenkapselung 68; 149
Datenströme 83; 97; 266
deactivate-Methode 175
Deaktivieren von
    Interaktionsobjekten 175
Deaktivierung von Prozessen 232
Definition zusätzlicher Interaktionen
    206
Definition zusätzlicher Subobjekte
    206

Definition zusätzlicher
    Synchronisationsanweisungen
    206
deklarative Dialogspezifikation 43;
    68
delete-Operator 174; 270
Destruktor 270
deterministische Präsentationsdauer
    94
Device-Klassen 259
Device-Modell 30; 65; 287
Device-Objekte 127; 260; 263; 283;
    287
Device-Schnittstelle 287
Device-Variablen 30
dezentrale Dialogkontrolle 112
dezentrale Eventerkennung 261
dezentrale Eventverarbeitung 261
Dialog-Editor 79
Dialogablauf 23; 144; 288
Dialogablaufbeschreibung 14; 197;
    288; 305
Dialogablaufbeschreibungssprache
    25; 257
Dialogablaufrepräsentation 41; 58;
    60
Dialogablaufsteuerung 14; 25; 66;
    262; 288
Dialogablaufverhalten 17; 157; 206;
    288
Dialogformen 27
Dialogkontrolle 23; 25; 34; 36; 43;
    77; 105; 107; 186; 259; 280;
    288
Dialogkontrollobjekt 145
Dialogkontrollprozeß 255
Dialogmodell 14; 16; 22; 43; 288
Dialognetze 54
dialogorientiertes
    Kompositionskonzept 102;
    108; 109; 112; 119; 215
Dialogprozeß 227; 262
Dialogschnittstelle 26; 27
Dialogspezifikation 25; 41; 66; 288
Dialogspezifikationsmethode 14; 22;
    25; 42; 43; 69; 118; 288
Dialogspezifikationssprache 76

dialogspezifische Objektmodelle 35
Dialogstrukturierung 44; 45; 55; 59;
    65; 69; 105; 108
Dialogtechnik 289
Dialogzelle 31
Dialogzellen-Modell 31; 36
Dialogzustand 34; 46; 58; 69; 158
digitales Multimedia-System 82; 289
Digitalisierungseinheiten 83
Director 91; 125
direkte Manipulation 289
disable-Methode 175
disjunktive Verknüpfung 89; 205
diskrete Aktionen 247
diskrete Ausgabeaktionen 178; 265
diskrete Ausgaben 12; 17; 92; 289
diskrete Medien 83; 178
diskrete Medienklassen 267
diskrete Medientypen 82; 289
diskrete Synchronisation 98; 266;
    289
diskrete Zeitmodellierung 84
Dispatcher 146; 262
DIWA-Modell 14; 36; 104; 224
Dokumentarchitekturen 15; 120; 136
doppelter Mausklick 160
doubleclick-Event 160
Drücken einer Taste 160
Drücken eines Maus-Buttons 160
during-Relation 88
DYNAMICS-Interaktion 218
Dynamikklasse 145
Dynamikklassen 147
Dynamikobjekt 17; 145; 281; 289
Dynamikobjekthierarchien 145
Dynamikoperatoren 152; 235; 279;
    289
dynamische Basisobjekte 124
dynamische Benutzerschnittstelle
    174; 281; 290
dynamische Dialoge 45; 58; 60; 66;
    71; 111
dynamische Komposition 217; 281;
    290
dynamische Manipulation 16; 120;
    123; 174; 280; 290
dynamische Protokollerweiterung 35

dynamische Typüberprüfung 207
dynamisches Prozeßkonzept 227

EBNF 55; 147; 303
EBNF-Syntax 168; 174; 181; 182;
    187; 188; 192; 204; 208; 209;
    210; 218
ECO-Modell 260; 290
EDG-Modell 31; 67; 223
EDGE 111
Ein-/Ausgabe-Token 24
Ein-/Ausgabeklassen 258
Ein-/Ausgabeschnittstelle 26
einfache Ausgabeaktionen 177
einfache Graphikobjekte 267
einfache Interaktionsobjekte 110;
    214
einfache Multimedia-Objekte 127
einfache Präsentationsobjekte 115
einfache Zustandstransitionsgraphen
    46
einfacher Mausklick 160
einfaches Event 290
Einfügen von Subobjekten 175
Eingabe-Token 25
Eingabeausdrücke 108; 109
Eingabekanäle 228
eingeschränkte Manipulation 121;
    122; 123; 135; 136; 141
Einzelbilder 83
elementare HM-Objekte 135
elementare Interaktionen 109
elementare Interaktionskomponenten
    65
elementare Interaktionsobjekte 34
elementare Interaktionstechniken 45
elementare Layout-Objekte 136
elementare Zeitobjekte 84
enable-Methode 175
END-Event 153; 158; 178; 179; 180;
    183; 239; 280
END-Faktor 192
ENDED 183; 190; 192; 204
ENDS-Operator 194; 195; 200
ends-Relation 88
Endzeitpunkt 153
Endzustand 46

enter-Event 160
Entfernen von Subobjekten 175
EQUALS-Operator 194; 195; 197; 199
equals-Relation 87; 88
Ereignisse 46; 290
ereignissensitive Objekte 260; 261
ERL 107
Erreichen eines Zeitpunktes 159; 262
Erweiterbarkeit 34; 206; 259
erweiterte Zustandstransitionsgraphen 47
Erweiterte-Backus-Naur-Form 55
Erweiterung 206; 259
Erzeugen von Interaktionsobjekten 175; 270
Erzeugung von START- und END-Events 182; 189; 191
ET++ 16; 102; 130; 141; 225
ETAG 23; 57
Event-Dekompositions-Graph 67; 111
event-gesteuerte Systeme 227
event-gesteuertes Scheduling 232
Event-Modus 29
Event-Response-Systeme 60
Event-Zeitpläne 133
Eventausdrücke 211
eventbasierte Kommunikation 18; 209; 227; 263; 281
eventbasierte Schnittstelle 262
Eventbedingungen 168; 244
Eventbehandlung 268
EventCSP 61; 228
Eventdefinitionen 305
Eventerkennung 260; 262
Eventgraphen 53
Eventhandler 14; 43; 57; 105; 290
Eventhierarchie 150; 260
EventISL 61
Eventklassen 159; 167; 304
Eventkonsumierung 159
Eventmanager 57
Eventmonitor 63; 64
Eventobjekt 167; 211; 218; 260; 291
Eventprioritäten 159
Eventprojektionen 133

Eventprojektionen-Zeitpläne 133
Eventpropagierung 260
Eventqueue 57; 262; 281
Eventqueue-Prozeß 242; 243
Eventreceiving 209; 211; 218; 220
Events 35; 40; 279; 290
Eventsending 209
Eventstellen 53
Eventtransitionen 53
Eventtyp 61; 158
Eventverarbeitung 291
Eventverarbeitungssprache 107
Eventverknüpfungen 203
exklusive Subobjekte 148; 216; 218
externe Events 49; 158
externe Kommunikation 33
externe Kontrollarchitektur 64; 75
externe Kontrolle 38; 39; 42; 291
externe Objekte 129
EZWin 37; 115

Faktor 154
Faktorisierung von Interaktionen 170
Faktorprozesse 239
FCS 133
Feedback 291
Fenster 72
Film-Metapher 125; 131
Filter 15; 97; 266; 291
Flowchart 125; 126
formale Ausgabeparameter 158; 166
formale Beschreibung 15; 120
formale Eingabeparameter 158; 166
formale Semantik 228
formale Spezifikation 61
Fortsetzen von Aktionen 188
Frames 83
Freigeben von Interaktionen 175; 215; 218
funktionales Kompositionskonzept 102; 103; 107; 119
Funktionsbibliotheken 39; 126

Garnet 69; 115
geerbte Interaktionen 206
gemeinsame Subobjekte 148; 216; 217

gemeinsamer Präfix 169
Generalisierung 34
Geometrie-Management 75; 86
Gerätemodelle 13; 22; 28; 291
gerichtete Ablaufgraphen 125
gerichtetes Zeitnetz 202
GKS-Ausgabefunktionen 32
GKS-Eingabegeräte 32
GKS-Eingabemodell 28; 31; 112
globale Dialogkontrolle 34
globale Interaktionsmöglichkeiten 70
globale Prozesse 228
globaler Dialogzustand 103
globaler Label-Operator 231
Graphikbibliothek 73; 291
Graphikklassen 147; 259; 267; 291
Graphikmodelle 28
Graphikobjekte 117; 292
Graphikobjekthierarchien 86; 267
graphisch-interaktive
        Dialogspezifikation 79
graphische Benutzerschnittstelle 292
graphische Benutzungsoberfläche
        292
graphisches Feedback 162
graphisches Kompositionskonzept
        102; 103; 107; 114; 115; 117;
        118; 214; 215
GROW 69
GWUIMS 14; 37; 116

Hardware-Unabhängigkeit 129
harte Synchronisationsanforderungen
        98
Hierarchie von AI-Tools 107
Hierarchie von Interaktions-
        komponenten 65
Hierarchie von Interaktionsobjekten
        209
Hierarchiedarstellung 150; 152; 176
hierarchische Ausgabemodellierung
        177
hierarchische Dialogspezifikation 16;
        43; 65; 119; 151; 292
hierarchische Komposition 90; 92;
        127; 129; 130; 131; 134; 136;
        139; 205; 225; 280; 292

hierarchische Layout-Struktur 136
hierarchisches Dialogmodell 224;
        279
hierarchisches Graphikmodell 259
Higraphen 49
Hilfsinformationen 25; 48
HM-Modell 134; 141
HM-Objekte 134
HML 134
höhere Petri-Netze 54
hybrides Multimedia-System 82; 292
HyperCard 125
Hypermedia-Beschreibungssprache
        134
Hypermedia-Dokumente 16; 133
Hypermedia-Objekte 133; 134
Hypermedia-Werkzeuge 121
HyperTalk 125
HyTime 133; 141

ICO 54
Icon-Graphen 126
IF-Operator 191; 239
IF-Prozeß 239
IF-THEN-ELSE-Operator 155
IFIP-Modell 26; 292
Implementierung des XFantasy-UIT
        258
Implementierungsobjekte 33
Informationseinheiten 83
Informationsobjekte 123
Informationspakete 123
informelle Semantik 228
Initialisierungsphase 179
Initialisierungszeiten 98; 277
Input-Operator 230
Instanziierung 229
Instanzvariablen 228
Integration von Ausgabeaktionen 225
Integration von
        Benutzerinteraktionen 120
integrierte Eventerkennung und
        -verarbeitung 161
integrierte Manipulation 121; 125;
        138; 141
Inter-Objektsynchronisation 124

Interaktionen 109; 150; 206; 293;
    307
Interaktions 305
Interaktionsaktivierung 246; 248
Interaktionshierarchien 14; 16; 293
Interaktionsklassen 17; 34; 146; 270;
    281
Interaktionskomponenten 65
Interaktionsmodell 31; 36; 66; 109;
    187; 223; 293
Interaktionsobjekte 14; 17; 33; 103;
    117; 146; 212; 270; 281; 293
Interaktionsobjekthierarchien 34
Interaktionsobjektliste 148; 175; 209;
    217
Interaktionsprozesse 229; 255
Interaktionstechniken 23; 116
Interaktionsverhalten 33; 34
interaktive Anwendung 293
interaktive Entwicklungswerkzeuge
    76; 79
interaktive Graphikobjekte 32
interaktive Hypermedia-Objekte 134
interaktive Multimedia-Objekte 134
interaktive multimediale
    Anwendungen 101; 226
interaktive Objekte 124
interaktive Software-Komponenten
    25
interaktive Steuerung 11
interaktives Multimedia-System 11
Interaktorklassen 115
Interaktormodell 37; 115
Interesse an Events 260
Interface-Builder 76
Intermedia-Synchronisation 130
interne Events 49; 153; 158; 210
interne Kommunikation 33
interne Kontrolle 38; 42; 293
interne Nachrichten 152
interne Synchronisationszeitpunkte
    282
Interobjekt-Modellierung 36; 102;
    119; 145; 293
Interobjektbeziehungen 37
Interprozeßkommunikation 42; 60
Interrupt-Operator 230

INTERVAL-Prozeß 248
Intervallkalkül 87; 194; 294
Intervallrelationen 87; 92; 94; 194;
    294
InterViews 75
Intra-Objektsynchronisation 124
Intramedia-Synchronisation 130
Intraobjekt-Modellierung 36; 102;
    103; 118; 293
Invertieren der Präsentationsrichtung
    189
invertierte Programmierung 40; 294
IOT-Modell 107
is-a-Beziehung 145
ISA Dialog-Manager 79
ISO/IEC 133; 134; 135
ITERATE-Operator 182; 184; 252
ITERATE-Prozeß 252
Iteration 155
Iterationsinteraktion 155; 190
Iterationsprozeß 238

Kanäle 30
Kanalobjekte 282
Kanten 46; 52
Keyboard-Device 262; 294
keypress-Event 160
keyrelease-Event 160
Klammerung 154
Klassenbibliotheken 39; 126
Klassendefinitionen 303
Klassenhierarchie des
    KOMMANDO-Modells 263
Klassenhierarchie des XFantasy-UIT
    263
Klassenhierarchien 34
Knoten 46
kognitive Modelle 21
KOMMANDO-Modell 258; 260;
    281; 294
Kommando-Objekt-Interaktionen
    115
Kommandoklassen 115
kommandoorientierte Benutzer-
    schnittstelle 24; 57
Kommandosprachen 48

kommerzielle
Konstruktionswerkzeuge 125
Kommunikation 60; 307
Kommunikation durch Events 208;
209; 255
Kommunikation durch
Methodenaufrufe 208
Kommunikation mit
Ausgabeaktionen 178; 180
Kommunikation mit
Ausgabeobjekten 178
Kommunikation mit Timeraktionen
180
Kommunikation zwischen
Interaktionsobjekten 18; 33;
208
Kommunikationsformen 209
Kommunikationskanäle 235; 244
Kommunikationsprotokoll 180
Kommunikationsverbindungen 282
kommunizierende Prozesse 227
komplexe AI-Tools 109
komplexe Ausgabeaktionen 177;
182; 265; 280; 306
Komplexe
Ausgabeaktionen.i.komplexe
Ausgabeaktionen 306
komplexe Ausgaben 92
komplexe Dialoge 45; 218
komplexe Eingabegeräte 29
komplexe Events 150; 151; 211; 260;
261; 283; 294
komplexe Eventtypen 166
komplexe Graphikobjekte 267
komplexe HM-Klassen 134
komplexe HM-Objekte 134
komplexe Interaktionen 109; 119;
152; 166
komplexe Interaktionsklassen 216
komplexe Interaktionskomponenten
65
komplexe Interaktionsobjekte 18; 34;
103; 110; 144; 214; 215; 216
komplexe Interaktionstechniken 30
komplexe Layout-Objekte 136
komplexe Medienobjekte 130
komplexe Multimedia-Objekte 127

komplexe multimediale Ausgaben
185; 294
komplexe Präsentationsobjekte 115;
215
komplexe Stellen 54
komplexe Transitionen 54
komplexe User-Interface-
Komponenten 75
Komposition 34; 216; 259
Komposition auf einer Timeline 90;
91; 123; 127; 132; 133
Komposition über Referenzpunkte
90; 93; 124; 134; 137; 138;
139; 141; 205; 225; 280
Komposition von Dynamikobjekten
215
Komposition von
Interaktionsobjekten 18; 102;
113; 148; 175; 214
Komposition von Präsentationsobjekten 215
kompositionelle Übersetzersemantik
235
Kompositionsklassen 128; 147; 215
Kompositionskonzepte 102; 118
Kompositionsmechanismen 82; 85;
268; 294
Konfigurationsaktionen 181; 265
konfigurelle Komposition 15; 82; 86;
96; 181; 258; 266; 295
Konnektorobjekte 282
Konstruktionswerkzeuge 15; 120;
121
Konstruktor 270
kontextfreie Grammatiken 14; 43;
55; 147; 295
kontinuierliche Aktion 249
kontinuierliche Ausgabeaktionen
178; 187; 198; 265
kontinuierliche Ausgaben 12; 17; 92;
295
kontinuierliche Eingabemedien 283
kontinuierliche Medien 83; 178
kontinuierliche Medienklassen 268
kontinuierliche Medientypen 82; 295
kontinuierliche Synchronisation 99;
266; 295

Kontrollarchitektur 13; 38; 295
Kontrollprozeß 235; 244; 250; 253
Kontrollschleife 40; 42; 75; 104; 262
konzeptionelle Modelle 22
konzeptuelle Ebene 23
Koordinateneingabe 28
Koordinatensysteme 133
Koroutine 232
Koroutinenaufrufe 48; 113
Krebsregister 271; 275

Label-Operator 231
Laufzeitsystem 40; 75; 97; 266
Layout 15; 86
LDU 83
leave-Event 160
Lehr-/Lernprogramme 121; 126
lexikalische Ebene 23
lexikalische Einheit 24
lexikalische Schicht 24
liegt-in-Relation 114
Lightweight-Prozesse 259; 263
LINGO 126
linguistische Benutzerschnittstellen-
      modelle 23; 55
lippensynchrone Darstellung 99
Listenobjekte 270
Live-Quellen 13; 89; 163
Local-Propagation-Algorithmus 268
logische Dateneinheiten 83
logische Eingabegeräte 28; 30; 295
logisches Architekturmodell 24
lokale Dialogkontrolle 34; 104
lokale Koordinatensysteme 123
lokale Präsentationszeit 99
lokale Prozesse 228
lokaler Dialogzustand 103
Lokalitätsprinzip 105
Look-and-Feel 74; 77; 295
LOOP-Operator 155; 190
Löschen von Interaktionsobjekten
      175
Loslassen einer Taste 160
Loslassen eines Maus-Buttons 160

MAEstro 15; 91; 122; 141
Marken 52

maskenorientierte
      Benutzerschnittstelle 57
Maßwert-Trigger-Konzept 31; 112
Mausevents 150; 158; 160; 260; 296
MediaMaker 91; 125
MediaManager 259; 266
Medien 83
Medienabstraktion 296
Medieneditor 122
Medienklassen 266; 268
Medienobjekte 129; 282; 296
medienspezifische
      Initialisierungszeiten 97; 99;
      266
Medientypen 12; 296
Medienunabhängigkeit 82; 85; 296
MEETS-Operator 194; 195
meets-Relation 88
Mehrfachkommunikation 208
Mehrfachreferenzen 131
Mehrfachsenden 208; 210
Mehrfachvererbung 127; 145; 266
Mehrfenstertechnik 39
mehrstellige Relationen 49
Mengenoperationen 49
mentale Modelle 13; 21
Menulay-System 79
menüorientierte Benutzerschnittstelle
      57
Menüs 48
Metaklassen 35
Metasymbole 303
Methoden von Interaktionsklassen
      270
MHEG 16; 91; 133; 134; 141
Minimum-/Maximum-Beziehungen
      90; 202
MME 16; 102; 129; 141; 225
MMV 16; 136; 141
MODE 16; 123; 141
Model-Objekt 113
Model-View-Controller-Modell 296
Modellierung multimedialer
      Ausgaben 176
Modifier-Tasten 160
modulare Zustandstransitionsgraphen
      47

Mouse-Device 262; 296
mousemove-Event 160
Movie 131
Multi-Agenten-Architektur 103
Multicasting 208; 210
Multimedia-Dokumente 16; 133
Multimedia-Objekte 133
Multimedia-Systeme 82; 296
Multimedia-Viewer 136
multimedial 12
multimediale Ausgaben 177
multimediale Benutzerschnittstelle
        12; 81; 277; 297
multimediale Benutzungsoberfläche
        282
multimediale Präsentationen 15; 120;
        297
multimediale Präsentationsanwen-
        dungen 121; 277
Multimenge 242
multimodale Interaktionstechniken
        283
Multiple-View-Konzept 114; 146
Muse 15; 91; 141
Muse-System 122
MVC-Modell 14; 17; 37; 113; 144

Nachbereich einer Transition 52
Nachrichten 33; 281; 307
nebenläufige Interaktionen 155
nebenläufige Interaktionsobjekte 112
nebenläufige Prozesse 225
nebenläufige Teildialoge 70
nebenläufige Zustände 51; 64
nebenläufige Zustandstransitionen 51
nebenläufige Zustandstransi-
        tionsgraphen 48; 113
Nebenläufigkeit 12; 17; 48; 50; 53;
        59; 99; 155; 189; 197; 277
NESTOR 123
Netzwerk-Manager 271; 272
Neustarten einer Interaktion 171; 173
new-Operator 174; 270
nichtdeterministische
        Präsentationsdauer 17; 89; 91;
        92; 93; 94; 179; 226; 280
Nichteintreten eines Events 172

Nichtterminalsymbole 55; 109; 303
NOT-Operator 156; 172; 225
numerische Zeitbeschränkungen 85

ObjChart 48
ObjectCharts 52
Objekt 304
Objekt-Kommando-Interaktionen
        115
Objektaggregationen 113
Objektgraphen 217; 224
Objekthierarchien 34; 217; 224
Objektkooperationen 37
Objektmanipulationen-Zeitpläne 133
Objektmodifikationen 133
objektorientierte Benutzer-
        schnittstelle 32
objektorientierte
        Benutzerschnittstellenmodelle
        13; 14; 22; 33; 101; 102; 113;
        118; 144; 223; 281; 297
objektorientierte Device-Schnittstelle
        260; 262; 279
objektorientierte
        Dialogspezifikationssprache
        112
objektorientierte
        Eventverarbeitungssprache 123
objektorientierte Graphikbibliothek
        267
objektorientierte Programmierung 21
objektorientierte Software-Bibliothek
        128
objektorientierte Toolkits 75
objektorientiertes Constraint-System
        268
objektorientiertes Paradigma 32
objektorientiertes UIMS 279
Objektreferenz 229
OCPN-Modell 138
ODA-Dokumente 136
ODA-Erweiterung 137
ODA/ODIF 16; 133; 135; 138; 141
ODIS 12; 279; 297
ODIS-Compiler 143; 271
ODIS-Dialogmodell 224; 260; 281
ODIS-Grammatik 303

ODIS-Laufzeitsystem 18; 158; 159; 161; 257; 261; 270; 281
ODIS-Parser 269
ODIS-Programme 144; 146; 270; 303
ODIS-Syntax 147
ODIS-Übersetzung 269
OO-Interaktoren 112
OOI-Modell 36; 112
Operandenprozeß 235; 250
Operationen auf Ausgabeaktionen 188
Operationen auf Timeraktionen 188
Operatorklassen 261
Operatorobjekte 260; 261; 263; 264; 297
OR-Operator 154; 190; 203; 236
OR-Prozeß 236
Organisationsschnittstelle 26; 27
OSF/Motif 59; 75
Output-Operator 230
overlaps-Relation 88

PAC-Modell 14; 36; 103
Parallel-Operator 231
parallele Implementierungssprache 60
parallele Komposition 61
parallele Prozesse 60
PARSTART-Operator 182; 184; 251
PARSTART-Prozeß 251
PARSTARTEND-Operator 182; 184; 251
PARSTARTEND-Prozeß 251
passive Ausgabeobjekte 178
passives Warten 152; 187; 265
periodoftime-Event 159
Petri-Netze 14; 43; 48; 52; 138; 297
Pfadausdrücke 106; 135; 209
Pfadoperatoren 135
physikalische Darstellungsmöglichkeiten 26
physikalische Ein-/Ausgabegeräte 24
physikalische Eingabegeräte 26; 28; 30
physikalische Ressourcen 73
PNO-Formalismus 54

pointoftime-Event 159
polymorphe Interaktionsobjektlisten 217
Polymorphie 217
Port-Manager 122
Portabilität 72; 74; 77; 258
Ports 97
potentiell unendliche Ausgabeaktion 202
potentiell unendliche Präsentationsdauer 17; 89; 178; 201; 226; 280
Präfix-Operator 230
Präfixinteraktion 170
Präsentationsanwendung 271
Präsentationsfunktionen 53
Präsentationsgeschwindigkeit 99
Präsentationsintervalle 87; 297
Präsentationsklasse 115; 147; 206
Präsentationskomponente 23; 24; 36; 76; 77; 105; 107; 297
Präsentationsobjekt 17; 123; 145; 147; 148; 281; 297
Präsentationsobjekthierarchien 145
Präsentationsverlauf 277
PRESENT-Prozeß 248
Presentation-Komponente 103
Prioritäten der Dynamikoperatoren 156
Produktionen 55
programmierbare Manipulation 121; 128; 129; 130; 131; 132
Prompt 162; 298
Protokoll 35; 178; 180; 188
Prototyping 46; 71
Prozeß-Array 231
Prozeßalgebra 227
Prozeßdefinition 229
Prozeßerzeugung 231
Prozeßhierarchien 233
Prozeßidentifikatoren 232
Prozeßklasse 229
Prozeßobjekte 127
Prozeßspezifikation 229
Prozeßsteuerung 262
Prozeßzerstörung 231

qualitative Beziehungen 85; 178; 280
quantitative Beziehungen 85; 178;
      181; 280
quasi-nebenläufige Abarbeitung 155
Quellen 15; 96; 266; 298
QuickTime 16; 131; 141

räumliche Komposition 15; 82; 86;
      258; 268; 282; 298
Reaktionsschema 105
reaktive Systeme 44; 48; 51; 144;
      228
Realzeitanforderungen 281
Realzeitspezifikationen 96; 227
Redefinition 206
Redefinition der Applikationsklasse
      207
Redefinition der Präsentationsklasse
      207
Redefinition von Interaktionen 207
Redefinition von Subobjekten 207
Redefinition von
      Synchronisationsanweisungen
      207
Referenzmodell 24
Referenzobjekt 85
Referenzpunkte 93; 298
Regelinterpreter 60
Rekursion 47
rekursive Zustandstransitionsgraphen
      47
rekursiver Prozeß 231
relative zeitliche Komposition 92; 93
relative Zeitobjekte 85
remove-Methode 175; 217; 220
removeall-Methode 175; 217; 220
Rendevouz-Konzept 113
REPEAT-Operator 155; 190; 213;
      238
REPEAT-Prozeß 238
Repräsentationsobjekte 117
Request-Modus 29
RESET 172
Reset von Interaktionen 156; 171;
      234
RESET-Aktion 247
Ressourcen 73

Sample-Modus 29
Samples 83
Sassafras 60
SCENARIOO 53
Schachtelung von
      Dynamikoperatoren 154; 189
Schachtelung von Prozeßaktivierun-
      gen 232
Schachtelung von Teilinteraktionen
      166
Schalten einer Transition 52
scharfe zeitliche Beziehungen 88
Scheduler 48; 113; 259; 262
Scheduler-Prozeß 232
Schichtenmodelle 13; 22; 23; 298
Schnittstelle 211
Seeheim-Modell 23; 35; 116; 298
Semantik von Basisevents 242
Semantikdefinition 227
semantische Ebene 23
semantische Schicht 26
semantisches Feedback 212
Semaphor 242
Senken 15; 97; 266; 298
SEQUENCE-Operator 182; 230; 239
SEQUENCE-Prozeß 239
SEQUENTIAL-Operator 184; 250
SEQUENTIAL-Prozeß 250
sequentielle Dialogmodelle 15
sequentielle Prozesse 228
Sequenz 154
Sequenzoperator 154; 163; 187; 191
Server 112
SGML 133
Simulationswerkzeuge 80
SIRCOO 33
Skalieren von Aktionen 188
Skriptsprache 125
Smalltalk 113
Software-Bibliotheken 15; 120; 126;
      141
Software-Ergonomie 13; 22; 26
Software-Werkzeuge 71
Sperren von Interaktionen 175; 215;
      218
Spezialisierung 34; 259

Spezialisierung einer
     Interaktionsklasse 207
Spezifikation komplexer
     Interaktionen 111
Spezifikationssprache 36
SPI 61
sprachbasierte Dialogspezifikation 78
Sprachenmodelle 23
Spuren 131
Squeak 60; 228
Standardisierung von
     Dokumentarchitekturen 133
START-Event 153; 158; 178; 179;
     180; 183; 239; 280
START-Faktor 192
STARTED 183; 190; 192; 204
STARTS-Operator 194; 195
Startzeitpunkt 153
Startzustand 46
Statecharts 14; 43; 48; 49; 298
Statemaster 52
STATEMATE 51
statische Basisobjekte 124
statische Komposition 216; 221; 281;
     299
Stellen 52
Steuerung diskreter Ausgaben 266
Steuerung kontinuierlicher Ausgaben
     266
Subobjekte 148; 209; 212; 270
Subobjektlisten 270
Subzustand 62
Superzustand 62
Sychronisationsevents 253
Sychronisationsoperatoren 306
symbolische Zeitbeschränkungen 85
synchrone Ausführung 187; 249
synchrone Nachrichten 106
synchroner Nachrichtenaustausch
     229
Synchronisation 12; 50; 51; 53; 88;
     97; 98; 99; 113; 227; 262; 299
Synchronisation von Interaktionen
     und Ausgabeaktionen 189; 197;
     199
Synchronisationsanforderungen 97

Synchronisationsanweisungen 195;
     203; 206
Synchronisationsbedingungen 202;
     225; 233; 254; 265; 279; 280;
     299
Synchronisationsevents 233; 234
Synchronisationsgleichungen 88
Synchronisationsmechanismen 282
Synchronisationsoperatoren 194;
     225; 233; 253; 265; 279; 280;
     299
Synchronisationsprobleme 98
Synchronisationsprozesse 233; 253
Synchronisationszeitpunkte 92; 93;
     99; 124; 299
SYNGRAPH 23; 57
syntaktische Ebene 23
syntaktische Schicht 25
Syntaxbaum 150; 176; 185; 197;
     200; 269
synthetische Token 113
Systemen QuickTime 91
systemgesteuerter Dialog 39

TAG 57
Tastaturevents 150; 158; 160; 260;
     299
technische Objekte 117
Teildialoge 14; 18; 34; 42; 44; 144;
     148; 152; 215; 221; 281
Teilinteraktionen 150
temporale Komposition 86; 299
temporaler Präfix-Operator 230
Terminalsymbole 55; 109; 303
THESEUS++ 75; 129
ThingLabII 69
Timed CSP 228
Timed-Petri-Netze 53; 138; 141
Timeline 15; 125; 299
Timeline-Diagramme 127
Timeline-Editor 122; 125
Timer-Device 262; 299
Timer-Objekte 124
Timeraktionen 177; 180; 181; 265;
     280
Timerevents 260
top-down-Kommunikation 152

top-down-Steuerung 176
Tracks 131
Transitionen 46; 52
Transportobjekte 124
Trennung von Benutzerschnittstelle
    und Applikation 77
Trigger 183
Trillium 79
Ttoolkit 16; 102; 128; 141
Tube-UIMS 60; 107

übergeordnete Dialogkontrolle 34
übergeordnete Interaktionsobjekte
    112; 144; 209
Überschreiben 195; 206
Übersetzersemantik 227; 255; 280
Übersetzung von ODIS-Programmen
    269
UI-Editor 282
UI-Komponenten 74; 259
UIDS 80
UIL 78
UIMS 77
UIT 74
unbegrenzte Iteration 252
Undo-Mechanismen 25
unendliche Präsentationsdauer 198
unidirektionale Abhängigkeiten 268
unidirektionale Kommunikation 38;
    40
unidirektionale zeitliche
    Beziehungen 195
unscharfe Intervallrelationen 88
Unterbrechen von Aktionen 188
untergeordnete Dialogzellen 31
untergeordnete Eingabegeräte 30
untergeordnete Events 261
untergeordnete HM-Objekte 134
untergeordnete
    Interaktionskomponenten 65
untergeordnete Interaktionsobjekt 18
untergeordnete Interaktionsobjekte
    34; 112; 144; 209
untergeordnete Multimedia-Objekte
    127
Untergraphen 47; 48
Unternetze 54

Unterzustände 50
Update-Funktionen 68; 103
User-Interface-Development-
    Systeme 80; 300
User-Interface-Editoren 76; 258; 300
User-Interface-Klassen 75; 147; 259;
    266; 268; 300
User-Interface-Klassenhierarchie 75
User-Interface-Komponenten 40; 300
User-Interface-Management-Systeme
    18; 43; 72; 77; 300
User-Interface-Objekte 14; 33; 75;
    300
User-Interface-System 300
User-Interface-Toolkits 72; 74; 145;
    301
USIT 75

Variablenevents 150; 158; 161; 165;
    260; 262; 301
Variablenklassen 161
Variablenobjekte 165; 262
Variablenprozesse 234; 255
Verarbeitung diskreter Medien 266
Verarbeitung kontinuierlicher
    Medien 266
Verarbeitungskomponenten 15; 96;
    181; 266
Vererbung 145
Vererbung von
    Dialogablaufbeschreibungen
    64; 106; 206
Verknüpfungen zeitlicher
    Beziehungen 202
Verlassen eines Graphikobjektes 160
Versenden von Events 209; 210
Versenden von Nachrichten 208; 255
Verstreichen einer Zeitspanne 159;
    262
verteilte Dialogablaufsteuerung 57
verteilte Dialogkontrolle 112; 114
verteiltes Multimedia-System 82; 97;
    122; 124; 282
Video 268
Video-Frames 282
View-Controller-Paare 114
View-Objekt 113

virtuelle Maßeinheit 133
Vorbedingungen von Transitionen 54
Vorbereich einer Transition 52
vordefinierte Eventerzeugung 171;
        191; 239
vordefinierte ODIS-Nachrichten 271
Vorinitialisierung 277

wechselseitige Kontrollarchitektur
        160; 273
wechselseitige Kontrolle 38; 42; 262;
        301
weiche Synchronisations-
        anforderungen 98
Werkzeugschnittstelle 26; 27
Widget-Klassen 75
Widget-Set 75
Widgets 74
Wiederverwendbarkeit 119; 206;
        207; 216; 221
Window 72; 301
Window-Management 24
Window-Manager 73
Window-Systeme 72; 301

X Toolkit 59; 75; 128
X Window-System 258
XFantasy-Klassenbibliothek 270
XFantasy-UIMS 282; 301
XFantasy-UIT 75; 147; 181; 206;
        257; 259; 279; 281; 282; 301
XIT 75; 102
XOR-Operator 50; 155; 157; 169;
        190; 224; 236
XOR-Prozeß 236
XView 75

Zeitbasis 131
Zeitbeschränkung 301
Zeitevents 150; 158; 159; 302
Zeitfunktionen 131

Zeitintervalle 84
zeitinvariante Informationen 83
Zeitkoordinatensystem 131; 302
zeitliche Ausprägung von Ausgaben
        178; 179
zeitliche Ausprägung von
        Interaktionen 152; 189
zeitliche Beziehungen 12; 15; 17; 84;
        176; 185; 189; 196; 280
zeitliche Komposition 13; 15; 17; 82;
        86; 88; 90; 101; 120; 176; 181;
        205; 302
zeitliche Transformationen 127
zeitliche Verzögerungen 51
zeitliches Invertieren 127
zeitliches Skalieren 127; 188
zeitliches Verschieben 127
Zeitmodell 84; 189; 194; 302
Zeitmodellierung 84; 96; 128
Zeitobjekt 302
Zeitpunkte 84
Zeitrepräsentation 84; 302
Zeitskalierung 131
Zeitstruktur 302
zeitvariante Informationen 83
Zielsprache 147
Zielsprachenausdrücke 168; 176;
        181; 189
zulässige Dialogzustände 68
zulässige Eventkombinationen 150
Zustandsautomaten 48; 62; 103
Zustandsbäume 14; 43; 62; 302
Zustandsbaumprozesse 64
Zustandsexplosion 48; 50; 69
zustandsorientierte
        Dialogspezifikation 48
zustandsorientierte Eingabetechniken
        48
Zustandstransitionsgraphen 14; 43;
        46; 302
Zustandsübergänge 46; 50

Tresch
Evolution in Objekt-Datenbanken

TEUBNER-TEXTE
zur Informatik   Band

Tresch

Evolution in Objekt-
Datenbanken

B. G. Teubner Verlagsgesellschaft
Stuttgart · Leipzig

Evolution in Objekt-Datenbanken
behandelt die zunehmende Notwendigkeit der Anpassung und Integration
bestehender Informationssysteme an
das ständig zu erweiternde DV-Umfeld. Die Problematik hat zwei Dimensionen. Die erste betrachtet die Schemaevolution und Datenbankreorganisation zur Anpassung von Datenbanken an geänderte Anforderungen. Die
zweite behandelt die Interoperabilität
von verschiedenen Datenbanken, mit
dem Ziel einer flexiblen Integration in
bestehende Systeme.
Das Buch richtet sich gleichermaßen
an Wissenschaftler, die sich einen
Überblick über die Thematik verschaffen wollen, und an Informatikstudenten, als Ergänzung oder Begleitung
einer Fachvorlesung, wie auch an
Praktiker (Datenbank-Spezialisten), die
sich vertiefende Grundlagenkenntnisse
aneignen möchten.

Von Dr.
Markus Tresch
Ulm/San Jose

1995. 247 Seiten.
16,2 x 23,5 cm.
Kart. DM 44,80,–
ÖS 350,– / SFr 44,80
ISBN 3-8154-2059-8

(TEUBNER-TEXTE zur
Informatik, Bd. 10)

Teubner Leipzig

B. G. Teubner Verlagsgesellschaft
Stuttgart · Leipzig

Heistermann
Genetische Algorithmen

Theorie und Praxis evolutionärer Optimierung

Das Prinzip der Evolution wurde von Charles Darwin vor nur wenig mehr als hundert Jahren entdeckt. Es besteht aus der iterativen Abfolge von Rekombination, Mutation und Selektion, wobei eine Tendenz zum Überleben der stärkeren und besseren Individuen besteht.

Im Grunde liegt es nahe, das so erfolgreiche Prinzip der Evolution zur Optimierung technischer Systeme heranzuziehen. Dazu müssen die Verfahren der Natur – die Genetischen Algorithmen – verstanden, modelliert und auf konkrete Problemstellungen angewandt werden.

Im Rahmen dieses Buches werden die grundlegenden Prinzipien erläutert. Das Buch wendet sich gleichermaßen an Studenten, Anwender oder Entscheidungsträger. Die Mechanismen der Evolution bieten ein hohes Potential, welches sicherlich für praktische Anwendungen genutzt werden kann.

Von Dr.
Jochen Heistermann,
Siemens AG
München-Perlach

1994. 298 Seiten
mit 66 Bildern.
16,2 x 23,5 cm.
Kart. DM 49,80
ÖS 389,– / SFr 49,80
ISBN 3-8154-2057-1

(TEUBNER-TEXTE
zur Informatik, Bd. 9)

B. G. Teubner Verlagsgesellschaft
Stuttgart · Leipzig

TEUBNER-TASCHENBUCH der Mathematik Teil II

Mit dem „TEUBNER-TASCHENBUCH der Mathematik, Teil II" liegt eine vollständig überarbeitete und wesentlich erweiterte Neufassung der bisherigen "Ergänzenden Kapitel zum Taschenbuch der Mathematik von I. N. Bronstein und K. A. Semendjajew" vor, die 1990 in 6. Auflage im Verlag B. G. Teubner in Leipzig erschienen sind. Dieses Buch vermittelt dem Leser ein lebendiges, modernes Bild von den vielfältigen Anwendungen der Mathematik in Informatik, Operations Research und mathematischer Physik.

Aus dem Inhalt

Mathematik und Informatik – Operations Research – Höhere Analysis – Lineare Funktionalanalysis und ihre Anwendungen – Nichtlineare Funktionalanalysis und ihre Anwendungen – Dynamische Systeme, Mathematik der Zeit – Nichtlineare partielle Differentialgleichungen in den Naturwissenschaften – Mannigfaltigkeiten – Riemannsche Geometrie und allgemeine Relativitätstheorie – Liegruppen, Liealgebren und Elementarteilchen, Mathematik der Symmetrie – Topologie – Krümmung, Topologie und Analysis

Herausgegeben von
Doz. Dr.
Günter Grosche
Leipzig
Dr. **Viktor Ziegler**
Dorothea Ziegler
Frauwalde
und Prof. Dr.
Eberhard Zeidler
Leipzig

7. Auflage. 1995.
Vollständig überarbeitete und wesentlich erweiterte Neufassung der 6. Auflage der „Ergänzenden Kapitel zum Taschenbuch der Mathematik von I. N. Bronstein und K. A. Semendjajew".
XVI, 830 Seiten mit 259 Bildern.
14,5 x 20 cm.
Geb. DM 48,–
ÖS 375,– / SFr 48,–
ISBN 3-8154-2100-4

B. G. Teubner Verlagsgesellschaft
Stuttgart · Leipzig